农村饮水安全关键岗位培训丛书

村镇供水水质净化

水利部农村水利司
水利部农村饮水安全中心

主　编　张汉松
副主编　蔡云龙　杨一琼　刘昆鹏

中国水利水电出版社
www.waterpub.com.cn
·北京·

内 容 提 要

本书系"农村饮水安全关键岗位培训丛书"之一,重点介绍了村镇供水净水厂运行管理岗位人员应掌握的基本理论和概念、操作规程和常见问题及处理措施等。全书共七章,包括概述、水质管理、饮用水水源与取水构筑物、净水处理技术、机电设备、过程控制、运行安全等内容。

本书内容系统翔实、通俗易懂,集理论性、实用性和可操作性于一体,既可作为关键岗位人员培训教材,也可作为实用手册,供村镇供水工程技术和管理人员借鉴参考。

图书在版编目(CIP)数据

村镇供水水质净化 / 张汉松主编. -- 北京 : 中国水利水电出版社, 2018.5
(农村饮水安全关键岗位培训丛书)
ISBN 978-7-5170-6426-8

Ⅰ. ①村… Ⅱ. ①张… Ⅲ. ①农村给水-给水处理-净水-岗位培训-教材 Ⅳ. ①S277.7②TU991.21

中国版本图书馆CIP数据核字(2018)第092824号

书　　名	农村饮水安全关键岗位培训丛书 **村镇供水水质净化** CUNZHEN GONGSHUI SHUIZHI JINGHUA
作　　者	水利部农村水利司　水利部农村饮水安全中心 主编　张汉松　副主编　蔡云龙　杨一琼　刘昆鹏
出版发行	中国水利水电出版社 (北京市海淀区玉渊潭南路1号D座　100038) 网址:www. waterpub. com. cn E-mail:sales@waterpub. com. cn 电话:(010) 68367658 (营销中心)
经　　售	北京科水图书销售中心 (零售) 电话:(010) 88383994、63202643、68545874 全国各地新华书店和相关出版物销售网点
排　　版	中国水利水电出版社微机排版中心
印　　刷	天津嘉恒印务有限公司
规　　格	184mm×260mm　16开本　20.5印张　486千字
版　　次	2018年5月第1版　2018年5月第1次印刷
印　　数	0001—6000册
定　　价	90.00元

《村镇供水水质净化》编委会

序

2005 年实施全国农村饮水安全工程建设以来，解决农村饮水问题的步伐进一步加快，到 2014 年年底，全国共建成 40 多万处农村集中式供水工程，解决了 4.6 亿农村居民的饮水安全问题，同时，不断加强水质管理工作，农村饮水安全保障水平得到显著提高。

国务院批复的《全国农村饮水安全工程"十二五"规划》以及国家发展和改革委员会、水利部、国家卫生和计划生育委员会、环境保护部《关于加强农村饮水安全工程水质检测能力建设的指导意见》（发改农经〔2013〕2259号）均明确要求，新建日供水能力不小于 $200m^3$ 的集中式供水工程，按规范安装水质净化和消毒设施；$200m^3$ 以下集中式供水工程要按要求进行消毒。日供水量在 $1000m^3$ 及以上的供水单位要建立水质检验室。明确提出加快完成农村饮水区域水质检测中心建设并投入运行，建立完善水厂自检、县域巡检、卫生行政监督等相结合的水质管理体系。

加强农村供水水质检测是让农村居民喝上干净水、安全水、放心水的重要保障，是一项专业性很强的技术工作，事关工程长期发挥效益，事关广大农村居民的饮水安全，具有很高的业务知识和操作技能要求。系统地抓好水厂净水、水质检验等关键岗位人员的业务培训，并逐步实现关键岗位人员持证上岗，是进一步提升农村饮水安全保障水平的迫切需要。

为满足村镇供水关键岗位从业人员专业技能培训需要，按照关键岗位人员培训以理论教学为基础，以实践教学为核心，系统提高理论水平，强化动手能力，确保培训效果的基本要求，水利部农村水利司和水利部农村饮水安全中心组织具有丰富实践经验的专家编写了"农村饮水安全关键岗位培训丛书"——《村镇供水水质检测》和《村镇供水水质净化》，今后还将根据行业特点和基层工作的需要陆续出版相关培训丛书。《村镇供水水质检测》和《村镇供水水质净化》内容系统翔实，集理论性、实用性和可操作性于一体，既可作为关键岗位人员培训教材，也可作为实用手册，供村镇供水工程技术管理人员借鉴参考。本丛书还配套录制了教学 DVD 光盘，对重点难点问题进行讲解，对实验操作进行示范演示。该系列丛书的出版，将进一步推动村镇供水工程运行管理走向制度化、规范化和标准化，推动全国村镇供水工程运行管理水平的进一步提升。

水利部农村水利司司长 王爱国

2015 年 5 月 20 日

前　言

水质净化是饮用水安全保障的核心。村镇供水水质净化的基本原则是利用先进适用的技术、方法和手段，以尽可能低的工程造价和运行成本，去除或降低原水中的悬浮物质、胶体、有害细菌、病毒以及溶解于水中的其他对人体健康有害的物质，使处理后的水质达到国家相关标准的要求。为进一步加强村镇供水从业人员水质净化技术培训，水利部农村水利司和水利部农村饮水安全中心组织编写了"农村饮水安全关键岗位培训丛书"之《村镇供水水质净化》。

本书重点介绍了村镇供水净水厂运行管理岗位人员应掌握的基本理论和概念、操作规程和常见问题及处理措施等。全书共分为七章，包括概述、水质管理、饮用水水源与取水构筑物、净水处理技术、机电设备、过程控制、运行安全等内容。

本书在广泛参考国内供水行业职业技能培训教材的基础上，融合了编者多年从事生产和教学的经验，突出实践操作，追求科学性与实用性相结合，重点介绍先进适宜的水质净化技术和设备，力求简明扼要、通俗易懂，使读者学有所用、学以致用，对村镇供水从业人员技术水平的提高起到积极的促进作用。

《村镇供水水质净化》编委会主任由水利部农村水利司王爱国司长担任，副主任由中国灌溉排水发展中心（水利部农村饮水安全中心）赵乐诗主任、水利部农村水利司张敦强副司长以及中国灌溉排水发展中心（水利部农村饮水安全中心）邓少波副主任担任。水利部农村饮水安全中心张汉松教授级高级工程师任主编，上海简约净化科技有限公司蔡云龙博士、上海理工大学环境与建筑学院杨一琼副教授、水利部农村饮水安全中心刘昆鹏高级工程师任副主编。北京市政工程设计研究总院有限公司崔招女教授级高级工程师、中国农村改水技术指导中心孟树臣副总工程师审稿。本书共七章，第一章由张汉松、刘昆鹏、李铁光编写；第二章由杨一琼、蔡云龙、王蒙蒙、李娜编写；第三章由杨一琼、张汉松、刘昆鹏、周东升、赵长通编写；第四章由蔡云龙、毕东苏、楚文海、贾燕南、韦春梅、孙东轩编写；第五章由周怡和、陈建华、蔡云龙、沈茜茜、张勇华编写；第六章由侯煜堃、蔡云龙、施冰慧编写；第七章由鲍士荣、蔡云龙、陈建华、宁雪编写；附录根据山东省寿光市自来水有限公司有关规章制度整理。

本书在编写出版过程中得到了上海简约净化科技有限公司、上海理工大学环境与建筑学院、华北水利水电大学城市水务研究院、同济大学环境科学与工程学院、上海应用技术学院化学与环境工程学院、广西壮族自治区水利厅、内蒙古自治区水利厅、山东省潍坊市水利局以及有关企事业单位的大力支持，在此一并表示衷心的感谢。书中难免存在不足和错误之处，敬请读者给予批评指正。希望通过本书的出版，进一步提高村镇供水净水厂运行管理从业人员业务水平，促进村镇供水工程运行管理的科学化和规范化，为村镇供水的发展做出应有的贡献。

编者

2018 年 4 月

目　录

第一章 概 述

水是生命之源，万物之本。村镇供水工程是为了满足农村居民生活与生产活动过程中对水在量和质两方面的需求。改革开放以来，中央和地方政府高度重视，资金投入力度不断加大，村镇供水工程的建设和管理逐步科学和规范。特别是农村饮水安全工程"十一五""十二五"规划的实施，大大改善了我国农村居民的生活饮用水条件，村镇供水工程建设、运行管护以及供水保障和服务水平都有了显著提高。

村镇供水的基本任务，就是经济合理、安全可靠地向用户输送所需要的水，并满足用户对水量、水质和水压的要求。加强村镇供水工程净水厂运行管理，确保供水水质符合国家相关标准，对于保障农村饮水安全具有重要意义。

第一节 我国村镇供水概况

一、村镇供水

(一) 定义

村镇供水亦称农村供水，系指向县（市）城区以下的镇（乡）、村、学校、农场、林场等居民区及分散住户供水的工程，以满足村镇居民、企事业单位的日常生活用水和生产用水需要为主，不包括农业灌溉用水。

村镇用水主要包括居民生活用水、饲养畜禽用水、公共建筑用水、企业用水、浇洒道路和绿地用水、消防用水、管网漏失水和其他未预见用水等。

村镇供水工程可分为集中式和分散式两大类，其中集中式供水工程按供水规模可分为5种类型，见表1-1。

表1-1 村镇集中式供水工程按供水规模分类

工程类型	规模化供水工程			小型集中供水工程	
	Ⅰ型	Ⅱ型	Ⅲ型	Ⅳ型	Ⅴ型
供水规模 W /(m³/d)	$W > 10000$	$10000 \geqslant W > 5000$	$5000 \geqslant W > 1000$	$1000 \geqslant W > 200$	$W < 200$

(二) 主要技术指标

《村镇供水工程设计规范》（SL 687—2014）规定了村镇供水的水质、水量和水压。

1. 水质

村镇集中式供水工程的出厂水和管网末梢水的水质应符合《生活饮用水卫生标准》（GB 5749—2006）的要求。

小型集中式供水和分散式供水因条件限制，水质部分指标可暂按 GB 5749—2006 中的表 4 执行，其余指标仍按表 1、表 2 和表 3 执行。

当发生影响水质的突发性公共事件时，经市级以上人民政府批准，感官性状和一般化学指标可适当放宽。

2. 水量

（1）居民生活用水定额标准见表 1-2。

表 1-2　　　　　　　　　　　居 民 生 活 用 水 定 额　　　　　　　　　单位：L/(人·d)

气候和地域分区	公共取水点或水龙头入户，定时供水	水龙头入户，基本全日供水	
		有洗涤池，少量卫生设施	有洗涤池，卫生设施齐全
一区	20~40	40~60	60~100
二区	25~45	45~70	70~110
三区	30~50	50~80	80~120
四区	35~60	60~90	90~130
五区	40~70	70~100	100~140

注　1. 表中定时供水系指每天供水时间累计小于 6h 的供水方式，基本全日供水系指每天能连续供水 14h 以上的供水方式，卫生设施系指洗衣机、水冲厕所和淋浴装置等。

2. 一区包括：新疆、西藏、青海、甘肃、宁夏，内蒙古西部，陕西和山西两省黄土高原丘陵沟壑区，四川西部。二区包括：黑龙江、吉林、辽宁，内蒙古东部，河北北部。三区包括：北京、天津、山东、河南，河北北部以外地区，陕西关中平原地区，山西黄土高原丘陵沟壑区以外地区，安徽和江苏两省北部。四区包括：重庆、贵州、云南南部以外地区，四川西部以外地区，广西西北部，湖北和湖南两省西部山区，陕西南部。五区包括：上海、浙江、福建、江西、广东、海南，安徽和江苏两省北部以外的地区，广西西北部以外地区，湖北和湖南两省西部山区以外地区，云南南部。

3. 本表所列用水量包括了居民散养畜禽用水量、散用汽车和拖拉机用水量、家庭小作坊生产用水量。

（2）农村学校的最高日生活用水量定额标准见表 1-3。

表 1-3　　　　　　　　　农村学校的最高日生活用水定额　　　　　　　单位：L/(人·d)

走读师生和幼儿园	寄宿师生
10~25	30~40

注　综合考虑气温、水龙头布设方式及数量、冲厕方式等取值，南方取较高值、北方取较低值。

集体或专业户饲养畜禽用水量、公共建筑用水量、企业用水量、浇洒道路和绿地用水量、消防用水量、管网漏失水量和未预见水量等可按《村镇供水工程设计规范》（SL 687—2014）中的相关规定执行。

3. 水压

供水水压应满足末端管网中用户接管点的最小服务水头要求；设计时，对较高或较远的个别用户所需的水压不宜作为配水管网供水水压的控制条件，可采取局部加压满足其用水需要。

配水管网中用户接管点的最小服务水头，单层建筑物可为 10m，两层建筑物可为 12m，二层以上每增高一层可增加 4m；当用户高于接管点时，尚应加上用户与接管点的地形高差。

配水管网中，消火栓设置处的最小服务水头不应低于 10m。用户水龙头的最大静水头不宜超过 40m，超过时宜采取减压措施。

二、村镇供水的特点

我国幅员辽阔，农村人口众多。由于农村生活、生产活动规律，农民居住条件和卫生设施水平，各地区、各民族的生活习惯，特别是各地地理环境、水资源状况、经济发展水平等诸多因素的影响，决定了村镇供水有与城市供水不尽相同的自身特征，村镇供水特点列于表1-4。

表 1-4 村镇供水的特点

序号	特点	说明
1	用水点分散，给水量小	我国农村的居住点比较分散，通常按自然村集居，人口多为 200～800 人。乡镇所在地的人口较多，一般为 3000～5000 人。某些大镇或重镇人口最多，通常达 10000～30000 人。日给供水量多数在数百立方米到数千立方米之间
2	以生活饮用水为主	在我国农村中，用水对象绝大多数是农村居民的生活饮用水和牲畜用水。即使是在具有乡镇企业的地方，生活饮用水也要占全部用水量的 60%～70% 以上
3	用水时间集中	在同一居住点，大多数农民从事基本相同的生产活动，生活规律也大致相同，因此用水时间相对集中在每天的早、中、晚，其他时间用水量很小，时变化系数达 3～4
4	净水厂规模小，可采用间歇式运行	由于日供水量少而集中，净水厂可采用间歇式运行，通过给水系统中的调节构筑物进行水量调节

三、村镇供水的类型和供水方式

1. 供水类型

村镇供水工程按照取水、输水、净化、配水的方式可分为集中式和分散式两种供水类型。

(1) 集中式供水。集中式供水是指自水源集中取水，通过输配水管网送到用户或者公共取水点的供水方式，包括自建设施供水，为用户提供日常饮用水的供水站和为公共场所、居民社区提供的分质供水也属于集中式供水。

村镇集中式供水工程按供水规模分类见表1-1。

(2) 分散式供水。分散式供水是指分散居民直接从水源取水，无任何设施或仅有简易设施的供水方式。农村常见的分散式供水工程包括雨水集蓄供水、手动泵供水、分散式水井供水和引蓄水池供水等。随着城镇化水平逐步提高和农村经济社会发展，多数分散式供水将逐步被集中式供水取代。

2. 常见的供水方式

(1) 区域（联片）统一供水。在一定区域内，采用一个给水系统同时向多处村、镇供水，又称适度规模的供水系统。该系统一般由专业人员集中管理，供水水质有保障，供水保证率高，单位基建投资与制水成本较低。凡有可靠水源，居住又比较集中的地区，应首先考虑采用这种供水方式。

（2）单村独立供水。一个村组采用一个独立的供水系统仅向本村供水。一般供水规模小，管理人员技术水平往往较低，供水保证率、水质合格率通常较低，单位基建投资与制水成本较高，仅适用于居住分散，村间距离远，没有规模较大水源的地区。

（3）管网延伸供水。依靠其他较大给水管网向村镇供水。由于较大的城市或村镇供水系统供水安全，水质合格率高，管理较为规范，因此其周边地区距离管网较近的村镇，在符合该管网系统的水量水压的前提下，均可考虑采用管网延伸供水。

（4）分压供水。采用同一给水系统向地形高差较大的不同村镇或居住区分压供水。供水范围内如果地形高差较大，均应考虑这种供水方式。这不仅可以防止管网中因静压过高而发生爆管事故，还可降低能耗，降低成本。

（5）分质供水。按供水水质不同，分别供饮用水和其他生活、生产用水的供水方式。

第二节 村镇供水系统和工艺流程

一、村镇供水系统

村镇供水的任务是满足用户在水质、水量、方便程度和保证率等方面的要求。为了满足上述要求必须根据具体情况采用一系列相应的措施建造相应的工程设施。一般来讲，村镇供水系统应包括取水工程、输水工程、净水工程和配水工程四大部分，简称为"取、输、净、配"，见表1-5。

表1-5　　　　　　　　　　　村镇供水系统的组成

序号	项目	说　明
1	取水工程	担负地下水或地表水源取水的功能，由取水构筑物和取水泵房组成
2	输水工程	将由取水构筑物取集的原水输送到水质净化或调节构筑物的管渠设施
3	净水工程	由于农村给水工程中净水厂与配水厂通常合建，所以合并为净水工程。其作用是将原水进行净化，使其水质达到生活饮用水卫生标准的要求，并将净化后的水送至配水管网。一般由净化构筑物、清水池、水塔（或高位水池、气压供水罐等）、配水泵房及附属构筑物组成
4	配水工程	将水质合格的水送至用户，满足用户对水量与水压的要求。包括配水管道、附属设施和用水设备等

根据不同水源，村镇供水典型的供水系统组成见图1-1。

二、村镇供水主要工艺流程

村镇水厂水处理工艺需要根据水源水质和用水户对水质的要求，选择适宜的处理方法和工艺。

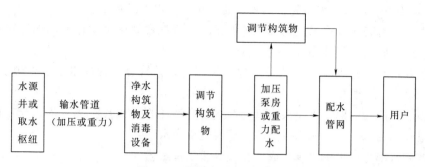

图 1-1　村镇供水系统示意图

（1）水源水质符合相关标准要求时，可采取以下净水工艺。

1）水质良好的地下水，可仅进行消毒处理，如水源为符合《地下水质量标准》（GB/T 14848—1993）的深层地下水。地下水消毒工艺流程见图 1-2。

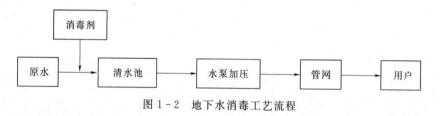

图 1-2　地下水消毒工艺流程

2）原水浊度较低，如不高于 20NTU、瞬间不超过 60NTU、其他指标符合《地表水环境质量标准》（GB 3838—2002）Ⅱ类水的要求时，可采用接触过滤/慢滤＋消毒工艺，其流程见图 1-3。

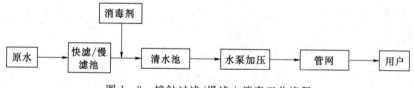

图 1-3　接触过滤/慢滤＋消毒工艺流程

3）原水浊度长期不超过 500NTU、瞬时不超过 1000NTU、其他水质指标符合《地表水环境质量标准》（GB 3838—2002）Ⅱ类水的要求时，可采用常规净化生产工艺，其流程见图 1-4。

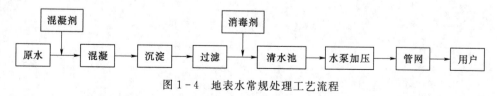

图 1-4　地表水常规处理工艺流程

4）原水含沙量变化较大或浊度经常超过 500NTU 时，可在常规处理工艺前采取预沉淀处理。高浊度水应按《高浊度水给水设计规范》（CJ 40—1991）的要求进行净化。

（2）限于条件，选用水质超标的水源时，可采取以下净水工艺。

1）微污染地表水可采用强化常规净水工艺，或在常规净水工艺前增加生物预处理或化学预氧化处理，也可采用滤后深度处理。

2）含藻水宜在常规净水工艺中增加气浮工艺，并符合《含藻水给水处理设计规范》（CJJ 32—2011）的要求。

3）铁、锰超标的地下水应采用氧化、过滤、消毒的净水工艺。

4）氟超标的地下水可采用吸附法、反渗透等净水工艺。

5）苦咸水淡化可采用电渗析或反渗透等膜处理工艺。

第二章　水　质　管　理

供水水质直接关系到居民饮水安全，影响人民群众的身体健康，是供水安全的核心内容。对供水水质进行日常检验是保证供水水质符合标准的重要手段之一，水质检验结果是判断供水水质是否符合标准的重要依据；原水水质的检验结果还决定着净水厂的处理流程和工艺。因此，水质管理在村镇供水中起着至关重要的作用，是村镇供水系统生产运行的灵魂，它渗透在生产运行的每个工序和环节，每一个运行管理人员都应把保证生产合格的水作为首要工作职责。

第一节　天然水中的杂质

一、杂质的来源

水是地球上分布最广的自然资源，在自然界中通过降水径流、渗透的方式进行着永不停息的循环运动，形成了各种水源。

水的溶解能力较强，水在自然界的循环过程中不仅混入了泥沙、黏土等杂质，还可溶解各种固体、液体和气体等物质。动植物的残骸在水中极易腐败分解而形成腐殖质等各类有机化合物。生活污水和工业废水的排放，严重地破坏了天然水中物质平衡，致使天然水体遭受污染，给人类的生活和工农业生产造成极其恶劣的影响。

二、杂质颗粒的分类

不同来源的水中杂质，按照存在的状态和颗粒尺寸的大小，通常分为溶解物、胶体颗粒、悬浮物 3 类，详见表 2-1。

表 2-1　　　　　　　　　　天然水中的杂质分类

分散颗粒	溶解物	胶体颗粒	悬浮物		
颗粒尺寸	0.1nm　　1nm　　10nm	100nm　　1μm	10μm　　100μm　　1mm		
分散系外观	透明	光照下浑浊	浑浊	明显浑浊	
颗粒名称	溶液	胶体	悬浮杂质		
分辨工具	电子显微镜可见	超显微镜可见	显微镜可见	肉眼可见	
颗粒内容	分子、离子	有机腐殖质、细菌病毒、黏土、重金属氧化物等	浮游生物泥土	砂	
处理方法	离子交换软化等方法去除	混凝、沉淀、过滤去除	自然沉淀、过滤去除	沉淀去除	

注　1mm（毫米）＝$10^3\mu$m（微米），1μm（微米）＝10^3nm（纳米）。

表 2-1 中的颗粒尺寸人为地按照球形颗粒来计，实际上，分散于水中的各种杂质颗粒形状是极不规则的，并非球形。表中的数据只是颗粒大小的一个尺寸概念，而且各类杂质颗粒的尺寸界限也不是截然划分的。在胶体和悬浮物两种杂质中，尽管颗粒尺寸大小有所区别，但颗粒在水中的状态还与其颗粒本身的性质、形状和密度等因素有关。一般而言 $0.1\sim1\mu m$ 之间的颗粒属于胶体和悬浮物的过渡阶段，也就是说，小颗粒的悬浮物往往也具有一定的胶体特征，只有当颗粒尺寸大于 $10\mu m$ 的悬浮颗粒才与胶体的特征有明显的差别。

三、杂质成分

按照给水处理的需要，天然水中杂质成分可分为溶解物、悬浮物、胶体、溶解性有机高分子化合物和微生物 5 类。

（1）溶解物。水中的溶解物主要是盐类和气体。盐类以阳离子（Ca^{2+}、Mg^{2+}、Na^+、K^+）、阴离子（HCO_3^-、SO_4^{2-}、Cl^-）的形式存在，有的地下水中还含有 Fe^{2+}、Mn^{2+} 和 F^-。溶解性气体主要有 O_2 和 CO_2 两种，有时也含有少量的 N_2、SO_2、H_2S 等气体。这些来自自然界的无毒无机盐类，对人体的健康无害，它与水构成了均匀的分散体系，对光的照射能全部通过，外观透明。但是，随着工农业的发展，各种对人身健康、环境及生态平衡有严重危害的物质随工业废水排入天然水体，如无机类有毒物质 Hg、Cr、Cd、Pb、Se 等；有机类有毒物质如多环芳烃、芳香族氨基化合物、有机汞、酚类化合物、有机氯、有机磷农药等。如果生活饮用水水源中含有这些有害物质将给现有的水处理工艺造成极大的困难，甚至不能作为生活饮用水水源。

（2）悬浮物。天然水中的悬浮物主要是泥沙、动植物和浮游生物的残骸以及有机高分子物质（如蛋白质、腐殖酸等）。粒径较大的杂质颗粒，在动水中基本上呈悬浮状态，在静水中易于下沉，在水力的作用下能在水中悬浮或上浮水面，主要成分是有机类物质和极为微小的杂质颗粒。

悬浮物的颗粒对光线具有反射和散射作用，使水体产生浑浊现象。因此悬浮物是生活饮用水水处理的对象之一。

（3）胶体。胶体颗粒的粒径一般小于 100nm，在水中相当稳定，在长时间的静置后也不会自然下沉，胶体颗粒多带负电荷，光照下水体浑浊；这些胶体颗粒又是细菌、病毒等有害物质的载体，是生活饮用水水处理的主要对象。

（4）溶解性有机高分子化合物。比较典型的腐殖质一类的杂质，是水体产生色、臭、味的主要原因之一，使水的感观性状不好。这一类杂质是呈分子状态，不属于胶体。但由于分子较大，也与胶体特征有类似之处，而与低分子溶解性物质不完全相同，也可通过投加混凝剂将其去除，但这比去除悬浮物和胶体颗粒困难，也是生活饮用水处理的对象之一。

（5）微生物。水体中的细菌、病毒、藻类，原生动物等活动生物统称为微生物。按照尺寸大小划分，藻类和原生动物属悬浮物，细菌和病毒属胶体范围，微生物对生活饮用水水源的危害远比无机悬浮物、胶体严重。尤其是来自于生活污水的病源微生物，经过混凝、沉淀、过滤常规处理不可能全部去除，必须进行消毒将其杀灭。水中的藻类和浮游生物大量地繁殖会使水体产生色、臭、味，给水处理带来极大的困难，造成混凝剂消毒剂投加量猛增，堵塞滤池，严重地影响水质和水量。

第二节 水 质 标 准

一、生活饮用水卫生标准

生活饮用水水质与人们身体健康和日常生活直接相关。作为生活饮用水，必须满足以下水质要求。

（1）生活饮用水中不得含有病原微生物。

（2）生活饮用水中所含化学物质不得危害人体健康。

（3）生活饮用水中放射性物质不应危害人体健康。

（4）生活饮用水的感官性状良好。

（5）生活饮用水应经消毒处理。

生活饮用水水质与人类健康和生活使用直接相关，故世界各国对饮用水水质标准极为关注。20 世纪初，饮用水水质标准主要包括水的外观和预防传染病的指标，以后开始重视重金属离子的危害，80 年代则侧重于有机污染物的防治。我国自 1956 年颁发《生活饮用水卫生标准（试行）》直至 1986 年实施的《生活饮用水卫生标准》（GB 5749—1985）的 30 年间，共进行了 4 次修订。2006 年对 GB 5749 进行新的修订，2007 年 7 月 1 日实施，代替《生活饮用水卫生标准》（GB 5749—1985）。

当发生影响水质的突发性公共事件时，经市级以上人民政府批准，感官性状和一般化学指标可适当放宽。其中，常规指标是能反映生活饮用水水质基本状况的水质指标，非常规指标是根据地区、时间或特殊情况需要的生活饮用水水质指标。

村镇供水水质应符合《生活饮用水卫生标准》（GB 5749—2006）。小型集中式供水和分散式供水因条件限制，水质部分指标可暂按照《生活饮用水卫生标准》（GB 5749—2006）中表 4 执行，其余指标仍按表 1、表 2 和表 3 执行。

二、乡镇企业用水水质标准

不同的企业类型，水质的要求也不尽相同，所要求的用水水质标准也就不同。

一般工艺用水的水质要求高，不仅要求去除水中悬浮物和胶体颗粒，而且需要不同程度地去除水中的溶解物。

食品、酿造及饮料工业的原料用水，水质要求应当高于生活饮用水的要求。

纺织、造纸业用水，要求水质清澈，且对易于在产品上产生斑点从而影响印染质量或漂白度的杂质含量加以严格限制，如铁和锰会使织物或纸张产生锈斑，水的硬度过高也会使织物或纸张产生钙斑。

对锅炉补给水水质的基本要求是：凡能导致锅炉、给水系统及其他热力设备腐蚀、结垢及引起汽水共腾现象的各种杂质，都应大部分或全部去除。锅炉压力和构造不同，水质要求也不同。

在电子工业中，零件的清洗以及药液的配置，都需要纯水。特别是半导体器件以及大规模集成电路的产生，几乎每道工序均需"高纯水"进行清洗。高灵敏度的晶体管和微型电路所需的高纯水，总固体残渣应小于 1mg/L，电阻率应大于 $10 \times 10^6 \Omega \cdot m$（欧姆·米）。此外，许多工业部门在生产过程中都需要大量的冷却水，用以冷凝蒸汽以及工艺流体或设备降温。冷却水首先要求水温低，同时对水质也有要求，如水中存在悬浮物、藻类及微生物等，会使管道和设备堵塞；在循环冷却系统中，还应该控制在管道和设备中由于水质所引起的结垢、腐蚀和微生物繁殖。

总之工业用水的水质优劣，与工业生产的发展和产品质量的提高关系极大。各种工业用水对水质的要求由工业部门制定。

第三节　水　质　指　标

在进行水质监测或检验时，应选择适合当地实际情况、具有代表意义的水质指标。《生活饮用水卫生标准》（GB 5749—2006）规定的常规指标 38 项，消毒剂指标 4 项，非常规指标 64 项，共计 106 项，本节扼要说明现行《生活饮用水卫生标准》（GB 5749—2006）的各项指标的意义，可作为选择检测指标时的参考。

一、常规指标

《生活饮用水卫生标准》（GB 5749—2006）规定的常规指标反映生活饮用水水质基本状况，分成微生物指标（4 项）、毒理指标（15 项）、感官性状和一般化学性状指标（17 项）、放射性指标（2 项）共计四大类、38 项，为《生活饮用水卫生标准》（GB 5749—2006）表 1 的主要内容。具体的水质指标与人体健康的关系及标准限值见表 2-2。

表 2-2　　　　　　　　　　　　水 质 常 规 指 标

指标	限值	意义
1. 微生物指标		
总大肠菌群/(MPN/100mL 或 CFU/100mL)	不得检出	能够指示肠道传染病菌存在的可能性，与伤寒、副伤寒、痢疾杆菌等互有联系，有这些致病性细菌时一般存在大肠杆菌
耐热大肠菌群/(MPN/100mL 或 CFU/100mL)	不得检出	来源于粪便，检出即表明水已被粪便污染，有可能存在肠道致病菌和寄生虫病原体的危险
大肠埃希氏菌/(MPN/100mL 或 CFU/100mL)	不得检出	来源于粪便，检出即表明水已被粪便污染，必须采取相应措施
菌落总数/(CFU/100mL)	100	菌落总数增多说明水体已被污染，也是考核净水处理效果的指标
2. 毒理指标		
砷/(mg/L)	0.01	主要来自地下水和冶炼废水。砷是致癌物，特别对皮肤、膀胱和肺部致癌
镉/(mg/L)	0.005	主要来自采矿、冶炼、电镀等化学工业途径。镉会在肾脏中长期蓄积，并导致肾脏和骨骼损伤，如发生"骨痛病"

续表

指标	限值	意　义
铬（六价）/(mg/L)	0.05	广泛分布于地壳中，来自金属冶炼厂、镀锌管道腐蚀、废电池水排出等。六价铬化合物在人体的体内和体外遗传毒性试验中显示活性
铅/(mg/L)	0.01	主要来自含铅管道及配件。可在人体内积累，主要毒性为贫血、神经功能失调和肾损伤。6岁前儿童以及孕妇是铅危害的最易感者，有可能影响智力发育
汞/(mg/L)	0.001	主要来自炼油和工厂废弃物污染。主要损害人体肾脏和神经系统
硒/(mg/L)	0.01	主要来自冶炼含硒矿石、炼油、制造硫酸、颜料、特种玻璃及陶器等行业水体，地下水中硒可能来自地层；硒是人体必需元素，过量会使人食欲不振、四肢无力、脱发、脱甲、偏瘫
氰化物/(mg/L)	0.05	主要来自含氰工业废水。有剧毒，能使人中毒死亡，损害神经中枢或甲状腺
氟化物/(mg/L)	1.0	氟是通过饮用水对人体健康构成威胁最大的地球化学物质。氟是对人体有益元素，适量的氟化物可预防龋齿（0.5mg/L以下），过量可致氟斑牙和氟骨症
硝酸盐（以 N 计）/(mg/L)	10	硝酸盐是含氮有机化合物分解后的最终产物。含量过高会引起喂养婴儿的人工变性血红蛋白血症，在口腔和肠道内细菌硝酸还原酶的作用下，很容易被还原成亚硝酸盐，继而与鱼肉等胺类物质结合，产生致癌物质亚硝酸胺
三氯甲烷/(mg/L)	0.06	饮水中氯化消毒副产物。有致癌作用，对人具有潜在致癌风险
四氯化碳/(mg/L)	0.002	饮水中氯化消毒副产物。有致癌作用，对人具有潜在致癌风险
溴酸盐（使用臭氧时）/(mg/L)	0.01	臭氧氧化/消毒副产物。有致癌作用，对人具有潜在致癌风险
甲醛（使用臭氧消毒时）/(mg/L)	0.9	主要是原水中天然有机物（腐殖质）在臭氧消毒过程中产生的。甲醛可能引发接触者过敏性皮炎和发生溶血性贫血
亚氯酸盐（使用二氧化氯消毒时）/(mg/L)	0.7	二氧化氯消毒副产物。可能引起贫血，影响青少年的神经系统反应
氯酸盐/(mg/L)	0.7	二氧化氯消毒副产物。可能引起血红细胞改变
3. 感官性状和一般化学性状指标		
色度	15	可能由于矿物质、铁、锰、腐败的有机物、化学物质等多种杂质和水的浑浊度造成

续表

指标	限值	意　义
浑浊度/(NTU)	1；水源与净水技术条件限制时为3	水厂中重要的运行指标，是水净化过程中最常用的操作参数。浑浊度降低的同时，水中的细菌、大肠菌、病毒、贾第虫、隐孢子虫、三价铁、四价锰、部分有机物，包括氯化副产物的前驱物等均会降低
臭和味	无异臭、异味	饮用水的异臭和异味虽不能直接导致对人体健康的影响，但可得出饮用水已受到污染和不安全的信号
肉眼可见物	无	饮用水中应无肉眼直接能观察到的杂物、漂浮物、动物（如红虫）、油膜、乳化物等
pH 值	不小于6.5且不大于8.5	饮用水 pH 值为 6.5～9.5 时对人体健康并无不良影响；pH 值小于 6.5 时可能会腐蚀与水接触的管道、龙头，从而影响水质；pH 值大于 8.5 时管道易结垢
铝/(mg/L)	0.2	铝是一种低毒且为人体非必需的微量元素，长期摄入过多的铝可导致老年性痴呆。超过 0.2mg/L 时可能产生絮状沉积物，影响水的感官性状
铁/(mg/L)	0.3	铁是人体不可缺少的营养元素。浓度高时，会增加水的浊度，使水有特殊的色、臭、味，污染衣服，影响工业产品质量，在管网中易于生长铁细菌，加速水管锈蚀
锰/(mg/L)	0.1	锰是人体需要的微量元素之一。含量过高，会产生金属涩味，洗衣服和固定设备易产生污染斑点，锰的化合物沉积后可造成"黑水"现象
铜/(mg/L)	1.0	铜是人体需要的主要微量元素之一。浓度过高，可使水有金属味、衣服器皿及白瓷染成绿色
锌/(mg/L)	1.0	锌是人体不可缺少的营养元素。过量则能刺激胃、肠道，产生恶心，甚至中毒。浓度高时，可增加水的浑浊度，有金属涩味
氯化物/(mg/L)	250	含量过高，产生令人厌恶的味道，长期过量饮用还会引起高血压、心脏病
硫酸盐/(mg/L)	250	含量过高使水苦涩味，且能使人腹痛、腹泻
溶解性总固体/(mg/L)	1000	主要成分为钙、镁、钠的重碳酸盐、氯化物和硫酸盐等无机物。浓度过高可使水产生不良的味道，并能损坏管道和设备
总硬度（以 $CaCO_3$ 计）/(mg/L)	450	由钙离子与镁离子形成。浓度过高，影响洗衣服，能引起暂时性胃肠功能紊乱。浓度过低也会引起人体钙、镁代谢紊乱，导致心血管病症
耗氧量（COD_{Mn}法，以 O_2 计）/(mg/L)	3；水源限制、原水耗氧量大于6时为5	反映水质受到污染特别是有机污染的综合性指标

指标	限值	意义
挥发酚类（以苯酚计）/(mg/L)	0.002	主要来自工业废水污染，特别是炼焦和石油工业废水。具有恶臭味，与氯反应生成氯酚
阴离子合成洗涤剂/(mg/L)	0.3	浓度过高，水会起泡沫，并可能有异味
4. 放射性指标		
总 α 放射性/(Bq/L)	0.5（建议值）	超过建议值，会增加致癌风险
总 β 放射性/(Bq/L)	1（建议值）	超过建议值，会增加致癌风险

《生活饮用水卫生标准》（GB 5749—2006）的表 2 中规定了饮用水中消毒剂常规指标 4 项，其意义及出厂水中的限值见表 2-3。

表 2-3 饮用水中消毒剂常规指标及要求

消毒剂名称	与水接触时间	出厂水限值	出厂水余量	末梢水余量	意义
氯气及游离氯制剂/(mg/L)	≥30min	4	≥0.3	≥0.05	刺激眼鼻，引起胃不适
一氯胺（总氯）/(mg/L)	≥120min	3	≥0.5	≥0.05	刺激眼鼻，引起胃不适，引发贫血
臭氧/(mg/L)	≥12min	0.3	—	≥0.02；如加氯，总氯不小于 0.05	刺激眼鼻喉，较高浓度时会出现头痛及呼吸器官局部麻痹
二氧化氯/(mg/L)	≥30min	0.8	≥0.1	≥0.02	可能引起贫血；影响青少年的神经系统反应

二、非常规指标

《生活饮用水卫生标准》（GB 5749—2006）的表 3 中还设置了非常规指标及限值，即根据地区、时间、水源水质变化或特殊情况需要实施的生活饮用水水质指标，共计 64 项。非常规指标中又分成三大类，分别是微生物指标（2 项）、毒理指标（59 项）和感官性状与一般化学指标（3 项），这些指标的意义及限值见表 2-4。

表 2-4 水质非常规指标及限值

指标	限值	意义
1. 微生物指标		
贾第鞭毛虫/(个/10L)	1	经人畜粪便传播；使人患胃肠道疾病，如腹泻、呕吐、痉挛
隐孢子虫/(个/10L)	1	经人畜粪便传播；使人患胃肠道疾病，如腹泻、呕吐、痉挛

指标	限值	意　义
2. 毒理指标/(mg/L)		
锑	0.005	来源于石油精炼、陶瓷、电子产品、焊料以及金属输水管件；可能增高血胆固醇，减低血糖
钡	0.7	来源于金属矿冶炼，自然沉积物侵蚀；可能使人体血压升高
铍	0.002	来源于金属冶炼和选煤废水排放，电子航天工业污染；对肠道有损害
硼	0.5	来源于玻璃、清洁剂和阻燃剂制造；可能对雄性生殖系统有影响
钼	0.07	用于特种钢原料。水中钼可能来源于颜料、润滑剂原料和农作物肥料；是人体必需元素
镍	0.02	用于合金生产。可能从输水管件中溶出，可能引起过敏接触性皮炎
银	0.05	用于饮水消毒。可能自镀银活性炭上脱落；偶尔存在与地下水中；过量摄入银可能出现银沉着病，使皮肤毛发脱色
铊	0.0001	存在于矿石和自然沉积物中。用于制造合金、超导材料；损伤神经系统，使毛发脱落
氯化氰（以 CN 计）	0.07	用氯胺消毒饮用水的副产物。人体吸入中毒症状是对呼吸道刺激，产生器官和支气管血性渗出物及肺水肿
一氯二溴甲烷	0.1	饮水加氯消毒副产物。对肝脏有损害，增加致癌风险
二氯一溴甲烷	0.06	饮水加氯消毒副产物。对肝脏有损害，增加致癌风险
二氯乙酸	0.05	来自制药和化工废弃物，饮水加氯消毒副产物；影响肝、肾和肾上腺；增加致癌风险
1，2-二氯乙烷	0.03	来自化工厂排放，增加致癌风险
二氯甲烷	0.02	来源于制药和化工排放，对肝脏有影响；增加致癌风险
三卤甲烷（三氯甲烷、一氯二溴甲烷、二氯一溴甲烷、三溴甲烷的总和）	该类化合物中各种化合物的实测浓度与其各自限值的比值之和不超过 1	饮水加氯消毒副产物，用计算方法计算毒性总量；增加致癌风险
1，1，1-三氯乙烷	2	来自金属脱油脂厂排放；影响肝脏、神经系统或循环系统
三氯乙酸	0.1	来自制药和化工产物中间体，也是饮水加氯消毒副产物；影响肝脏并增加致癌风险
三氯乙醛	0.01	饮水加氯消毒副产物，用做镇静剂和催眠药；可引起肝脏损伤
2，4，6-三氯酚	0.2	用作杀菌剂、枕木防腐；增加致癌风险
三溴甲烷	0.1	饮水加氯消毒副产物；用作镇静剂与止咳剂；引起肝脏损伤；增加致癌风险

续表

指标	限值	意　义
七氯	0.0004	光谱杀虫剂；引起肝脏损伤，显示对中枢神经系统有毒性作用
马拉硫磷	0.25	一种高效低毒有机磷杀虫剂；具有强烈硫醇臭是制定本标准的依据
五氯酚	0.009	木材防腐厂排放；损害肝、肾；增加致癌风险
六六六（总量）	0.005	有机氯农药，是4种异构体的粗混合物；引起肝脏损伤，增加致癌风险
六氯苯	0.001	来自金属冶炼和农业化工厂排放；损坏肝肾；致生殖困难，增加致癌风险
乐果	0.08	一种高效、中等毒性的有机磷农药。可能具有生殖毒性，抑制胆碱酯酶活性
对硫磷	0.003	为光谱有机磷杀虫剂，有强烈大蒜气味，该标准是按其嗅觉阈值浓度制定的
灭草松	0.3	为广谱除草剂，从实验动物观察到血液学效应而推导本标准限值
甲基对硫磷	0.02	一种非内吸杀虫剂和杀螨剂，有抑制胆碱酯酶活性作用，该标准是按其嗅觉阈值浓度制定的
百菌清	0.01	一种杀菌剂，对皮肤、眼有刺激作用，并是致癌物
呋喃丹	0.007	一种杀真菌剂，影响血液神经系统或生殖系统
林丹	0.002	一种用于蔬菜、水果、家畜的杀虫剂，是六六六中γ异构体；可损害肝脏和肾脏
毒死蜱	0.03	光谱有机磷杀虫剂，用于控制卫生昆虫、农作物以及水生幼虫；有抑制胆碱酯酶活性作用
草甘膦	0.7	广谱除草剂，应用于农业、森林和水生杂草；影响肾脏、生殖困难
敌敌畏	0.001	为广谱有机磷杀虫剂，对人可能有致癌作用
莠去津	0.002	一种出苗前后使用的选择性除草剂，有损心血管系统，有生殖毒性
溴氯菊酯	0.02	为除虫菊酯类广谱杀虫剂，动物实验出现轻度兴奋和体重减轻
2，4-滴	0.03	用作除草剂和植物生长调节剂，影响肾、肝或肾上腺
滴滴涕	0.001	为有机氯杀虫剂，在环境中持久不易分解；损害肝脏，在人体脂肪组织中蓄积
乙苯	0.3	来自石油精炼排放；损害肝、肾组织
二甲苯（总量）	0.5	炼油厂与化工厂排放水中，损害神经系统

续表

指标	限值	意义
1，1-二氯乙烯	0.03	来源于化工厂排放，影响肝脏
1，2-二氯乙烯	0.05	来源于化工厂排放，影响肝脏
1，2-二氯苯	1	来源于化工厂排放，影响肝、肾循环系统
1，4-二氯苯	0.3	来源于化工厂排放，造成贫血、损害肝肾或脾
三氯乙烯	0.07	来自金属脱油脂厂排放；影响肝脏；增加致癌风险
三氯苯（总量）	0.02	用作染料、溶剂以及杀虫剂；对肝有毒性，改变肾上腺功能
六氯丁二烯	0.0006	用作溶剂、润滑剂以及熏蒸剂；损害肾脏
丙烯酰胺	0.0005	饮水净化时加入的助凝剂单体；损害神经系统和血液，增加致癌风险
四氯乙烯	0.04	来自某些工厂、干洗店排放；损害肝，增加致癌风险
甲苯	0.7	炼油厂排放；影响神经系统、肾或肝脏
邻苯二甲酸二（2-乙基己基）酯	0.008	用作聚乙烯和聚氯乙烯的增稠剂，小蓄电池的电解质，主要通过工业废水和涉水产品污染水体；影响生殖、肝脏；增加致癌风险
环氧氯丙烷	0.0004	来源于化工厂排放废水以及某些涉水产品析出量；增加致癌风险；长期摄入会影响胃
苯	0.01	来源于化工厂排放，储气罐清洗液；引起贫血，减少血小板，增加致癌风险
苯乙烯	0.02	存在于橡胶与塑料厂的废水中；影响肝、肾或循环系统
苯并（a）芘	0.00001	存在于储水罐和配水管线的冲洗水中；引起生殖困难；增加致癌风险
氯乙烯	0.005	塑料工程排放，聚氯乙烯管析出；增加致癌风险
氯苯	0.3	用作溶剂，合成农药的原料，存在于相关工业废水中；影响肝脏和肾脏
微囊藻毒素-LR	0.001	为微囊藻分泌的毒素中有代表性的一种，当藻细胞破裂后进入水中；损害肝脏、肾、肺和小肠；增加致癌风险

3. 感官性状和一般化学指标/(mg/L)

指标	限值	意义
氨氮（以N计）	0.5	主要来源于生活污水和工业废水的污染。是衡量水源被有机物污染的严重程度的经验数值。浓度较高时，会导致水质黑臭。氨氮也是富营养化的主要因素
硫化物	0.02	主要来自工业废水、生活污水以及温泉地下水。有强烈的臭鸡蛋味
钠	200	钠是人体必需元素。过量钠会使水产生味道；钠可能使人的血压升高

注　表中常规指标38项、消毒剂指标4项、非常规指标64项，共106项。

三、小型集中式供水和分散式供水部分水质指标及限值

考虑到村镇供水中小型集中式供水工程和分散式供水工程实际条件有可能难以全部达到生活饮用水卫生标准的规定，《生活饮用水卫生标准》（GB 5749—2006）的表4对小型集中式供水和分散式供水的部分水质做了适当的放宽，共14项，放宽后的限值参见表2-5。

表 2-5　　　　　小型集中式供水和分散式供水部分水质指标及限值

指标	限值	意　义
1. 微生物指标		
菌落总数/(CFU/mL)	500	作为评价水质清洁程度和考核净化效果的指标，不指示传染病风险程度
2. 毒理学指标		
砷/(mg/L)	0.05	据流行病调查资料，在本限值时并未发现砷中毒症状
氟化物/(mg/L)	1.2	据流行病调查资料，贫困地区居民对氟化物耐受水平应低于1.0mg/L；制定本限值只是从当前实际可行性考虑
硝酸盐（以 N 计）/(mg/L)	20	据流行性调查资料，在本限值时并未发现硝酸盐中毒症状
3. 感官性状和一般化学指标		
色度（铂钴色度单位）	20	色度为20时一般消费者尚可接受
浑浊度/(NTU)	3；水源与净水技术条件限制时为5	原则上水的浑浊度尽可能低，但条件限制时，浑浊度为5NTU尚可接受
pH 值	不小于6.5且不大于9.5	饮水 pH 值为6.5~9.5时对人体健康并无不良影响，但需注意较高 pH 值时易结垢
铁/(mg/L)	0.5	可能已影响水的颜色，但尚可接受
锰/(mg/L)	0.3	可能已影响水的颜色，但尚可接受
氯化物/(mg/L)	300	可能已影响水的颜色，但尚可接受
硫酸盐/(mg/L)	300	可能已影响水的颜色，但尚可接受
溶解性总固体/(mg/L)	1500	可能已影响水的口感，但尚可接受
总硬度（以 $CaCO_3$ 计）/(mg/L)	550	可能已影响水的口感，但尚可接受
耗氧量（COD_{Mn}法，以 O_2 计）/(mg/L)	5	可能已影响水的颜色和气味，但尚可接受

第四节　水　质　检　测

一、水样的采集与保存

1. 一般规定

（1）采样计划。采样前应根据水质检验目的和任务制定采样计划，内容包括采样目的、检验指标、采样时间、采样地点、采样方法、采样频率、采样数量、采样容器与清

洗、采样体积、样品保存方法、样品标签、现场测定项目、采样质量控制、运输工具和条件等。

（2）采样容器。采样容器的材质应化学稳定性强，且不应与水样中组分发生反应，容器壁不应吸收或吸附待测组分；采样容器的大小、形状和重量应适宜，能严密封口，并容易打开，且易清洗。对无机物、金属和放射性元素测定水样应使用有机材质的采样容器，如聚乙烯塑料容器等；对有机物和微生物学指标测定应使用玻璃材质的采样容器，并应选择适宜的采样器。

2. 水样采集

（1）采样前应先用水样荡洗采样器、容器和塞子 2～3 次。同一水源、同一时间采集几类检测指标的水样时，应先采集供微生物学指标检测的水样，采样时应直接采集，不得用水样涮洗已灭菌的采样瓶，并避免手指和其他物品对瓶口的污染。采样时不可搅动水底的沉积物。

（2）原水采样点，应布置在取水口附近。管网末梢水采样点，应设在水质不利的管网末梢，按供水人口每 2 万人设 1 个；供水人口在 2 万人以下时不少于 1 个。

（3）水样采集和水质检验方法应符合《生活饮用水标准检验方法》（GB/T 5750—2006）的规定，也可采用国家质量监督部门、卫生部门认可的简便方法和设备进行检验。

3. 采样体积与保存

一般理化指标采样体积为 3～5L。水样的保存时间、保存方法应符合《生活饮用水标准检验方法》（GB/T 5750—2006）的要求。

二、水质检验

（1）供水单位应建立水质检验制度，定期对原水、出厂水和管网末梢水进行水质检验，并接受当地卫生部门的监督。

（2）Ⅰ类、Ⅱ类、Ⅲ类供水单位应建立水质化验室，配备与供水规模和水质检验要求相适应的检验人员（按村镇供水厂/站定岗标准确定）及仪器设备；Ⅳ类供水单位应逐步具备检验能力；Ⅴ类供水单位应有人负责水质检验工作。

（3）供水单位不能检验的项目应委托具有水质检验资质的单位进行检验。

（4）当检验结果超出水质指标限值时，应立即重复测定并增加检验频率。水质检验结果连续超标时，应查明原因，并采取有效措施防止对人体健康造成危害。

（5）水质检验记录应完整清晰并存档。

（6）水质检测方法按照 GB/T 5750—2006 规定执行。

（7）水质采样点应选在水源取水口、水厂（站）出水口、水质易受污染的地点、管网末梢等部位。管网末梢采样点数应按供水人口每 2 万人设 1 个；人口在 2 万人以下时应不少于 1 个。

三、水质检验项目及频率

水质检验项目和频率应根据满足《村镇供水工程运行管理规程》（SL 689—2013）的要求，详见表 2-6。

表 2-6 水质检验项目及频率

水样		检验项目	村镇供水工程类型			
			Ⅰ型	Ⅱ型	Ⅲ型	Ⅳ型
水源水	地下水	感官性状指标、pH值	每周1次	每周1次	每周1次	每月1次
		微生物指标	每月2次	每月2次	每月2次	每月1次
		特殊检验项目	每周1次	每周1次	每周1次	每月1次
		全分析项目	每年1次	每年1次	每年1次	—
	地表水	感官性状指标、pH值	每日1次	每日1次	每日1次	每日1次
		微生物指标	每周1次	每周1次	每月2次	每月1次
		特殊检验项目	每周1次	每周1次	每周1次	每月1次
		全分析项目	每年2次	每年1次	每年1次	—
出厂水		感官性状指标、pH值	每日1次	每日1次	每日1次	每日1次
		微生物指标	每日1次	每日1次	每日1次	每月2次
		消毒剂指标	每日1次	每日1次	每日1次	每日1次
		特殊检验项目	每日1次	每日1次	每日1次	每日1次
		全分析项目	每季1次	每年2次	每年1次	每年1次
末梢水		感官性状指标、pH值	每月2次	每月2次	每月2次	每月1次
		微生物指标	每月2次	每月2次	每月2次	每月1次
		消毒剂指标	每周1次	每周1次	每月2次	每月1次

注 1. 感官性状指标包括浑浊度、肉眼可见物、色度、臭和味。

2. 微生物指标主要包括菌落总数、总大肠菌群。当检出总大肠菌群时，应进一步检测大肠埃希氏菌或耐热大肠菌群。

3. 消毒剂指标，根据不同的供水工程消毒方法，为相应消毒控制指标。如果没有使用臭氧消毒时，可不检测甲醛、溴酸盐和臭氧这3项指标。

4. 特殊检验项目是指水源水中氟化物、砷、铁、锰、溶解性总固体、COD_{Mn}或硝酸盐等超标且有净化要求的项目。

5. 全分析项目宜包括 GB 5749—2006 的常规项目。每年2次，应为丰、枯水期各1次；全分析每年1次时，应在枯水期或按有关规定进行。

6. 水质变化较大时，应根据需要适当增加检验项目和检验频率。

四、水质合格率

Ⅰ类、Ⅱ类、Ⅲ类供水单位的水质检验合格率，应按照 GB 5749—2006 的规定执行，详见表 2-7。

表 2-7　　　　　　　　　　　　水 质 检 验 合 格 率

水样检验项目 出厂水或管网水	综合	出厂水	管网水	GB 5749—2006 表 1 项目	GB 5749—2006 表 2 项目
合格率/%	95	95	95	95	95

注　1. 综合合格率为：GB 5749—2006 的表 1 中 42 个检验项目的加权平均合格率。

　　2. 出厂水检验项目合格率：浑浊度、色度、臭和味、肉眼可见物、余氯、细菌总数、总大肠菌群、耐热大肠菌群、COD_{Mn} 共 9 项的合格率。

　　3. 管网水检验项目合格率：浑浊度、色度、臭和味、余氯、细菌总数、总大肠菌群、COD_{Mn}（管网末梢点）共 7 项的合格率。

　　4. 综合合格率按加权平均进行统计。

　　计算公式：

　　(1) 综合合格率 $= \dfrac{\text{管网水 7 项各单项合格率之和} + \text{42 项扣除 7 项后的综合合格率}}{7+1} \times 100\%$；

　　(2) 管网水 7 项各单项合格率 $= \dfrac{\text{单项检验合格次数}}{\text{单项检验总次数}} \times 100\%$；

　　(3) 42 项扣除 7 项后的综合合格率（35 项）$= \dfrac{\text{35 项加权后的总检验合格次数}}{\text{各水厂出厂水的检验次数} \times 35 \times \text{各厂供水区分布的取水点数}}$ $\times 100\%$。

第三章　饮用水水源与取水构筑物

饮用水水源是指向供水企业生产饮用水提供原水的水源。做好饮用水水源保护与管理，对于维持水厂正常生产、保证供水质量、降低制水成本有着重要意义。

取水工程是供水工程系统中重要的组成部分，主要任务是按照一定的水质要求从供水水源中取水，在保证水量和水压的前提下，可靠、安全地把水送至后续水处理工艺。

由于取水工程直接与供水水源相联系，供水水源的水质、水量在各种自然或人为的因素影响下所发生的变化，将对取水工程的正常运行及安全可靠性产生影响。取水工程位于整个供水系统的首端，它的运行情况直接影响供水安全性和可靠性。因此，取水工程对整个供水工程系统是十分重要的。

取水工程主要包括供水水源和取水构筑物两大部分。在供水水源中，主要介绍可作为供水水源的水体资源及其分类、特点和水源管理与卫生防护等内容。在取水构筑物中，主要介绍各取水构筑物的构造形式、运行管理等内容。

第一节　村镇供水水源种类及特点

一、村镇供水水源的种类

我国农村地区幅员辽阔，南北纵跨热带、亚热带、温带三大气候带，地形变化复杂，因此水文地质条件差异性很大，从而决定了饮用水水源类型多种多样。我国村镇供水水源一般可分为地表水水源和地下水水源两大类，这两类水源的种类和特点见表 3-1。在地下水和地表水严重缺乏的农村地区，还可收集雨水作为生活饮用水水源。

表 3-1　　　　　　　　　　村镇供水水源的种类及特点

种　类		主　要　特　点
地表水	江河水	（1）水量和水质受季节和降水的影响较大； （2）水的浑浊度与细菌含量一般较湖泊、水库水高，且易受人为的环境污染
	湖泊水、水库水	（1）水量、水质受季节和降水的影响，一般水量比江河水小； （2）浊度较江河水低，细菌含量较少； （3）水中藻类等水生物在春秋季繁殖较快，可能引起臭味
	山溪水	（1）水量受季节和降水的影响较大，一般水质较好； （2）浊度较低，但有时漂浮物较多
	塘堰水	（1）受污染机会多，且细菌含量大； （2）有时还会出现臭味和水生物

续表

种　类		主　要　特　点
地下水	上层滞水	(1) 处于地表以下、局部隔水层以上的地下水； (2) 水质变化较大且易受污染
	潜水	(1) 直接与大气相通、水位受大气降水与季节的影响较大，雨季水位上升，旱季水位下降； (2) 与上层滞水比较，浊度低，细菌含量少
	承压水	(1) 存在于两个隔水层之间，外界的影响较小； (2) 水量、水质较稳定，且不易受污染； (3) 它与潜水比较，一般水质更好

二、村镇供水水源的特点

我国幅员辽阔，村镇在地理位置、气候特征等方面相差悬殊，水源的种类比城市更为复杂，具体有以下特点。

1. 村镇的水源类型和取水方式多样

村镇人口规模小，一般只有近百人到近千人，不少集镇也不过几千人到近万人。村镇的日供水量为几十立方米到近万立方米，比城市的供水规模要小得多。一般采取就近、分散的取水方式。水源的类型也较为复杂，既有以江河、湖泊（水库）水、雨水（窖水）等作为供水水源，又有以一般地下水和特殊水质的地下水（如高氟水、苦咸水或含铁锰水等）作为水源的，取水方式又灵活多样。这些，构成了村镇供水与净水工艺的多样性。

2. 水源水质的差异较大

由于村镇供水水源类型多样，致使其水质的种类也多，且变化较大。

（1）山区、丘陵地带的水源以泉水和山溪河水为主。一般情况下，水源浊度较低且细菌含量较少，水质良好；但洪水季节山溪河水含沙量较大，且浊度较高、漂浮物较多。泉水一般无需处理。

（2）江、河、湖水网地带的村镇，常以江河、湖泊水作为饮用水水源。由于水质随水体流量的变化而变化，易受周围环境的影响，细菌含量较高，这类水源水一般均需经过常规净化处理、消毒后方可作为饮用水。

（3）取用承压地下水作为村镇供水水源时，其水质较江、河、湖泊水要好，直接受污染的机会少，浊度低且细菌含量较少。这类地下水一般只需消毒后即可作为饮用水，它是村镇优先选择的水源。

（4）在某些地区的村镇地下水水源中，有些是高氟水、苦咸水等，这些水源与农村的一些地方病有着密切的关系。在我国农村，还存在以中、高氟水或苦咸水为饮用水水源，还有一些村镇以含铁、锰超标的地下水为饮用水水源。

3. 水资源分布极不均衡

东南沿海地区，降水量充足，多年平均年降雨量大于 2000～3000mm，在这些地区的村镇，水源水量充沛；但在西北地区、多年平均年降雨量仅为几十毫米，且干旱季节长，江河水常年干涸，水资源枯竭。有些农村以窖水为饮用水水源，保证必要的供水量是十分困难的。

三、村镇供水水源的选择原则

供水水源的选择应根据城乡近期总体规划、水体的水质情况、水文和水文地质资料、用户对水质和水量的要求等方面的因素进行综合考虑，应选择水质良好、水量充沛、水源便于保护的水体作为供水水源。在对水源水质要求较高时，宜优先选用地下水。取水点的设置应位于城镇和工业区的上游，地表水根据自然流向进行上下游判别；地下水则应据地下潮流的主要流向进行判别。作为生活饮用水的水源水的水质，应符合下列要求。

（1）水源的水量要充沛，既要满足目前需要，又要考虑到用水的发展。不仅丰水期，即使枯水期也能满足使用要求，如以地表水为水源时，最小设计流量的保证率应按 90％考虑。

（2）水质良好，经净化工艺处理后出水应符合《生活饮用水卫生标准》（GB 5749—2006）的规定。

（3）考虑农业、渔业、水利等方面综合利用的可能性。在缺水地区，应尽可能先考虑生活饮用水。

（4）考虑到取水、输水、净化、配水等设施的施工和运行要求，尽量减少给水系统的投资和运行管理费用。

（5）根据村镇规划，合理地确定水厂位置，一般应将地表水的取水点设在村镇的上游，以便于卫生防护。

（6）在同等条件下，应优先选择地下水水源，因为地下水水源易防护，卫生条件好，可以就近取水，一般不需处理或只需简单处理即可。只有当地下水量不足或水中含氟、铁、锰、放射性等物质过高，或水味苦咸，或遭受工业有害废弃物严重污染致使水质恶化时，才应考虑地表水。

第二节　饮用水水源保护与管理

一、饮用水水源保护区（保护范围）

饮用水水源保护区是国家为保护水源洁净而划定的加以特殊保护、防止污染和破坏的一定区域。设立饮用水水源地保护区，是保护饮用水水源地最大可能免受人类活动影响、保证水质安全的重要措施。饮用水水源保护区分为地表水饮用水水源保护区和地下水饮用水水源保护区，地表水饮用水水源保护区包括一定面积的水域和陆域，地下水饮用水水源保护区指地下水饮用水水源地的地表区域。

《中华人民共和国水污染防治法》（2008 年 2 月 28 日修订通过）第五十六条规定：国家建立饮用水水源保护区制度。饮用水水源保护区分为一级保护区和二级保护区。必要时可以在饮用水水源保护区外围划定一定的区域作为准保护区。饮用水水源保护区的划定，由有关市、县人民政府提出划定方案，报省、自治区、直辖市人民政府批准。

《全国农村饮水安全工程"十二五"规划》明确提出，对受益人口 1000 人以上集中式供水工程要依法划定水源保护区或保护范围。

（一）饮用水水源保护区的划分方法、依据和原则

1. 划分方法

饮用水水源保护区的划分方法主要有两种：直接给出保护区范围值（经验值法）和利用模型计算划定范围（数学模拟法）。经验值法制定简单，操作方便，但理论依据不充分，人为因素较大。我国已有饮用水水源保护区的划分大都采用此类方法。数学模拟法即根据水源地的水文、地质、污染等条件，对其建立数学模型，利用实验数据，按照不同保护区水质要求确定各级保护区的范围。数学模拟法有一定的理论基础，但实地操作较复杂，且涉及的参数较难得到。农村小型水源保护区或保护范围的划分主要运用经验值法确定其范围。

2. 划分依据和原则

饮用水水源保护区应根据水源所处的地理位置、地形地貌、水文地质条件、供水量、开采方式和污染源分布，结合当地标志性或永久性建筑，按照《饮用水水源保护区划分技术规范》（HJ/T 338—2018）或地方条例、标准规定进行划定。

（1）依据。

1）法律法规：《中华人民共和国水法》第三十三条和第三十四条；《中华人民共和国水污染防治法》第十二条和第二十条；《中华人民共和国水污染防治法实施细则》第二十条至第二十三条；《饮用水水源保护区污染防治管理规定》第三条、第四条和第六条等。

2）水质标准：保护水源地功能，执行的水质标准主要是环境标准。主要标准包括《地表水环境质量标准》（GB 3838—2002）、《地下水质量标准》（GB/T 14848—1993）、《生活饮用水卫生标准》（GB 5749—2006）等。

（2）原则。饮用水水源保护区的划分应考虑水源位置、水文、气象、地质条件、水动力特征，水域污染类型、污染特性、污染物特性、污染源分布、排水区分布，水源规模、水量需求等多种因素，以保护水源地水量、水质为目标，合理划定水源保护区。

1）区分水源类型。针对河道型、湖泊型、水库型和地下水等不同类型饮用水水源的特点，综合考虑影响饮用水水源水质、水量的各种因素划分饮用水水源保护区。

2）水量、水质保护并重。要做到水量、水质保护并重。在取水量有保证的地区，饮用水水源保护区划分应以保护水源水质为重点。

3）水源地划分方法应符合国家有关法律、法规要求，考虑水工程管理、河道管理等实际情况。

4）现实性和前瞻性相结合。饮用水水源保护区划分应与区域土地利用规划、流域水资源保护规划、区域发展规划及经济社会发展需要相结合，保护区的划分不仅要满足现状需求，还要考虑未来发展，协调经济社会发展和饮用水水源保护的关系。

5）因地制宜、便于监管。饮用水水源保护区的划分力求简单明确，既要便于主管部门管理，也要便于公众参与饮用水水源保护区的监督。

（二）不同类型饮用水水源保护区划分

根据农村饮用水水源的特点，本文重点介绍农村规模较大集中式水源（如服务人口10000人以上）的保护区划分方法，简要介绍小型及分散式水源保护范围划分方法。

1. 河流型饮用水水源保护区

河流型饮用水水源保护区划分根据一般河流和潮汐河段应用经验方法和模型计算方法分别对水域和陆域范围进行划分，主要方法如下。

（1）一级保护区。

1）水域范围：一级保护区水域长度为取水口上游不小于1000m、下游不小于100m的河道水域。一级水源保护区水域宽度为按5年一遇洪水所能淹没的区域作为保护区水域的宽度。通航河道一级保护区宽度以河道中泓线为界靠取水口一侧范围，非通航河道为整个河宽。

2）陆域范围：陆域沿岸长度不小于相应的一级保护区水域河长；陆域沿岸纵深与河岸的水平距离不小于50m。

（2）二级保护区。

1）水域范围：二级保护区长度，在一级保护区的上游侧边界向上游延伸不得小于2000m，下游侧外边界应大于一级保护区的下游边界且距取水口不小于200m。二级保护区水域宽度包括整个河面。

2）陆域范围：①二级保护区陆域沿岸长度不小于二级保护区水域河长，二级保护区沿岸纵深范围不小于2000m；②当水源地水质受保护区附近点污染源影响严重时，二级保护区陆域范围必须包括污水集中排放的区域；③当一级保护区外围以面源为主要污染源时，对于流域面积小于100km² 的小型流域二级保护区可以是整个集水范围。

（3）准保护区。需要设置准保护区时，可参照二级保护区的划分方法确定准保护区的范围。

2. 湖泊、水库型饮用水水源保护区

湖泊、水库型水源保护区划分依据水源地所在水库、湖泊规模的大小，周边地形地貌等，将湖库型饮用水水源地进行分类，并分别用经验方法和模拟计算方法对水域和陆域范围的水源保护区进行划分。主要方法如下。

（1）水源分类。考虑湖库型饮用水水源地所在水库、湖泊规模的大小、周边地形地貌等，将湖库型饮用水水源地进行分类，分类结果见表3-2。

表3-2　　　　　　　　　　　　湖库型饮用水水源地分类表

水源地类型		水源地类型	
水库	小型，$V<0.1$亿 m³	湖泊	小型，$S<100km^2$
	大中型，0.1亿 m³$\leqslant V<10$亿 m³		大中型，$S\geqslant100km^2$
	特大型，$V\geqslant10$亿 m³		

注　V 为水库总库容；S 为湖泊水面面积。

（2）一级保护区。

1）水域范围：①小型湖库水域范围为取水口半径100m范围的区域，必要时可以将整个正常水位线以下的水域作为一级保护区；②单一供水功能的湖库，应将全部水面面积划为一级保护区。

2）陆域范围：小型湖库为取水口侧正常水位线以上陆域半径200m 距离，必要时可以将整个正常水位线以上 200m 的陆域作为一级保护区。

（3）二级保护区。

1）水域范围：小型湖库一级保护区边界外的水域面积、山脊线以内的流域设定为二级保护区。

2）陆域范围：对于小型湖库可将上游整个流域（一级保护区陆域外区域）设定为二级保护区。

3. 地下水饮用水水源保护区

地下水饮用水水源保护区划分按照地下水类型确定。地下水按含水层介质类型的不同分为孔隙水、基岩裂隙水和岩溶水 3 类；按地下水埋藏条件分为潜水和承压水两类。

孔隙水的保护区是以地下水取水井为中心，溶质质点迁移 100d 的距离为半径所圈定的范围为一级保护区；一级保护区以外，溶质质点迁移 1000d 的距离为半径所圈定的范围为二级保护区，补给区和径流区为准保护区。保护区半径计算经验公式如下：

$$R = \alpha KIT / n \qquad (3-1)$$

式中　R——保护区半径，m；

α——安全系数，一般取 150%（为了安全起见，在理论计算的基础上加上一定量，以防未来用水量的增加以及干旱期影响造成半径的扩大）；

K——含水层渗透系数，m/d；

I——水力坡度（为漏斗范围内的水力平均坡度）；

T——污染物水平迁移时间，d；

n——有效孔隙度。

一级、二级保护区半径可以按式（3-1）计算，但实际应用值不应小于孔隙水潜水型保护区经验值。

孔隙水潜水型水源地保护区范围经验值见表 3-3。

表 3-3　　　　　　　　　　孔隙水潜水型水源地保护区范围经验值

介质类型	一级保护区半径 R/m	二级保护区半径 R/m
细砂	30~50	300~500
中砂	50~100	500~1000
粗砂	100~200	1000~2000
砾石	200~500	2000~5000
卵石	500~1000	5000~10000

孔隙水潜水型水源准保护区为补给区和径流区。

裂隙水饮用水水源保护区划分以开采井为中心，按照式（3-1）计算的距离为半径的圆形区域，一级保护区 T 取 100d；二级保护区的 T 取 1000d。

岩溶水饮用水水源保护区具体划分见《饮用水水源保护区划分技术规范》（HJ/T 338—2007）。

4. 农村小型及分散饮用水水源保护范围的划分

有条件时，供水规模在 1000m³/d 以下至 100m³/d 以上，或供水人口在 10000 人以下至 1000 人以上的小型集中式饮用水水源，可根据当地社会经济发展规模和环境管理水平，参照上述要求，划分水源保护区，设置饮用水水源保护标志。

（1）供水规模为 1000m³/d 以下至 20m³/d 以上，或供水人口在 10000 人以下至 200 人以上的小型集中式饮用水水源（包括现用、备用和规划水源），应根据当地实际情况划分水源保护范围并设置饮用水水源保护标志。鉴于目前还未针对农村小型及分散水源保护范围的划分出台相关技术规范，根据各地实践，建议参考以下指标划分其水源保护范围。

1）地下水型。饮用水地下水水源地保护范围宜为取水口周边 30～50m，岩溶水水源地保护范围宜为取水口周边 50～100m；当采用引泉供水时，可将泉室周边 30～50m 划为水源地保护范围，对单独设立的蓄水池，其周边的保护范围宜为 30m。

2）河流型。饮用水河流型水源保护范围宜为取水口上游不小于 100m，下游不小于 50m。沿岸陆域纵深与河岸的水平距离不小于 30m；条件受限的地方可将取水口上游 50m、下游 30m 以及陆域纵深 30m 的区域作为保护范围。当采用明渠引蓄灌溉水供水时，应有防渗和卫生防护措施，水源保护范围视供水规模宜为取水口周边 30～50m。

3）湖库型。饮用水湖库型水源水域保护范围宜为取水口半径 100m 的区域，单一供水功能的湖库应为正常水位线以下的全部水域面积；陆域为正常水位线以上 50m 范围内的区域，但不超过流域分水岭范围。

（2）供水规模在 20m³/d 及以下或供水人口在 200 人以下的小型集中式饮用水水源和分散式饮用水水源，建议参考以下指标划分其水源保护范围。

1）学校雨水集蓄饮用水宜采用屋顶集雨，为保证水质，应摒弃初期降雨或设初雨自动弃流装置；集雨设施、水窖（池）周边的保护范围不应小于 10m。

2）在山丘区修建的公共集雨设施，应选择无污染的清洁小流域，其集流场、蓄水池等供水设施周边的保护范围应根据实际情况确定，但不应小于 10m。

3）单户集雨供水集流面宜采用屋顶或在居住地附近无污染的地方建人工硬化集流面，其供水设施应在技术指导下由用户自行保护。

4）分散式供水井周边的保护范围不应小于 10m；单户供水井应在技术指导下由用户自行保护。

5）当采用小型一体化净水设备时，其周边的保护范围不应小于 10m。

（三）划分方案报批和标志设置

1. 划分方案报批

饮用水水源保护区划分的目的是为各级政府和有关部门依法加强饮用水水源地的管理和保护服务，为相关部门合理开发和利用饮用水水源、保障饮用水环境质量提供依据。饮用水水源保护区划分方案应报政府或人大批准。必要时，饮用水水源保护区的范围，可根据保护饮用水水源的实际需要调整。

2. 标志设置

地方各级人民政府应当在饮用水水源保护区的边界设立明确的地理界标和明显的警示标志。标志牌包括界标、交通警示牌、宣传牌，其规格应符合《饮用水水源保护区标志技术要求》（HJ/T 433—2008）的规定。

(四) 饮用水水源保护区的管理

1. 饮用水水源保护区

在集中式饮用水水源保护区和准保护区内，必须严格遵守的规定见表3-4。

表3-4　　　　　　　饮用水水源保护区和准保护区内必须遵守的规定

(1) 禁止向水体排放和倾倒污染物
1) 油类、酸液、碱液或剧毒废液； 2) 工业废渣、城市垃圾和其他废弃物； 3) 放射性固体废弃物或含有放射性物质的废水； 4) 含有汞、镉、砷、铅、氰化物、黄磷等可溶性剧毒废渣，也不能直接埋入地下； 5) 含病原体的污水； 6) 含热废水； 7) 利用无防止渗漏措施的沟渠、坑塘等输送含有毒污染物的废水，含病原体的污水或其他废弃物； 8) 利用渗井、渗坑、裂隙和溶洞排放、倾倒含有毒污染物的废水，含病原体的污水或其他废弃物
(2) 禁止设置堆放和清洗污染物的场所
1) 含有汞、镉、砷、铅、氰化物、黄磷等可溶性剧毒废渣的堆放场所； 2) 储存工业废水、医疗废水和生活污水的坑塘、沟渠等场所； 3) 禁止在水体清洗装储过油类或有毒污染物的车辆和容器； 4) 在最高水位线以下滩地和岸坡堆放、存储固体废弃物或其他污染物； 5) 储存工业废水、医疗废水和生活污水的池塘、沟渠等场所

2. 饮用水水源准保护区、二级保护区、一级保护区

集中式饮用水水源准保护区、二级保护区、一级保护区内除要遵守以上 (表3-4) 规定外，还必须遵守表3-5的规定。

表3-5　　　饮用水水源准保护区、二级保护区、一级保护区必须遵守的规定

准保护区	除要遵守表3-4规定外，还必须遵守以下规定： (1) 禁止新建、扩建对水体污染的建设项目； (2) 新建、改建、扩建桥梁、码头及其他跨越水体的设施或装置，必须设置独立的水收集、排放和处理系统； (3) 改建项目，不得增加排污量； (4) 禁止在水体内进行网箱养殖、肥水养殖； (5) 禁止进行矿物的勘探、开采活动以及挖砂、采石、取土等有可能影响地下水的活动； (6) 禁止利用污水进行灌溉； (7) 禁止非更新砍伐破坏水源涵养林、护岸林及保护区植被； (8) 人工回灌地下水不得恶化地下水质
二级保护区	集中式饮用水水源二级保护区内除要遵守表3-4规定外，还必须遵守以下规定： (1) 禁止设置排污口； (2) 禁止新建、改建、扩建排放污染物的建设项目； (3) 禁止在保护区水体清洗船舶、车辆； (4) 禁止设置化工原料、矿物油墨以及有毒有害产品的储存场所，以及生活垃圾、工业固体废弃物和危险废弃物的堆放场所和转运站； (5) 禁止建设无隔离设施的输油管道； (6) 禁止围水造田； (7) 禁止在保护区水体内进行水产养殖，在保护区水体附近进行禽畜养殖； (8) 禁止进行挖砂、采石、取土等有可能影响地下水的活动； (9) 限制使用农药和化肥。 对已建成的排放污染物的建设项目，由县级以上人民政府责令拆除或关闭

一级保护区	集中式饮用水水源一级保护区内除要遵守表 3-4 规定外，还必须遵守以下规定： (1) 禁止新建、改建、扩建与供水设施和保护水源无关的建设项目； (2) 禁止使用农药和化肥； (3) 禁止禽畜养殖活动； (4) 禁止与保护水源无关的船只通行； (5) 禁止建立墓地、丢弃及掩埋动物尸体； (6) 禁止从事旅游、游泳、垂钓或其他可能污染饮用水水体的活动。 对已建成的排放污染物的建设项目，由县级以上人民政府责令拆除或关闭

二、地表水（江河）水源管理

（一）水量管理

水源的水量管理，主要是指管理人员对取水水源提供给水厂的水量变化情况按时进行巡查监测以及为保障水量供给所采取的技术管理措施。村镇水厂，尤其是单村、联村小水厂，水源管理的各项内容与要求可根据具体条件适当简化。

1. 水量管理主要工作内容

（1）认真观测和记录取水口附近河流的水位和流量，每日 1～2 次，洪水期间适当增加观测次数。

（2）当天取水流量和总取水量。

（3）收听当地天气预报，记录当天气温和降雨情况。

（4）防汛期间及时了解上游水文变化和洪水情况。

（5）及时了解冰冻断流情况。

2. 河水

管理人员每天至少 1 次观测记录取水口附近流量、水位、水温、浑浊度、冰冻与融解情况，逐日详细记录水厂的取水量。取水口附近及上游降水后应增加观测次数。汛期应随时了解掌握上游天气预报特别是降水、洪水过程等水文变化情况。取水口附近河道水位对取水量有直接影响，浑浊度变化决定着净水处理加药量及生产工艺的调整。村镇水厂水源的中小河流，特别是山溪，来水易受干旱影响，遇到较大干旱，来水减少时，水厂管理人员应主动配合当地水行政主管部门，提出优先保证生活饮用水、限制工农业生产取水的建议。当取水口附近河道淤积影响正常取水时，应采取工程技术措施进行清淤。

3. 水库水

村镇水厂以水库为取水水源时，多为山丘区小型水库，水库管理本身往往比较简单。因此水厂管理人员应与水库管理人员配合（有时两者合并为同一管理机构），经常了解进入和放出水库的水量以及相应的水位变化、库存水量、每日观测记录本厂的取水量。此外，管理人员还应注意了解水库汇水范围的降水量等中长期天气预报，对于干旱或洪水可能对水厂取水产生的影响做出分析和应对预案。有灌溉或发电任务的水库，遇到较大干旱、水库来水减少、库存水量不多时，应优先保证生活饮用水供应，限制生产用水的取水量。每年锤测 1 次取水出口的深度，必要时应清淤。

（二）水质管理

水源的水质管理是指对村镇水厂的质量管理和质量控制，为了保障城乡居民饮水安全，使水厂所用原水水质良好，降低水厂制水成本，国家对生活饮用水水源的水质做出了明确规定。

村镇水厂水源的管理人员，应掌握饮用水水源水质标准和基本要求，经常（每天1～2次）观察取水口及附近水域水的外观（颜色、水生物等）有无异常，有无油污等漂浮物，有无泡沫和死鱼等现象，并认真做好记录，定期取样检验，发现问题应及时汇报，并采取必要的技术措施。

1. 水源水质标准

作为生活饮用水的水源，地表水源的水质应符合《地表水环境质量标准》（GB 3838—2002）中Ⅲ类水或优于Ⅲ类水的要求，或者符合《生活饮用水水源水质标准》（CJ 3020—1993）的要求，详见表3-6。

表3-6　　　　　　　　　　　　　生活饮用水水源水质标准

项目	标准限值	
	一级	二级
色度	色度不超过15度，并不得呈现其他异色	不应有明显的其他异色
浑浊度/度	≤3	—
臭和味	不得有异臭、异味	不应有明显的异臭、异味
pH值	6.5～8.5	6.5～8.5
总硬度（以碳酸钙计）/(mg/L)	≤350	≤450
溶解铁/(mg/L)	≤0.3	≤0.5
锰/(mg/L)	≤0.1	≤0.1
铜/(mg/L)	≤1.0	≤1.0
锌/(mg/L)	≤1.0	≤1.0
挥发酚（以苯酚计）/(mg/L)	≤0.002	≤0.004
阴离子合成洗涤剂/(mg/L)	≤0.3	≤0.3
硫酸盐/(mg/L)	≤250	≤250
氯化物/(mg/L)	≤250	≤250
溶解性总固体/(mg/L)	≤1000	≤1000
氟化物/(mg/L)	≤1.0	≤1.0
氰化物/(mg/L)	≤0.05	≤0.05
砷/(mg/L)	≤0.05	≤0.05
硒/(mg/L)	≤0.01	≤0.01

续表

项目	标准限值	
	一级	二级
汞/(mg/L)	≤0.001	≤0.001
镉/(mg/L)	≤0.01	≤0.01
铬（六价）/(mg/L)	≤0.05	≤0.05
铅/(mg/L)	≤0.05	≤0.07
银/(mg/L)	≤0.05	≤0.05
铍/(mg/L)	≤0.002	≤0.002
氨氮（以氮计）/(mg/L)	≤0.5	≤1.0
硝酸盐（以氮计）/(mg/L)	≤10	≤20
耗氧量（$KMnO_4$）/(mg/L)	≤3	≤6
苯并芘/(μg/L)	≤0.01	≤0.01
滴滴涕/(μg/L)	≤1	≤1
六六六/(μg/L)	≤5	≤5
百菌清/(μg/L)	≤0.01	≤0.01
总大肠杆菌/(个/L)	≤1000	≤10000
总α放射性/(Bg/L)	≤0.1	≤0.1
总β放射性/(Bg/L)	≤1	≤1

2. 水质管理的要求

有一定规模的乡镇水厂尽量做到在河流上游的取水点及其上游河段1000m处、水库在取水点和进库口设立长期水质监测点，或者与其他水环境检测机构定期对地表水进行水质分析，掌握年际间和年内所用地表水水质变化规律。

应经常调查了解取水点上游地区污染源的变化，发现新的威胁饮用水水源水质的污染源时，应立即采取有效的应对措施，保证供水安全。

3. 水源水质检验

村镇水厂应按《村镇供水工程运行管理规程》（SL 689—2013）的规定，定期对水源取水样进行检验。

三、地下水水源管理

（一）水量管理

当农村地区缺乏适合作为生活饮用水的地表水源，又有开采地下水的水文地质条件时，以地下水作为村镇水厂水源就成为最佳选择。地下水水量，尤其是中层、深层地下水的水量相对比较稳定。村镇水厂管理人员应每日观测记录水厂的取水量，每月观测水源井的静水位、动水位，当水位、含沙量出现异常时，应及时查明原因；了解水源井邻近地区地下水位的变化以及其他水井的出水情况。如果属于较大范围地下水持续下降，影响水源井出水量时，应及时采取跨区域调水或补打新井，增加取水量，同时建议当地水行政主管部门调整水厂所在区域的水资源合理配置，优先保证村镇居民生活饮用水。位于河湖滩地、地下水补给与河水有联系的取水井应注意分析井水位下降与河水补给来源的关系，并采取增加河水补给的措施。

以泉水为水厂水源的，管理人员应经常观察泉水出水流量的变化，配合水行政主管部门做好泉水源头地区的水源涵养保护和水土保持工作。

（二）水质管理

1. 水源水质标准

作为生活饮用水的水源，地下水源的水质应符合《地下水质量标准》（GB/T 14848—1993）中Ⅲ类水或优于Ⅲ类水的要求，或者符合《生活饮用水水源水质标准》（CJ 3020—1993）的要求，详见表3-6。

2. 水质管理的要求

政府主管部门应组织力量对主要村镇水厂取水点的地下水水质进行检验，掌握地下水水质变化情况，发现异常变化，及时采取应对措施。

3. 水源水质检验

村镇水厂应按《村镇供水工程运行管理规程》（SL 689—2013）的规定，定期对水源取水样进行检验。

第三节　水　源　卫　生　防　护

根据《村镇供水工程设计规范》（SL 687—2014），村镇供水地表水与地下水的水源卫生防护必须遵守以下规定。

一、地表水水源卫生防护规定

（1）取水点周围半径100m水域内，严禁捕捞、网箱养鱼、放鸭、停靠船只、洗涤、游泳等可能污染水源的任何活动。

（2）取水点上游1000m至下游100m的水域、沿岸50m陆域内，不应有工业废水和生活污水排入；其沿岸防护范围内，不应堆放废渣、垃圾，不应设立有毒、有害物品的仓库和堆栈，不应设立装卸垃圾、粪便和有毒有害物品的码头，不应使用工业废水和生活污水灌溉及施用有持续性或剧毒的农药，不应排放有毒气体、放射性物质，不应从事放牧等有可能污染该段水域水质的活动。

（3）以河流为供水水源时，根据实际需要，可将取水点上游1000m以外的一定范围河段划为水源保护区，并严格控制上游污染物排放量。

（4）受潮汐影响的河流，取水点上下游及其沿岸的水源保护区范围应根据具体情况适当扩大。

（5）以水库、湖泊和池塘为供水水源时，应根据不同情况的需要，将取水点周围部分水域或整个水域及其沿岸划为水源保护区范围。

（6）有条件时，可建人工湿地等生物预处理设施改善水源水质。

二、地下水水源卫生防护规定

（1）地下水水源保护区和井的影响半径范围应根据水源地所处的地理位置、水文地质条件、开采方式、开采水量和污染源分布等情况确定，且单井保护半径应不小于 50m。

（2）在井的影响半径范围内，不应再开凿其他生产用水井，不应使用工业废水或生活污水灌溉和施用持久性或剧毒的农药，不应修建渗水厕所和污废水渗水坑、堆放废渣和垃圾或铺设污水渠道，不应从事破坏深层土层的活动。

（3）井口应有防止雨水积水和雨水漫溢到井内的措施，无井房的水源井应设防护栏。

（4）渗渠、大口井等受地表水影响的地下水源，其防护措施与地表水源保护要求相同。

（5）地下水资源匮乏地区，开采深层地下水的饮用水水源，不应用于农业灌溉。

第四节　取水构筑物运行管理

一、地下水取水构筑物的运行管理

（一）地下水取水构筑物的类型

村镇水厂的地下水取水构筑物主要有管井、大口井、渗渠、引泉池、辐射井和截潜流工程等。

1. 管井

管井又名机井，是地下水取水构筑物中广泛采用的一种形式，在有潜水、承压水、裂隙水以及岩溶水等地下水源的地区，可采用管井取水构筑物。管井一般适合建于地下水埋深 300m 以内，含水层厚度大于 5m 或有多个含水层的地区等。管井的结构通常由井室、井壁管、滤管（又称过滤器）、人工填砾和沉淀管（又称沉沙管）等部分组成，见图 3-1。

（1）井室。井室在管井的上部，用来保护井口免受污染，安装抽水设备和进行维护管理的场所。井室内的井口应高出井室地面 0.3～0.5m，其周围应用黏土或水泥等不渗水材料封闭，封闭深度一般应不小于 3m。

（2）井壁管。井壁管用于加固井壁，隔离水质不良或水头较低的含水层。井壁管可采用铸铁、钢等金属管或塑料等非金属管，井深小于 150m 时，可采用非金属管；大于150m 时宜采用金属管。

（3）过滤器。又称滤水管，安装在含水层中，用以集水、保持填砾和含水层的稳定性。

（4）人工填砾。在过滤器的周围充填一层粗砂或砾石作为人工反滤层，以保持含水层的渗透稳定性，提高过滤器的透水性，改善管井的工作性能，提高管井单位出水量，延长管井使用年限。

（5）沉淀管。设在管井的最下部，用来沉淀进入井内的细砂和从水中析出的沉淀物，长度一般为 2～10m。

2. 大口井

大口井是开采浅层地下水的取水构筑物，直径一般为 $2\sim10m$，井深在 $15m$ 以内，由井口、井筒、进水部分和井底反滤层等部分组成，见图 3-2。

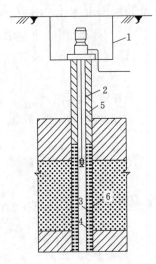

图 3-1　管井构造示意图
1—井室；2—井管壁；3—滤管；4—沉淀管；
5—黏土封闭；6—填砾

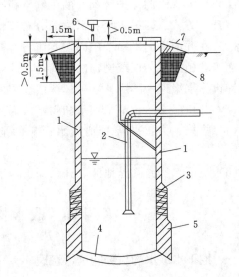

图 3-2　大口井构造示意图
1—井筒；2—吸水管；3—井壁进水孔；4—井底反滤层；
5—刃脚；6—通风管；7—排水坡；8—黏土层

（1）井口。是大口井露出地表的部分，一般应高出地表面 $0.5m$，并在其周围修建宽 $1.5m$ 的排水坡。主要作用是避免地表污水从井口或沿井壁侵入含水层而污染地下水。在渗透性土壤中，应在排水坡下面回填宽度为 $0.5m$、厚度为 $1.5m$ 的黏土层。

（2）井筒。为大口井的主体，一般为圆形、截头圆锥形和阶梯圆筒形等形式，井筒一般采用钢筋混凝土、混凝土块、块石、砖等砌筑。

（3）进水部分。进水部分位于地下含水层中，包括井壁进水孔和井底反滤层，它的作用在于从含水层中渗滤汇集地下水。

3. 渗渠

渗渠是利用埋设在地下含水层中带孔眼的水平渗水管道或渠道，依靠水的渗透和重力流来集取地下水。渗渠通常由集水管、人工反滤层、集水井、检查井组成，见图 3-3。

（1）集水管。常用带孔眼的钢筋混凝土管、混凝土管或块石砌筑，孔眼有圆形和长方形两种。

（2）人工反滤层。在集水管外设置反滤层，以防止含水层中细砂粒堵塞进水孔或者使集水管内产生淤积。

（3）集水井。分为矩形和圆形两种，一般用钢筋混凝土或块石砌筑；集水井一般分两格，靠近进水管一侧为沉沙室，另一格为泵站吸水间。井盖上设人孔和通风管。

（4）检查井。在渗渠集水管的端部、转弯处和断面处都应设置检查井。直线管段检查井间距一般 $50m$ 左右，多为钢筋混凝土圆形结构，直径为 $1\sim2m$。井底设有 $0.5\sim1.0m$

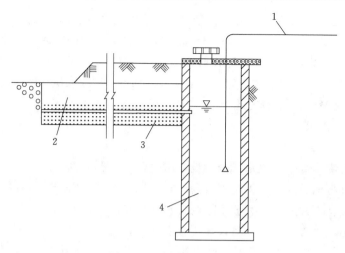

图 3-3　渗渠构造示意图

1—吸水管；2—渗渠；3—集水管；4—集水井

深的沉沙槽。

4. 引泉池

引泉池是具有泉水资源地区的取水构筑物。偏远山区基本无工业污染，人类活动对自然环境影响少，以水质良好的泉水作为饮用水水源，一般无需净化处理，并常可利用地形条件，在重力作用下引泉入村，既方便又经济。

引泉池一般分为两种：一种为集水井与引泉池分建，靠集水井集取泉水，引泉池起蓄水池作用，集水井建在泉水出口处，一般可用块石等材料砌筑，形状似大口井，将泉水引入井内，再通过连通管使泉水流入引泉池；另一种为不建集水井，而靠引泉池一侧池壁集取泉水，见图 3-4。

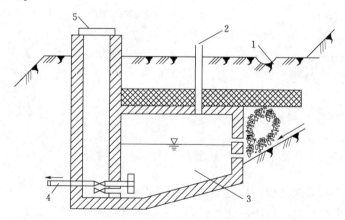

图 3-4　引泉池构造示意图

1—排水沟；2—透水管；3—引泉池；4—出水管；5—井盖

5. 辐射井

（1）辐射井的构造。辐射井是由大口井和若干水平集水孔联合组成的汲取地下水的建筑物。辐射井的适用条件一般为：埋藏浅、厚度薄、透水性强（渗透系数大于 20m/d）、有补给来源的砂砾含水层，厚度大（大于 20m）的黄土含水层，平原低洼易涝、地下水位高、埋藏浅、厚度不大（10m 以内）的浅层黏土裂隙及砂砾含水层。为了便于在井内施工和维修辐射管，集水部分井壁除辐射孔（管）口外，全是不透水的。集水井的直径视含水层的岩性、施工机具的要求而定，一般不小于 2m。井深取决于水文地质条件和设计出水量。井底应比最低一排辐射孔低 1～2m。集水部分的主要作用是汇集辐射孔（管）的来水。

（2）辐射井的布置原则。

1）汲取河流渗漏水时，集水部分应设在岸边，辐射孔（管）深入河床底部。

2）集水部分与地下水补给源距离较远时，迎地下水流方向的辐射孔（管）宜长且密。

3）在均质、富水性差、水力坡度小的含水层分布区，辐射孔（管）宜均匀对称布置。

4）厚度大的富水含水层，可布设多层辐射孔（管）。

5）辐射孔（管）的长度一般为 10～100m，直径 50～200mm。砂砾含水层中需设滤水装置，黄土含水层和黏土裂隙含水层多为裸孔，但在靠近集水井壁部分需装设数米长的护口管。辐射孔（管）的数量一般为：砂砾含水层中 8～10 条，黄土含水层中 6～8 条，黏土裂隙含水层中 3～4 条。

6. 截潜流工程

（1）截潜流工程的构造。截潜流工程是一种兼容了水坝和大口井诸多特点的地下工程，其中的形体像一座廊道，具体结构一般按截水墙的形式不同可分为浆砌石截潜流（图 3-5）和黏土截潜流（图 3-6）两种；按截水墙穿入含水层的深度不同又可分为完整式截潜流和非完整式截潜流两种。它们的共同特点是：廊道的上游壁和井壁所起的作用一样，起透水作用，还有挡土墙的作用（抵抗上游水土压力）；下游壁和水坝所起的作用一样，起阻水拦蓄作用。

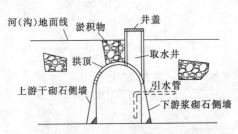

图 3-5　浆砌石截水墙截潜流工程断面简图

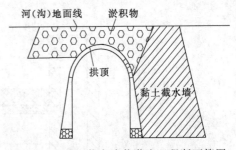

图 3-6　黏土截水墙截潜流工程断面简图

（2）浆砌石截水墙截潜流的构造。截潜流成败的关键在于"截"，在于其下游侧墙能否将潜水截断并拦蓄起来，而下游侧墙的截流效果主要取决于以下 3 个方面：①墙基。最理想的墙基是基岩，如基岩埋藏较浅，应设法挖至基岩后，像建坝一样把岩面清除干净，在这样的基础上砌墙，防渗效果最佳；如基岩埋藏较深，应采取打桩浇筑的办法，在侧墙下布一道混凝土截水墙至第一弱透水层（如泥结砂卵石）。②两头。两头的防渗处理措施和一般的坝肩防渗处理一样。③墙体。一般的截潜流工程多位于河床地面线以下 5m 左右，除去拱顶以上的堆积物覆盖层 0.5～1m 外，侧墙底至拱顶的最大建筑高度 4～5m，其中直立部分高度不大于 4m，拱冠实高不大于 1m，可以统一采取 M7.5 水泥砂浆砌块石防渗。上游、下游侧墙的厚度均应以廊道无水的最不利情况下进行稳定分析后确定。

上游侧墙应使用比较规则的块石干砌，不宜使用鹅卵石。砌体孔隙及上游墙外开挖出的空间应注意按水流方向依次用粗砂、砾料填充，以使侧墙及墙外回填料所形成新透水体的渗透系数尽量接近和稍大于原河床淤积物的渗透系数。过大则易造成淤积物中的细颗料进入廊道而沉积，从而减少蓄水容积；当然也不能小，小了会使部分潜水越过拱顶，甚至冒出地面线而流向下游，造成不应有的水资源浪费。

（3）黏土截水墙截潜流的构造。首先选取河道较窄、河床淤积物较薄、两岸山坡土体较为完整（不易透水）的地方沿横断面开挖集水廊道，廊道长为河道宽，廊道宽一般设计为 3~4m。廊道上下游侧墙用砌块石筑成梯形断面（上底宽 0.4~0.5m，下底宽 0.8~1.0m），廊道顶部用条石拱圈或块石浆圈，侧墙基础应伸入地基岩层 0.3~0.5m，下游侧墙之外贴一道梯形断面的黏土夯实防渗墙，防渗墙顶宽一般设计为 1~1.5m，上下游边坡均设计为 1:0.3，同时使墙基亦深入地基岩层 0.3~0.5m，并在与基岩接触面上加做反滤层，以防截水墙的土粒被渗水带走。为改善上游侧墙之外的透水条件，紧贴墙外处应敷设一层 0.3m 厚的碎石料，在其外为 0.3m 厚的石子或砂砾石，最后再回填砂子与原河道淤积物过渡为一体。黏土截水墙截潜流工程的取水方式和浆砌石截潜流的取水方式完全一致，不再叙述。

（4）截潜流工程的特点。截潜流工程具有以下优点：一是位于河床以下，丝毫不影响沟河泄洪；二是和一般大口井相比，不用占地且储水容积大、补给频率高，水源充沛且埋藏浅，开发利用成本比较低；三是和一般地面集流坝相比，淤积少，使用寿命长；四是经砂层过滤，水质得以净化，不仅可用于农田灌溉，还可用于人畜饮水和工副业生产用水，更适合于喷灌、滴灌用水；五是不易被大自然和人为破坏，平时无须专人看护；六是适宜就地取材，易于在山丘区的中小河流上建造推广。

（二）地下水取水构筑物的运行与维护

1. 水源井的运行维护

（1）保持井内外良好的卫生环境，防止水质污染。

（2）水源井停用时，应定期进行维护性抽水。

（3）每半年至少量测 1 次井深；井底、辐射管出现淤积时，应及时清淤。

（4）出水量减少或出水中含沙量增加时，应查明原因并及时维修。

（5）每次维修后，应对井水进行消毒。

（6）水源井出现下列状况之一时，应进行修复。

1）因滤水管、辐射管堵塞等，单井流量比上一次洗井后的流量减少了 30%以上。

2）管井淤积达 5m 以上。

3）井管、过滤器或辐射管损坏，井内大量涌沙。

4）水源井的修复应符合《机井技术规范》（GB/T 50625—2010）的规定。

5）对不能保障安全供水需求且应报废的水源井，其报废条件、审批程序、报废处理方法和要求，应符合 GB/T 50625—2010 的规定。

2. 渗渠的运行与维护

（1）定期观测、记录渗渠检查井或观测孔的水位、出水量。

（2）渗渠运行初期，每隔 5 天观测、记录渗渠监测井或观测孔的水位、河水水位和水泵的出水量，在降雨前后应适当增加观测次数。

（3）渗渠集水管、检查井、集水井内淤积的泥沙，应及时清理。

（4）汛期应防止渗渠冲刷或淤积。

（5）渗渠产水量减少时，应查明原因并及时维修。

（6）对于易淤积的河道，应及时清除河床上的淤积层。

3. 泉室的运行与维护

（1）定期观测泉室的水位，水位应在限定区间内运行。

（2）经常检查泉室顶盖的封闭状况，防止泉水遭受污染。

（3）泉室的通气管、溢流管、排水管和人孔应有防止水质污染的防护措施，并及时清扫。

（4）汛期应保持泉室周边的排水通畅，防止污水倒流或渗漏。

（5）定期对水尺或水位计进行检查；每年检修 1 次；定期检查泉水收集系统的运行状况，发生堵塞应及时疏通；定期检查泉室室壁、实底的密封状况，如有渗漏应及时处理；定期启闭阀门，每年检修阀门 1 次。定期检查各种管道有无渗漏、损坏或堵塞现象，发现问题及时处理。每年对泉室放空、清洗和消毒不少于 1 次。

二、地表水取水构筑物的运行管理

由于水源种类、性质和取水条件不同，地表水取水构筑物有多种型式，一般分为固定式、移动式、山区浅水河流取水构筑物和湖泊水库取水构筑物等。

（一）地表水取水构筑物的类型

1. 固定式取水构筑物

多指分建式岸边取水构筑物，进水井与泵房分建。此种构筑物结构简单，施工容易，但操作管理较不便，见图 3-7。

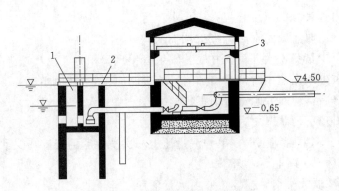

图 3-7 分建式岸边取水构筑物
1—进水井；2—引桥；3—泵房

2. 移动式取水构筑物

多指浮船式取水构筑物，取水泵安装在浮船上，由吸水管直接从河中取水，经联络管将水输入岸边输水斜管。它适用于河流水位变化幅度大，枯水期水深在1m以上、水流平稳、风浪小、停泊条件较好且冬季无冰凌、漂浮物较少的情况，见图3-8。

3. 山区浅水河流取水构筑物

多指固定式低坝取水构筑物，适用于枯水期河水流量小，水浅、不通航、不放筏且推移质不多的小型山溪河流，见图3-9。

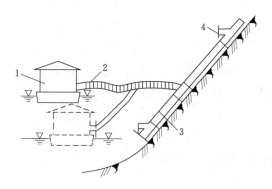
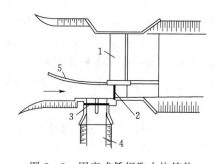

图3-8 浮船式取水构筑物　　　　　　　图3-9 固定式低坝取水构筑物
1—浮船；2—橡胶软管；3—输水斜管；4—阶梯式接口　　1—溢流坝；2—冲沙闸；3—进水闸；4—引水渠；5—导流堤

（二）地表水取水构筑物的运行与维护

（1）地表水取水设施的防汛、防冻措施。

1）汛前对取水设施进行全面检查，发现隐患及时处理；汛期加强对取水设施及其附近堤防的巡查，发现险情及时处理；汛后对取水设施的防汛效果进行全面检查总结。

2）河床式取水构筑物的自流引水管（渠）应定期进行清淤冲洗；虹吸管运行时应防止漏气，发现问题应及时维修。

3）寒冷地区，在冰冻期间地表水取水口应有防冻措施，流冰期和开河期应有防冰凌措施。

（2）固定式取水设施的运行与维护。

1）格栅应定时检查，汛期还应增加检查次数，及时清除漂浮物；清除格栅污物时，应有充分的安全防护措施，操作人员不得少于2人；藻类、杂草、杂物较多的地区，格栅前后的水位差不得超过0.3m；每4～8h巡视1次，发现问题及时处理。

2）检查丝杆、齿轮等传动部件、闸（阀）门的运行状况，按规定加注润滑油脂，调节阀门填料，并擦拭干净；检查水位计是否正常；集水井泥沙应及时清除。

3）格栅、格网、闸（阀）门及其附属设备每季度检查1次；长期开或关的闸（阀）门每季度开关1次，并进行保养。

4）取水设施的构件、格栅、格网、钢筋混凝土构筑物等每年检修1次，并清除垃圾、修补易损构件，对金属结构进行除锈防腐处理。

5）取水口河床深度每年至少锤测1次，做好记录，并根据锤测结果及时进行疏浚。

（3）移动式取水设施的运行与维护。

1）应设防护装置并装设信号灯和航道警示牌；在杂草旺盛季节，应有专人及时清理取水口；泵船发生倾斜时，应立即采取措施，使其保持平稳。

2）经常检查泵船锚固设施、缆车制动装置的完好情况，发现问题及时处理；泵车变形时，应及时维修加固；坡道基础沉陷、轨道梁变形时，应及时采取补救措施；经常对牵引设备进行清洗涂油；及时清理缆车轨道淤积的泥沙和杂物。

3）定期检查和维护缆车取水的轨道、输水斜管以及法兰接头。

4）每年对泵车进行除锈防腐处理。

5）每两年对泵船进行 1 次除锈防腐处理。

6）定期对钢筋混凝土船进行检修维护。

（4）固定式、移动式取水设施及其附属设备应每 3～5 年大修理 1 次，对设备进行全面检修，重要部件进行修复或更换；大修质量应符合有关标准的规定。

（5）取水泵房管理应符合《泵站技术管理规程》（SL 255—2000）的规定。

第五节　饮用水水源污染防治

一、饮用水水源污染及事故分级

（一）饮用水水源污染

（1）饮用水水源污染是指水体因素某种物质的介入，而导致其化学、物理、生物或者放射性等方面特性的改变从而影响水的有效利用，危害人体健康或者破坏生态环境，造成水质恶化的现象。

（2）水污染物是指直接或间接向水体排放的能导致水污染的物质。

（3）有毒的水污染物是指那些直接或间接被生物摄入体内后，可能导致该生物或后代发病、行为反常、遗传变形、生理技能反常、机体变化或死亡的污染物。

（二）饮用水水源污染事故分级

按事故的严重性和紧急程度，饮用水水源污染事故分级如下。

（1）特别重大污染事故。

（2）重大污染事故。

（3）较大污染事故。

（4）一般水污染事故。

具体分级方法应在应急预案中予以规定。

二、水体污染源

典型的水体污染有以下几种。

（一）细菌与微生物污染

细菌与微生物污染的特点是数量大、分布广，主要来自城镇生活污水、医院污水、垃圾及地面径流等。每升生活污水中细菌总数可达几百万个以上，每克粪便中就有 100 多万个。细菌的种类也达数百种之多。作为生活饮用水水源，若只经加氯消毒就供饮用的地下水水源，总大肠菌群平均每升不得超过 3 个；经过净化处理及加氯消毒后才供生活饮用的地表水水源，粪大肠菌群平均每升也不得超过 10000 个。

（二）有机物污染

有机物的种类很多、分布范围很广。一般水中的碳水化合物、蛋白质。油脂、氨基酸、脂肪酸、脂类等都是有机物，有机物含量越多，水质就越差，水体污染也就越严重。

水中有机物含量可以用五日生化需氧量来表示。生化需氧量是指在水温 20℃时，5 天内单位体积水中有机物生化分解过程中消耗的氧量，单位为 mg/L；化学需氧量是指用强氧化剂，将有机物氧化时所消耗氧化剂的量，用这个量相当的氧量来表示，单位为 mg/L。

有机污染物进入河流后，就开始了氧化分解。氧化分解分为 3 个阶段：第一阶段是易氧化的有机化合物的化学氧化分解，一般几个小时就可完成；第二阶段是有机物在微生物作用下的生物化学氧化分解，这个阶段随温度，有机物浓度、微生物种类和数量的不同要延续几天时间；第三阶段是含氮有机的消化过程即将氨氮硝化成亚硝酸氮、硝酸氮的过程，这个阶段最慢，一般要延续一个月的时间。有机污染物的氧化分解过程有快有慢，主要视水体中溶解氧的多少而定，溶解氧的含量是衡量水体污染程度和划分等级的主要指标，污染越严重溶解氧越少。

（三）异臭

饮用水质要求无异臭。但水源污染后往往发生异臭。人能嗅到的异臭有 4000 多种，危害大的也有几十种，主要来自冶金、化工、造纸、农药、化肥等生产废水。恶臭也使人恶心、厌食、呕吐，直到使水无法饮用。

异臭为水污染的综合性指标，按照强度分级，见表 3-7。

表 3-7　　　　　　　　　　　　　嗅 和 味 强 度

分级	强度	表　现
0	无	完全感觉不到
1	很弱	一般感觉不到，仅有经验者才能察觉
2	弱	用水者注意时察觉
3	显著	容易察觉，并对用水不满
4	强	引起注意，不愿饮用
5	很强	气味强烈，不能饮用

（四）有毒物质污染

有毒物质对水体的污染可分为 4 种类型，见表 3-8。

表 3-8　　　　　　　　　　　　　有毒物质污染分类

分类	主 要 有 毒 物 质
非金属无机毒物	氰化物（CN^-）、氟化物（F^-）、硫化物（S^{2-}）等
重金属无机毒物	汞（Hg）、镉（Cd）、铅（Pb）、砷（As）等
易分解有机毒物	挥发酚、醛、苯等
难分解有机毒物	DDT、六六六、多环芳烃、多氯联苯等

毒物对人体产生的毒性一般分为急性、亚急性、慢性、潜在性等，其中大多数情况属慢性和潜在性危害。由于城乡企业的蓬勃发展，排入水体中的有毒物质越来越多，有毒物

质的污染要引起格外注意。

（五）油污染

油品进入水体后会逐渐变成浮油、油膜乳化油。1mL 的油可覆盖水面 $12m^2$，油中含有烷烃、烯烃芳香烃的混合物，含有 3，4 -苯并芘、苯并蒽等致癌物质。消除水中的油污染是很困难的，最根本的方法是防止工厂和船舶的油排放。

（六）富营养化污染

在水库与湖泊等水源由于水流缓慢、更新期长，在接纳了大量氮、磷等有机物后引起了藻类、浮游动物的急剧增长，这就称为水体的富营养化。富营养化的水体藻类较多，水色有的呈蓝色、有的呈绿色或棕色，且有臭味，往往造成水质净化的很大困难。

防止水体富营养化，主要是控制进入水体的氮、磷及有机物的含量。

水中除了以上污染外，还有其他一些污染如酸、碱、盐类污染、热污染、放射性污染等。

三、饮用水水源污染的防治

水污染的防治对维护管理好水源极为重要。防治水源污染的原则是预防为主，重在管理。主要工作如下。

（一）定期进行水体污染源调查

影响水源水质的污染一般是上游排放的工业废水，对影响水源水质的主要工厂的污水应该定期调查。

（1）调查内容。

1）污染物排放点与排放流量，要分清其中生产与生活污水各是多少。

2）生产生活污水中有哪些有毒成分，其浓度、危害程度大小。

3）工业废水的排放方式，是否间断的、均匀的，有无处理等。

调查方法主要靠实地观察、搜集排污方面的资料，并且将污水排放口的水样委托有资质的化验部门进行分析。对水体污染源调查一般每年进行 1~2 次。

（2）调查结果整理。调查结果要整理成文字材料。主要内容为调查时间、调查人、调查对象、污水量与污水成分的分析，以及用地表水环境质量标准来衡量污染的程度，预测污染发展的趋势。

（二）加强水源上游水质监测

加强水源上游水质检测主要是定期对水源上游一定范围内的河水进行定期水质分析，这样做一是可以收集河水水质资料，为水处理和水源保护提供科学依据；二是可以早期发现或预报水质的恶化情况，以便及早采取对策、加以制止。

（1）监测内容。对水源上游监测项目的确定主要选择对水源有影响的项目进行监测。一般来说，可以选择反映水的感官性状的如浊度、色度、臭味、肉眼可见物；反映有机污染物的如溶解氧（DO）、生化需氧量（BOD_5）、化学需养量（COD）、三氮（氨氮、亚硝酸氮、硝酸氮）；反映细菌污染的细菌总数、大肠菌群以及本水源有可能出现的一些毒物或化学污染等。对湖泊、水库水源还要加上藻类与浮游生物的监测。

（2）调查方法。对上游水源水质监测一般每年进行 1~2 次。发现异常情况时要增加监测次数。监测点可以根据河流大小和城镇的分布，在水源上游5～20km的范围内选择远、近两点。

（三）紧密依靠当地政府治理污染源

防治水污染是一项综合型系统工程。对已影响水源水质的污染源要依据国家颁布的《中华人民共和国水法》《中华人民共和国环境保护法》《中华人民共和国水污染防治法》《生活饮用水卫生标准》（GB 5749—2006）、《地表水环境质量标准》（GB 3838—2002）、《污水综合排放标准》（GB 8978—2002）等规定，紧密依靠当地城管、环保、卫生等执法部门有效地对水源上游污染源进行治理。有条件的要争取成立水系保护管理部门，以切实加强水源的保护与管理。

四、饮用水水源生态环境保护与修复

饮用水水源水质与水源地生态环境密切相关。水源生态环境主要是指水源的水生态环境、流域的陆地生态环境。水生态包括自然水体、沿岸水陆交界的水位变化区；陆地生态主要指汇水流域内的山地、丘陵、平原。

（一）水生态系统保护与修复

（1）水源生态系统包括水生植物、水生动物、微生物和水生环境等，它们在水体自净过程中担负着不同的角色，影响着水源水质。水生植物有直接净化水体的能力，同时提供其他物种良好的栖息地和食物，促进生态良性循环。滤食性鱼类、原生动物和后生动物能有效地吃食藻类，控制营养化。各种生物间相互依存，相互影响，是一个有机的整体。

（2）水生态的破坏，一是非生物环境因素的改变，使某些生物物种赖以生存的环境恶化，引起物种消亡；二是生物相互依存的生物链被打断，生物种群间比例关系失衡，致使某些生物被严重削弱甚至消亡。水生态的破坏会导致水质恶化。

（3）水生态系统保护与修复。

1）控制外源污染的输入，保护生物赖以生存的环境因素。

2）加强水土保持，减少泥沙输入。

3）控制营养盐输入，防止蓝藻"水华"产生。

4）控制草食性鱼类和肉食性鱼类放养密度，保持水生生物链平衡，适度放养滤食性鱼类，控制藻类繁殖。

对已经破坏的水生态环境，可进行人工辅助恢复和人工恢复。主要是制造有利于水生植物生长的环境条件，促进水生植物的自然恢复。

（二）陆地生态环境保护与修复

陆地生态系统有森林、草原、农作区、山地侵蚀区等多种类型。陆地生态环境保护的目标是尽可能地增加流域面积植被覆盖率，减少雨水冲刷带来污染，增加涵水能力，调节径流。主要措施有：禁止在水源流域内滥伐森林，开垦草地等破坏植被的活动，对有条件的荒山实行人工植被、造林等。

第四章 净水处理技术

天然水源的水质与用户对水质的要求总存在着不同程度的差距。净水处理的任务就是通过必要的处理方法改善水质使之符合生活饮用水水质标准。处理方法要根据水源水质和用户对水质的要求来确定。在净水处理中，某种处理方法除具有某一特定处理效果外，有的往往也直接或间接地兼有其他处理效果。通常净水处理方法有常规处理方法和特殊处理方法。其中，常规处理方法包括混凝、沉淀（澄清）、过滤、消毒；特殊处理方法包括除臭、除味、除铁、除锰、除氟和除盐等。

第一节 概　　述

一、常规处理方法

常规处理方法的处理对象主要是造成水浑浊的悬浮物及胶体颗粒。处理方法主要有混凝、沉淀（澄清）及过滤。原水中投加药剂后，经混合、絮凝使水中悬浮物及胶体颗粒凝聚成易于沉降的大颗粒絮凝体，而后通过沉淀池进行重力沉降分离。澄清池是絮凝和沉淀集合于一体的构筑物。滤池是利用具有空隙的颗粒滤料（如石英砂、无烟煤）截留水中细小杂质的构筑物，它通常设置于沉淀（澄清）工艺之后，用于进一步降低水的浊度。

当原水浊度较低时，投加药剂后，也可不经沉淀而直接过滤。

混凝、沉淀、过滤在去除浊度的同时，对有机物、细菌，乃至病毒的去除也有相当的效果。

对于高浊度原水，通常用沉砂池或预沉池去除较大颗粒的泥沙。预沉池可以投加药剂，也可以不投加药剂。

消毒的处理对象是水中致病微生物。通常在过滤后进行。主要消毒方法是在水中投加氯气及含氯制剂和其他消毒剂，如臭氧、二氧化氯或紫外线照射等方法。各种消毒方法中，使用氯消毒最为普遍。

二、特殊处理方法

（1）除臭、除味。去除臭和味的方法取决于水中臭和味的来源。例如，对于水中有机物产生的臭和味，可用活性炭吸附或氧化法去除；对于溶解性气体或挥发性有机物产生的臭和味，可采用曝气法去除；因藻类生长产生的臭和味，可采用微滤或气浮法去除藻类，也可在水中投加除藻药剂；因溶解盐类产生的臭和味，可用通过除盐的方法去除。

（2）除铁、除锰。常用的除铁、除锰方法是自然氧化法和接触氧化法。前者通过设置曝气装置、氧化反应池和砂滤池；后者通过设置曝气装置和接触氧化滤池。处理工艺的选择应根据是否除铁还是同时除铁、除锰，原水中铁、锰含量及其他有关水质特点确定。还可采用药剂氧化、生物氧化法及离子交换法等。通过上述处理方法（离子交换法除外），使溶解性二价铁和锰分别转氧化三价铁和四价锰沉淀物而去除。

（3）除氟方法基本上分成两类：一是投加硫酸铝、氯化铝或碱式氯化铝等药剂使氟化物产生沉淀；二是利用活性氧化铝或磷酸三钙等进行吸附交换。

（4）软化。处理对象是水中的钙、镁离子。软化方法主要有离子交换法和药剂软化法。前者在于使水中钙、镁离子与交换剂的离子互相交换以达到去除目的；后者系在水中投加药剂如石灰、苏打使钙、镁离子转化为沉淀物，从水中分离出去。

（5）淡化和除盐。去除对象是水中各种溶解性盐类，包括阴阳离子。将含盐量高的水如海水、"苦咸水"处理到符合生活饮用水标准的过程，称为水的淡化。制取高浓度水（纯水）的过程称水的除盐。淡化和除盐的主要方法有蒸馏法、离子交换法、电渗析法、及反渗透法。

三、预处理和深度处理

对于不受污染的天然地表水水源而言，饮用水的处理对象主要是去除水中悬浮物、胶体和致病微生物；对此，常规处理技术与工艺（即混凝、沉淀、过滤、消毒）时十分有效的。但对污染水源而言，水中溶解性的有毒有害物质，特别是具有致癌、致畸、致突变的有机污染物（以下简称"三致物质"）或"三致"前提物（如腐殖酸等）是常规处理方法难以解决的。于是，在常规处理基础上增加预处理和深度处理。前者置于常规处理前，后者置于常规处理后，即预处理＋常规处理、常规处理＋深度处理。

预处理和深度处理的主要对象是水中有机污染物。

预处理技术主要有粉末活性炭吸附法，臭氧、氯或高锰酸钾氧化法，生物氧化法等。以上各种预处理技术除了去除水中有机污染物外，同时也具有除味、除臭及除色作用。

深度处理技术主要有颗粒活性炭吸附法，臭氧-活性炭联用法，生物活性炭法，紫外-双氧水（过氧化氢）高级氧化法，膜滤法等。

以上各种预处理及深度处理技术的基本作用原理概括起来，主要是吸附、氧化、生物降解、膜滤等4种作用，即利用吸附剂的吸附能力去除水中有机物；或者利用氧化剂及物理化学氧化法的强氧化能力分解有机物；或者利用生物氧化法降解有机物；或者以膜滤法滤除大分子有机物。

根据不同水源水质和处理后的水质要求，上述各种方法可以单独使用，也可以集中方法结合使用，以形成不同的水处理系统与工艺。

当地下水作为生活饮用水水源时，如水质符合生活饮用水标准时，可直接用作饮用水，但为了保证卫生安全，往往需要加氯消毒才可饮用。如果地下水的硬度高、氟化物、铁、锰和硫化物含量较高时，还要进行软化、除铁、除锰、除气等处理。

第二节　　混　　凝

取一杯浑浊的河水或放一把泥土到一杯清水中去，就可以观察到水的沉淀现象。首先会发现一些粗大的颗粒迅速下沉到杯底,上层水开始变清,然而过一定时间后,水不再进一步变清,或者变清十分缓慢,即使再静置更长的时间,也不会清澈透亮。但是如果在水中加一些通常称为混凝剂的药剂,并且加以搅拌,就会发现水中出现许多由细小颗粒互相吸附结成较大的颗粒,并在水中迅速分离沉降下来,水也就很快变清了。

这种在水中加药,使细小颗粒集成大粒的过程就叫作混凝。混凝过程中产生的大粒叫作矾花。能够使水混凝产生矾花的药剂叫作混凝剂。用混凝剂使水中杂质结成矾花,从而使杂质从水中分离出来的方法叫作混凝沉淀法。混凝沉淀法与自然沉淀法的区别就在于原水中加药还是不加药。

一、混凝机理

(一)胶体结构

要了解混凝能使浑水变清,首先要弄清胶体的结构。现以黏土为例说明胶体结构。

黏土胶体结构由胶核、吸附层、扩散层这三部分组成(图4-1)。胶核与吸附层统称为胶粒。黏土胶体的核心是由许多二氧化硅分子组成的固体颗粒,称为胶核。胶核的表面吸附了一层离子,称为电位离子,如图中的 SiO_3^{2-},电位离子带有电荷。由于静电引力作用,SiO_3^{2-} 离子将水中带正电荷离子吸引到胶核的周围,并与胶核在水中一起移动,在图中即 H^+ 离子,这部分离子称反离子,与胶粒一起移动的反离子层称为吸附层。

由于吸附层内的正电荷和负电荷不相等,胶体本身仍带有负电荷,它必然还吸引另一部分反离子,但这部分反离子与胶核的距离比较远,也比较松散,不会随胶核一起运动,这部分反离子层称扩散层。

胶体中的吸附层和扩散层总称为双电层。胶粒和扩散层在一起称为胶团。因此,胶粒是带负电荷的,而整个胶团是呈中性的。

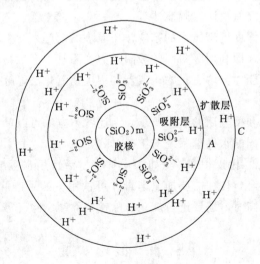

图4-1 黏土胶体结构示意图

（二）胶体稳定性

由于原水中所有黏土胶体的胶粒都带负电荷，在静电斥力作用下，相互排斥且本身又极为微小，胶体只能在水中做不规则的高速运动（称为布朗运动）而不能依靠重力下沉，因此极为不稳定，这是浑水不能自己变清的主要原因。

（三）胶体脱稳

当水中加入混凝剂后，浑水很快得以澄清，主要原因是胶体产生脱稳。脱稳有以下两种解释。

（1）双电层作用原理。水中投加混凝剂后能产生大量的三价正离子，这些正离子进入黏土胶体的双电层以后，势必使一部分扩散层中反离子进入吸附层，从而降低了吸附层表面的电位和减少了扩散层的厚度，使胶粒的电性斥力大为降低，此时，颗粒每次碰撞都能在静电引力作用下结合，使细小的颗粒逐渐变成大的矾花，并且依靠重力下沉，从而使浑水得以变清。这种通过投加混凝剂产生大量正离子，压缩扩散层导致微小颗粒间相互凝聚的作用机理称为双电层作用原理。

从双电层作用原理中知道，混合产生好坏的关键之一是投药量，如果投药量恰好使胶体颗粒的扩散层厚度降到零，即静电斥力不再存在，这是混合条件就好。如果投药量过量，会引起过多的正离子进入吸附层，使原来带负电荷的胶粒变为带正电荷，颗粒间仍产生静电斥力，混合效果就会下降，这就是混凝剂并不是加得越多越好的道理。

（2）吸附架桥作用原理。加注混凝剂后还有一个吸附架桥作用。混凝剂水解后会产生很多不溶于水的带正电荷的氢氧化物胶体，这些胶体呈长条形，比黏土胶体大得多，能像链条似得拉起来，好像架桥一样，在水中形成了颗粒较大的网状结构。

这种网状结构的表面积很大，吸附能力很强，能够吸附黏土、有机物、细菌甚至溶解物质，这种依靠氢氧化物胶体吸附架桥形成矾花从而使浑水变清的作用原理称吸附架桥作用原理。

综上所述，浑水依靠投加混凝剂，生成了众多正离子与氢氧化物胶体，依靠前者压缩胶体扩散层、后者吸附水中杂质，从而使原水中胶体脱稳，并逐渐形成较大颗粒即矾花，最终在重力作用下从水中分离出来，使浑水得到了澄清。

二、混凝过程

从浑水中加入药剂起，到水中产生大颗粒矾花止，总称为混凝过程。这个过程从作用原理可以分成"混合"和"絮凝"两个阶段。

（1）混合。包括投药、混合两个过程，主要任务是将药剂迅速而均匀地分散到水中去，使水中胶体脱稳并开始形成极微小的絮粒。

（2）絮凝。絮凝俗称反应，水在絮凝池中通过水力的作用使微小的絮粒充分碰撞接触，絮凝成较大的颗粒即矾花。

混凝是净化处理的第一道工序，它的好坏直接影响沉淀、过滤效果直至出厂水质。

三、影响混凝的因素

影响混凝效果的因素很多，但以 pH 值、碱度、杂质、水温、水力条件和混凝剂投加量最为主要。

1. pH 值

水的 pH 值对混凝效果有很大影响。pH 值是表示水是酸性还是碱性的指标，也就是说明 H^+ 浓度的指标。pH 值等于 7 表示水是中性，pH 值小于 7 表示水是酸性，pH 值大于 7 表示水是碱性。一般天然水的 pH 值在 $6.5\sim7.5$。

各种混凝剂都有一个合适的 pH 值使用范围，因为水的 pH 值不同，即水中所含 H^+ 浓度不同，混凝剂在水中的状态不同。以硫酸铝为例，硫酸铝溶于水后，首先离解出 Al^{3+} 离子，然后 Al^{3+} 进行以下一系列水解反应：

$$Al^{3+}+H_2O \Longrightarrow Al(OH)^{2+}+H^+$$
$$Al(OH)^{2+}+H_2O \Longrightarrow Al(OH)_2^+ +H^+$$
$$Al(OH)_2^+ +H_2O \Longrightarrow Al(OH)_3\downarrow+H^+$$

当水中存在大量 H^+，使水的 pH 值降到小于 4 时，就产生下列反应：

$$Al(OH)_3+3H^+ \Longrightarrow Al^{3+}+3H_2O$$

此时硫酸铝在水中以大量铝离子形式存在。铝离子没有吸附架桥作用，不能使水中杂质黏结在一起，因此混凝效果不好。硫酸铝合适的 pH 值范围是 $6.5\sim7.5$。以三氯化铁做混凝剂时情况与硫酸铝相似，有合适的 pH 值范围，一般是 $6.0\sim8.4$。使用硫酸亚铁时，水的 pH 值范围是 $8.1\sim9.6$。

由于天然水的 pH 值在 $6.5\sim7.5$ 之间，使用硫酸铝及三氯化铁一般说来是比较合适的；如使用硫酸亚铁时，必须调整 pH 值，可以投加石灰，以提高 pH 值。

2. 碱度

碱度是指水中能与强酸相作用的物质含量，在水中主要指重碳酸根（HCO_3^-）、碳酸根（CO_3^{2-}）、氢氧根（OH^-）等。

水中投入混凝剂后，因混凝剂的水解，使水中 H^+ 浓度增加，从而降低 pH 值，阻碍了水解过程的进行，应有碱性物质与之中和。天然水均含有一定的碱度（通常是 HCO_3^- 碱度），可以使混凝剂水解后产生的 H^+ 中和去除，使混凝作用能顺利进行：

$$HCO_3^- +H^+ \longrightarrow H_2O+CO_2$$

如果水中碱度不够，就要进行碱化处理，可向水中投加碱性物质如石灰、漂白粉等以提高碱度。

3. 杂质

水中杂质成分，性质和浓度对混凝效果也有影响天然水的浊度是因水中存在黏土杂质而引起的，黏土颗粒大小、带电性能都会影响水的混凝效果。一般来说，粒径细小而均一，其混凝效果较差，水中颗粒浓度低，颗粒碰撞机会少，对混凝也不利。

当水中存在大量有机物时，能被黏土颗粒吸附，从而改变了原有胶体颗粒的表面特性，使胶体颗粒更加稳定，此时必须向水中投加氧化剂如氯、臭氧等，破坏有机物的作用，提高混凝效果。

水中溶解盐类也能影响混凝效果，如天然水中存在钙镁离子时，有利于混凝，而大量 Cl^-，则影响混凝效果。

4. 水温

水温对混凝效果有明显的影响。主要表现在两个方面：一是影响混凝剂的水解速度。

无机盐类混凝剂水解是吸热反应，水温低时水解速度就减慢，特别是硫酸铝，当水温低于5℃时水解速度极为缓慢。二是影响颗粒间的相互碰撞，当水温低时，水的黏度增大，水中胶体微粒布朗运动强度减弱，彼此碰撞机会减少，不利于脱稳胶体相互混合；同时，由于水的黏度大，颗粒下降阻力增加，矾花不易下沉。

因此，水厂中往往冬季药剂加注量比夏季高。

5. 水力条件

混凝必须创造一个良好的水力条件，才能提高混凝的效果。

（1）对混合的要求。混合要求快速、充分。因为混凝剂水解作用的时间极为短促，混凝剂加入水中后是否能以最快的速度同整个原水充分混合，直接关系到混凝效果的好坏。缓慢、不恰当的混合将导致投药量增加、絮凝效果不好。一般混合时间要求为10～30s。

（2）对絮凝的要求。

1）控制好流速，絮凝池的流速一般要求由大变小，在较大的流速下，使水中的胶体颗粒发生较充分的碰撞吸附；在较小的流速下，使胶体颗粒能结成较大的絮粒。

2）充分的絮凝时间和必要的速度梯度。所谓速度梯度就是水在絮凝池中流动时，靠近池壁、池底的流速或靠近中心或水面的流速是不同的，在非常靠近的两层水流之间的流速差就叫速度梯度，用"G"表示。G值大，颗粒相互碰撞的机会就增多，混凝效果可以好些。但G值过大也不好，因为两层水流间的流速相差过大，势必产生较大的剪力，已经凝絮的大矾花因剪力而破碎，矾花一经破碎要重新结合起来就比较困难了。同时，絮凝时间对混凝效果也有很大影响，絮凝时间长则颗粒的碰撞机会就多。所以絮凝效果应决定于GT值，它包含了流速和时间两个因素，比较全面。

6. 其他

混凝剂的品种、投药量、配置浓度、投药方式、原水中有无有机物和溶解盐类都会对混凝效果产生影响，因此确保混凝效果的有效办法就是加强管理，掌握原水变化情况，正确投加混凝剂，经常观察矾花生成状况以求得最佳的混凝效果。

四、混凝剂

（一）常用混凝剂

应用于饮用水处理的混凝剂应符合以下基本要求：混凝效果好，对人体健康无害，使用方便，货源充足，价格低廉。混凝剂种类较多，按化学成分可分为无机和有机两大类。无机混凝剂品种较少，目前主要是铁盐和铝盐及其聚合物，在水处理中用的最多。有机混凝剂品种很多，主要是高分子物质，但在水处理中的应用比无机的少。本书仅介绍常用的几种混凝剂。

1. 硫酸铝

硫酸铝的分子式是 $Al_2(SO_4)_3 \cdot 18H_2O$，分子量342.15。有固、液两种形态。固体产品为白色、淡绿色片状或块状。液体产品为无色透明至淡绿或淡黄色。硫酸铝应符合《水处理剂硫酸铝》（GB 31060—2014）的规定，见表4-1。

表 4 - 1 硫 酸 铝 的 标 准

指标项目		指 标			
		Ⅰ类		Ⅱ类	
		固体	液体	固体	液体
氧化铝（Al$_2$O$_3$）的质量分数/%	≥	15.60	7.80	15.60	7.80
铁（Fe）的质量分数/%	≤	0.20	0.05	1.00	0.50
水不溶物的质量分数/%	≤	0.10	0.05	0.20	0.10
pH 值（1%水溶液）	≥	3.0			
砷（As）的质量分数/%	≤	0.0002	0.0001	0.001	0.0005
铅（Pb）的质量分数/%	≤	0.0006	0.0003	0.005	0.002
镉（Cd）的质量分数/%	≤	0.0002	0.0001	0.003	0.001
汞（Hg）的质量分数/%	≤	0.00002	0.00001	0.0001	0.000005
铬（Cr）的质量分数/%	≤	0.0005	0.0003	0.005	0.002

采用固体硫酸铝的优点是运输方便，但制造过程多了浓缩和结晶工序。如果水厂附近有硫酸铝生产厂，最好采用液态，这样可节省费用。

硫酸铝使用方便，但水温低时，硫酸铝水解较困难，形成絮凝体比较松散，效果不及铁盐混凝剂。

2. 聚氯化铝

聚氯化铝是一种无机高分子混凝剂，分子式是 $[Al_2(OH)_nCl_{6-n}]_m$，又被简称为聚铝、碱式氯化铝等，英文缩写为 PAC，由于氢氧根离子的架桥作用和多价阴离子的聚合作用而生产分子量较大、电荷较高的无机高分子水处理药剂。在形态上又可以分为固体和液体两种。固体按颜色不同又分为棕褐色、米黄色、金黄色和白色，液体可以呈现为无色透明、微黄色、浅黄色至黄褐色。不同颜色的聚合氯化铝在应用及生产技术上也有较大的区别。

聚氯化铝应符合《水处理剂聚氯化铝》（GB/T 22627—2014）的规定，见表 4 - 2。聚氯化铝在投入水中前的制备阶段即已发生水解聚合，投入水中后也可能发生新的变化，但聚合物成分基本确定，在低温下，聚氯化铝有较好的混凝效果；同时，对 pH 值的适应范围较广。

表 4 - 2 聚 氯 化 铝 的 标 准

指标名称		指 标	
		液体	固体
氧化铝（Al$_2$O$_3$）的质量分数/%	≥	6.0	28.0
盐基度/%		30.0～95.0	
水不溶物的质量分数/%	≤	0.4	
pH 值（10g/L 水溶液）		3.5～5.0	
铁（Fe）的质量分数/%	≤	3.5	

指标名称		指标	
		液体	固体
砷（As）的质量分数/%	≤	0.0005	
铅（Pb）的质量分数/%	≤	0.002	
镉（Cd）的质量分数/%	≤	0.001	
汞（Hg）的质量分数/%	≤	0.00005	
铬（Cr）的质量分数/%	≤	0.005	

注 表中所列水不溶物、铁、砷、铅、镉、汞、铬的质量分数均指 Al_2O_3 10％的产品含量，Al_2O_3 含量不等于 10％时，应按实际含量折算成 Al_2O_3 10％产品比例计算出相应的质量分数。

3. 氯化铁

氯化铁的分子式是 $FeCl_3 \cdot 6H_2O$，是具有金属光泽的褐色结晶体，杂质少，易溶于水，形成的絮体较紧密，不易破碎易沉淀，因此处理低温水和低浊水效果较好，但其对金属管道等腐蚀性较大，且容易吸水潮解，不易保管。液体为红褐色溶液。氯化铁应符合《水处理剂氯化铁》（GB 4482—2006）的规定，见表 4-3。

表 4-3 氯 化 铁 的 标 准

指标项目		指标			
		Ⅰ类		Ⅱ类	
		固体	液体	固体	液体
氯化铁（$FeCl_3$）的质量分数/%	≥	96.0	41.0	93.0	38.0
氯化亚铁（$FeCl_2$）的质量分数/%	≤	2.0	0.30	3.5	0.40
水不溶物的质量分数/%	≤	1.5	0.50	3.0	0.50
游离酸（以 HCl 计）的质量分数/%	≥		0.40		0.50
砷（As）的质量分数/%	≤	0.0004	0.0002		
铅（Pb）的质量分数/%	≤	0.002	0.001		
镉（Cd）的质量分数/%	≤	0.00002	0.00001		
汞（Hg）的质量分数/%	≤	0.0002	0.0001		
铬［Cr（Ⅳ）］的质量分数/%	≤	0.001	0.0005		

4. 硫酸亚铁

硫酸亚铁的分子式是 $FeSO_4 \cdot 7H_2O$，是半透明绿色结晶体，俗称"绿矾"。硫酸亚铁溶于水后，离解出的二价铁离子不具有三价铁盐良好的混凝作用，且使水中含铁量增高，因此在用硫酸亚铁做混凝剂时，往往同时投加适量的氯气。氯是很强的氧化剂，可以使溶解度很大的二价铁离子迅速氧化成硫酸铁和三氯化铁，并在水中水解生成难溶的氢氧化铁胶体，起架桥作用，将胶体颗粒混合成矾花。硫酸亚铁应符合《水处理剂硫酸亚铁》（GB 10531—2006）的规定，见表 4-4。

表 4 - 4　　　　　　　　　　　　　硫 酸 亚 铁 的 标 准

指标名称		指　　标	
		Ⅰ 类	Ⅱ 类
硫酸亚铁（$FeSO_4 \cdot 7H_2O$）的质量分数/%	≥	90.0	90.0
二氧化钛（TiO_2）的质量分数/%	≤	0.75	1.00
水不溶物的质量分数/%	≤	0.50	0.50
游离酸（以 H_2SO_4 计）的质量分数/%	≤	1.00	
砷（As）的质量分数/%	≤	0.0001	
铅（Pb）的质量分数/%	≤	0.0005	

5. 聚合硫酸铁

聚合硫酸铁是碱式硫酸铁的聚合物，其分子式是 $\left[Fe_2(OH)_n(SO_4)_{3-n/2}\right]_m$，英文缩写 PFS。液体为红褐色黏稠透明液体，固体为淡黄色无定型固体。聚合硫酸铁具有优良的混凝效果，腐蚀性比氯化铁小。聚合硫酸铁应符合《水处理剂聚合硫酸铁》（GB 14591—2006）的规定，见表 4 - 5。

表 4 - 5　　　　　　　　　　　　　聚 合 硫 酸 铁 的 标 准

项目		指　　标			
		Ⅰ 类		Ⅱ 类	
		液体	固体	液体	固体
密度（20℃）/(g/cm³)	≥	1.45		1.45	38.0
全铁的质量分数/%	≥	11.0	19.0	11.0	19.0
还原性物质（以 Fe^{2+} 计）的质量分数/%	≤	0.10	0.15	0.10	0.15
盐基度/%		8.0～16.0	8.0～16.0	8.0～16.0	8.0～16.0
不溶物的质量分数/%	≤	0.3	0.5	0.3	0.5
pH 值（1%水溶液）	≥	2.0～3.0	2.0～3.0	2.0～3.0	2.0～3.0
砷（As）的质量分数/%	≤	0.0001	0.0002		
铅（Pb）的质量分数/%	≤	0.0005	0.001		
镉（Cd）的质量分数/%	≤	0.0001	0.0002		
汞（Hg）的质量分数/%	≤	0.00001	0.00001		
铬 [Cr（Ⅵ）] 的质量分数/%	≤	0.0005	0.0005		

（二）混凝剂的配制与投加量

1. 混凝剂的配制

（1）配制方法。混凝剂的配制一般在溶解池与溶液池中进行。配制时先将混凝剂倒入溶解缸中用机械、水力或压缩空气使混凝剂溶解，然后将溶解好的药液放入溶液池中，用水稀释成规定的浓度。在较小的水厂也有将溶解缸与溶液缸合在一起的。表 4 - 6 为不同大小的溶液池在配制不同浓度的药液时一次需要投加的混凝剂量。

表 4 - 6 不同配制浓度的混凝剂每次投加量 单位：kg

配制浓度 /%	溶液池净容积							
	$0.1m^3$	$0.2m^3$	$0.5m^3$	$1m^3$	$2m^3$	$3m^3$	$4m^3$	$5m^3$
1	1	2	5	10	20	30	40	50
2	2	4	10	20	40	60	80	100
5	5	10	25	50	100	150	200	250
10	10	20	50	100	200	300	400	500

在实际使用中，一般都要按规定的浓度事先计算好一次需要溶解的混凝剂量与所加水量，正确地加以调配。溶液池一般都要两套，一套使用，另一套备用。溶液配制次数最好一天 1 次或两天 1 次，配药间隔不要过长也不需太频繁。

（2）配制浓度。混凝剂配制浓度时指单位体积药液中所含的混凝剂的重量，用百分比表示。如混凝剂的配制浓度为 10%，即指 $1m^3$ 溶液中有 100kg 的硫酸铝或其他混凝剂。

溶液配制浓度大小关系到药效的发挥和每日的调制次数。一般自来水厂药液配制浓度控制在 5%～10%，较小的水厂如投加量绝对数太小，可以降低到 1%～2%，较大的水厂也可以提高到 10%～15%。药液放置时间不宜太长，否则会影响混凝效果。

2．混凝剂的投加量

正确控制混凝剂的投加量是取得良好混凝效果的重要因素。混凝剂的投加量与原水水质、混凝剂种类、水温、混合及絮凝条件等许多因素相关，一般要通过实验和实际观察来确定。

实验室搅拌试验一般在六联搅拌机上进行。该设备有 6 块桨板以备放置 6 个水样。通过调速装置可以任意选定搅拌机的转速，最高转速为 500r/min，用时间继电器控制搅拌时间，在搅拌机一侧有一组小试管，固定在同一轴上，以备加注药剂，见图 4 - 2。

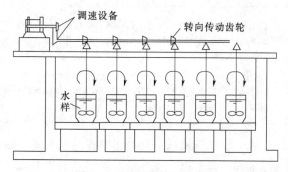

图 4 - 2　混凝搅拌试验设备

为确定现有水厂设备所需的混凝剂加注量，应取水厂原水、生产上所用的混凝剂或助凝剂进行试验。因实验室用的原水量较少，加注混凝剂绝对量也少，混凝剂浓度应配制成每毫升含量为 1～5mg。使每升水中混凝剂加注量最大不超过 10mL，但应不少于 0.5mL。若需加氯时，所用的氯水应在使用前标定浓度，再用不吸氯的蒸馏水稀释。

试验基本步骤如下：

（1）将试验水样倒入搅拌杯至刻度线。

（2）将搅拌杯放置于搅拌器的设定位置，下降桨叶放入搅拌杯中，对准桨叶与搅拌杯的中心。

（3）根据试验水样水质设定药剂投加量，选用刻度吸管加到加药试管中，再加适量稀释水使各加药管中的体积相等，并摇匀。

（4）设定试验操作参数。快速搅拌 300r/min，1min；中速搅拌 120r/min，5min；慢速搅拌 50r/min，10min；静置 30min（试验参数根据仪器和水质的实际情况调整）。

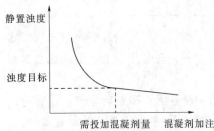

图 4-3 混凝剂加注量和静置浊度关系

（5）启动开始按钮，观察混凝状况、絮凝体的生成速度及大小。

（6）混凝搅拌完成后，立即从搅拌杯中提升桨叶，观察沉淀状况。

（7）沉淀完成后，先从搅拌杯的取样口排掉少许水样，再取水样测定浊度和 pH 值等水质参数，并记录，分析确定最佳投药量，见图 4-3。

初步确定投药量后，可以作为指导生产的初步依据，但最终还要观察矾花生成情况和以沉淀水实际出水浊度来加以调整。矾花观察的一般方法见表 4-7。

表 4-7   矾花观察的一般方法

矾花生成评价	特 点
投药量适当时	絮凝池中所结的矾花，颗粒清晰，水与颗粒界限清楚，并有分离倾向，絮凝池后部泥水分离清晰而透彻，进入沉淀池后，即开始分离，这表明絮凝良好。 对于浊度较高的原水，矾花一般密集、细小而结实；对于浊度较低的原水，矾花一般类似小雪花片，颗粒轻而不结实，在絮凝池中，后部才能看到；对于低浊度原水，例如 10NTU 以下，一般仅能看到矾花
投药量过量时	絮凝池后部就出现泥水分离，矾花密度降低，甚至在沉淀池中很快就沉淀或在沉淀池进口处虽产生泥水分离，但在出口处有大量矾花带出，并呈乳白色，出水浊度增高，这说明投药量已经过量
投药量过小时	絮凝池中虽然也看到细小矾花，但在后部和沉淀池进口处没有泥水分离现象，水呈浑浊模糊状，表明投药量不够

原水浊度突然增高时（一般在暴雨后）容易出现投药量不足，这时由于新进厂的浑水比重一般比池中原来的清水大，如果投药量不足，悬浮杂质未充分得到混凝，比重大的浑水自然会潜入池底流动，在水力学上称浑水异重流，沉淀池表层水仍然很清，也看不到矾花，出现了上清下浑，当上层清水流走后，浑浊的原水开始向上流动，水质立即变坏。这就是许多水厂在暴雨后经常出现水质事故的原因之一。针对这种情况，只有迅速过量地投加混凝剂（如原水中碱度不够，pH 值下降还要投加石灰），直到水质变好为止。

每个水厂的原水情况不尽相同，控制投药量要靠长时间的细心观察、积累经验、掌握规律，才能摸索出一套行之有效的办法来。即使有了经验，仍然要提倡看矾花、看出水浊度，勤跑、勤看、勤调整。

五、助凝剂

当单独使用混凝剂不能取得良好的混凝效果时，需投加某些辅助药剂以提高混凝效果，这种促进水的混凝过程的辅助药剂称为助凝剂。助凝剂种类有很多，常用的有生石灰、聚丙烯酰胺、氯、高锰酸钾、臭氧等强氧化剂。

1. 生石灰（CaO）

当原水 pH 值偏低或碱度不足时，会造成混凝剂水解困难，这时就需要投加一定数量的生石灰使混凝得以顺利进行。在这里，生石灰就取得了助凝剂的作用。

2. 聚丙烯酰胺（PAM）

当水中加入混凝剂后产生的絮体细小而松散时，可加入高分子助凝剂，利用高分子助凝剂强烈的吸附架桥作用，使絮体变得粗大而紧密。常用的高分子助凝剂有聚丙烯酰胺。当处理低温、低浊水时加注高分子助凝剂效果尤为明显。

3. 氧化剂

当原水受有机污染时，可加氧化剂如氯、臭氧、高锰酸钾等氧化剂，以破坏有机物、促进混凝。这类药剂本身不起混凝作用，但能起到辅助混凝剂的作用。

六、混凝剂的投加

混凝剂的投加是根据水厂中所选用的混凝剂品种、混凝剂状态（固体还是液体）、投药方法而定的。混凝剂投加系统以投药方法分可以分成两种：一种是干投法；另一种是湿投法。这两种投药方法各有优缺点，见表 4－8。

表 4－8 投药方式优缺点比较

投加方法	优点	缺点
干投法	（1）设备被腐蚀的可能性小； （2）当要求投加量突变时，易于调整； （3）占地面积小； （4）易实现自动控制	（1）仅适用于固体混凝剂，且对粒度有一定要求，如混凝剂粒度不能满足要求，需增加一套破碎设备； （2）药剂用量小时不易调节； （3）药剂和水不易混合
湿投法	（1）容易与原水充分混合； （2）不易阻塞入口，管理方便； （3）易调节加注量	（1）设备占地面积大； （2）人工调制时工作量较繁重； （3）设备易受腐蚀

（一）混凝剂的干投法

整个投药系统包括：药剂储存→药剂搬运→粉碎→提升→投加，其主要设备是投干机。干投法在国外用得较多，我国因市场产品品种等各方面影响，使用较少。

（二）混凝剂的湿投法

整个投药系统应包括：药剂储存→药剂搬运→搅拌溶解→药剂配制→储液→计量→投加。

1. 药剂储存

药剂储存量一般为最大投加量期间的 1 个月用量，并根据药剂供应状况和运输条件等因素适当增减。液体混凝剂的储存设备为储存槽（池），对固体混凝剂应配备仓库。

2. 药剂搬运设备

一般采用单轨手动（或电动）葫芦、悬挂起重机抓斗或手推车等。

3. 药剂的搅拌溶解及配制设备

固体混凝剂必须通过溶解配制后才能使药液达到一定浓度，液体混凝剂也有配制稀释过程。固体混凝剂的溶解有 3 种方法：水力、机械、压缩空气搅拌，典型设备见图 4 - 4。

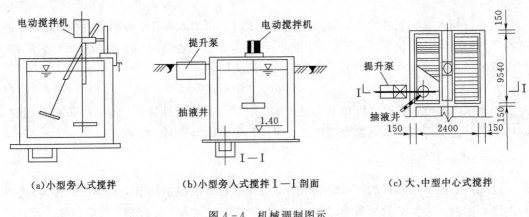

（a）小型旁入式搅拌　　　（b）小型旁入式搅拌 I—I 剖面　　　（c）大、中型中心式搅拌

图 4 - 4　机械调制图示

4. 投药设备

投药设备包括投加和计量两部分。

（1）投加设备。药剂投加方式可分为重力投加和压力投加两种。当采用水泵混合时，混凝剂加在泵前吸水管或吸水井喇叭口处，一般采用重力投加。为了防止空气进入水泵吸水管内，可在投加设备的水封箱内装浮球阀。

当采用管道混合、静态混合器混合时，若允许提高溶液池位置可采用重力投加，否则必须采用水射器或泵投加。加药泵可采用计量泵及一般耐酸泵，目前较多采用计量泵，将投加设备和计量设备合二为一，且容易实现自动控制。

（2）计量设备。在净水过程中要正确控制混凝剂投加量，必须有计量设备，常用计量设备有以下几种。

1）孔口计量。孔口计量是利用在恒定水位下，孔口自由出流的流量是恒定的原理进行设计，因此一定要有恒定水位箱及孔口装置共同构成。孔口设备常用有苗嘴及孔板，改变孔径大小即能改变投加量。

孔板可根据国家标准图《用安装在圆形截面管道中的差压装置测量满管流体流量》（GB/T 2624.3—2006）加工，其苗嘴直径与流量关系见表 4 - 9。

根据苗嘴处流量及混凝剂的浓度可计算出加注量，如采用 5mm 直径苗嘴，出流量为147.6L/h，若混凝剂浓度为 5%，加药量应为 7.38L。

表 4 - 9		苗嘴直径与流量关系表								
苗嘴直径 d/mm		0.6	0.8	1.0	1.2	1.5	1.7	2.0	2.2	2.5
流量	mL/s	0.7	1.3	1.6	2.3	3.5	4.5	6.4	8.0	10.6
	L/h	2.52	4.68	5.76	8.28	1.96	16.2	23.04	28.8	88.10
苗嘴直径 d/mm		2.7	3.0	3.5	4.0	4.5	5.0	5.5	6.0	6.5
流量	mL/s	12.2	15.0	21.3	28.0	33.7	41.0	47.5	57.0	67.6
	L/h	43.92	54	76.66	102.96	121.32	147.6	171.0	205.2	241.2

2）浮杯式计量。该方法是将浮杯浮在贮液缸的液面上，让浮杯随着液面升降而升降，使杯底连接的短管始终与液面保持一个固定的水头，这样在一定出流的孔径下，输出药液的流量也就固定不变了。浮杯有孔塞式、锥杆式、淹没式等多种形式。孔塞式浮杯孔径与流量关系见表 4 - 10。

表 4 - 10			孔塞式浮杯孔径与流量关系				
孔号	孔径 d/mm	流量	备注	孔号	孔径 d/mm	流量	备注
1	1.0	0.66	工作液位差 10cm	5	3.0	5.94	工作液位差 10cm
2	1.5	1.49		6	4.0	10.55	
3	2.0	2.04		7	6.0	23.74	
4	2.5	4.12		8	8.0	42.20	

3）转子计量。转子计量是常用的计量方法，它是由一个垂直的锥形玻璃管与浮子组成。锥形管大端向上小端向下。当溶液在一定流速下自下而上通过锥形管，作用于浮子的上升力大于浸在溶液中的浮子重量时，浮子上升。浮子最大外径与锥形管内壁之间的环形缝隙随浮子升高而增大，溶液流速相应降低，作用于浮子的上升力逐渐减少。当上升力与浸在溶液中浮子重量相等时，浮子稳定在某一高度。锥形管上有刻度，通过测定将玻璃管上刻度大小和实际流量相对应，因此，读出玻璃管上刻度，再查刻度和流量关系，就能知道实际的混凝剂流量。

七、加药间的管理

1. 药剂的储藏

（1）储藏量。药剂的储藏要根据药剂周转与水厂交通条件，一般要储备 15～30 天的混凝剂用量。药剂周转使用时要贯彻先存先用的原则。但硫酸亚铁且不可积压过久，否则会变质成碱式硫酸铁呈酱油色的冻胶状，使混凝效果大为降低。

（2）药剂的堆放。混合与助凝药剂一般有固体、液体之分。固体的药剂分包装药剂和散装药剂，其堆放的一般规定以下。

1）包装药剂。包装药剂一般成袋堆放，堆放高度根据工人操作条件一般在 0.5～2.0m，药剂之间要有适当的通道，通道宽度要保持 1.0m 左右，以便使用方便。

2）散装药剂。散装药剂（如硫酸亚铁）的堆放，则在药库内设几道隔墙分开，隔墙高度在 2.0m 左右，分格设在药库的一侧或两侧，设在两侧时中间要有通道。散装的药库一般地坪都做有 1‰～3‰ 的坡度，中间设地沟，沟上铺穿孔盖板，用水冲溶后可沿地沟流至溶药间。

3）液体药剂。对液体混凝剂一般都用坛装，每 30kg 一坛，可按坛排列，中间应有小手推车搬运的通道。

（3）溶药缸的防腐。中小自来水厂溶药缸不少采用陶瓷罐，如果采用混凝土或砖砌则需加以防腐处理。简单的防腐处理方法有用耐酸瓷砖衬砌、贴硬聚氯乙烯板或用环氧玻璃钢。

2. 加药间的管理制度

（1）工作标准。加药间工作标准的主要内容如下。

1）按规定的浓度和时间配制混凝剂与助凝剂溶液。

2）根据原水水质变化，进水量大小和沉淀池出水水质的要求，正确调整和控制投加量。

3）根据净水药剂的使用计划，保管好库中混凝剂。

4）维护管理各种投加设备，及时保养检修，保持设备完好。

5）做好各项原始记录，准确填写各项日报。

6）保持加药间的环境整洁。

（2）巡回检查制。加药间的巡回检查应按规定的路线每 1～2h 进行一次，其主要内容如下。

1）溶药与溶液池水位是否正常。

2）加药设备、液箱、管线是否有漏液现象。

3）混合、絮凝以及沉淀池水位与水质是否正常。

4）其他与生产有关的情况。

（3）安全技术操作规定。

1）配制混凝剂要穿戴工作服、胶皮手套和其他必要的劳保用品。

2）配制混凝剂与助凝剂必须按规定的浓度称取规定的数量。

3）放入溶解缸时要按固定的水位，并均匀搅拌、溶解后放入溶液池，放入溶液池的数量及稀释的水量都要按事先规定的进行。

4）投药前对所有投药设备及水射器进行检查，确保正常后方可按规定的顺序打开各控制阀门。

5）确定投药量必须按进水泵房开机数量和原水水质按试验数据或事先规定的投加标准进行。投加后及时观察矾花生成情况和沉淀池出口浊度加以调整，在未正常前不得离开工作岗位。

6）必须按时、正确地测定原水浊度、pH 值、沉淀池出口浊度，按控制出口浊度大小来调整投加量。

7）水泵停车前应提前 3～5min 关掉投药开关，以减少残留药液、减轻水泵叶轮或吸水管道的腐蚀。

8）各种机械设备应按相应的安全操作规程进行。

（4）加药间日报表。加药间日报表参见表 4-11。

表 4-11　　　　　　　　加 药 间 日 报 表

值班者	时间	1号矾缸				2号矾缸				3号矾缸				原水		沉淀池出水		进水泵房开停机				备注
		开停时间	浓度	格数	用量	开停时间	浓度	格数	用量	开停时间	浓度	格数	用量	pH值	浊度	pH值	浊度	1号开停	2号开停	3号开停	进水量/(m³/h)	
	1 ⋮ 8																					
小计																						
	9 ⋮ 16																					
小计																						
	17 ⋮ 24																					
小计																						
合计																						
生产记事									当日进水量/(t/d)													
									当日耗矾量/kg													
									当日千吨水耗矾量/(kg/1000t)													

八、混合和絮凝

（一）混合

混合是原水与混凝剂或助凝剂进行充分混合的工艺过程。当水中加注混凝剂后要求能迅速和水均匀混合，一般混合时间为 10~30s。因为混凝剂水解速度很快，能迅速与水中胶体颗粒发生反应，如不立即和水均匀混合，必然使部分水体内混凝剂过多，部分水体中却很少，不能均匀全面吸附水中杂质。一旦混凝剂水解后与胶体反应将会形成絮体，希望它能逐渐吸附水中杂质，若再进行剧烈搅拌，将会破坏絮体增大，影响效果，所以混合时间不宜过长。

可以有两种方法达到快速混合的目的：一是水力方法；二是机械方法。水力方法又可分为管式混合及混合池混合；机械方法分为水泵混合及机械搅拌。

1. 管式混合

管式混合是利用水厂进水管的水流通过管道或管道零件（弯头、渐缩管）或者在管道内设置阻流物以产生局部阻力，使水流产生剧烈紊动，从而使水体和混凝剂混合。常用是管道混合和静态混合器混合。

（1）管道混合：将混凝剂加入进水管中，管道内流速应为 1.2~1.5m/s。

（2）静态混合器混合：静态混合器是在管道内设置多节固定式分流板，水分流的同时又有交叉及漩涡反向旋转，使混凝剂和水混合。水通过静态混合器将产生一定的水头损失。静态混合器见图4-5。

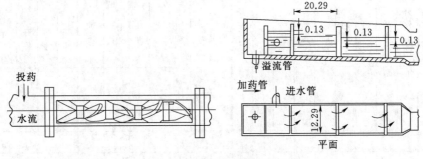

图4-5　静态混合器与隔板混合池

2. 混合池混合

隔板混合池：一般为设有三块隔板的窄长形水槽，两道隔板间的距离为槽宽的2倍，利用水体在隔板间曲折行进产生紊动，使水和混凝剂混合。水在池中停留时间不大于2min，见图4-4。

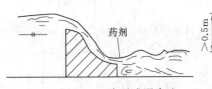

图4-6　水跃式混合池

水跃式混合池：利用了3m/s以上的流速迅速流下时产生的水跃进行混合。水跃式混合池的形式见图4-6。

3. 水泵混合

将混凝剂加在水泵吸水井或吸水管中，通过叶轮的高速转动，达到混凝效果。当混凝剂加在水泵吸水管内为防止吸入空气，需加设一个装有浮球阀的水封箱。

4. 机械混合

建造一个池子，内设搅拌桨，桨板有多种形式可产生不同的功率，为加强混合效果除池内设有快速旋转桨板外，还可在周壁上设有固定挡板。机械混合池的形式见图4-7。

（二）絮凝

1. 絮凝的基本原理

将混凝剂加入水中经与水充分混合后，水中大部分处于稳定状态的胶体杂质就失去稳定。脱稳胶体颗粒通过一定的水力条件相互碰撞、相互凝结，逐渐长大最后成为可以用沉淀法去除的絮体，这一过程称为絮凝或反应，相应的设备称为絮凝池或反应池。絮凝过程所需外力可以是机械的，也可以是水力的，絮凝池还需要使水有足够

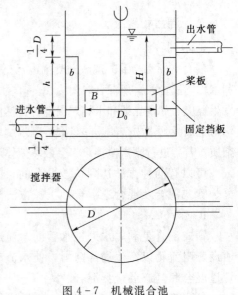

图4-7　机械混合池

的停留时间，以保证颗粒长大。

当水进行搅动时，单位体积中水的颗粒在单位时间内碰撞次 N 可以下式计算：

$$N = n_1 n_2 \left(\frac{1}{6}G\right)(d_1 + d_2)^3$$

式中　n_1——单位体积内直径为 d_1 的颗粒数目；

　　　n_2——单位体积内直径为 d_2 的颗粒数目；

　　　G——速度梯度，即水体在不同空间相互间的速度差值。

这是保证颗粒相互碰撞的重要条件，如果在空间内各点水流速度全部相等，颗粒只能随水流速度做平行移动，无法碰撞。

G 的计算式为

$$G = \sqrt{\frac{\varepsilon_0}{\mu}}$$

式中　ε_0——单位体积内所消耗的功率，在絮凝设备中由机械或水力搅拌方式提供；

　　　μ——水的动力黏度。

分析上面的式子可以知道要增加颗粒碰撞次数，可以增加颗粒的数目、颗粒的直径或增加 G 值。

由于所形成的絮体中含有大量水分，相互黏结并不牢固，在一定水力条件下相互碰撞可使之聚集长大，也能因碰撞力过大，受水流剪力而破碎。水流剪力和 G 值有下列关系：

$$\tau = \mu G$$

式中　τ——水流剪应力；

　　　μ——水的动力黏度；

　　　G——速度梯度。

上式表示水流的剪应力与 G 值和水的动力黏滞系数成正比。G 值越大，水的剪应力也越大。随着絮体长大，其抗剪能力相应减小。因此，在絮凝过程中，随着絮体的长大，絮凝设备的搅动力随之相应减小。一般絮凝池的 G 值从 $80s^{-1}$ 向 $20s^{-1}$ 递减。在絮凝池进口，G 值可与混合池 G 值相衔接，而后递减。经絮凝池出口，G 值可降至 $5\sim10s^{-1}$。由于直接以 G 值来控制水力条件不方便，因此通常以絮凝池中水流速度或机械搅拌桨板旋转线速度的递减来控制。

水的剪应力还受温度的影响。水温越低，水的动力黏滞系数越大，要保持同样的剪应力，冬天的 G 值要小于夏天，即冬天的搅动力要小。

为保证絮体长大，絮凝池要有一定容积，使水在絮凝池中有一定的停留时间。不同形式的絮凝池，水的搅动力有差异，絮体形成的过程也有差异，所需的停留时间不同。从碰撞公式看颗粒碰撞次数和颗粒的数量有很大关系，原水中颗粒数量少，絮凝时间需要长些，原水中颗粒数量多，接触时间可短些。

2. 絮凝池的形式

絮凝池的形式很多，常用的有以下几种。

（1）穿孔旋流絮凝池。穿孔旋流絮凝池属多级旋流絮凝的一种絮凝池，将絮凝池用砖墙分隔成若干小室，各室之间由孔口连通，使水流在各室中逐级串联，通常分成 6～12 个

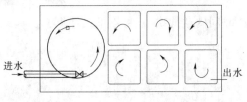

图 4-8 孔室旋流絮凝池

方格，方格四角抹圆，每格之间由上下对角交错的孔口相通，孔口断面积从第一格至最后一格逐渐加大，使流速逐渐变小，见图 4-8。水由第一格底部沿切线方向经收窄的进水管口喷入而造成旋流。孔口布置既要使水流从边线方向流入各格，在格内产生旋流，又要使水流上、下、左、右错开以免短流。

穿孔旋流絮凝池的絮凝时间宜为 15～25mim。絮凝池孔口流速应按由大到小的渐变流速设计，起始流速宜为 0.6～1.0m/s，末端流速宜为 0.2～0.3m/s。

穿孔旋流絮凝池的优点是容积小、构造简单、水头损失较小，絮凝效果较好；缺点是池体开挖较深，在地下水位较高的地方施工较不便，各格中因水流速度降低易积泥，特别是各格平面面积较大，穿孔流速较低时，积泥更为严重，池底必须考虑排泥措施。穿孔旋流絮凝池主要适用于规模不大的村镇水厂。

（2）网格（栅条）絮凝池。网格絮凝池由数格相同平面面积和池深的竖井串联组成，进水水流顺序从前一格流向下一格，上下交错流动，一般分 3 段控制：前段为密网或密栅，中段为疏网或疏栅，末段不安装网、栅，当水流通过网格时，相继收缩、扩大，形成漩涡，造成颗粒碰撞，水流在通过竖井之间时孔洞流速及过网流速逐渐减小，形成良好的絮凝条件，见图 4-9。

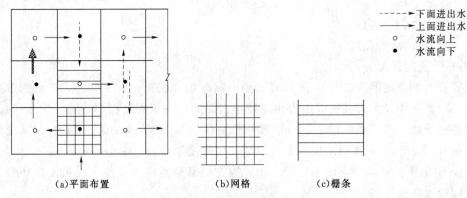

(a)平面布置　　　　(b)网格　　　　(c)栅条

图 4-9 网格絮凝池平面示意图

网格絮凝池的絮凝时间宜为 12～20min，用于处理低温或者低浊水时，絮凝时间可适当延长。竖井平均流速：前段和中段 0.14～0.12m/s，末端 0.14～0.10m/s；过栅（过网）流速：前段 0.30～0.25m/s，中段 0.25～0.22m/s，末端不安放栅条（网格）；竖井之间孔洞流速：前段 0.30～0.25m/s，中段 0.20～0.15m/s，末端 0.14～0.10m/s。絮凝池内应设有排泥设施。

对于规模较大的村镇水厂，絮凝池分格一般不宜超过 9 个，网格可用预制混凝土构件，但最好用杉木制作，这样安装比较方便。网格（栅条）絮凝池的优点是絮凝时间短、絮凝效果较好、构造简单；缺点是水量变化影响絮凝效果。网格（栅条）絮凝池主要适用于水量变化不大、规模较大的乡镇水厂。

（3）隔板式絮凝池。水流以一定的速度在隔板之间流动，从而完成絮凝过程。为了使水流的 G 值逐步减小，隔板的间距前面小后面大，即起始流速大，末端的流速小。根据水在隔板中流动形式，隔板絮凝池可分为往复式及回转式两种。隔板絮凝池絮凝时间宜为 20～30min。廊道流速应按由大到小的渐变流速进行设计，起始流速宜为 0.5～0.6m/s，末端流速宜为 0.2～0.3m/s。隔板间净距宜大于 0.5m。隔板转弯处的过水断面面积，因为廊道过水断面面积的 1.2～1.5 倍。原水浊度低，水温低，需要较长停留时间。这类设备对原水水质适应性强，构造简单、运行稳定，缺点是停留时间较长，其形式见图 4-10。

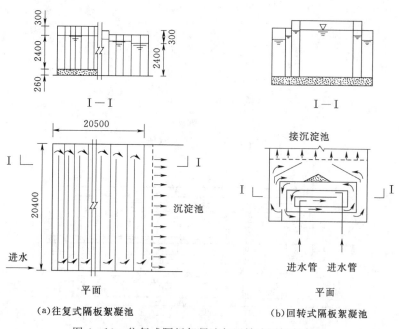

图 4-10　往复式隔板絮凝池与回转式隔板絮凝池

（4）折板絮凝池。折板絮凝池是利用在池中加设一些扰流单元以达到絮凝所要求的水流紊流状态，便于充分利用能量，降低能耗与药耗，缩短水的停留时间。折板絮凝又可分为多通道或单通道的平折板、波纹板等不同结构型式。折板絮凝的水流方向有竖流与平流两种，目前以竖流式为多。折板絮凝池一般分为 3 段，3 段中的折板布置可分别采用相对折板、平行折板和平行直板，见图 4-11。折板材质应无毒。

折板絮凝池依靠水流与折板碰撞及水流在折板中多次转折提高 G 值，板间流速较小。絮凝时间宜为 8～15min。絮凝过程中的流速应逐段降低，第一段流速可为 0.25～0.35m/s，第二段流速可为 0.15～0.25m/s，第三段流速可为 0.10～0.15m/s。折板夹角可为 90°～120°。

折板絮凝池的优点是容积小、絮凝时间短、絮凝效果好，缺点是构造较复杂、造价较高、水量变化影响絮凝效果。

（5）机械搅拌絮凝池。机械搅拌絮凝池是利用桨板搅动水流。为使桨板转速可以在较大幅度内变更，一般采用无级变速传动装置，桨板转速将根据水量、水温、加注混凝剂的品种进行调整。按照轴的位置机械搅拌絮凝池可以布置成水平轴搅拌和垂直轴搅拌两种形式，见图 4-12 和图 4-13。

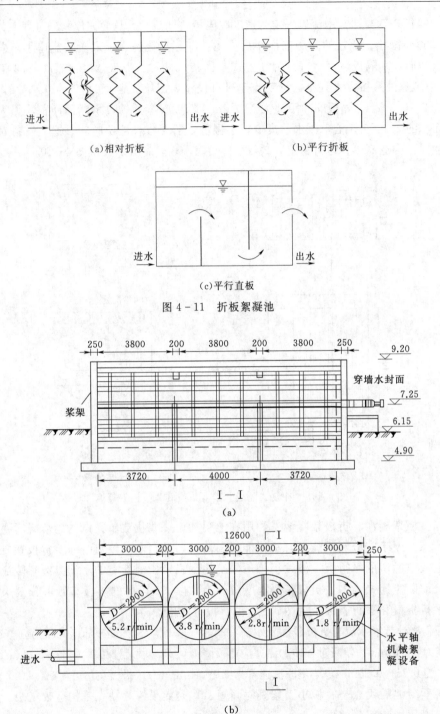

（a)相对折板　　　　　　（b)平行折板

（c)平行直板

图 4 - 11　折板絮凝池

I — I

（a)

图 4 - 12　平轴式机械絮凝池

机械搅拌絮凝池，根据所需的 G 值，由若干级串联组成，使 G 值逐步下降，在运行过程中可以根据运行状况，调整每一级桨板的转速，也即调整 G 值。串联各级之间需设穿孔墙或上下交叉开孔，使水流在各池中有充分的停留时间，防止短流。常用的机械搅拌絮凝池

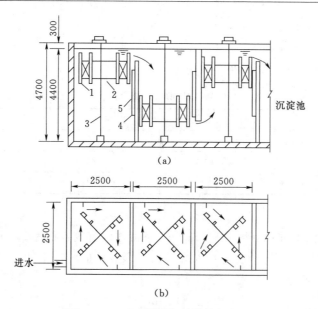

图 4-13 垂直轴式机械搅拌絮凝池

1—桨板；2—桨板支架；3—旋转轴；4—隔墙；5—固定挡板

停留时间一般为 15～20min，桨板的线速度第一级为 0.6m/s，最后一级为 0.2m/s。

该类絮凝池因 G 值可自由调节，适应范围广，絮凝效果好，水头损失小，但增加了机械维修工作量。

3. 絮凝池的管理与维护

絮凝池管理维护分经常性维护和定期技术测定。

（1）经常性维护。

1）按混凝要求，注意池内矾花形成情况及时调整加药量。

2）定期清扫池壁，防止藻类滋生。

3）及时排泥。

（2）定期技术测定。在运行的不同季节应对絮凝池进行技术测定。

1）絮凝池技术测定内容主要是进水流量、进出口流速、停留时间、速度梯度的验算及记录测定时的气温、水温和水的 pH 值等。

2）速度梯度的验算方法。絮凝池 G 值的测定应事先确定絮凝池进水流量（可以进水房开机数量或其他方法测算）、水温、水头损失（指絮凝池进口和出口的水面高差）和絮凝池的有效容积（等于池长×池宽×水深，减去隔板或其他构造所占容积），然后按下式计算：

$$G = \sqrt{\frac{\rho h}{60 \mu T}}$$

$$T = \frac{V_{\text{有效}} \times 60}{Q}$$

式中 ρ ——水的密度，取 1000kg/m³；

h ——反应池内水头损失，m；

μ ——水的反应黏度系数，kg·s/m²，见表 4-12；

T——絮凝时间，min；

$V_{有效}$——絮凝池有效容积，m^3；

Q——絮凝池进水流量，m^3/h。

表 4 - 12 水 的 动 力 黏 度

水温 $t/℃$	$\mu/(kg \cdot s/m^2)$	水温 $t/℃$	$\mu/(kg \cdot s/m^2)$
0	1.814×10^{-4}	15	1.162×10^{-4}
5	1.549×10^{-4}	20	1.029×10^{-4}
10	1.335×10^{-4}	80	0.825×10^{-4}

现列举说明如下：

【例】 某水厂测得进水流量为 $833m^3/h$，絮凝池的有效容积为 $278m^3$，絮凝池内水龙头损失经实测得 $0.27m$，当时水温为 $20℃$，求 G 及 GT 值？

解：絮凝时间为

$$T = \frac{278m^3 \times 60}{833m^3/h}$$

$$= 20min$$

查表得 $\mu = 1.029 \times 10^{-4} kg \cdot s/m^2$ 代入公式得

$$G = \sqrt{\frac{\gamma h}{60\mu T}}$$

$$= \sqrt{\frac{1000 \times 0.27}{60 \times 1.029 \times 10^{-4} \times 20}}$$

$$= 47 \ (1/s)$$

$$GT = 47 \times 20 \times 60 = 56400$$

九、混凝的运行与管理

(一) 运行中几种主要现象分析

在加药混凝沉淀系统运行时，经常会出现净化效果差的现象，大致有以下几种：

(1) 絮凝池末端絮体颗粒状况良好，水体透明。沉淀池中絮体颗粒细小，沉淀池或斜管沉淀池出水中带有明显的絮体颗粒。出现这种状况除沉淀池负荷过高因素外，一般有以下两种原因：一是絮凝池末端有大量积泥，堵塞了沉淀池进水穿孔墙部分孔口，使孔口流速过高，打碎絮体，使絮体不易沉降，从而被沉淀池出水带出；二是沉淀池内积泥过多，堵塞进水穿孔墙部分孔口，同时使沉淀池的容积减小，水流速度加快，影响沉淀效果，水中带出絮体。此时应立即停池清洗，检查排泥设施是否完好，并加以修复。

(2) 絮凝池末端絮体颗粒细小，水体浑浊，沉淀池出水浊度偏高。出现上述现象原因较多。

1) 混凝剂加注量不足。混凝剂加注量不足时，水中黏土颗粒无法黏结，因此水体浑浊。

2) 由于水质原因造成的。当增加混凝剂加注量后，仍然不能达到预定的净化要求，要考虑到是否由水质因素造成的。首先应测定水的 pH 值、碱度，当水的碱度不够时，混凝剂水解过程不能正常进行；此外还应测定水中氨氮值及耗氧量，当这两个水质指标升高时，说明水体受污染，影响混凝效果。

如果碱度不够应加碱。当采用 $Al_2(SO_4)_3$ 及 $FeCl_3$ 混凝剂时，根据计算每投加 1mg/L $Al_2(SO_4)_3$ 或 1mg/L $FeCl_3$ 需要 0.5mg/L CaO（碱度以氧化钙计），碱度不足时可加石灰，石灰的加注量为

$$[CaO] = [0.5a - x + 20]$$

式中　[CaO]——石灰的需要量，mg/L；

a——硫酸铝或三氯化铁投加量，mg/L；以无水纯 $Al_2(SO_4)_3$ 或 $FeCl_3$ 计；

x——原水中的碱度以 CaO 计，mg/L；

20——使反应顺利进行而增加的剂量，mg/L。

上式是计算了投加混凝剂后所需的碱度，如果在原水中加氯尚需计算加氯消毒后的碱度，理论上加 1mg/L 氯要消耗 1.4mg/L 碱度，因此加石灰时要考虑此因素。

生产上还可以采用测定混凝剂后水中剩余碱度控制法，应在加氯及加注混凝剂后使水中剩余碱度保持在 20mg/L。

如果因水体受污染而引起混凝效果不佳，则必须投加氧化剂，最简单的方法是加氯气，其加注量可以通过搅拌试验确定。

3）由于水温过低引起絮凝效果不佳。当水温过低时以硫酸铝作混凝剂会有反应不充分及絮体重量轻不易下沉现象。可改用铁盐或聚合氯化铝，或者加注助凝剂。助凝剂可采用水玻璃，加注量需通过试验确定，加注时需先投入水玻璃或与混凝剂同时加注。

4）混合不充分，加注点不合理。如在一段时间内沉淀池出水浊度偏高，有可能是这个原因造成的。混合不充分，使一部分水和混凝剂混合，另一部分水体中无混凝剂，影响混凝效果。当采用管道混合时，管道流速受水量变化影响，冬季水量少，管道流速低，影响混合效果。此时应对混合设备进行改进。若混凝剂加注点离絮凝池距离较远，使已形成絮凝体的水体仍处在剧烈紊动条件下，不利絮体混合，应通过试验改进加注点。

5）絮凝池运行条件改变影响絮凝效果。絮凝池大量积泥后，使絮凝池体积减小流速增加，影响絮凝效果。特别在絮凝池末端，絮体已长到一定粒径承受剪力能力差，过高的流速形成较高的 G 值，使已结成的絮体破碎，水体浑浊。此时应停池排除积泥。当冬季处理水量大幅度减少时采用水力絮凝设备，G、T 值和设计要求相差很多，影响絮凝效果。此时可考虑停运部分絮凝池，以保证运行的絮凝池有合理的运行条件。絮凝池末端局部阻力存在，也会使已形成的絮体破碎，此时应考虑絮凝池设备改造。

（3）絮凝池末端絮体大而松，沉淀池出水浊度偏清且有大颗粒絮体带出。出现此种情况往往是混凝剂加注量偏大，使絮体颗粒中黏土成分减少，比重减小，从而易被带出，略减少加注量即可改进运行状况。

（4）絮凝池末端絮体稀少，沉淀池出水浊度偏高。在处理低温、低浊水时往往会出现上述现象，因原水浊度低颗粒碰撞机会少，再加上低温，混凝剂在水体中絮凝效果差，因此在絮凝池末端絮体颗粒很少。出现这种情况可以采取加注助凝剂（活化硅酸或黏土）方

法改进絮凝效果。

（5）絮凝池末端絮体碎小，水体不透明，俗称像淘米水，沉淀池出水浊度偏高。出现这种情况往往是超量加注，絮凝剂加入水中后产生带正电荷的氢氧化铝或铁，压缩黏土颗粒双电层，过多加注混凝剂使原来的带负电荷黏土颗粒反而带正电荷，使胶体颗粒重新处于稳定状态，不能进行混合。

（二）混凝技术测定与改造措施

1. 混合设备的测定及改进措施

对于混合设备的要求是水和药剂能快速均匀混合，对混合效果有两种测定方法。如果有条件能在混合管道末端的上下左右各点取样（在絮凝池进口取样也可），分析水中铝的含量（混凝剂采用铝盐），如果加混凝剂同时又加氯，也可分析氯的浓度，若各点氯或铝的浓度相近，表示混合良好，这种方法是能直接说明问题的。如无此条件可用间接法测定，借助实验室的搅拌机进行。如在实验室中加药混合的效果比生产上混合好得多，说明混合设备需要改进。由于生产上经混合后的原水应尽快进入絮凝阶段，该项试验最好在现场进行，采集到混合好的原水应立即进行絮凝试验。

改进混合设备可从两方面考虑：一是混合速度，如采用管道混合应核算管道中流速是否过小，混合池混合应核算混合池隔板宽度是否合适等，一般混合效果较差混合速度不够是一个重要原因；二是从混合时间方面考虑，混合时间不宜超过 2min，如采用水泵混合方式要计算水从泵站流出后至絮凝池所需时间，如采用管道混合应计算从加注点到絮凝池，水在管道中的停留时间。通过试验和计算可以找到改进混合设备的途径。

2. 絮凝设备的测定及常用的改造措施

絮凝的效果是以观察絮体状态及分析沉淀池出水浊度来衡量的，但从上述两方面不能说明絮凝池的技术特性。根据絮凝原理影响絮凝效果的因素很多，如混凝剂品种及投加量、原水水质、G 值、停留时间等，达到同样的絮凝效果，有的设备混凝剂投加量高，有的低，一般认为投加量低的设备效果好。因为投加量增加，使水厂的经常运行费增加，是不经济的。如果在一个水厂中有几种形式的絮凝池，通过实践可以轻易比较出各类池子的效果。如果水厂中只有一种形式絮凝池，可以进行一些技术测定工作，对絮凝池特性进行判断。

（1）絮凝池沿程沉降效果测定：沿程沉降效果测定方法较简单。絮凝池按设计水量运行，在絮凝池沿程选择合适取样点。取样点应选在不同速度处，在取样点处用 1L 烧杯取样，取样时应尽量避免破碎絮体，取样后放在池边进行静置沉降，10min 后取出上面清液进行浊度分析，如沿程浊度下降，表示絮凝池运行正常，在某段距离内浊度并不下降，则应考虑该段的絮凝流速不合适，或者有局部阻力存在，需加以改进。

（2）进行搅拌试验采用这种方法的理论基础是絮凝池设计主要控制 G、T 值，如果搅拌试验采用的 G、T 值同生产池子的相同则会有相似的絮凝效果。

可进行两组搅拌试验。一组搅拌试验以生产上运行的絮凝池 G、T 值控制搅拌桨板的转速及絮凝时间；另一组为对照试验，可参考相同原水其他水厂絮凝池设计的 G、T 值，用以控制搅拌桨板的转数和絮凝时间，也可通过大量搅拌试验后确定合适的 G、T 值。比较两组试验结果，就可判断出生产用的池子设计是否合理。这项工作是比较细致的，絮凝池设计是半理论半试验性的，水质又是随机变化，需要积累数据仔细分析后才能作出正确判断。

絮凝池改造措施往往是调整絮凝池中各阶段的流速，增加絮凝池停留时间，对机械絮凝池及穿孔旋流絮凝池则往往是调整孔口位置以减少短流，其他还有在絮凝池末端增加排泥措施。

（三）设备的运行管理

（1）工人必须熟悉设备、管理系统及闸门布置，并严格按规定操作控制闸门。一个水厂中如有两组或两组以上沉淀池，应注意各组池子进、出水闸门调节，保证各组沉淀池进水量基本均衡。注意混凝剂配制系统中压力水闸门及药剂闸门操作顺序，防止误操作。

（2）及时按规定浓度配制混凝剂。及时配制混凝剂是保证混凝剂正常投加的前提，按规定浓度配制混凝剂是正确加注的保证。在运行时往往忽视这点。由于配制药剂浓度掌握不当，由此造成的误差是很大的。混凝剂浓度一般控制在 $1\%\sim5\%$，如果浓度相差 1%，加注量误差就是 $10\%\sim20\%$，这样再精确的计量也是无济于事的。

（3）当使用两种药剂时，必须注意投加顺序。投加顺序应通过试验确定。根据某些水厂运行经验，采用硫酸亚铁和加氯时，硫酸亚铁和氯必须同时投加。

（4）当采用水射器输送混凝剂时，必须保证水射器进水系统有一定的工作压力。水射器工作压力一般应维持在 0.3MPa 左右，视输水距离、加注点压力而定，如压力不足，必须开启增压泵。

（5）需保证各类机械设备完好，以保证正常运行。混凝剂一般都略有腐蚀性，与药剂接触的机械设备易损坏，因此要及时保养。一般来说需 3 个月维修 1 次，如正常设备有故障，应立即停用及时修理。如有备用设备应启用备用设备，以保证混凝剂加注不间断。

（6）保持输送混凝剂的导管畅通，各类设备的闸门完好。这些设备需每月检修 1 次。

（7）保证计量设备如苗嘴、孔口、浮杯、转子、计量泵等计量正确。这类设备需半年检查 1 次，并进行计量测定。计量测定可用容积法，即在一定时间内将通过计量设备的药液放入已知容积的容器内。孔口、苗嘴及转子流量计等可用秒表及量杯测量，计量泵的测定需用较大容积的容器。

（8）每月检修机械、电气 1 次；每年检修混合池、絮凝池的机械、电气或更换部件；每年检查隔板、网格、静态混合器 1 次。

第三节 沉　　淀

水中杂质依靠重力作用从水中分离出来使浑水变清的过程称为沉淀。原水经过投药、混合、絮凝，使水中微小的颗粒絮凝成矾花后进入沉淀池。沉淀池的主要作用是让矾花即水中的悬浮杂质从水中分离沉淀下来并排除这些沉淀物。沉淀池在整个地表水处理工艺中能够去除 $80\%\sim90\%$ 的悬浮固体，因此它在净水过程中是相当重要的。

一、沉淀机理

悬浮颗粒在水中沉降分离，根据分离过程的特性可分为以下几种。

（1）分散颗粒的自由沉降。

（2）絮凝颗粒的自由沉降。

（3）拥挤沉降（干扰沉降）。

根据沉淀机理，常用的沉淀池主要有平流沉淀池和斜管（板）沉淀池。

（一）分散颗粒的自由沉降

当水中的悬浮固体不具有碰撞后可相互黏结的性能，同时水中悬浮颗粒浓度较低时，这种颗粒的沉降称为分散颗粒的自由沉降。颗粒在水中受重力作用下沉，下沉时颗粒受到液体的浮力及阻力，当这些力达到平衡时，颗粒将以等速下沉。当颗粒为球形时，其沉速应为

$$\mu_s = \sqrt{\frac{4}{3} \frac{g}{c_p} \left(\frac{\rho_s - \rho}{\rho} \right) d}$$

式中　μ_s——颗粒的沉速；

d——颗粒的直径；

g——重力加速度；

ρ_s，ρ——悬浮颗粒及水的密度；

c_p——水的阻力系数。

水的阻力系数 c_p 和水的温度及水的流态有关，当水的流速很小，其沉降速度可以下式计算：

$$\mu_s = \frac{g}{18} \left(\frac{\rho_s - \rho}{\mu} \right) d^2$$

式中　μ——水的动力黏滞系数，和温度有关。

从沉降速度公式中看出颗粒的沉速随颗粒密度增加而增大，与颗粒的直径成正比，夏季水温高时水的黏度低，如果其他条件不变颗粒的沉速相应增加，相反冬季水的温度低，水的黏度增高，沉速减小，沉降效率降低。

（二）絮凝颗粒的自由沉降

在混凝沉淀池中，被沉降的颗粒相互碰撞后可相互黏结，具有絮凝特性。在沉淀池中颗粒相互碰撞，主要由于颗粒间沉速差异，下沉较快的颗粒可以追上下沉速度慢的颗粒，而且，沉淀池中流速分布的差异也可使颗粒碰撞，在沉淀池中也存在着速度梯度，但其较絮凝池中的小，因此絮体破碎的影响很小，有利于絮体长大。在混凝沉淀池中絮体继续长大，改善沉降条件的作用是很明显的，一般用烧杯进行静置沉淀，效果较生产池子差，就是因为沉淀池中有使絮体继续长大的作用。

由于絮体继续成长，悬浮颗粒的密度发生变化，颗粒沉降速度也随之发生变化，计算公式比较复杂，并需与实际试验相结合。

（三）拥挤沉降

当水中悬浮颗粒浓度很大时，颗粒间的间隙相应减小，颗粒下沉时相同体积的水上涌，对周围颗粒的下沉产生影响，颗粒实际的沉降速度将是自由沉降速度减去上涌的速度。当颗粒浓度随颗粒下沉而增加，最终就形成了界面形式的沉降。给水处理中高浊度水的沉淀及澄清池中清水和泥渣分离都属于这一类沉降。

拥挤沉降时，单体颗粒的沉速小于同一颗粒在自由沉降时的沉速。

（四）理想沉淀池

前面介绍的是颗粒在水中沉降的 3 种状况，生产设备中的沉淀池，颗粒运动不仅是下沉运动，因池中水流本身是在运动的，因此还必须研究水体流动对颗粒沉降的影响。

理想沉淀池是沉淀池设计中最早的基本理论，对沉淀过程中某些因素作了假定，以求得颗粒沉淀的基本规律。图 4-14 是理想沉淀池颗粒沉降的示意图，其假定如下：

理想沉淀池的假定如下。

（1）沉淀区内水流在任何一点处的流速完全相同。

（2）沉淀区内的悬浮颗粒的浓度及分布在池深方向完全一致，在沉降过程中沉速不变。

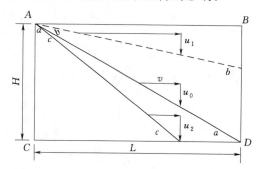

图 4-14　理想沉淀池颗粒沉降图

（3）任何一个颗粒一接触池底即被认为是有效的去除，尚未接触池底的颗粒则随出水排走。

根据理想沉淀池原理，具有沉速 u 的颗粒其沉淀轨迹应为沿水平流速 v 和沉速 u 合成速度方向的直线，具有同一沉速的颗粒其轨迹相互并行。从进水端液面进入而在出水区正好达到池底的颗粒沉速称为截留速度（u_0），凡沉速大于 u_0 的颗粒如沉速为 u_2，将被全部去除，凡沉速小于 u_0 的颗粒如沉速为 u_1 只能部分去除。

如果水在沉淀区中停留时间为 T，则相应的截留速度为

$$u_0 = \frac{H}{T} = \frac{H}{L/v} = \frac{H}{L}\frac{Q}{BH} = \frac{Q}{BL} = \frac{Q}{A}$$

式中　L——沉淀区的长度；

B——沉淀区的宽度；

H——沉淀区的高度；

A——沉淀区的表面积；

Q——沉淀池的流量；

v——流速。

其中 $\frac{Q}{A}$ 称为表面负荷率。上式表示沉淀池的颗粒截留速度，即沉淀池的去除率与沉淀池的表面负荷有关，与深度无关。这一结论与实际情况是有差别的，特别是絮体颗粒沉降及拥挤沉降，情况是复杂的，但对沉淀池的研究有一定意义。

二、平流沉淀池

平流沉淀池是应用最早、比较简单的一种沉淀形式，它是在由砖石或钢筋混凝土建造的水池中，依靠水在水平流动过程中，使悬浮杂质逐渐下沉，从而达到沉淀目的的构筑物。

平流沉淀池既可用于自然沉淀也可用于混凝沉淀。所谓自然沉淀就是原水中不投加混凝剂的沉淀，一般用作预沉淀处理；而混凝沉淀是原水经加药混凝形成矾花后的沉淀。平

流沉淀池虽然占地面积大，但是它的优点是构造简单，造价低廉，操作管理方便，处理效果稳定，操作管理方便、耗药量少且具有较大的缓冲能力。

（一）平流沉淀池的构造

平流沉淀池可分多层式、单层式及转折式，但无论哪一种沉淀池都有 4 个功能区，即进水区、沉淀区、出口区和存泥区，见图 4-15。

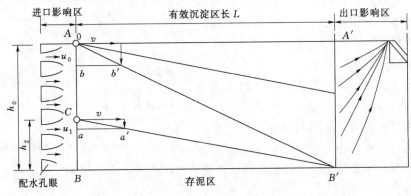

图 4-15　平流沉淀池工作情况

1. 进水区

进水区的作用是将絮凝池的出水均匀地分布在沉淀池整个断面，使沉淀池内的悬浮颗粒尽可能均匀，避免股流和偏流，同时减少进水紊动，创造一个有利于絮体沉降的条件，还要防止底泥冲起。进水区要求使水能均匀地分布在沉淀池整个断面并务必使水流安稳地流入沉淀区。通常采用进水堰、淹没孔眼进水渠以及穿孔墙等方式。

一般设计平流沉淀池往往与絮凝池合建，絮凝池末端就连着沉淀池进水区。为了达到上述目的，将絮凝池和沉淀池间的隔墙做成穿孔墙，孔的形状一般为喇叭口，孔口流速小于 0.2m/s。

2. 沉淀区

沉淀区是沉淀池的主体，沉淀作用就在这里进行，水在池内缓慢流动使矾花逐渐下沉。由于各地水质、水温不同，各地取用的沉淀时间不同。规范规定沉淀时间一般为 1.0~3.0h。一般认为原水中浊度以淤泥为主且属中等浊度，沉淀时间可适当缩短；原水中色度及有机物含量较高时宜选用较长的沉淀时间。当水温较低时宜采用较长的沉淀时间。如果采用较浅的池子，按理想沉淀池原理可采用较短的沉淀时间。

沉淀时间确定以后，沉淀后的长度取决于沉淀池的水平流速 v，为了防止底泥冲起，使流态比较稳定，减少短流区、滞流区，水平流速一般采用 10~20mm/s。

为了取得较好的沉淀效果，根据经验，沉淀池长度与宽度之比不得小于 4∶1；长度与深度之比不得小于 10∶1。

3. 出口区

出口区的作用是将沉淀后的清水引出，出口装置应尽可能收集上层的清水，且在整个池宽方向均匀收集，集水的速度应尽可能避免扰动已沉淀的絮体，一般采用两种集水形式：一种是穿孔集水装置；另一种是堰流式。

4.存泥区

存泥区的作用是积存下沉污泥，这部分构造和排泥方法有关。人工排泥时，沉淀池底在纵、横方向都应有坡度，或者做成斗形后，使存泥区的积泥易于集中排除。机械排泥时，沉淀池可做成平底，利用机械设备把污泥刮一起，然后排出池外，或采用吸泥行车排出。

（二）平流沉淀池的排泥

平流沉淀池的排泥，是沉淀池运行中的重要问题，关系到沉淀池工作是否正常。排泥有以下几种方式。

（1）人工排泥。排泥时池子停止运行，利用高压水将积泥冲走。这种排泥方式设备简单，但不能及时排泥，且劳动强度大。

（2）斗式排泥。在池底设置有一定坡度的排泥斗，每个排泥斗设置排泥阀。排泥时打开阀门，利用沉淀池水位将泥压出，见图4-16。这种排泥形式往往不能彻底排除污泥，运行一段时间后需停池清洗。

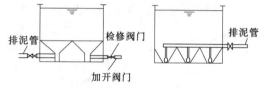

图4-16 斗式排泥布置

（3）穿孔管排泥。在沉淀池底设置多排穿孔管，利用池内水位和穿孔管外的水位差将泥排出，见图4-17。穿孔管排泥设备简单，但孔眼易堵塞，影响排泥效果。

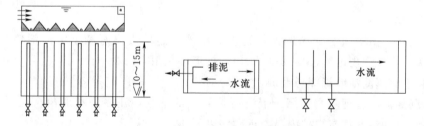

图4-17 穿孔管排泥布置

（4）机械排泥。机械排泥是利用机械装置通过排泥泵或用虹吸方法将池底积泥排至池外，这种形式排泥装置已在我国广泛应用，见图4-18。由于机械排泥效果好，一般不需要停池清洗，但其污泥沉积时间较短，排除污泥的浓度较低。

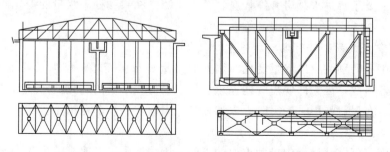

图4-18 泵吸式机械排泥装置与虹吸式机械排泥装置

（三）平流沉淀池主要运行控制指标

1. 沉淀时间

沉淀时间是指原水在沉淀池中实际停留时间，是沉淀池设计和运行的一个重要控制指标。《村镇供水工程设计规范》（SL 687—2014）规定宜为 2.0～3.0h。

2. 表面负荷率

表面负荷率是指沉淀池单位面积所处理的水量，具体计算公式如下：

$$q = \frac{Q}{A}$$

式中　A——沉淀区的表面积；

Q——沉淀池的流量。

表面负荷率是控制沉淀效果的一个重要指标。理想的表面负荷率见表 4-13。

表 4-13　　　　　　　　　　　　表面负荷率参考指标

原水性质	表面负荷率
浊度在 100～250NTU 的混凝沉淀	45～70
浊度大于 500NTU 的混凝沉淀	25～40
低浊高色度水的混凝沉淀	30～40
低温低浊水的混凝沉淀	25～35
不用混凝剂的自然沉淀	10～15

3. 水平流速

水平流速是指水流在池内的流动速度。水平流速的提高有利于沉淀池体积的利用，《村镇供水工程设计规范》（SL 687—2014）规定可采用 10～20mm/s。

（四）平流沉淀池的管理与维护

平流沉淀池的管理基本上属于混凝沉淀管理的继续，往往是和加药、混凝统一管理的。在平流沉淀池管理与维护中要着重做好以下几点。

1. 掌握原水水质和处理水量的变化

掌握原水水质和处理水量的变化主要目的是正确地决定混凝剂的投加量。掌握的内容在原水水质方面有：一般要求 2～4h 测定一次原水的浑浊度、pH 值、水温、碱度，在水质变化频繁季节里要 1～2h 测定一次。

水量方面要了解进水泵房开停状况。对水质测定结果和处理水量的变化要及时填入生产日报。

2. 观察絮凝效果、及时调整加药量

在运行中要特别注意出水量变化前调整加药量和水质变坏时增加投药量这两个环节。还要防止断药事故，因为即使短时期停止加药也会导致水质的恶化。对在水质频繁变化的季节如洪水、台风、暴雨、融雪时更需加强管理，落实各项防范措施。

3. 及时排泥

及时排泥是沉淀池运行中极为重要的工作。因为排泥不及时、池内积泥厚度升高，会缩小沉淀池过水断面，相应缩短沉淀时间，降低沉淀效果，最终导致出水水质变坏。排泥过于频繁又会增加耗水量。采取人工清理的沉淀池排泥应该在每年高峰洪水前进行。

4. 防止藻类滋生、保持池体清洁卫生

原水藻类含量较高时，藻类会滋生在沉淀池中，这时就可以采取预加氯方法，杀灭滋生的藻类。沉淀池内外都应经常保持环境卫生。

5. 平流沉淀池的保养与维护

（1）每日检查进水阀、出水阀、排泥阀、排泥机械运行状况，定期加注润滑油，进行相应保养。

（2）检查排泥机械电源、传动部件、抽吸机械等的运行状况，并进行相应保养。

（3）每月对机械、电气设备检修一次。

（4）每年对排泥机械、阀门等进行一次解体检查，更换损坏零部件。

（5）每年沉淀池排空一次；对混凝土池底、池壁检查修补一次；金属部件油漆一次。

（6）每3～5年对排泥机械进行检修或更换。

三、斜管（板）沉淀池

斜管（板）沉淀池是根据"浅层沉淀原理"发展起来的。随着沉淀池有效水深的减少，颗粒在池中停留时间也将缩短。根据理想沉淀池原理将一个沉淀池分成几层，从理论上讲沉淀池的效率就可提高几倍，见图4-19。

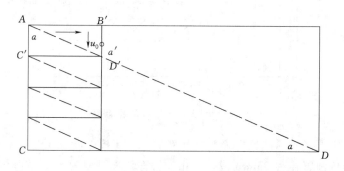

图4-19 缩小沉淀区深度对沉淀过程的关系

图上 AD 是有颗粒在沉淀区中的沉降曲线。在 AC 深度上用隔板分成4等分，从图上看出同样是 u_0 沉速颗粒，其沉淀效果可以提高4倍。在实现这个想法时还采取了两条措施：①为了让沉到底的污泥能自动排除，将这些沉淀区倾斜一个适当的角度（一般为60°）；②为了改善沉淀池的水力条件及从结构上考虑，将沉淀区在宽度上分格。

（一）斜管（板）沉淀池的构造

根据斜管（板）沉淀池的管（板）内水流运动方向，该类沉淀池可分为上向流（也称异向流，清水向上流动，污泥向下沉淀，两者方向相反）、侧向流（横向流）及下向流（也称同向流，清水流动方向和污泥滑动方向相同）。在国内异向流斜管使用较广泛，近年来侧向流斜板也逐渐被采用，同向流斜管因结构复杂较少采用。3种形式斜板（管）水流状态见图4-20。

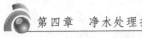

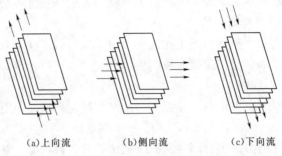

(a)上向流　　　(b)侧向流　　　(c)下向流

图4-20　斜板（管）沉淀池水流方向示意图

1. 上向流斜管沉淀池

上向流斜管沉淀池在我国使用较多。上向流斜管沉淀池一般由配水区、斜管区、清水区和积泥区组成，见图4-21。配水区的设置是为了保证斜管沉淀池能均匀进水。一般絮凝池水流方向是水平的，斜管沉淀区的水流方向是由下往上的，因此这个区的合理布置非常重要。一般采用穿孔墙或下向流斜管分配水量，且在斜管区下面保持一定的配水高度，以保证进口端与末端能配水均匀。配水区高度还要考虑安装和检修要求，一般不小于1.5m。

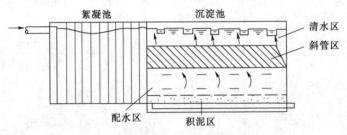

图4-21　斜管沉淀池一般布置

斜管一般采用聚氯乙烯或聚丙烯塑料薄板加工，薄板厚度0.4~0.5mm。斜管形状一般为六角形，内接圆管径为25mm或35mm，斜管斜长一般为1m。斜管安装的倾斜方向一般顺水流方向，也可逆水流方向。

为了保证斜管均匀出水，清水区的布置也十分重要。清水区的高度一般为1.0~1.5m。

斜管沉淀池因沉淀效率高，单位面积的积泥量较多，因此排泥要求也高。斜管沉淀池排泥方式同平流沉淀池一样，也可采用斗式排泥，穿孔排泥管及机械排泥等。常用的机械排泥有以下两种形式。

（1）卷扬机牵引式。刮泥装置设于斜管以下的积泥区，池底两侧安装有刮泥车行走的轨道，刮泥车沿轨道将沉积于池底的污泥来回刮至沉淀池两端的集泥槽，通过穿孔排泥管或污泥泵将污泥排走。刮泥机的驱动部分（卷扬机）设于沉淀池的地面，用钢丝绳来回牵引刮泥车行走，见图4-22。

（2）底部桁架虹吸式。刮泥板将污泥集中至均匀布于池宽的虹吸管口，通过虹吸管将污泥排至池外，吸泥机沿池长方向来回移动，见图4-23。

斜管沉淀池生产能力与选用的截留速度 u_0 有关，截留速度选用除与水的温度、悬浮

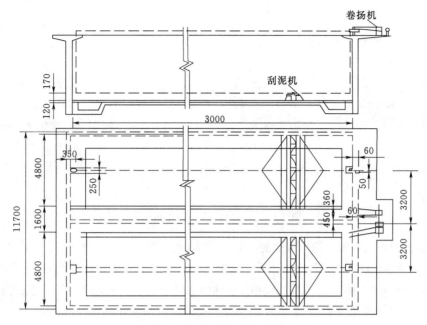

图 4-22 卷扬机牵引排泥

颗粒特性及出水要求有关外，斜管沉淀池规模也将影响截留速度选用。一般规模较大的斜管沉淀池，由于进出水系统布置不容易保证出水均匀，选用指标较低，一般为 $0.2\sim0.25\text{mm/s}$ 左右。

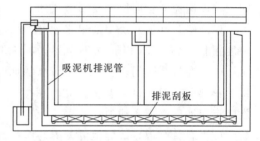

图 4-23 底部桁架虹吸排泥

2. 侧向流斜板沉淀池

侧向流斜板沉淀池的水流从斜板侧向进入，污泥沿斜板下沉。从构造形式看该类池子是将一组斜板安放在平流沉淀池中，为了防止水流不经斜板流过，在斜板的前端设置阻流墙，斜板顶部高出水面，为了使水流均匀分配和收集，侧向流斜板沉淀池的进出口均设置整流墙，见图 4-24。

（二）斜管（板）沉淀池运行主要技术指标

1. 上升流速和表面负荷率

与平流沉淀池一样，表面负荷率是指斜管（板）沉淀池单位平面面积上的出水流量，而上升流速是指斜管区平面面积的水流上升流速。一般上升流速控制在 2mm/s 较为合适。表面负荷率可采用 $5.0\sim9.0$。

2. 斜管管径、长度与倾角

斜管一般采用正六角形（蜂窝形），这主要是蜂窝形断面结构合理、刚度较好。设计可采用：斜管管径为 $30\sim40\text{mm}$，斜长为 1.0m，倾角为 $60°$。

（三）斜管（板）沉淀池的管理与维护

（1）严格控制沉淀池运行的流速、水位、停留时间、积泥泥位等参数，要求不超过设计允许范围。

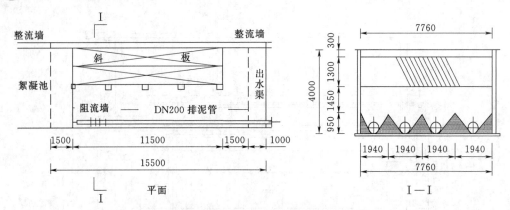

图 4-24 侧向流斜板沉淀池示例

（2）适时排泥是斜管（板）沉淀池正常运行的关键。排泥的控制阀必须保持启闭操作，运转灵活、排泥管道通畅，每隔 4～8h 排泥一次，原水浊度高、排泥管径较小时，排泥次数应酌情增加。运行人员应根据原水水质变化情况和池内积泥情况，积累排泥经验，适时排泥。

（3）沉淀池不得在不排泥或超负荷情况下运行。

（4）定期降低池内水位，露出斜管，用 0.25～0.3MPa 的水枪冲洗斜管内积存的絮体泥渣，以避免斜管堵塞和变形造成的沉淀池净水能力下降。

（5）斜管（板）沉淀池出水浊度为净水厂重点控制指标，定时检测出水浊度，使出水浊度控制在小于 5NTU，发现问题及时采取补救措施。

（6）在日照时间较长、水温较高的地区，应加设遮阳棚或遮阳盖，防止藻类繁殖，延缓塑料斜管（板）材质老化。池内藻类较多时，应采取投氯和其他除藻措施除藻，防止藻类随沉淀池出水进入滤池。

（7）斜管（板）沉淀池的保养与维护。

1）每日检查进出水阀、排泥阀、排泥机械运行状况，加注润滑油进行保养。

2）每月对机械、电气设备检修一次，对斜管冲洗、清通一次。

3）每年对排泥机械、阀门等进行一次解体检查，更换损坏零部件。

4）沉淀池每年排空一次，对斜管（板）、支托架、绑绳等进行维护；对池底、池壁进行修补，对金属件涂刷油漆。

5）每 3～5 年对斜管（板）进行一次大修理，更换老化破损的支承框架和斜管。

6）（短期）停运的斜管沉淀池，应尽可能地将塑料斜管浸没于水中（此时应注意阀门是否有渗漏水的情况），以防斜管露于空气中造成损坏。

四、沉淀池技术测定及改造措施

影响沉淀池效果的主要因素是沉淀池的水力条件（包括斜管斜板沉淀装置），平时的运行状态观察很重要，技术测定只能起到辅助作用。目前经常用的技术测定内容是沉淀效果的均匀程度和积泥状况。沉淀池出水浊度在沉淀池出口处宽度方向往往有细微差别，任何一个沉淀池包括斜管斜板沉淀装置都很难做到绝对均匀，若在宽度方向浊度相差很多，表明沉淀池出水量很不均匀，或者某处有局部阻力存在，阻碍了颗粒沉降。

造成沉淀池出水量不均匀有以下原因。

（1）沉淀池和絮凝池之间穿孔导流墙分布不当。大型斜管沉淀池进水端水量分布比较困难，经常会出现水量分布不均匀现象，此时应对布水系统进行改造。

（2）沉淀池和絮凝池之间穿孔导流墙因积泥过高而堵塞，此时应迅速停池排泥。

（3）沉淀池出口堰不在同一水平面上造成出水不均匀。

（4）沉淀池堰口运行是否正常也是影响沉淀池运行效果的主要因素。堰口应保持有水流跌落状态，见图4-25，这样才能保持沉淀池出水均匀，且堰口上流速不应过大而引起已下沉的污泥再向上翻。如果出现沉淀池至出水总渠出流无跌落现象，有可能是沉淀池负荷量过大，应减少负荷，或者是堰口长度不够，应予以改造。

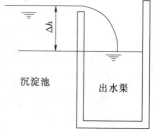

图4-25　沉淀池出水跌落现象

为了保持沉淀池有良好的水力条件，排泥设施能否正常运行是很关键的。采用穿孔管形式或排泥斗形式的沉淀池除进行定期正常排泥外，要观察排泥管有否堵塞，有否局部区域排泥不畅并做好记录。采用机械排泥方式要观察机械的运行状态、吸泥是否均匀，为排泥设施的改进提供依据。

第四节　澄清与气浮

澄清与气浮在水厂中的作用与絮凝沉淀池是一样的。因此其运行要求也与絮凝沉淀相似，但其构造及原理与絮凝沉淀有所差别，因此还有它本身的特殊要求。

一、澄清池的特点与分类

（一）澄清池的特点

澄清池是在沉淀池基础上发展起来的一种沉淀池的特殊形式。它的主要特点如下。

（1）在一个构筑物内同时完成混合、絮凝、沉淀过程。

（2）使已经形成的矾花循环利用或处在悬浮状态继续发挥作用。

由于澄清池有这样两个特点，一方面简化了净化处理工艺流程，另一方面由于被循环利用或处在悬浮状态的矾花，很容易吸附刚进入池体内、已经加过混凝剂的原水中微小杂质，从而大大提高了沉淀效率。

（二）澄清池分类

澄清池一般分为泥渣循环型和泥渣过滤型两种。

1. 泥渣循环型

泥渣循环型澄清池的工作特点是：利用水力或机械的作用使部分带活性的泥渣即矾花不断循环回流，泥渣在循环过程中不断接触混合和吸附水中杂质，使原水较快地得到沉淀。

常用的泥渣循环型澄清池有机械搅拌澄清池和水力循环澄清池。

2. 泥渣过滤型

泥渣过滤型澄清池的工作特点是：加药后的原水从下向上流过处于悬浮状态的泥渣

层，水中杂质和泥渣颗粒碰撞，发生凝聚和吸附，从而使原水中杂质很快从水中分离。悬浮状态的泥渣层是利用水流不断上升、泥渣层依靠重力下降两者之间的重力平衡形成的。原水通过这一悬浮层，就像过滤一样得到了澄清，因此称为泥渣过滤型。

常用的泥渣过滤型澄清池有脉冲澄清池与悬浮澄清池。

泥渣过滤型澄清池与泥渣循环型澄清池在使用中都应及时排除过量的、已经老化了的泥渣以保持适当的浓度和吸附能力。

二、机械搅拌澄清池

（一）机械搅拌澄清池概况

1. 工作原理与净化过程

机械搅拌澄清池的工作原理是利用机械搅拌来实现泥渣回流，达到加速混凝、澄清的目的，其净水过程如下。

（1）加过混凝剂的原水，在三角配水槽中经过混合进入第一絮凝室。

（2）在第一絮凝室内装有搅拌叶片和提升叶轮，搅拌叶片缓慢转动使原水和活性泥渣充分接触混合，提升叶轮的构造和作用相似于水泵叶轮，用水将泥渣和水提升到第二絮凝室，提升的水量约等于澄清池进水量的3～5倍。

（3）在第二絮凝室继续絮凝，以结成更大的矾花。

（4）水通过第二絮凝室顶部进入导流室，从导流室出来的水进入分离室，由于分离室面积的突然增大，流速降低、泥渣与水在此分离、清水上升，经集水槽流出池外，泥渣下沉一部分进入泥渣浓缩池，大部分则沿斜壁从回流缝又回流到第一絮凝室，不断地进行循环回流。

2. 基本构造

机械搅拌澄清池的基本构造见图4-26，主要由第一絮凝室、第二絮凝室、导流室和分离室组成，现分述如下。

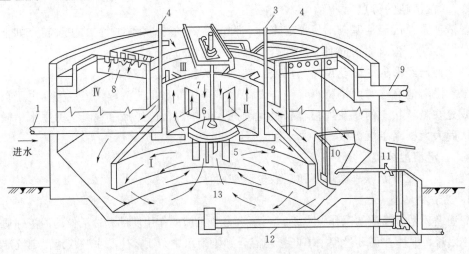

图4-26　机械搅拌澄清池

Ⅰ—第一絮凝室；Ⅱ—第二絮凝室；Ⅲ—导流室；Ⅳ—分离室；
1—进水管；2—配水三角槽；3—透气管；4—投药管；5—搅拌叶片；6—提升叶轮；7—导流板；
8—集水槽；9—出水管；10—泥渣浓缩室；11，12—排泥管；13—排泥罩

（1）进水管。机械搅拌澄清池的进水系统有中部进水和底部进水两种方式。中部进水一般采用三角配水槽或环形管；底部进水是在池底中央进水，在进水管口上罩上伞形罩，以减少水流时池中泥渣层的冲击。

（2）第二絮凝室、第一絮凝室与分离室。第二絮凝室、第一絮凝室和分离室容积之比称容积比，一般为 1：2：7，这个比例是为了保持一个有充分的反应时间及合理的混合和排泥的体型。水在机械搅拌澄清池中停留时间一般为 1.2～1.5h，第一絮凝室与第二絮凝室停留时间宜控制在 20～30min。为了保证澄清池出水水质，水在分离室的上升流速不宜太大，一般采用 0.8～1.1mm/s。

针对澄清池高浓度泥渣循环运行的特点，分离室与第一絮凝室设置隔离的伞形板，池子下侧采用斜壁，其坡度一般为 45°，目的是防止泥渣淤积。

第二絮凝室内侧还设有导流板，其作用是破坏水流的整体旋转，改善水利条件。

（3）搅拌及调流系统。搅拌机由 3 部分组成，即上部的动力系统、中部的叶轮和下部的桨板。

1）动力系统。动力系统一般大型的采用三相交流整流子电动机进行无极调速，也有采用普通异步电动机用三角胶带配置塔轮做双速、三速运行，实际应用时往往是经过调整后不再变动。

2）叶轮。叶轮起提升水量作用，一般可提升 3～5 倍的设计流量。调整叶轮的提升流量，除了调整转速外，主要靠升降传动轴来调整叶轮出口宽度。因为叶轮装在第一絮凝室顶板上圆孔中，顶板厚度可遮住部分叶轮出口，如果位置上下变动，叶轮出口宽度就相应改变，流量也就随之变化了，提升叶轮高度一般不经常变动。调节机件有螺母的，也有用手轮的。叶轮直径一般为澄清池直径的 1/5，外缘线速度采用 0.5～1.5m/s。

3）桨板。桨板主要起搅拌作用，搅拌桨的外缘线速度一般为 0.3～1.0m/s，搅拌桨加长或加桨可以改善搅拌效果。

叶轮和桨板一般用钢板制作，但均需要做防腐处理。

（4）出水管。和水力循环澄清池一样，机械搅拌澄清池出水系统也有 3 种形式：小型的沿圆周内（或外）侧做环形集水槽；中型的在分离室中部设置环形集水槽；大型的采用辐射槽加内侧环形集水槽。

（5）排泥系统。及时和适量地排泥是保证澄清池正常运转的重要条件，特别在汛期高浊度水处理时更为重要。

排泥方式一般都采用重力排泥，排泥一是靠分离室内设置的污泥斗，其作用是积存多余、老化的泥渣经浓缩、脱水后定时排出，叫小排泥；二是靠池底排空管排泥，叫大排泥。池底排泥口处一般设有排泥罩，当排泥阀突然打开时，排泥罩内呈真空状态，排泥罩附近的池底污泥高速进入罩内，同时冲刷了池底，使积存的污泥排出。排泥阀门要求使用快开阀，排泥间歇时间视水质而定，小排泥一天几次，大排泥每天一次。

（6）其他装置。

1）加药点。加药点应在原水进入三角配水槽前紧贴池子的池外混合较好。药液要有一定的水头，否则会出现加不进去的可能。

2）取样管。为掌握澄清池运行情况，需在进水管、第一絮凝室、第二絮凝室、出水槽处设置取样管。第一絮凝室、第二絮凝室的取样管因泥渣浊度大、易于沉积，所以在池外应设置固定的反冲洗管。各取样龙头宜加以编号并沿池壁集中设置以利操作。

3）透气管。为使配水均匀、三角配水不积存空气，在进水管方向的对面、配水槽上端应设置直径 50mm 的透气管。

机械搅拌澄清池的附属设备还有人孔、铁爬梯、溢流口、照明及冲洗池底的高压冲洗龙头及操作室等。

水在机械搅拌澄清池中停留时间一般采用 1.2～1.5h，分离室上升流速 0.7～1.0mm/s，污泥回流量一般是 4 倍的进水量。处理低温低浊原水时可采用 0.5～0.8mm/s。

机械搅拌澄清池处理效率高，单位面积产水量较大，因有泥渣回流对原水适应性强，但需要机械搅拌设备，维修工作量较大。

（二）机械搅拌澄清池的运行管理

机械搅拌澄清池和沉淀池不同的是依靠高浓度大絮体颗粒进行工作，因此形成保持泥渣的合适浓度是运行管理的关键。

1. 初次运行

经检查澄清池各部分及设备均符合设计要求时，澄清池可投入运行。运行初期应尽快形成所需泥渣浓度，因此可将进水减少到设计进水量的 1/2～2/3，同时加大混凝剂加注量。减少叶轮的开启度逐步提高转速，加强搅拌。如泥渣松散、进水浓度低、水温低絮体颗粒细小时，可以适当投加黏土和石灰，以促进泥渣形成。在泥渣形成过程中可适当加大搅拌机转速，降低叶轮开启度。转速调整需缓慢，调整的目的是使第一絮凝室及底部泥渣浓度尽可能地增大。可用 100mL 量筒从第一絮凝室取样静置沉降 5min 后观察泥位的高度。泥的高度所指的容积和 100mL 之比称为沉降比。在运行初期要求沉降比逐步提高，一般经 2～3h 运行，泥渣即能形成，当泥渣形成、出水浊度达到要求的浊度时（5～10NTU）可逐步减少混凝剂的投加量，然后逐步增大进水量。每次增加水量不宜超过设计水量 20%，水量增加间隔不小于 1h。待水量增加到设计负荷时，调整搅拌机转速及叶轮的开启度，使泥渣浓度维持在 1000～2000mg/L 之间，澄清池就进入稳定运行状态。

2. 正常运行管理

由于澄清池是将絮凝和澄清集中在同一构筑物中，不可能以絮凝效果来控制混凝剂加注量，而是要以澄清池的出水浓度来调节加注量，因此需每小时了解原水进水量、水温和 pH 值。当水中含有氨氮时，还需经常测定氨氮值，定时进行澄清池出水浓度测定，以便随时调整混凝剂加注量。观测第二絮凝室的沉降比，也是掌握澄清池运行情况的重要手段。一般第二絮凝室沉降比为 10%～20%，随各地水质略有不同。当沉降比超过 20%～25% 时，表明排泥不及时。合理排泥也是澄清池运行的重要条件，机械搅拌澄清池的泥渣面应控制在导流筒出口以下，当泥渣面高出导流筒出口时应排泥。澄清池对负荷是比较敏感的，不宜突然增加水量，而宜逐渐增加，同时相应增加混凝剂投加量。

3. 停池后再运行

澄清池不宜间歇运行，短时间停止出水可以不停止搅拌机的运行，当停池 8～24h 后再启动运行时，第一絮凝室泥渣可能呈压实状态，重新运行时宜先开启底部放空管，排空池底少量泥渣，并以较大的进水量进水，适当增加混凝剂的投加量，当底部泥渣松动后，将水量调整到 2/3 运行，待出水水质稳定后，再逐渐降低混凝剂投加量，增大进水量。

（三）影响澄清池净化效果的原因

机械搅拌澄清池是以池内泥渣与进入原水中的颗粒相互接触絮凝后进行分离的装置，因此维持泥渣浓度成为保证澄清池净化效果的重要条件。当产生下列现象时，澄清池的效果就受影响。

（1）投加混凝剂量不足或原水中碱度过低，此时从第一絮凝室取样观察，絮体颗粒细小，泥渣浓度越来越低，分离室出现细小的絮体颗粒随水量上升。此时应调整混凝剂加注量，或调整 pH 值，同时减少排泥量以使泥渣浓度逐渐升高。当混凝剂加注中断时，也会出现上述现象，更加明显的在分离区可看出淡淡泥浆水向上翻，此时泥渣浓度极稀，应迅速增加混凝剂量（比正常要多出 2～3 倍），同时适当减少进水量。

（2）混凝剂加注量过大。泥渣群中的絮体是由混凝剂及水中黏土颗粒黏结而成，当混凝剂加注量过大时，絮体颗粒中混凝剂成分加大使颗粒比重减轻，因此虽然出水清澈，但可看到泥渣颗粒大而松散，且有大颗粒絮体颗粒上升。此时应降低混凝剂加注量。

（3）排泥不当对泥渣浓度的影响。当排泥量过少时，分离室的泥渣层不断升高，使出水水质变坏。此时，第二絮凝室的沉降比增加高达 25% 以上，污泥浓缩斗内排出的泥渣含水量很低，沉降比超过 80%。由于长期排泥不畅，致使池内泥渣回流不畅，沉积池底日久腐化发酵，形成松散腐殖物，并夹气体上浮，此时应停池清除底部积泥。当排泥量过多或排泥阀漏水时，第一絮凝室泥渣浓度降低影响出水水质。因此适当掌握排泥周期是非常重要的。排泥周期随不同水质而不同，一般小排泥（污泥浓缩斗的排泥阀）一天数次，大排泥即池子放空阀门每天一次。当池放空阀门快速打开时，池底污泥可高速进入排泥口，同时冲刷池底使积存的污泥排出。

除混凝剂加注或排泥不当影响净化效果外，超负荷过多，进水水温比池内水温高 1℃，使局部水流流速加快；强烈的日光偏晒，造成池水对流都会影响澄清效果，这表明澄清池的流态稳定也是极为重要的。

三、水力循环澄清池

1. 工作原理

水力循环澄清池的工作原理是利用进水管水流中的动能，促进泥渣回流，达到加速混凝、澄清的目的。

2. 净化过程

（1）混合过程。加混凝剂的原水从进水管道通过水力提升器的喷嘴造成高速射流在喷嘴外围形成负压而将数倍于进水量的活性泥渣吸入喉管，使刚进入池中的原水、混凝剂和活性泥渣在水力提升器的喷管中进行剧烈而充分的快速混合。

（2）絮凝过程。经过混合了混凝剂和活性泥渣的原水进入第一、第二絮凝室后，由于过水断面都是顺水流逐步扩大，因此流速逐渐降低，造成了一个良好的絮凝条件。

（3）澄清过程。当水流离开第二絮凝室进入分离室时，流速又显著下降，泥渣在重力作用下从水中分离，使水澄清。分离后清水向上溢流出水，沉下的泥渣除经污泥斗浓缩后排出池外以保持池中泥渣浓度平衡外，大部分向底部沉降，并继续被水力提升器吸入喉管进行泥渣循环回流。

3．基本构造

水力循环澄清池基本构造可分为进水管、水力提升器（即喷嘴、喉管）、第一絮凝室、第二絮凝室、伞形罩、分离室、出水管及排泥系统等部分，详见图 4-27，其主要部分的构造要求如下。

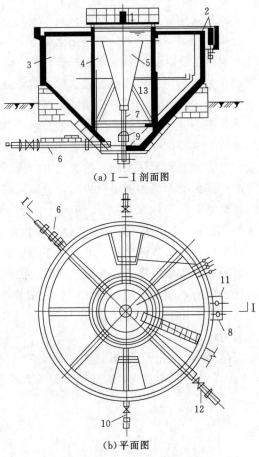

（a）Ⅰ—Ⅰ剖面图

（b）平面图

图 4-27　水力循环澄清池

1—喉管升降装置；2—环形集水槽；3—分离室；4—第二絮凝池；5—第一絮凝池；6—放空管；
7—喉管；8—出水管；9—喷嘴；10—排泥管；11—溢流管；12—进水；13—伞形罩

（1）进水管。进水管布置有 3 种形式：第一种由池底部进入；第二种沿池体锥底内壁进入；第三种是沿池体锥底外壁进入。

（2）喷嘴与喉管。

1）喷嘴。喷嘴是使进水的能量转化为高速动能的装置，其构造见图 4-28。

a．为了使这一转化过程中能量损失最小，要求喷嘴收缩在 13°左右为宜。

b．为改善喷嘴的水流条件，在喷嘴的出口处一般加设一段垂直管段，其高度通常与喷嘴直径相等。喷嘴内壁加工要求尽可能光滑。

c．喷嘴的流速一般在 6~9m/s，水头要求达到 3~4m，流速过高会打碎已结成的絮粒，影响混合效果。流速过低对泥渣回流量有一定影响。

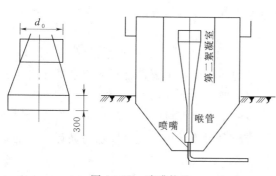

图 4-28　喷嘴构造

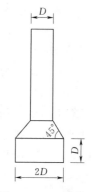

图 4-29　喉管构造

d. 喷嘴离池底的高度不宜超过 600mm，否则会在池底产生积泥。

2）喉管。喉管是进水与活性泥渣进行瞬时混合的场所，其构造见图 4-29。

a. 喉管中流速一般达到 2.0～3.0m/s。

b. 混合时间均在 0.5～1s 范围内。

c. 喉管的进口做成喇叭口形式，进口直径一般为喉管本身直径的 2 倍，喇叭口下缘也加设一段垂直管段。

3）喉嘴距及其调节装置。喷嘴与喉管的距离称喉嘴距。喉嘴距对泥渣回流量有一定影响。喷嘴与喉管距离一般为喷嘴直径的 2 倍，回流水量是进水量的 2～4 倍，调整工作在澄清池试运行时进行，一经确定后很少改变。

调节喉嘴距有以下两种形式：

a. 采用操纵盘整体升降喉管和第一絮凝室，见图 4-30（a）。这种装置因升降重量大，操作很费力。

b. 采用操纵盘只升降喉管方式，见图 4-30（b）。喉嘴距的调节距离一般为喷嘴直径的 2 倍。

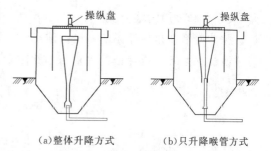

（a）整体升降方式　　（b）只升降喉管方式

图 4-30　喷嘴距调节方式

（3）第一絮凝室。第一絮凝室的功能是促进来自喉管的原水与活性泥渣回流的混合水流在一定的水流条件和一定的接触时间内形成矾花。水在第一絮凝室内一般停留时间为 15～30s，出口流速在 50～80mm/s。

（4）第二絮凝室。水流通过第一絮凝室后，絮凝一般还不够完善，第二絮凝室的功能是促进完善絮凝，使水流进入分离室时能够迅速清污分流。为了保证絮凝效果，第二絮凝室应有足够的高度，出水好的水池一般在第二絮凝室的停留时间为 80～100s，高度都在 3m 以上。高度不够会使絮凝不够完善、运行也不稳定。进口流速宜采用 40～50mm/s。

（5）分离室。分离室是实现清污分流的场所，清水向上、泥渣向下，分离室上升流速不一定过高，一般为 0.7～1.0mm/s，水在澄清池中总停留时间一般为 1.0～1.5h。

（6）伞形罩。伞形罩的主要作用是迫使分离室活性污泥沿伞形罩下缘回流到池底，防止第二絮凝室出流后直接被喷嘴射流而吸入喉管造成短流现象。伞形罩的斜面倾角应不小于 45°，以防罩面积泥。

（7）出水管。水力循环澄清池的出水管有 3 种型式：小型的常采用沿外圆周内（或外）侧作环形集水槽形式；中型的常采用在分离室中部设置环形集水槽形式；出水槽一般采用钢筋混凝土或钢板结构，也有采用钢丝网水泥结构的。

（8）排泥系统。排泥除较小的澄清池采用底部放空管排泥外，一般采用污泥斗。污泥在污泥斗内浓缩并及时排出池外，保持池内泥渣层浓度是保证水力循环澄清池能够正常运行的关键之一。

水力循环澄清池一般还设有池底放空管（图 4-27）及取样管等。取样管是为了便于在运行中观察泥渣程度与水质变化状况，一般在喷嘴喉管附近、第一絮凝室出口处及分离区设置。

水力循环澄清池运行要求和机械搅拌澄清池基本相似，起始运行时水量应较小，约为设计流量的 1/3，投加混凝剂量应增加。原水浊度较低时可以加黄泥黏土，在停池运行时应加大进水量，在正常运行时应注意泥渣浓度，水力循环澄清池与机械搅拌澄清池相比，因其絮凝时间短，运行稳定性较差，混凝剂投加量较多。为了改进水力循环澄清池，做了不少研究工作，如调整各部分尺寸，加大喷嘴直径，减小出口流速，延长絮凝室停留时间，改变喷嘴布置方法，使喷嘴出口从切线方向进入第一絮凝室，使水体在第一絮凝室形成旋流状态，改善絮凝效果。

四、脉冲澄清池

（一）脉冲澄清池概况

脉冲澄清池是悬浮泥渣型澄清池，池内装有脉冲发生器，原水经脉冲发生器后在进入澄清池配水系统，以保证配水均匀。脉冲澄清池剖面图见图 4-31。

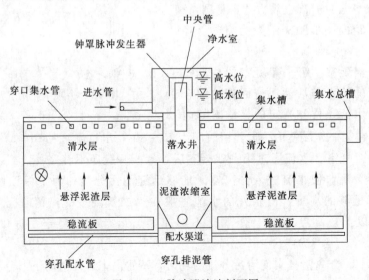

图 4-31　脉冲澄清池剖面图

脉冲澄清池净水过程如下：以钟罩式为例，已投加混凝剂的原水，从进水管到进水室，当进水室水位达高水位时，钟罩内发生虹吸，进水室中大量水流经中央管落水井、配水渠道至池中穿孔配水管道的孔口喷出。穿孔配水管上设有稳流板，水流在稳流板下絮凝，再通过稳流板之间缝隙向上流出，进入悬浮泥渣层，水中的微絮体颗粒与泥渣层中的颗粒接触絮凝，因此泥渣层上部出水浊度就降低了，清水通过穿孔集水槽引出。当进水室中水位降到低水位时，钟罩虹吸破坏，澄清池内停止进水。因所谓脉冲澄清池对澄清部分来说池子是间隙进水的，这样泥渣层处于运动状态。在大量进水时泥渣层因水流速度向上移动，当不进水时，泥渣层又向下运动。在这样微微的运动中，泥渣层就可以更加均匀。对于进水区来说，由于进水流速较大，因碰撞在三角形稳流板下形成剧烈的漩涡，提高了混凝效果，又起到均匀配水作用。因喷口流速大，池底不易积泥，因此脉冲澄清池是平底的，也不用排泥设备。

脉冲发生器有真空式、S形虹吸式、钟罩式等多种形式，在国内，因钟罩式构造简单而使用较多。钟罩内发生虹吸，脉冲发生器原理见图4-32。

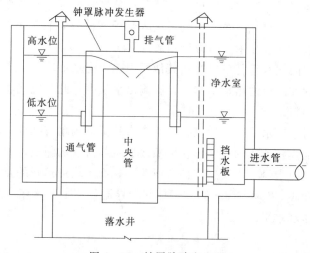

图4-32 钟罩脉冲发生器

在进水箱中央设有中央管，中央管上装有钟罩，钟罩上部设有排气阀。当进水时进水箱水位逐渐升高，当淹没钟罩后，水位继续上升，钟罩内部分空气通过排气管排出。当水位超过中央管的管顶时，原水溢入中央管，因溢流作用，将压缩在钟罩顶部空气带走，罩内压力减小，最后产生虹吸，进水室内水迅速进入钟罩，当进水室水位下降时，钟罩内空气进入，虹吸便破坏，中央管停止进水。以后进水室水位又继续升高，至高水位时虹吸又发生。从低水位到高水位的一段时间称充水时间，一般为25～30s，虹吸发生进水室放水。从高水位到低水位时间称为放水时间，一般为5～10s，充水时间和放水时间之比称为充放比，通常为4:1或3:1。充水和放水共需时间称为脉冲周期。

脉冲澄清池中穿孔配水管孔口最大流速为2.5～3.0m/s，泥渣悬浮层高度为1.5～2.0m，清水区平均上升流速为0.7～1.0mm/s，停留时间为1.0～1.3h。

脉冲澄清池较浅易布置，虹吸式脉冲池设备较简单，但对原水水质和水量变化适应性较差，操作管理要求较高，进水浊度以不大于 3000mg/L 为宜。

(二) 脉冲澄清池的运行管理

脉冲发生器的充放比对脉冲澄清池运行有很大影响，在投入运行前后进行脉冲发生器检查，观察其运行状况是否正常并进行充放比测定，尽量调整到设计充放比。真空式脉冲发生器用电磁阀控制，调节灵活，钟罩式脉冲发生器调节较困难，需调整钟罩安装高度等。在投入运行初期应增加混凝剂加注量，以促进悬浮泥渣形成，一般需 4～8h，同时测定悬浮层的沉降比（一般为 10％～15％），以指导混凝剂加注量。脉冲澄清池在运行时水量不能突变，一般不超过设计水量 20％，增加水量时应提前增加混凝剂加注量。脉冲澄清池对水质也比较敏感，混凝剂加注量变化，出水水质就会有反映，因此需及时了解掌握水质情况，调整加注量。及时排泥也是保证脉冲澄清池正常运行的重要条件，浓缩室积满泥后会影响悬浮层中多余的泥渣排入，从而影响澄清池出水水质。

脉冲澄清池进水温度高于池内温度时，部分区域的悬浮颗粒会随之上升，影响出水水质，此时只有减小水量运行，或暂时停池。

在脉冲澄清池运行时，原水由中央管送至配水总渠时常带有较多空气，因此在总管上设有放气管，但往往由于放气不畅，使空气进入悬浮泥渣层，较多絮体颗粒带入清水区，此时应加大放气管管径，或在适当地方增加放气管。

脉冲澄清池出现因配水管孔口堵塞或其他原因造成配水不均匀，或因清水集水槽不在同一水平面上，使脉冲澄清池出水不均匀，影响出水浊度，此时应停池进行检查，相应进行清洗或进行设备调整。

脉冲澄清池因对水质水量适应性较差，近年来我国应用略有减少。法国得利满公司研制了高效脉冲澄清池，将池底的人字形稳流板改成带导流片的斜板，据报道可以提高脉冲澄清池的进水效果，对水量、水温适应性有所改善，而不增加运行的复杂性。高效脉冲澄清池的构造示意见图 4-33 和图 4-34。斜板间的导流片使上升水流产生涡流，增大悬浮层泥渣浓度，提高净水效果。

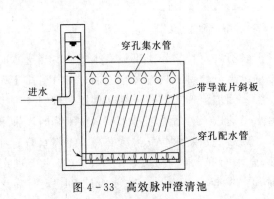

图 4-33　高效脉冲澄清池　　　　　图 4-34　斜板间水流状态

五、澄清池的运行与维护

1. 基本要求

对澄清池运行管理的基本要求是：勤检测、勤观察、勤调节，并且特别要抓住投药适当、排泥及时这两个主要环节。

（1）投药适当。投药适当就是混凝剂的投加量应根据进水量和水质的变化随时调整，不得疏忽，以保证出水符合要求。

（2）排泥及时。排泥及时就是在生产实践基础上掌握好排泥周期和排泥时间，既防止泥渣浊度过高，又要避免出现活性泥渣大量被带出池外，降低出水水质。

只要抓好以上两个环节并按规定的时间和内容对澄清池进行检测、调节，做好管理与维护的各项工作，则澄清池的净化效果是可以得到基本保证的。

2. 澄清池的排泥控制

澄清池中泥渣浊度应保持不变，泥渣浊度和出水水质是有一定关系的，一般关系见表4-14。

表 4-14　　　　　　　　　　泥渣浊度和出水水质的关系

浊度/(mg/L)	出水浊度/NTU
1500～2000	5～7
1000～1500	7～10

泥渣浓度高则处理效果好，但浓度太高会使部分泥渣随清水带出池外，控制泥渣浓度一般有下列两个方法。

（1）控制泥渣面高度。一般要求分离室内泥渣面在第二絮凝室外筒底口水平面稍下，当泥渣面上升到预定位置时开始排泥。泥渣面位置可以在分离室泥渣面附近设置活动取样管或在池壁设观察窗来检查。

（2）控制第二絮凝室 5min 泥渣沉降比。最佳沉降比要根据实际运行经验确定，一般在 10%～20% 范围内，超过规定的沉降比即进行排泥。

3. 运行中的测定

（1）泥渣沉降比的测定。取泥渣水 100mL 置于 100mL 的量筒内，经静止沉淀 5min 后，沉下泥渣部分所占的总体积的百分比即为 5min 泥渣沉降比。

（2）进水流量与上升流速的近似测定。进水流量可用水位在池直壁部分上升的速度来近似测定。测定前在池内直壁部分量取一段距离，做好记号，然后放空水位到记号以下。测定时，把进水闸阀开到正常运行位置，当水位上升到记号下限时开始记录时间，水位上升到记号上限时终止记录。流量值则可用式（4-1）近似算出：

$$Q = \frac{H(F - F_1)}{T} \times 3.6 \qquad (4-1)$$

式中　Q——澄清池出水流量，m^3/h；

H——水位上升高度，即直壁部分上、下记号间距离，mm；

F——池子总面积，m^2；

F_1——第一、第二絮凝室的面积，m^2；

T——水位上升 H 高度所需时间，s。

如量测水位上升部分在集水槽处，则 F_1 中还应该包括集水槽的面积，当近似出水流量测得后可用式（4-2）求出近似上升流速：

$$v = \frac{Q}{3.6(F - F_1)} \qquad (4-2)$$

式中 v——澄清池水流上升流速，mm/s。

（3）回流比的测定。回流比常用加盐法进行测定。测定步骤如下。

1）测定时取食盐若干斤，用水溶解于缸中。

2）测定原水氯化物含量。

3）准备容量为 100mL 烧杯 20 只，10 只取进水管（为 1 号取样点）水样用，另外 10 只取第一絮凝室出口处（为 2 号取样点）水样用。

4）将含盐溶液快速投加到澄清池进水管中（可通过投药管向投药点处投），使食盐溶液与原水充分进行混合。

5）食盐溶液投加后，立即在上述两个取样点同时取水样，每隔 10s 可取水样 1 次，到取齐 10 次为止。

6）用硝酸银滴定法测定所有水样中氯化物含量。

回流比计算公式为

$$n = \frac{A - C}{B - C} \qquad (4-3)$$

式中 n——回流比；

A——1 号取样点最高总氯化物含量，mg/L；

B——2 号取样点最高总氯化物含量，mg/L；

C——原水氯化物含量，mg/L。

4. 运行中故障及处理方法

澄清池运行中可能遇到的问题和处理方法见表 4-15。

表 4-15　　　　　　　　　　澄清池运行中故障和处理方法

故障情况	原因	处理方法
（1）清水区细小矾花上升，水质变浑，第二絮凝室矾花细小，泥渣浓度越来越低	（1）投药不足； （2）原水碱度过低； （3）泥渣浓度不够	（1）增加投药量； （2）调整 pH 值； （3）减少排泥
（2）矾花大量上浮，泥渣层升高，出现翻池	（1）回流泥渣量过高； （2）进水流量太大超过设计流量； （3）进水水温高于池内水温，形成温差对流； （4）原水藻类大量繁殖，pH 值升高	（1）增加排泥； （2）减少进水流量； （3）适当增加投矾量，彻底解决方法时消除温差； （4）预加氯除藻，或在第一絮凝室出口处投加漂白粉
（3）絮凝室泥渣浓缩过高，沉降比在 20%～25% 以上，清水区泥渣层升高，出水水质变坏	排泥不足	增加排泥
（4）分离区出现泥浆水如同蘑菇状上翻，泥渣层趋于破坏状态	中断投药，或投药量长期不足	迅速增加投药量（比正常大 2～3 倍），适当减少进水量

续表

故障情况	原因	处理方法
（5）清水区水层透明，可见2m以下泥渣层，并出现白色大粒矾花上升	加药过量	降低投药量
（6）排泥后第一絮凝室泥渣含量逐渐下降	排泥过量或排泥闸阀漏水	关紧或检修闸阀
（7）底部大量小气泡上穿水面，有时还有大块泥渣向上浮起	池内泥渣回流不畅，消化发酵	放空池子，清除池底积泥

5. 低温低浊及其他情况时的处理

（1）低温低浊时为了提高混凝效果，一般可加助凝剂，也可适当排泥，尽可能保持高一点的沉降比。

（2）当原水碱度不足，以致形成矾花过少时，可投加石灰。

（3）对污染严重的水源，有机物或藻类较多时，可采用预加氯的方法，破坏水中胶体和去除臭味，防止池内繁殖藻类和青苔。

六、澄清池的管理

1. 澄清池的管理制度

（1）澄清池管理人员的工作标准。基本内容如下：

1）熟悉本厂澄清池基本构造、工作原理和操作方法。

2）严守操作规程，做到勤跑、勤看、勤检测。

3）力求做到优质、低消耗，出水浊度始终控制在规定的范围内，一般为5NTU以下。

4）按规定的时间取水样、测定原水浊度、水温、pH值、出水浊度、分析5min沉降比，适时适量进行排泥，做好各项原始记录，随时清除水面上的杂物。

5）做好附属设备的维护保养及环境清洁卫生等。

（2）巡回检查制。澄清池巡回检查应按规定路线每小时要进行一次，主要内容有进水状况、出水水质、各种设备闸阀有无异常情况，发现问题及时处理，处理不了的要及时报告。

2. 澄清池的生产运行报表

水力循环澄清池的生产日报表参见表4-16。机械搅拌澄清池生产日报表参见表4-17。

3. 澄清池的检修

澄清池最好每年放空1～2次，进行检修的主要内容如下。

（1）彻底清洗池底与池壁积泥。

（2）维护各种闸阀及其他附属设备。

（3）检查各种样管是否堵塞。

检修时间宜放在用水低峰季节进行。

表 4 - 16　　　　　　　　　　　　**水力循环澄清池生产日报表**

时间	一号										出水浊度/NTU	说明
	进水流量/(m³/h)	进水浊度/NTU	pH值	水温/℃	沉降比/‰		排泥时间					
					第一絮凝室出口	喷嘴附近	泥斗		中心			
							开起	终止	开起	终止		
1 2 3 4 5 6 7 8												
小计					值班人签名							
9 10 11 12 13 14 15 16												有几个澄清池则可将表相应延长
小计					值班人签名							
17 18 19 20 21 22 23 24												
小计					值班人签名							
合计												
交接记事												

表 4 - 17　　　　　　　　　　机械搅拌澄清池生产日报表

时间	进水流量/(m³/h)	进水浊度/NTU	pH值	水温/℃	沉降比/%	排泥时间				搅拌机		出水浊度/NTU	说明
						泥斗		中心		开启度/cm	转速		
						开起	终止	开起	终止				
1													
2													
3													
4													
5													
6													
7													
8													
小计		值班人签名											
9													
10													
11													
12													
13													有几个澄清池则可将表相应延长
14													
15													
16													
小计		值班人签名											
17													
18													
19													
20													
21													
22													
23													
24													
小计		值班人签名											
合计													
交接记事													

七、气浮

（一）气浮的工艺过程

气浮法是固液分离的一种方法，其工艺过程是将压力水与压缩空气同时注入溶气罐内，使水被压缩空气所饱和，制取压力溶气水，然后将其引入气浮池的接触室，经溶气释放器，在水体中造成压力溶气水的骤然减压，以释放出大量微气泡，这些气泡与经加药絮凝后的矾花黏附在一起，因密度小于水而浮出水面，成为浮渣被排除，从而使水得到净化。

（二）气浮的净水原理

天然水中的固体颗粒，经絮凝后其比重仍比水重，故絮体颗粒仍趋向下沉，但当絮体颗粒黏附上气泡时，其情况就发生变化，见图 4-35。絮体颗粒将由空气泡、水中固体颗粒及混凝剂水解产物共同组成。由于空气的密度仅仅为水的密度 1/775，因而带气絮粒黏附的气泡越多，颗粒的比重就越小，当比重小于水时，带气絮体颗粒便会上浮与水分离。

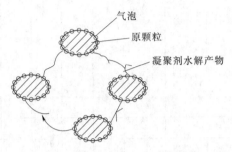

图 4-35　带气絮粒示意图

要使气泡能和固体颗粒黏附需要一定的条件。气体和固体颗粒之间或者固体颗粒和水之间是否能黏附，就要看气体与固体、固体和水之间表面的吸引能力。气体、固体、水内部存在吸引力，气体与固体、固体和水之间表面也存在吸引力，如果表面之间的吸引能力大于气体、固体或水本身内部吸引力则二者能相互吸附，若水、气体和固体内部吸引力比二者之间表面吸引力大则两者不能吸引。天然水中的固体颗粒和空气之间表面不能相互吸引，当加注混凝剂后水中的固体颗粒形成絮体颗粒，与空气就能相互黏附。气泡的大小也有影响，大气泡上升速度快，不仅减少黏附颗粒的机会，还会因惯性力冲碎絮粒和使气浮区产生剧烈紊动。有关资料介绍，当气泡的尺寸为 $20 \sim 100 \mu m$ 才是有效的。最佳的气泡直径视原水性质和絮凝条件而异。颗粒黏附气泡的数量与水中气泡的浓度有一定关系，一般情况下，黏附量随气泡浓度增加而增大。

（三）气浮的特点

气浮与沉淀、澄清相比，有以下特点。

（1）适用于低浊度、含藻类较多或含有机质较多的水。这类水的特点是胶体颗粒细小，加注混凝剂后形成的絮体颗粒少而小，容易被气泡托起。

（2）由于它是依靠无数微气泡去黏附絮体颗粒，因此不要求形成大而重的絮体颗粒，而要求形成较小的絮体颗粒，一般情况下可减少絮凝时间。

（3）由于借助气泡进行固液分离，所需分离时间可以减少。

（4）排泥在水面表层，泥渣含水量较低。浮渣中含有较多微小气泡，因此当浮渣不作污泥处置而直接排入水体时，易漂浮水面，给环境带来一定影响。

（四）影响气浮净水效果的主要因素

1. 矾花结构

矾花的结构要求疏松，孔隙多对吸附气泡有利，因此投加混凝剂是必要的，但投量不必很大。

2. 气泡尺寸

气泡尺寸越小，达到吸附平衡所需要的时间越短。此外，大气泡上升速度快，不仅会打碎夹气矾花，而且会造成水流漩涡，严重地干扰夹气矾花的稳定上升。因此，产生微细气泡的设备对净水效果十分重要。其产生的气泡直径应不大于 $60\sim70\mu m$。

3. 气泡数量

实践表明，气浮需要有一定量的微气泡，一般气水比要大于 1%，与之相应的溶气水回流比不小于 5%~12%。

4. 絮凝条件

混凝时间对生成的絮体粒径有很大关系。气浮法要求絮体的粒径、结构与沉淀或澄清对絮体的粒径、结构完全相反，它需要产生的絮体细而密，对夹气矾花的加快生成十分重要。因此，一般混凝时间掌握在 8~12min。原水中即可生成细而密的颗粒絮体，其粒径可达 0.3~0.5mm，这样的粒度对快速形成夹气矾花是有利的。

（五）气浮池的构造与工艺流程

气浮池的主要构造如下。

（1）絮凝池。一般采用穿孔或隔板絮凝池。

（2）气浮池。包括配水区、接触区、浮渣层、分离区、清水区、出水渠等 6 个部分。

（3）刮渣机。用来刮除气浮池上部浮渣。

（4）回流泵房。溶气压力在 0.2~0.7MPa，回流量为出水量的 5%~10%。

（5）溶气罐。内设连蓬头、塑料穿孔板或瓷环做填料以增加水气接触面积，提高溶气效率。容积以 10% 的回流量计算。

（6）释放器。要求产生的气泡微细、均匀且稳定。

原水投加混凝剂后，进入絮凝池，经絮凝后的水自底部进入气浮池的接触室，与溶气释放器释出的微气泡相遇，絮凝与气泡黏附后进入分离室，进入渣水分离，渣上浮至水面，定期刮（溢）入排渣槽，清水由集水管引出，进入滤池。其中部分清水经回流泵加压，进入压力溶气罐。与此同时空气压缩机，应将压缩空气压入压力溶气罐，在溶气罐内完成溶气过程，并由溶气水管将溶气水输往溶气释放器，供气浮用。气浮处理工艺流程见图 4-36。

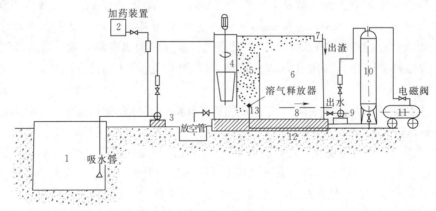

图 4-36 气浮处理工艺流程示意图

1—原水取水口；2—混凝剂投加设备；3—原水泵；4—絮凝池；5—气浮池接触室；6—气浮分离室；7—排渣槽；
8—集水管；9—回流水泵；10—压力溶气罐；11—空气压缩机；12—溶气水管；13—溶气释放器

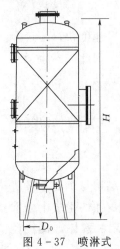

图 4 - 37 喷淋式
填料罐

其中空气压缩机、压力溶气罐、溶气释放器是制造微气泡的设备系统。其原理是空气在水中溶解度随压力而变化，压力越高水中溶解的空气量越多，因此需要配置空气压缩机及压力溶气罐。压力溶气罐有多种形式，一般推荐采用空压机供气的喷淋式填料罐，其构造形式见图 4 - 37。

从空压机出来的高压空气及气浮池出来的回流水输入填料罐，溶气压力一般为 0.2～0.4MPa，通过填料，空气溶入水中，从喷淋式填料罐中流出的高压水含有大量空气。溶气释放器是将溶气水减压释放设备，将通过压力溶气水骤然降压，使空气溢出。从溶气释放器中产生的气泡微细，均匀而且稳定。通过溶气释放器释放的空气在接触室中与水充分接触，接触室停留时间一般不小于 60s，水在气浮室内停留时间一般在 10～20min。

目前，对矩形气浮池均采用桥式刮渣机刮渣，这种类型的刮渣机适用范围一般在跨度 10m 以下，集渣槽位置可在池的一端或两端。对于圆形气浮池，大多采用行星式刮渣机，其使用范围在直径 2～20m，集渣槽位置可在圆池径向的任何部位。

（六）气浮池的运行管理

1. 气浮池的运行管理

（1）溶气压力。它是气浮运行的关键之一，溶气压力一般为 0.2～0.4MPa。若溶气压力过高，就会出现过多的剩余气泡，水呈白色。运行经验证明，溶气压力大小与水温有关，当水温较低时，则要求溶气压力较常温下要高些。主要原因是水温较低，水的动力黏滞系数 μ 增大，反应条件变差，需要气泡数增加，因此要相应提高溶气压力。

（2）在投入运转前，首先要检查设备是否正常，要调试压力溶气系统和溶气释放系统。先将溶气释放器拆下，进行多次管路及溶气罐的清洗，待出水没有易堵的颗粒时再将溶气释放器装上，然后调试。运行时压力溶气罐的进出水阀门应全开，避免由于出水阀门节流而使气泡提前释放。

（3）溶气压力罐的操作管理。在投入运转时，回流水泵和空压机压力应控制适当，如果空压机压力低于水泵压力，造成空压机的气缸进水，将会大大降低溶气效率。空压机压力应略高于水泵压力 0.02MPa。同时溶气罐气、水平衡要控制好，要求罐内水位保持低一些，一般水位保持离罐底 60cm 以下，保持气、水有较大的接触面积，提高溶气效率。

（4）释放器要加强检查维修，防止堵塞，需在溶气水管道上加设滤网，滤网要经常检修。

（5）回流量与加药量的控制。气浮工艺净水需要一定的回流溶气水，一般采用出水量的 5%～10%；同时要投加适量的混凝剂充分混凝，保证最佳的气浮效果。

（6）气浮池运行时需要经常观察池面情况，如发现接触区渣面不平，局部冒出大气泡，有可能是部分释放器被堵塞。如果发现渣面不平，池面常有大气泡鼓出或破裂，则表明气泡和絮体颗粒黏附不好，应从絮凝效果、气泡的浓度、气泡的大小进行查找原因，加以改进。

（7）刮渣时要防止影响出水水质。刮渣时应适当抬高池内水位，避免浮渣下沉。对于粗大的杂质颗粒和浮渣沉落池底，可通过气浮池的排泥设备适时排除。

2. 气浮池的保养维护

（1）每日检查压力容器罐压力是否在设计位置，泵和空压机是否运行正常，压力容器系统阀门、管道接口密封状况，机械传动部件定时加油保养。

（2）每日检查刮泥机运行是否正常，释放器运行状况，电机温度等。

（3）每日检查气浮系统阀门、接口密封状况，同时注意环境卫生。

（4）每1～3年放空清洗一次气浮池。

（5）每年检查维修刮泥机一次，检查维修底部排泥系统一次，检查排气管道是否松动、排泥孔是否堵塞，传动部件加油维护一次。

（6）压力溶气罐按照压力容器管理规定进行检修，释放器每半年检查一次，空压机系统每半年加油维修保养一次。

（7）气浮池系统所涉及使用的仪器仪表类，可按相应的仪器仪表维护要求进行定期维护保养。

（8）每3年将气浮池放空，对气浮池构筑物、刮泥设备、底部排泥系统进行全面检修。

第五节　过　　滤

一、概述

（一）过滤的作用

过滤是净水厂常规净化工艺中于沉淀池或澄清池之后，去除悬浮物质的最后一道工序。若要达到饮用水标准，过滤是不可缺少的关键环节。有时通过沉淀、澄清后水已很清，为什么还要过滤呢？其目的是去除剩余的浊度，使浊度尽可能的低；并不是浊度本身有害，而是由于浊度的存在有可能有碍于消毒处理，因为通过过滤不仅降低水的浊度，而且水中的有机物、细菌乃至病毒等随浊度的降低而被去除；同时，水中有机物、细菌、病毒等在失去浑浊的保护或依附时，在滤后消毒过程中也将容易被杀灭，这就为滤后消毒创造了良好的条件。但是，对氨氮、阳离子表面活性剂、臭味、酚类、溶解性有机物等溶解物，均不能被去除，必须经过特殊处理。在生活饮用水的净化工艺中，有时可省略沉淀、澄清工艺，却不能少过滤这一重要环节。

（二）过滤的机理

以净水厂常用的单层石英砂滤池为例，其滤料粒径一般为 0.5～1.0mm，滤层厚度为 70cm，经过反冲洗水力分选后，滤料粒径自上而下、由细到粗依次排列。滤料中颗粒之间孔隙大小也由上而下逐渐增大。对于如何去除水中的悬浮杂质，最初认为是水流通过滤料孔隙由于隔滤作用而被去除的，其实悬浮杂质的去除主要不是隔滤作用。从检查粒状滤料去除固体悬浮物的性能表明，杂质颗粒尺寸较滤料孔隙小得多，只有 $1\mu m$ 的淤泥及细菌显见被去除。所以很明显，隔滤作用或称筛滤作用并不是过滤的唯一机理。

快滤池滤料层去除悬浮物的过程（这里指经过加药混凝沉淀或澄清后的水），可以分为迁移和黏附两步；迁移是水流挟带的颗粒脱离水流流线向滤料颗粒表面靠近的过程；黏附是当杂质颗粒与滤料表面接近时，依靠力的作用附着于滤料表面的过程。

在过滤过程中，滤层孔隙中的水流挟带的悬浮颗粒，它之所以会脱离流线而向滤料颗粒表面接近，完全是一种物理力学作用。一般认为主要是由截留、重力沉降、扩散以及水动力等几种作用引起的。当颗粒尺寸较大时，直接碰到滤粒表面而产生截留（或称拦截）作用；当颗粒沉速较大时，因滤粒间的孔隙好似一只只小的沉淀池，在重力作用下脱离流线，产生沉淀作用；当颗粒较小，布朗运动较剧烈时会扩散至滤粒表面而产生扩散作用；由于滤粒表面附近存在水流速度的差异（称速度梯度），非球体颗粒由于流速差的作用产生转动而脱离流线与滤料表面接近而使颗粒迁移，称为水动力作用，参见图 4-38。

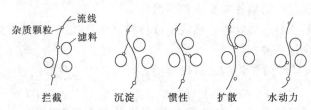

图 4-38　颗粒迁移机理示意图

黏附作用是一种物理化学作用。当水中杂质颗粒迁移到滤料表面上时，则在范德华引力和静电力相互作用下，以及化学键和某些特殊的化学吸附力下，被黏附于滤料表面上，或者黏附在滤粒表面先附着的杂质颗粒上，因而水中悬浮杂质得到了去除。黏附作用大小主要决定于滤料和水中悬浮颗粒的表面物理化学性质。

另外，我们也应该看到水流在滤料颗粒孔隙中流动时，与颗粒黏附的同时，还存在由于孔隙中水流冲刷（或称水流剪力）作用而使杂质从滤料表面脱落的趋势。前者主要决定于悬浮颗粒的表面特性及其强度；后者取决于滤层中的流速。滤层中杂质颗粒黏附与脱落是随过滤时间的延续而变化的。过滤开始阶段，滤层比较干净，孔隙率较大，因此孔隙流速较小，这时黏附作用大于脱落作用；随着过滤时间的延长，杂质不断地黏附在滤粒表面上，被截留的杂质逐渐增多，孔隙率也逐渐减小，也就是说滤层中的通道越来越窄，这样在一定的水头作用下，孔隙流速增大，冲刷作用也随之增强，以致最后黏附上的杂质颗粒，将首先脱落下来，直至这一层滤料黏附与脱落相等时，就起不到净化作用了。这些杂质又进入下层滤料层，随着时间的延续，杂质也逐层向下推移。当杂质泄漏到最后一层时，滤后水由清变浊，滤池停止过滤作用。可见，为了保证在过滤周期内的净水效果，滤料层必须有一定厚度，并且最后有一层洁净的滤层以保证出水水质，从而结束过滤周期。

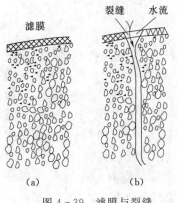

图 4-39　滤膜与裂缝

一般的单层滤料往往有这种情况：在下层的滤料对杂质的截留作用尚未得到充分发挥时，过滤就得停止，这是因为表层的滤料最细，吸附的表面积最大，截留的杂质量也最多；而滤料颗粒间孔隙却又最小，因而过滤到一定时间后，表面滤料孔隙将逐渐被杂质堵塞。严重时，由于表层滤料的筛滤结垢，表面形成滤膜 [图 4-39（a）]，使过滤的阻力剧增，其结果，在一定的过滤水头下滤速将急剧减小（或在一定的滤速下，水头损失达到极限值）；或者由于滤层表面受力不均匀而使泥膜产生裂缝［图 4-39（b）］，大量水流从裂缝中流出，造成局部滤速过大而使杂质透过整个滤层，致使出水水质恶化；尽管下面滤层还未充分发挥其作用，过滤也只能被迫停止。在实际运行中，也常常是在出水水质并未显著恶化，而是水头损失达到某一数值时，即停止过滤，进行冲洗。

（三）滤池的分类

滤池设备机能可以分为过滤机能、冲洗机能、控制机能。从滤池的机能变化可以分成很多类型的滤池。

（1）按过滤机能或滤速分为慢滤池、快滤池。

（2）按冲洗机能分为虹吸滤池、无阀滤池、普通快滤池、移动冲洗罩滤池、移动冲洗泵滤池，以及用气水冲洗的 V 型滤池等。

（3）按控制机能分为无阀滤池、单阀滤池、双阀滤池、四阀滤池等。

（4）按滤层结构分为单层、双层和三层。

（5）从水力方面分为重力式和压力式。

滤池虽然种类繁多，但目前用得比较多的有普通快滤池（有双阀和四阀）、无阀滤池、虹吸滤池、移动冲洗罩滤池。最近法国的 V 型滤池在我国多有采用。

（四）直接过滤

原水不经沉淀而直接进入滤池过滤称为直接过滤。直接过滤充分体现了滤层中特别是深层滤料中的接触絮凝的作用。直接过滤有两种方式：①原水经加药后直接进入滤池过滤，滤前不设任何絮凝设备。这种过滤方式一般称为接触过滤。②滤池前设一简易微絮凝池，原水加药混合后先经微絮凝池，形成粒径相近的微絮粒后（粒径大致在 40～60μm）即可进入滤池过滤。这种过滤方式称为微絮凝过滤。上述两种过滤方式，过滤机理基本相同，即通过脱稳颗粒或微絮粒与滤料的成分碰撞接触和黏附，被滤层截留下来，滤料也是接触混合介质。不过前者往往因投药点和混合条件不同而不易控制进入滤层的微絮粒尺寸，后者可加以控制。之所以称为微絮凝池，是指絮凝条件和要求不同于一般絮凝池。前者要求形成絮凝体尺寸较小，便于深入滤层深处以提高滤层含污能力；后者要求絮凝体尺寸越大越好，以便于在沉淀池内下沉，故微絮凝时间一般较短，通常在几分钟之内。

采用直接过滤工艺必须注意以下几点：

（1）原水浊度和色度较低且水质变化较小。一般要求常年原水浊度低于 20NTU。若对原水水质变化及今后发展趋势无充分把握，不应轻易采用直接过滤方法。

（2）通常采用双层、三层或均质滤料。滤料粒径和厚度适当增大，否则滤层表面空隙易被堵塞。

（3）原水进入滤池前，无论是接触过滤或微絮凝过滤，均不应形成大的絮凝体以免很快堵塞滤层表面孔隙。为提高微絮粒强度和黏附力，有时需投加高分子助凝剂（如活化硅酸或聚丙烯酰胺等）以发挥高分子在滤层中吸附架桥作用，使黏附在滤料上的杂质不易脱落而穿透滤层。助凝剂应投加在混凝剂投加点之后，滤池进口附近。

（4）滤速应根据原水水质决定。浊度偏高时应采用较低滤速，反之亦然。由于滤前无混凝沉淀的缓冲作用，设计滤速应偏于安全。原水浊度通常在 50NTU 以上时，滤速一般在 5m/h 左右。最好通过试验决定滤速。

直接过滤工艺简单，混凝剂用量较少。在处理湖泊、水库等低浊度原水方面已有较多应用，也适宜于处理低温低浊水。至于滤前是否需要设置微絮凝池，应根据具体水质条件决定。

二、普通快滤池

（一）普通快滤池的构造和工作情况

除慢滤池外，各种类型的快滤池只是操作、控制机构和冲洗方式不同，其工作过程基本相同，故以普通快滤池为例予以说明。普通快滤池构造见图4-40。

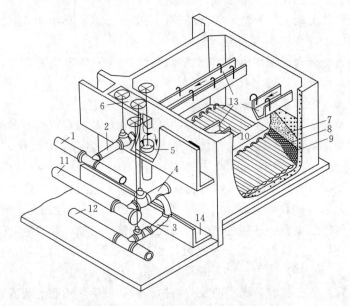

图4-40　普通快滤池构造剖视图

1—进水总管；2—进水支管；3—清水支管；4—冲洗水支管；5—排水阀；6—浑水渠；7—滤料层；8—承托层；
9—配水支管；10—配水干管；11—冲洗水总管；12—清水总管；13—排水槽；14—废水渠

过滤过程：过滤时，开启进水支管与清水支管的阀门。关闭冲洗水支管阀门与排水阀。浑水就经进水总管、进水支管从浑水渠进入滤池，经滤池排水槽均匀分配到砂面上，进入滤料层、承托层后，由配水系统的配水支管汇集起来，再经配水干管、清水支管、清水总管流往清水池。浑水流经滤料层时，水中杂质即被截留。随着滤料层中杂质截留量的逐渐增加，滤料层中水头损失也相应增加。当水头损失增至一定程度以致滤池产水量锐减，或由于滤后水水质不符合要求时，滤池便停止过滤，进行冲洗。

冲洗过程：冲洗时，关闭进水支管与清水支管阀门。开启排水阀与冲洗水支管阀门。冲洗水即由冲洗水总管、冲洗水支管，经配水系统的干管、支管及支管上的许多孔眼流出，由下而上穿过承托层及滤料层，均匀地分布于整个滤池平面上。滤料层在由下而上均匀分布的水流中处于悬浮状态。滤料得到清洗。冲洗排水流入排水槽，再经浑水渠、排水管和排水水渠排入下水道。冲洗一直进行到滤料基本洗干净为止。冲洗结束后，过滤重新开始。从过滤开始到冲洗结束的一段时间称为快滤池工作周期。从过滤开始至过滤结束称为过滤周期。

（二）滤料层和承托层

1. 滤料层

（1）为了进一步提高过滤效率，现在国内外作为滤料的材料越来越广泛，种类繁多。常用的有石英砂和无烟煤（阳泉白煤），此外还有泡沫塑料珠（聚苯乙烯、聚氯乙烯）、陶粒（烧结）、磁铁矿、钛铁矿、石榴石、橡胶粒子等。

（2）作为滤料必须满足以下要求。

1）具有足够的机械强度，以防止冲洗时滤料产生严重磨损和破碎现象；否则经几次冲洗后都成为粉末被冲走而需要经常补充。

2）具有足够的化学稳定性，以免滤料与水产生化学反应生成有害杂质而污染水质。

3）能就近取材，货源充足，价格便宜（这是充分条件）。

4）有一定的颗粒级配和适当的孔隙率。

（3）滤料级配。

1）滤料级配的定义。所谓滤料级配是指滤料粒径大小不同的颗粒所占的比例（重量百分比）。而滤料"粒径"表示颗粒的大小；因为滤料并不是球形的。直径量度的方法是把不规则的滤料外形包围在内的一个假想的球体直径（图 4-41）。

2）滤料级配的选取。在生产上通常用两只筛子来选取滤料。例如，单层滤料的粒径一般是选用孔径 $0.5 \sim 1.2$ mm，用 0.5 mm 和 1.2 mm 孔径两种规格的筛子重叠在一起进行筛分（图 4-42），去除大于孔径 1.2 mm 和小于孔径 0.5 mm 的砂粒，中间留下来的就是要选用的规格（孔径 $0.5 \sim 1.2$ mm）。

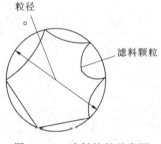

图 4-41　滤料粒径示意图

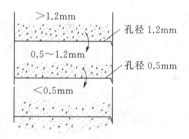

图 4-42　滤料的级配

以上的筛分方法虽然非常简便，但不能反映孔径 $0.5 \sim 1.2$ mm 滤料中的均匀程度。

为了反映滤料的均匀程度，用一种 K_{80} 的"不均匀系数"作为滤料级配的指标。

$$K_{80} = d_{80}/d_{10}$$

其中，d_{10} 为有效直径，是指一定重量的滤料用一组标准筛子过筛时，通过 10% 滤料重量的筛孔直径；而 d_{80} 是指通过 80% 滤料重量的筛孔直径。d_{10} 反映细颗粒的尺寸，d_{80} 反映粗颗粒的尺寸；K_{80} 因是 d_{80} 与 d_{10} 之比：K_{80} 越大表示粗细颗粒尺寸相差越大，滤料粒径也越不均匀，均匀性越差，下层含泥能力越低。滤料层上细下粗的现象严重，这对过滤和冲洗是很不利的；因为反冲洗时，为满足粗颗粒的膨胀要求，细颗粒可能被冲出滤池；若仅为满足细颗粒膨胀要求，粗颗粒将得不到很好的清洗。要鉴定某种滤料的均匀程度一般用实验室的筛分方法，常用的滤料组成可见表 4-18。

表 4 - 18　　　　　　　　　　　　　　　　　滤 料 级 配 及 滤 速

序号	类别	滤料组成			正常滤速 /(m/h)	强制滤速 /(m/h)
		粒径/mm	K_{80}	厚度/mm		
1	石英砂（单层）	$d_{最大}=1.2$, $d_{最小}=0.5$	<2.0	700	6~7	7~10
2	双层滤料	无烟煤, $d_{最大}=1.8$, $d_{最小}=0.8$	<2.0	300~400	7~10	10~14
		石英砂, $d_{最大}=1.2$, $d_{最小}=0.5$	<2.0	400		

滤料层目前有向均匀和增厚发展的趋势，V 型滤池就应用了该原理。

2. 承托层

承托层（或称支承层）的主要作用是防止过滤时滤料从底部配水系统中流失，另外在冲洗时起到均匀布水的作用。如果承托层没有按规定铺装，冲洗水分布就不均匀，这样会发生承托层中的颗粒发生水平移动、没有良好的冲洗就会影响滤后水的水质，所以支承层关键是除选择好的材料外，主要应注意铺装的质量和铺装以后不能在铺装石英砂时搅动支承层。

承托层的材料一般采用卵石、砾石，当采用大阻力配水系统时，承托层的组成见表4-19。小阻力配水方式的承托层材料组成见表4-20。

表 4 - 19　　　　　　　　　大阻力配水系统的承托层材料组成

层次（由上至下）	粒径/mm	厚度/mm
1	2~4	100
2	4~8	100
3	8~16	100
4	16~32	本层顶面高度应高出配水系统孔眼100

表 4 - 20　　　　　　　　　小阻力配水方式的承托层材料组成

配水方式	支承层材料	粒径/mm	厚度/mm
滤板	粗砂	1~2	100
尼龙网	卵石	1~2 2~4 4~8	每层50~100
格栅	卵石	1~2 2~4 4~8 8~16	80 70 70 80
滤头	粗砂	1~2	100

（三）冲洗系统

冲洗目的是清除滤料层中所截留的杂质，使滤池迅速恢复工作能力。因此冲洗是滤池正常运行的必要条件。

1. 快滤池冲洗原理

在一定的冲洗强度下，滤料颗粒由于水流的作用会膨胀，这时滤料既有向上悬浮的趋势，又有由于本身重力作用而下沉的情况，因此滤料颗粒间会相互碰撞和摩擦；另外向上的水流剪力也会对滤料颗粒进行冲刷，这样黏附在颗粒表面的杂质会随之剥落，滤料得到清洗。滤料颗粒间存在相互碰撞、摩擦和水流剪力作用，两者相比，前者是滤料得到清洗的主要因素，但在一定冲洗流速下水流剪力的作用也不可忽视。

2. 冲洗周期的确定和控制

冲洗周期即滤池的运转周期，是滤池开始运行直到第二次冲洗的时间，一般为 12～24h（国外一般为 2～3d）。目前各自来水厂控制冲洗的方法不完全一样，有的按水头损失来控制，有的固定一个冲洗周期，也有根据滤后水的浊度来决定是否要进行冲洗。一般来说按规定时间来决定冲洗比较简便，操作工人容易掌握；但时间的规定不能一成不变，要根据季节水温变化、滤池的进水浊度和滤速等因素来决定，并通过定期测定来定期调整运行冲洗周期值。一般在恒速过滤的情况下，两次冲洗间的运行周期决定了滤后水质及滤池允许水头损失值；而允许水头损失值决定于滤池表面水位与出水的水位差以及以不形成气阻原则下的水头损失（一般约为 2m）。在恒速过滤的条件下，希望水质符合要求的运行周期和水头损失达到允许值时的运行周期相同，这样兼顾了以上两个因素来确定运行周期。在变速过滤的情况下，水头损失变化较小，而滤速开始时较高然后逐步降低，因此确定运行周期时还要考虑滤速的因素。在夏季供水时适当缩短运行周期，虽然冲洗用水率也相应地提高，但由于平均滤速提高而提高了总的过滤水量，因此在短期内这样运行也是合理的。

3. 滤层膨胀以及对冲洗效果的影响

当强大的水流自下而上进行反冲洗时，滤料层便逐渐膨胀起来。滤层膨胀后所增加的厚度与膨胀前厚度之比用百分比来表示即称为滤层膨胀率，可用下式表示：

$$滤层膨胀率 = \frac{滤料膨胀高度}{滤料厚度} \times 100\%$$

滤层膨胀率过小或过大都会给冲洗效果带来不利的影响，如膨胀率过小，下层滤料悬浮不起来，达不到滤料冲洗的目的；如膨胀率过大，滤料颗粒在水体中过于分散而浓度减小，由于颗粒之间距离增大，相互之间碰撞、摩擦的概率会减少，而且这样增加的冲洗强度也是徒然的。情况严重时还会把滤料冲走，承托层也会因此而产生移动，达不到好的冲洗效果。理想膨胀率应是以截留杂质的那部分滤料完全膨胀起来，或者下层最大滤料颗粒刚好浮起来较为适宜。

4. 冲洗强度的合理确定

如上所述，冲洗掉滤粒表面的杂质主要靠冲洗过程中颗粒之间的摩擦，其次靠水流的剪力。因此，选择合理的冲洗强度是至关重要的，在给定的滤层和一定的水温下，滤层膨胀率取决于冲洗强度，而膨胀率的大小直接影响冲洗的效果。

确定滤池冲洗强度有两种方法：一种是利用公式计算；另一种是用试验的方法求得合理的冲洗强度。从计算和试验证明，比重越大滤料颗粒越大，冲洗强度要求越高；水温越高，要求冲洗强度也越高。对于双层滤料而言，由于滤料比重和粒径组成比较复杂，除了考虑清洗目的外，还需要考虑水力分层（在水力的作用下，根据颗粒大小、比重自然分层的方法），故冲洗强度及相应膨胀率的确定要十分注意，欲精确确定在一定水温下冲洗强度与膨胀率的关系，最可靠的方法是进行反冲洗试验。

　　反冲洗试验是在一根直径 $25\sim50$mm、高 $1.2\sim1.5$m 的玻璃管模型滤池中进行的。

　　冲洗强度的计算依据是：使反冲洗时底层最粗滤料刚刚开始膨胀，则设计冲洗强度就应以最粗滤料的最小流态化流速为依据。所谓最小流态化流速即为滤料刚刚开始流态化的冲洗流速，也就是滤层膨胀的起点。

　　考虑到其他影响因素，冲洗强度可按下式计算：

$$g=10kv_{mf}$$

式中　　g——设计冲洗强度，$L/(s \cdot m^2)$；

　　　　v_{mf}——最大粒径滤料的最小流化冲洗流速，cm/s；

　　　　k——安全系数。

　　式中 k 值主要决定于滤料粒径均匀程度，一般取 $k=1.1\sim1.3$。滤料粒径不均匀程度较大者，k 值宜取低限，否则冲洗强度可能过大，并引起上层细滤料膨胀度过大甚至被冲出滤池；反之只取高限。按我国所用滤料规格，通常取 $k=1.3$。式中 v_{mf} 可通过试验确定，亦可通过计算确定。例如，在 20℃水温下，粒径为 1.2mm、比重为 2.65 的石英砂，求得 $v_{mf}=1.0\sim1.2$cm/s。

　　5. 冲洗历时的合理确定

　　当冲洗强度或滤层膨胀率均符合要求，但冲洗时间不足时，也不能充分地清洗掉吸附在滤料表面的杂质，因滤料颗粒间没有足够的碰撞摩擦时间；另外冲洗废水来不及排除，因冲洗水浊度较高，这些污物又会重返滤层，久而久之，滤层将被污泥覆盖而形成泥膜和泥球，因此必须保证必要的冲洗时间。冲洗历时也可根据冲洗结束时的废水允许浊度来定，一般为 15NTU（日本采用小于 5NTU）。

　　在水温为 20℃时快滤池的冲洗强度、历时和滤层膨胀率可参考表 4 - 21。

表 4 - 21　　　　　　　　　　滤料与冲洗强度、历时和滤层膨胀率

滤料组成	冲洗强度/[L/(s·m²)]	冲洗历时/min	膨胀率/%
石英砂滤料过滤	12~15	7~5	45
双层滤料过滤	13~16	8~6	50

　　6. 滤池的表面冲洗

　　快滤池主要采用由下而上清水反冲洗。如果快滤池进水浊度过高，滤池冲洗强度小，单独用水反冲洗，往往不能将滤料冲洗干净，易结泥球、板结，而采用双层滤料、絮体穿入深，或用助滤剂等，会使反冲洗效果不好。为了提高滤池工作效率，加大过滤周期、减少冲洗水用量，在反冲洗的同时辅以表面冲洗或压缩空气（压缩空气辅助系统在介绍 V 型滤池的气水反冲时介绍）。

表面冲洗装置分固定式和旋转式两种，一般放在砂面以上36～70mm处；主要利用有孔水管的小孔喷出的高速水流，搅动表层滤料，去除砂上黏附的杂质。冲洗时，先用表面冲洗，固定式表面冲洗装置冲洗强度一般采用$2～3L/(s \cdot m^2)$，冲洗水头20m，冲洗时间为4～6min；表面冲洗结束后，再进行单独反冲洗3～5min，冲洗强度为$8～10L/(s \cdot m^2)$。旋转式表面冲洗装置：冲洗强度一般采用$0.5～0.75L/(s \cdot m^2)$，冲洗4～6min，冲洗水头40～50m。固定式适用于各种滤池，但管材较多；旋转式使用管材少，因它冲洗靠水力作用使冲洗旋转臂绕固定轴旋转，所以每个臂工作面积不大于$25m^2$的正方形，面积较大时，可以同时采用几个旋转臂。

7. 衡量冲洗条件良好的表现

（1）冲洗后滤层表面的含泥量（表4-22）如双层滤料滤池，则上层和下层滤料表部，其含泥量也有同样要求。

表4-22 滤 层 含 泥 量 与 评 价

含泥量/%	冲洗评价
0.0～0.5	很好
0.5～1.0	好
1.0～3.0	满意
3.0～10.0	不满意
>100	很不好

（2）砂面平整和稳定。冲洗后滤池各部砂面应平整，没有下凹、上凸或裂缝现象。如发现这种现象表示冲洗不均匀或底部承托层或冲洗系统可能局部损坏。经过一段时间后测定砂面高度，如发现下降较多，则可能是冲洗强度过大或底部冲洗系统局部损坏。

（3）冲洗开始后，初期应在排水中出现很高的浊度，随后浊度迅速下降，冲洗结束时排水浊度低于20mg/L，甚至更低。开始时的最高浊度随进水浊度、运行周期和冲洗条件而异，一般会接近甚至超过500mg/L。

8. 快滤池冲洗水的供给系统

快滤池冲洗水的供给系统一般有两种：一种是用专用水泵从清水库中抽水直接进滤池进行冲洗；另一种是用专用水泵从清水库中抽水进入冲洗水塔（或称冲洗水箱），然后由水塔向滤池供水进行冲洗。两种冲洗水供给系统各有优缺点，分别介绍如下。

（1）用专用泵冲洗布置形式，见图4-43。冲洗水泵主要按流量和扬程两个参数来选用水泵。水泵流量是按冲洗强度和滤池面积来计算的，以冲洗一个滤池的流量作为选用水泵的流量。至于所需的水泵扬程H，可按下式计算：

$$H = H_0 + h_1 + h_2 + h_3 + h_4 + h_5$$

式中　　H_0——冲洗排水槽顶与清水池最低水位的高程差，m；

h_1——清水池与滤池间冲洗管道的沿程与局部水头损失之和，m；

h_2——滤池底部配水系统的水头损失，m；

h_3——承托层水头损失，m；

h_4——滤层在冲洗时的水头损失，m；

h_5——备用水头，一般取 $1.5 \sim 2.0$m，用以克服未考虑到的一些水头损失。

以上水头损失具体计算方法从略。

（2）用水塔（或高位水箱）冲洗，见图 4-44。

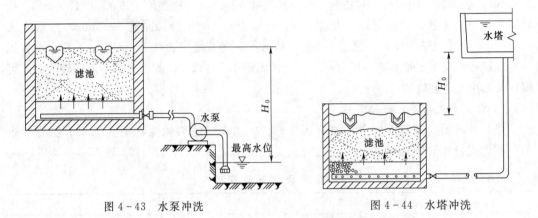

图 4-43　水泵冲洗　　　　　　　　图 4-44　水塔冲洗

水塔中的水深一般不宜超过 3m，以免冲洗初期和末期的冲洗强度相差太大。水塔应在冲洗间歇时间内充满。水塔的容积一般按单个滤池冲洗水量的 1.5 倍计算：

$$V = \frac{1.59Ft \times 60}{1000} = 0.09Ftq$$

式中　V——水塔（或水箱）容积，m^3；

t——冲洗历时，min；

F——滤池面积，m^2；

q——冲洗强度，$L/(s \cdot m^2)$。

水塔底高出滤池排水槽顶距离按下式计算：

$$H_0 = h_1 + h_2 + h_3 + h_4 + h_5$$

式中　h_1——从水塔底至滤池的管道中总水头损失；

$h_2 \sim h_5$ 意义同前。

水塔的水用水泵从清水池中吸取，要求在滤池冲洗的间歇中充满。水泵的流量选择，可以在这段时间中均匀充满即可；水泵的扬程以水塔最高水位计算而得。

（3）水泵直接冲洗与水塔冲洗的比较。利用水泵直接冲洗造价较低，而且几个滤池可以连续冲洗，在冲洗过程中冲洗强度变化较小。但因冲洗水泵间断性工作，设备功率很大，在短时间内需要消耗大量电力，因此对电网负荷冲击较大。如用水塔冲洗，在一个滤池冲洗完了以后，允许在一段时间内由专用水泵向水塔供水；由于供水的时间长，可以均匀供水，所以可选择功率较小的水泵，这样耗电均匀，不会对电网造成较大的冲击。但水塔容积大，因此造价较高；利用水塔冲洗由于水位的落差，因此冲洗强度不均匀。

到底采用哪一种方法要根据技术经济比较决定，一般中小型水厂宜采用水泵直接冲洗；大型水厂宜用水塔冲洗。不管采用哪种方法，都应有备用冲洗方式，一般可以把清水管的压力水直接用以冲洗作为备用，但作为常用则不经济。

（四）滤池的配水系统

1. 配水系统的作用

配水系统的主要作用，在于保证进入滤池的冲洗水能够均匀分布在整个滤池面上，但在过滤时，它也起了均匀集水作用，因此也可以称配水系统为集水系统。由于设计时是按照冲洗的要求来计算的，冲洗如果满足要求，过滤时的集水均匀就会同时得到解决，所以不必另行核算。

当配水系统不能起均匀配水作用时，会产生两个不利的现象：一个现象是由于冲洗水没有均匀分布在整个滤池面积上，在冲洗水量小的地方就冲洗得不干净，这些不干净的滤料逐渐会胶结起来，长大成团，形成"泥球"或"泥饼"。泥球和泥饼又会进一步影响冲洗的效果，最终将影响滤后水质，甚至被迫翻砂清洗。另一个现象是在冲洗水量分布不均匀的情况下，在局部流量大的地方，会使承托层发生冲动，引起滤料和承托层混合现象，致使漏砂，砂层逐渐减薄而影响过滤。由此可见，配水系统的均匀性对滤池运行会产生直接影响，一般认为，在同一滤池平面上任何两点冲洗强度小的和大的之比不应小于 0.95，即滤池配水均匀性要不小于 95%。一经滤料选定后，要使任何两点冲洗强度尽量接近，只有加大配水孔眼的阻力和减小管道的水力阻抗值两种途径。因此配水系统可分两大类型，即大阻力配水系统和小阻力配水系统，分别介绍如下。

2. 管式大阻力配水系统

（1）管式大阻力配水系统均匀配水的基本原理。管式大阻力配水系统见图 4-45，由较粗的干管（或干渠）和干管两侧接出的支管组成。支管下部有两排小孔，小孔位置和中心垂线成 45°角，交错排列，见图 4-46。

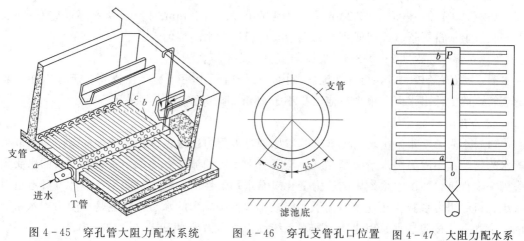

图 4-45　穿孔管大阻力配水系统　　图 4-46　穿孔支管孔口位置　　图 4-47　大阻力配水系统的冲洗水流程

图 4-47 表示大阻力配水系统的冲洗水流程。冲洗水从干管进入滤池，a 孔距离最近，b 孔距离最远。如果从最近的 a 孔和最远的 b 孔流出的流量相等的话，整个滤池的冲洗水分布可以说是均匀的。

因为滤池用水塔或水泵进行冲洗，所以干管上 O 的压力一定，但当冲洗水流到 a 孔

和 b 孔时，两孔处的压力却并不一样。原因是：一方面水流路线不同，距离越远，水管中的水头损失越大，所以到 b 孔的水头损失比 a 孔为大；另一方面，无论干管或是支管中，流量总是变化的，总是沿管长越来越小，这种水流称为变流量，它的特点是压力会沿水流方向逐步上升。因此，配水系统中的压力究竟怎样变化，最后要看水头损失和压力上升哪个快。根据试验和理论分析，对于快滤池的配水系统，压力上升要比水头损失大，两者之差使整个配水系统的压力循水流方向增加。由此可知，a 和 b 两孔的压力不会相等，而是 b 孔压力比 a 孔高，所以冲洗水不可能均匀分布，两孔的流量也不可能做到相等。但可以使它尽量接近，能够做到滤池各点的冲洗流量相差不大于 5％～10％ 就可以了。措施就是减小配水系统的小孔总面积和小孔直径，这样使小孔的水流阻力增大，这就是"大阻力"名称的由来。

（2）大阻力配水系统基本尺寸的确定。确定大阻力配水系统的尺寸时，通常采用：

$$\frac{干管断面积}{支管总断面积}=1.75\sim2.0$$

$$\frac{孔口总面积}{滤池平面积}=0.2\%\sim0.25\%$$

孔口流速一般为 5～6m/s；支管起端流速为 1.5～2.0m/s；干管起端流速为 1.0～1.5m/s。以上是根据长期运转经验总结出来的，按照上述关系，配水均匀性可达到 90％～95％。这就削弱了承托层和滤料层的阻力及配水系统干管支管压力不均匀的影响。滤池冲洗时，承托层、滤料层以及配水干、支管的总水头损失不到 1m，而孔口水头损失可以提高到 3.5～5.0m。

另外还需注意以下几点：

1）孔口直径一般取 9～12mm。当干管直径大于 300mm 时，干管顶部也应开小孔，并在孔口上加设罩子（或用滤头）或挡板，以保证布水的均匀性。

2）支管中心距 0.2～0.3m，支管与直径之比不应大于 60。

3）干管直径较大时，可埋在池座槽内，在干管顶上用三通接出支管。于管末端应装透气管，向上伸出水面。单个滤池面积小于 25m² 时，透气管直径采用 50mm。

3. 小阻力配水系统

（1）小阻力配水系统均匀配水的基本原理。大阻力配水系统是以增加孔口阻力来取得配水均匀，而小阻力配水系统是靠减小干渠管和支管的流速，即减小干管和支管的水头损失到一定程度，使配水系统中的压力变化对布水均匀性的影响尽可能小，在此基础上可以减小孔口的阻力系数。在这种情况下，能减小滤池冲洗水的水头。这也是小阻力配水系统的一个优点。按照这种原理建造的配水系统称为小阻力配水系统。

大阻力配水系统的主要优点是配水均匀性好，但结构较复杂；因孔口水头损失大，冲洗时动力消耗大，管道易结垢，增加检修困难；小阻力配水系统则能克服以上缺点。

（2）常用的小阻力配水系统型式介绍。基于小阻力配水系统的基本原理，不采用穿孔管系统而代之以底部较大的配水空间，其上铺设穿孔滤板或滤砖等（图 4-48）。由此可知，配水室的高度越大，越有利于配水均匀性，但滤池的造价增加，故一般控制在 0.4m。

小阻力配水系统的型式和材料多种多样，这里仅介绍常用的几种。

1）钢筋混凝土穿孔板。

a. 构造。在钢筋混凝土板上开圆孔或条形缝隙，见图 4-49。板上铺设 1～2 层尼龙网。板上可以是圆形直孔，也可是上大下小喇叭孔，开孔比与尼龙网孔眼尺寸不尽一致，视滤料粒径、滤池面积等具体情况决定。每块孔板尺寸一般为 800mm×800mm×100mm（由北京市市政工程设计总院编写、中国建筑工业出版社出版的《给水排水设计手册》中有详细说明）。

b. 优缺点。这种配水系统造价较低，孔口不易堵塞，配水均匀性较好，强度高，耐腐蚀，

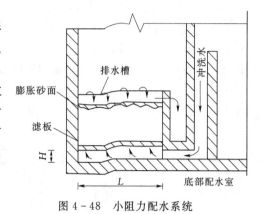

图 4-48　小阻力配水系统

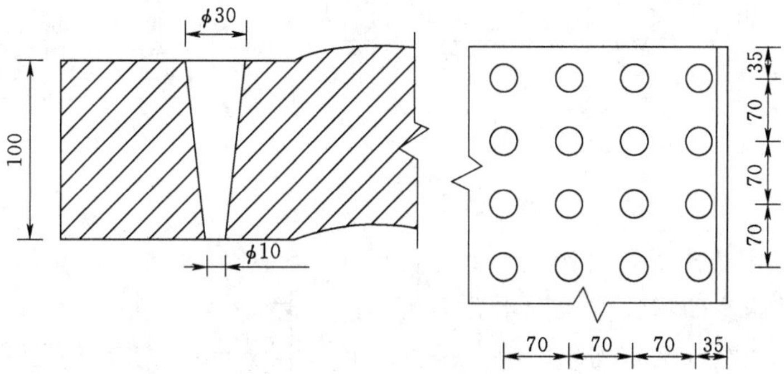

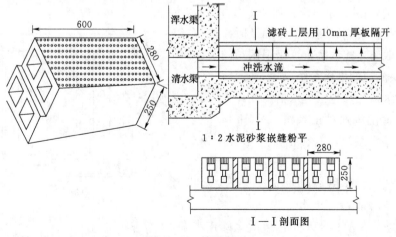

图 4-49　钢筋混凝土穿孔滤板

但必须注意尼龙网接缝应搭接好，且沿池壁四周应压牢，可铺一些卵石，以免漏砂。尼龙网须定期调换，实践证明，使用尼龙网，不太可靠，易被拉坏，所以也有用不锈钢网的，不管用哪种材料首先要保证卵石层在冲洗中不应水平移动。

2）两次配水滤砖（图 4-50）。

浑水渠

滤砖上层用 10mm 厚板隔开

清水渠

冲洗水流

1:2 水泥砂浆嵌缝粉平

I—I 剖面图

图 4-50　穿孔滤砖

a. 构造。一般滤砖的材料为陶瓷，每块滤砖的尺寸为 $600mm \times 280mm \times 250mm$，每平方米滤池面积铺设 6 块，滤砖的上层称一次配水，下层称二次配水，其开孔比分别为 1.1% 和 10.2%。铺设时，各砖下层相互连通，起到配水渠的作用，上层各砖单独配水，用板分格互不相通。实际上是将滤池分成像一块滤砖大小的许多小格。上层配水孔 $d=25mm$，均匀布置；下层 $d=4mm$，96 孔。因水流阻力基本接近，所以保证了均匀配水。

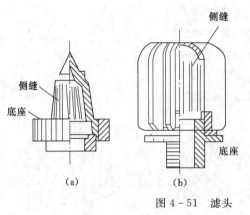

图 4-51　滤头

b. 优缺点。因滤砖不需另设配水室，且承托层厚度不大，只需滤砂不致落入配水孔即可，故可降低滤池高度，配水又较均匀。缺点是价格较高。一定尺寸的滤砖只能用于一定跨度的滤池，否则冲洗不均匀。

3) 滤头。滤头也有叫滤水帽，式样较多（图 4-51）一般要装在钢板或混凝土板上，每平方米 50~60 只，上铺滤料。

优缺点：滤头配水均匀，可减薄卵石层厚度。但因所需数量较多，所以价格昂贵，安装也较麻烦。损失一只就会造成漏砂，必须及时检修调换。但要把砂层取出才能调换，这是很困难的工作。

（五）快滤池的排水系统

所谓排水系统，包括排水槽（或排水管）、排水渠的整个冲洗废水排出系统，见图 4-52，在冲洗时作为排水系统，而在正常过滤时作为布水之用。

排水系统主要作用是在冲洗时能把废水均匀排除，在过滤时能均匀布水。冲洗时，废水由滤池溢入排水槽，然后由排水槽汇集后流到排水渠，通过排水渠一端的竖管流入下水道。

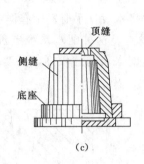

（a）I—I 剖面图

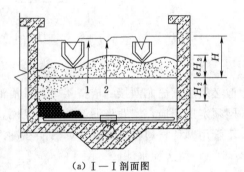

（b）平面图

图 4-52　冲洗废水的排除

下面介绍排水槽和排水渠的设计要求。

1. 排水槽（或称排水支渠）

为了及时、均匀地排出冲洗废水，排水槽的设计必须符合以下要求。

（1）冲洗废水应自由落入排水槽，槽内水面以上一般要有 7cm 左右的超高，以免槽内水面和滤池水面连成一片，使冲洗均匀性受到影响，所以槽的断面要有足够的通水能力。同样，排水槽的冲洗废水也应该自由跌落进入排水总渠，以免排水总渠干扰排水支渠的出流，引起壅水现象。为此，排水渠底应比排水支渠的底更低，为 0.05~0.2m，排水槽剖面形状见图 4-53。

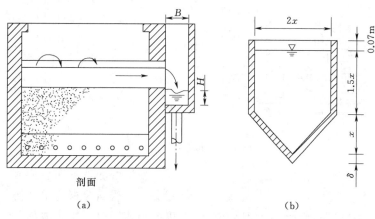

剖面

(a)   (b)

图 4-53　排水槽剖面形状

（2）每单位槽长的溢入流量应该相等，故在施工时，排水槽的槽口应力求水平，误差限制在 2mm 以内。

（3）槽与槽的中心间距一般在 1.5~2.0m，间距过大也会影响排水的均匀性。

（4）排水槽高度要适当。槽口太高，废水排除不净；槽口太低，会使滤料随水流失。冲洗时，由于两排水槽之间断面缩小，流速增高，为避免冲走滤料，滤层膨胀面应在槽底以下，据此，排水槽顶沿口高度，应从滤料面起算，膨胀高度和排水槽总高度之和（图 4-54）。可用下式表示：

$$H = eH' + 2.5x + \delta + 0.07$$

式中　e——冲洗时滤层膨胀率，%；

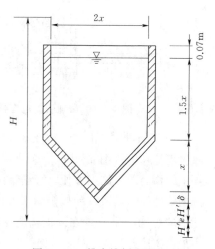

图 4-54　排水槽剖面形状

　　　H——滤料层高度，m；

　　　x——排水槽断面模数，m；

　　　δ——排水槽底厚度（根据结构要求定）。

2. 排水渠

排水渠的布置形式视滤池面积大小而定，一般情况下沿池壁一边布置（图 5-55）。当滤池面积很大时，排水渠也可以布置在滤池中间，以使排水均匀有度，排水渠断面一般为矩形。渠底距排水槽底应有一定高度，高度的确定与冲洗强度和滤池面积大小有关。

3. 快滤池

对于较大型滤池，为节省阀门，可以用虹吸管代替排水和进水支管；冲洗水管和清水管仍用阀门，称为双虹吸快滤池，见图 4-55。虹吸管通水或断水以真空系统控制。

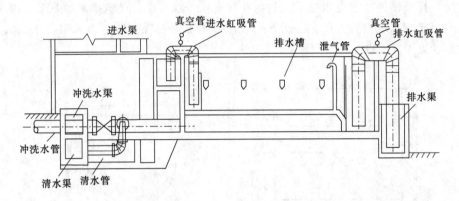

图 4-55 快滤池管廊布置

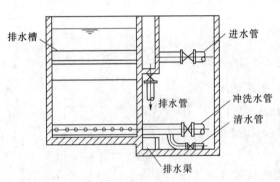

图 4-56 普通快滤池管廊

普通快滤池的布置原则，应使阀门尽量集中，管路要求简单，便于操作管理和安装检修。普通快滤池的具体布置，根据其规模大小布置成单排或双排。如滤池个数少于 5 个者，宜采用单排布置，管廊位于滤池的一侧（图 4-56）；如超过 5 个者，宜采用双排布置，管廊位于两排滤池中间，可有下面两种：

（1）如进水、清水、冲洗水和排水渠，全部布置于管廊内（图 4-57）。这种布置的优点是，渠道结构简单，施工方便，管渠集中紧凑，但管廊内管件较多，通行和检修均不方便。如果两组滤池的管廊分别布置在外侧，能克服上述缺点，占地面积稍大一点（图 4-58）。

（2）如冲洗水和清水渠布置于管廊内，进水和排水以渠道形式布置于滤池另一侧（图 4-59）。这种布置可节省金属管道配件及阀门，管廊内管件简单，施工安装和检修方便。但这种布置因管渠在滤池两侧，操作管理较前者欠方便，造价稍高。

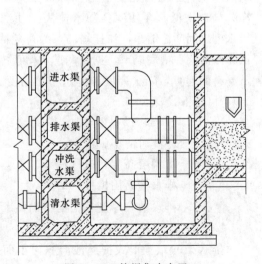

图 4-57 管渠集中布置

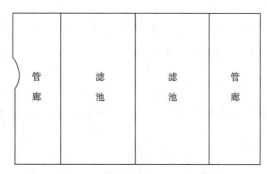

图 4-58　管廊在滤池的外侧

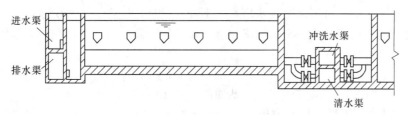

图 4-59　进水和排水布置于滤池另一侧

在净水厂常规处理工艺中，滤池是去除浊度等悬浮杂质的一个最后精加工过程，是保证水质的带有把关性的重要环节。因此，当设备型式已经选定的情况下，加强对快滤池的运行管理是充分发挥滤池净水效果和保证水质的关键。要搞好运行管理，需抓好3个方面工作：一是对设备运行、技术状态定期进行测定分析，并提出改进措施；二是按照运行安全操作规程进行操作，对在运行中发生的各种故障予以分析处理；三是定期进行维修保养，并对设备进行技术改造。

（六）快滤池运行参数和技术状态的测定

1. 滤速的测定

滤速是滤池单位面积在单位时间内的滤水量，用 $m^3/(m^2 \cdot h)$ 表示，一般可简化为 m/h，这意味着是滤池水面的下降速度。测定方法如下：先将滤池水位控制到正常水位以上少许，然后关闭进水阀，待滤池水位下降至正常水位时，立即按下秒表。测定滤池水位下降一定距离所需要的时间，所有测试最好进行 2～3 次，以减少误差，根据测定记录数据，可用下式计算：

$$滤速 = \frac{池内水位下降的距离}{所需时间} \times 3600$$

【例】 某滤池测定时，水位下降 10cm 所需时间为 30s，则其平均滤速为

$$滤速 = \frac{0.1m}{30s} \times 3600 = 12m/h$$

要知道每小时该滤池的滤水量，只要将所测滤速乘以滤池面积即可。以上所测滤速只是所测时间间隔内的平均滤速，因为开始测定和测定结束，水位在下降，高水位滤速大，低水位滤速小，故所测的滤速为平均滤速，由于滤池运转时的正常水位总是控制在高的位置，那么所测滤速就偏小一点。测定的时间间隔越短，越接近高值；但时间过短，不易控

制，误差也大。

如果是变速过滤的情况，用以上方法在冲洗以后加测一次，运行周期的中间测一次，期末再测一次，求其平均值，即可知道滤速在整个周期中的变化和整个周期的滤池出水量。

2. 冲洗强度测定

冲洗强度系指滤池单位面积，在单位时间内所用的反冲洗水量，以 $L/(s \cdot m^2)$ 表示。

测定时，先关闭滤池的进水阀，待其水位降至砂面上约 20cm 时，即关闭滤池出水阀。开放冲洗废水排水阀，随即开反冲洗水阀门进行反冲洗，冲洗时有用水塔亦有不用水塔的，分述如下。

（1）有冲洗水塔。可记录冲洗水塔水位下降速度以计算之。当冲洗水位上升到达滤池排水槽顶边时，开始记录水塔水位下降速度，每分钟记录一次，连续记录数分钟，取其平均值，按下式进行计算：

$$冲洗强度 = \frac{水塔面积 \times 水位下降}{滤池面积 \times 测定时间} \times 1000$$

【例1】 某冲洗水塔（箱）面积为 $420m^2$，滤池面积为 $110m^2$，冲洗时水塔水位平均每分钟下降 0.22m，则其冲洗强度为

$$冲洗强度 = \frac{420m^2 \times 0.22m}{110m^2 \times 60s} \times 1000 = 14L/(s \cdot m^2)$$

在正式测定之前，当冲洗阀门关闭的状态下，观察水塔水位是否下降，如有水位下降情况说明阀门有漏损现象，在正确计算时，应予以扣除，才能表示真正的冲洗强度。

（2）如无冲洗水塔而用水塔或压力水冲洗，则只需测定滤池水位上升的速度即可，测定程序同上。

【例2】 某滤池面积为 $30m^2$，用水泵进行反冲洗，经测定 20s 中水位上升 30cm，其冲洗强度为

$$冲洗强度 = \frac{0.30m \times 30m^2}{30m^2 \times 20s} \times 1000 = 15L/(s \cdot m^2)$$

也可将上式化简为

$$\frac{滤池水位上升毫米数}{所需的秒数} = \frac{30 \times 10}{20} = 15m/s$$

3. 滤料膨胀百分率的测定

先自行制作一个测定膨胀率的工具。可用宽 10cm、长 2m 以上的木板一块，从距底部 10cm 开始，每隔 2cm 设置试管一根，交错排列，共 20 根。在冲洗前将木板垂直固定在池旁，木板底刚好碰到砂面。冲洗时，滤料层膨胀，冲洗完毕后检查小斗内遗留下来的砂粒。从发现滤料粒的最高小斗至冲洗前砂层面的高度，即为滤料层的膨胀高度。可用下式计算膨胀率。

$$e = \frac{H}{H_0} \times 100\%$$

式中 e——滤料膨胀率，%；

H——滤料层膨胀高度，cm；

H_0——滤料层厚度。

4. 含泥量百分率测定

滤料经冲洗后，在滤料表层 10～20cm 处，用取样器取约 500g 的滤料样品，并在 150℃恒温下烘干直至恒重，然后称取一定量的试样，仔细地用 10％盐酸和清水冲洗，在清洗时要防止滤料损失。将洗净的滤料重新放置在 150℃恒温下烘干直至恒重，再称重量。滤料清洗前后的重量差即为含泥的重量，含泥量百分率即可用下式求出：

$$e = \frac{W_1 - W}{W} \times 100\%$$

式中 e——含泥量百分率，％；

W_1——滤料冲洗前重量，g；

W——滤料冲洗后重量，g。

5. 其他测定

除以上 4 项测定外，滤池在日常运行中还要进行滤料层表面高度的测定，并观摩其平整情况，如高度降低超过滤料层厚度的 10％，则应补充滤料至规定高度。还要定期选择一座有代表性的滤池，测定其滤速、水头损失、初滤水浊度及滤后水浊度的逐时变化值，以便分析滤池运行的技术状态，发现问题及时采取对策。

（七）快滤池的运行与管理

1. 运行前的准备工作

（1）新投产的滤池，在未铺设承托层和滤层前，应放压力水观察配水系统出流是否均匀，孔眼是否有堵塞现象，如果正常，可以按设计要求铺设承托层和滤料层。

（2）在运行前必须清除池内杂物，检查各部管道阀门是否正常，滤料表面是否平整，初次铺设的滤料一般比设计厚度多加 5～10cm，以备细砂被冲走后保证设计要求的高度。

（3）凡是新铺设滤料的滤池和曾被放空的滤池，需排除滤层中空气。排除空气，可以先开启末端放气阀后再缓缓放入冲洗水，水位直至与滤层面平；也可以从排水槽进水排气，但须控制进水量，应缓缓洒下，直至与滤料面持平。

（4）未经洗净的滤料，至少需连续反冲洗两次，一般至洗后水浊度在 50NTU 以下。

（5）放入含氯量为 50～100mg/L 的氯水或漂白粉液进行滤池清毒，一般浸泡 24h，然后再冲洗一次即可投入运行。

2. 投入正常运行

（1）为了保证正常运行，水厂必须根据设备条件制定水质标准、安全操作、岗位责任、交接班、巡回检查等制度与规程。

（2）在正常运行中，一般可按下列标准来衡量滤池的运行参数是否正常。

1）滤后水浊度。必须符合国家饮用水卫生标准。一般企业标准比国家标准要高，控制在 0.1～0.2NTU。

2）滤速。一般保持在 6～8m/h，当用双层滤料或加助凝剂时滤速可以提高到 8～10m/h。可以根据模型试验来进行最佳选择。

3）反冲洗强度。强度为 10～15L/(s·m²)，冲洗历时 5～7min。

4）初滤水浊度。主要控制冲洗结束时的排水浊度，使其降到 20NTU 以下。一般能保证初滤水浊度在 1.5NTU 以下。

5）滤料层厚度。保持在 60～70cm。

6）滤池期末水头损失。控制在 2～2.5m。

7）运行周期。要根据实际情况和季节变化，或试验后定。一般为 8～24h。

3. 反冲洗

滤池水头损失达到规定值时，或滤后水浊度超过规定标准时，必须进行反冲洗。反冲洗时，滤池水位应降到滤层面以上 10～20cm，然后按程序进行反冲洗。反冲洗应注意观察冲洗是否均匀，冲洗强度是否恰当，砂层膨胀率是否合适，滤料是否被冲走，冲洗完毕后的残存水是否干净（一般控制在 15NUT 以下，甚至更低）等，所有这些必须仔细观察，并做好记录。

4. 运行

洗完毕后，待砂层稳定复位后再开始运行。开始运行时要注意初滤水的水质，可以采取将初滤水排入下水道，控制冲洗结束时的排水浊度，降低过滤初期的滤速，在冲洗结束滤料复位后，继续以低速水反冲一定时间以带走残存的浊度颗粒等方法予以改善。

三、V 型滤池

V 型滤池是法国 Degremont 水与废水处理公司独创的水处理设备，全称为 Aquazur V 型滤池。它的滤池结构、滤层组成及其冲洗方式与一般普通快滤池相比有独到之处，这种滤池在我国广州、深圳、珠海、青岛、南京、西安、重庆、沈阳等地均被采用。

1. 基本特点

在学习过滤的基本原理和影响过滤效果的主要因素后，知道由细到粗的单层滤料的缺点，就是杂质多数被表层滤料所截留，不利于滤层整个深度的利用；而且局部水头损失增大，使过滤周期缩短并可能因压力降到大气压力之下而导致负压过滤。

另外，在冲洗方面，一般滤池单纯用水冲洗；虽然用高强度水冲简单易行，但冲洗时必定要使滤层膨胀呈悬浮状态，这种膨胀会导致滤层产生水力自然分级，其结果是最小粒径的滤料集中在滤层表面，而最大粒径滤料转移到了滤层的底部。这样就会造成上面的情况。膨胀的滤层由于水流涡动和对流作用，也可能使滤料表面结成的密实污泥层有一部分带入滤层深部，形成坚硬的大泥球。

V 型滤池根据以上所述滤料截留杂质的规律以及单用水冲清除滤料表面污泥的机理，对传统的滤层结构和冲洗方式做了改进和提高，归纳为下列几方面特点：

（1）采用较粗、较厚单层均匀颗粒的砂滤层。由于 V 型滤池采用了不使滤层膨胀的气水同时冲洗，避免了滤层水力自然分级现象，因此不仅在过滤开始时，即使在冲洗之后，滤层在全部深度方向依然是粒径均匀的。这种匀质滤料有利于杂质的逐层下移，增加了杂质的穿透深度，大大提高了滤层的有效厚度的截污能力，实现了深层截污，在同样的进水水质、滤速等条件下，水头损失增长速度缓慢，因此可以延长过滤周期，降低能耗和动力成本。换言之，在保证同样的出水水质条件下，可以提高过滤速度即增加过滤水量。

（2）采用不使滤层膨胀的气水同时反冲兼有待滤水的表面扫洗。这种砂层不膨胀或微膨胀的冲洗避免了水力自然分级现象，可以保证不搅乱原来砂层的均匀度和冲洗效果。不会形成对流，避免了泥球的形成。

V型滤池的冲洗原理是：先用气水同时反冲洗，使砂粒受到振动并相互摩擦，附着在砂粒表面的污泥随即被脱离下来；然后停止气水冲洗，单独用水反冲进行漂洗，使剥离下来的污泥随水流带到表面最终进入排水槽。此外，在冲洗时滤池少量进水，待滤水还是通过与排水槽相对设置的V型槽底部的小孔进入滤池，由于小孔水流的喷射，对滤池水面进行扫洗，将冲上来的杂质污泥扫向排水槽，这样消除了由于池面局部死角而造成漂洗起来的杂质又重新回复到滤层，加快了漂洗速度，可以减少反冲水的用量，同时由于冲洗时不停止进水，所以不会使其他滤格的流量或滤速突然增加而使负荷过于变化。

（3）采用气垫分布空气和专用长柄滤头进行气水分配。如图4-60所示，长柄滤头上有很多细缝隙，缝隙宽度视滤料尺寸而异，滤头下接一根管段，插入清水廊道内，距底板200mm左右。在管段上面设有小孔，管段下端有一条缝隙，气冲时，进入清水廊道内，空气聚集在滤板下部形成气垫层，空气由管段上的小孔进入长柄滤头，气量加大后，气垫层厚度随之加厚，大量空气由缝隙进入长柄滤头，气垫层厚度基本停止增大，反冲洗水则由管底和缝隙下部进入两者充分混合后，再由滤头缝隙喷出均匀分布在滤池面上，由于滤头的细缝比最细的砂粒粒径还小（一般0.25～0.4mm），滤头周围不需铺设砾石支承层，仅需少量粗砂，其高度略高于滤头在滤板上的突出部分就行。粗砂层粒径采用1.2～2.0mm，厚度约为100mm。

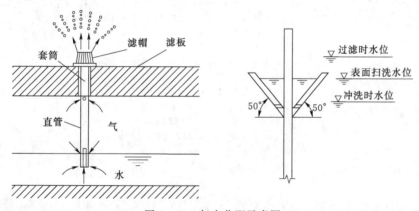

图4-60　气水分配示意图

（4）采用在池两侧壁的V型槽进水和池中央的尖顶堰口排水。采用沿滤池两侧长度方向与中央排水槽相对平行设置的V型槽进水，同时又是冲洗时扫洗水的配水槽。V型槽底部开孔，在过滤期间淹没在水中，在冲洗期间扫洗水全部经由底部小孔排出或非淹没状态。只在池中央设置一条排水槽，采用尖顶堰口使反冲水和扫洗水均匀溢入。这都是为适应V型滤池特有的冲洗方式而设计的，与传统滤池即有排水支槽又有排水总槽有所不同。

2. 构造及工作过程

V型滤池的池体构造见图4-61。工作过程：待滤水通过进水总渠经气动隔膜阀、溢流过堰均匀地分配给滤池的两个滤格。水堰过滤池两侧的两个侧孔进入V型进水槽，再

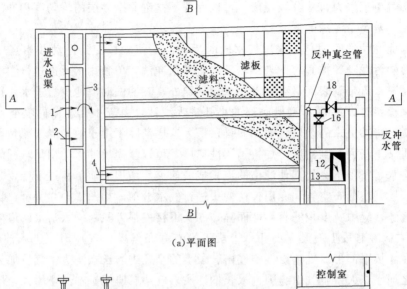

(a)平面图

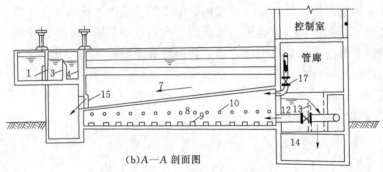

(b)A—A 剖面图

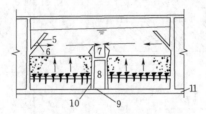

(c)B—B 剖面图

图 4-61 V 型滤池构造

1—进水气动隔膜阀；2—方孔；3—堰口；4—侧孔；5—V 型槽；6—小孔；7—排水渠；8—气、水分配渠；
9—配水方孔；10—配气小孔；11—底部空间；12—水封井；13—出水堰；14—清水渠；15—排水阀；
16—清水阀；17—进气阀；18—冲洗水阀

流经滤层，经过滤层后水由长柄滤头入滤板下的空间，然后经由方孔汇集于池中央的气-水分配槽内，经滤后水出水调节控制阀后，流入出水井，并经堰口溢流出水至清水库。

V 型滤池主要设计参数如下。

(1) 滤料：石英砂有效粒径为 0.95~1.35，均匀系数在 1.2 和 1.6 或 1.8 之间；滤层厚度为 0.95~1.5m。

(2) 滤速：通常在 8~14m/h 之间。

(3) 冲洗强度：气冲 50~60m/h [13.9~16.7L/(m² · s)]；水冲 13~15m/h [3.6~4.2L/(m² · s)]；水表面扫洗 5~8m/h [1.4~2.2L/(m² · s)]。

（4）冲洗历时：气冲 2～4min；水冲 6～8min。

（5）砂上水深：1.2m。

（6）长柄滤头数量：一般每平方米滤板上安装 50～60 个。

3. 反冲洗气、水供给系统

（1）反冲水。采用水泵直接冲洗，冲洗水泵根据反冲水量一般选用二用一备或一用一备。

（2）反冲空气。可采用空压机加储气柜或用鼓风机直接冲洗，根据反冲气量可采用二用一备或一用一备。

4. 优缺点

（1）优点。

1）气水反冲洗效果好，且使冲洗水量大为减少。

2）由于均匀粒径滤料，反冲后不会导致水力分层。

3）滤料层由于粒径大、厚度大的特点，因此截污能力强，滤料深度方向能充分发挥作用，滤速大、周期长。

4）冲洗时可用部分待滤水作为表面漂洗。

5）滤池水位稳定，避免砂层下部产生负压。

6）不需进水调节阀。

（2）缺点。主要是滤池结构复杂，施工安装要求高，反冲洗操作较繁复，对冲洗泵、鼓风机（或压缩机）、气路管道和阀门质量要求较高。

四、慢滤池

村镇水厂把慢滤池作为简易的净水设施，特别是一些边远地区的村落或居民点，在水源水质较好（浊度一般宜为 20NTU 以下）的情况下，利用地形修建简易的慢滤池，并经其净化、加氯消毒后即可作为饮用水。

（一）构造与特点

图 4-62 为慢滤池的一般构造示意图，它由池体、滤料层、承托层和集水系统组成，构造简单，管理方便。

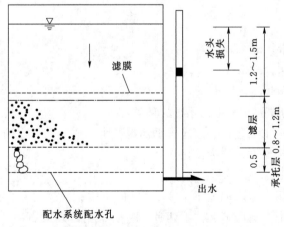

图 4-62　慢滤池构造示意图

原水浊度小于 20NTU 的水经过慢滤池后，其出水浊度小于 1NTU，且能很好地去除浑浊度、细菌、病毒、嗅味与色度。这主要是由于砂滤料表面几厘米的砂层中由于截留一些藻类及原生动物繁殖而产生一层发黏的"滤膜"（生物膜），并且过滤的速度很慢（为 0.1～0.3m/h），有助于"滤膜"的形成。经过慢滤池净化的水水质好，且无需投加混凝剂，运转费用低。

但是，慢滤池的生产率很低，并且一般运行 2～3 个月后滤料就可能被泥堵塞，需要人工将表面 2～3cm 厚的砂子刮掉洗净或补充新的砂子。如果要重复利用砂子，则需用人工来清洗滤料，劳动强度较大。

（二）设计要点与计算

1. 设计要点

（1）慢滤池滤料一般采用石英砂；承托层一般为卵石或砾石，分为 5 层。其粒径和厚度（自上而下）列于表 4 - 23。

表 4 - 23　　　　　　　　　　慢滤池滤料及承托层尺寸表　　　　　　　　　　单位：mm

项目	滤料	承托层（自上而下）				
		第一层	第二层	第三层	第四层	第五层
粒径	0.3～1.0	1～2	2～4	4～8	8～16	16～32
厚度	800～1200	50	100	100	100	150

（2）滤速一般采用 0.1～0.3m/h，原水浊度高时取低值。

（3）滤料表面以上水深一般为 1.2～1.5m。

（4）滤池长宽比为 （1.25～2.0）：1。

（5）滤池面积在 10～15m² 之内，一般可不专设排水管，而采用底沟，并以 1% 的坡度向集水坑倾斜；当滤池面积较大时，可安设多孔集水管，间隙铺设砖或混凝土块作为排水沟，管内流速一般采用 0.3～0.5m/s。

2. 计算公式

慢滤池总面积 F 可按下式计算：

$$F = \frac{Q}{Tv}$$

式中　Q——设计水量，m^3/d；

　　　v——设计滤速，m/h；

　　　T——过滤工作时间，h/d。

（三）由慢滤池构成的净水工艺系统的种类

由慢滤池构成的净水工艺，一般应根据当地原水水质等条件而确定，经过慢滤池净化后，一般仍需消毒处理，方可作为饮用水。

1. 单独采用慢滤池工艺

这种工艺一般适用于原水浊度小于 20NTU 的水质。目前常见的有以下几种形式：

（1）直滤式慢滤池。有圆形和方形两种，一般采用砖砌或石砌，底板为钢筋混凝土。图 4 - 63 为圆形直滤式慢滤池平、剖面图。

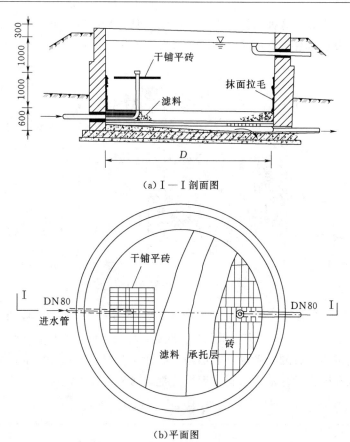

（a）Ⅰ—Ⅰ剖面图

（b）平面图

图 4-63　圆形直滤式慢滤池

每种规模的慢滤池由 2～4 个单池组成，滤速一般采用 0.2m/h，滤料为石英砂，承托层采用砾石。粒径和厚度见表 4-25。国家标准图集 S778 有 4m³/h、7m³/h、10m³/h、14m³/h、20m³/h 等 5 种规模的慢滤池，其主要尺寸和工程量列于表 4-24。

表 4-24　　　　　　　　　　圆形慢滤池主要技术数据及工程量表

	规模/(m³/h)	4	7	10	14	20
	过滤面积/m²	19.63	36.19	40.85	71.27	99.55
	滤池个数/个	2	3	4	4	4
	滤池直径 D/mm	5000	4800	4600	5500	6500
闸阀	直径/mm	DN80	DN80	DN80	DN80	DN80
	数量/个	6	9	12	12	12
	砖/块	1000	900	830	1175	1650
砖砌池	砖砌体/m³	23.51	22.68	21.74	26.24	34.38
	钢筋混凝土/m³	8.77	8.35	7.78	12.24	15.21
	混凝土/m³	2.88	2.70	2.55	3.40	4.33
石砌池	石砌体/m³	25.67	24.63	22.16	28.12	32.50
	钢筋混凝土/m³	13.95	11.60	10.99	15.98	20.20
	混凝土/m³	3.01	2.84	2.66	3.46	4.47
	砖砌体/m³	3.45	3.00	2.71	3.98	5.53

（2）横滤式砂滤池。这种工艺特点是由滤池一侧进水，另一侧出水，水流由水平过砂滤层。图4-64为横滤池与清水池合建的塘边慢滤池构造示意图。

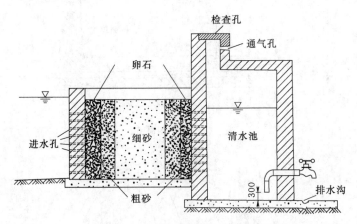

图4-64　横滤式慢滤池构造

滤料和承托层共分为3～4层。砂滤池池深为2～3m，滤层有效深度为1.2～1.5m，滤层表面水深要求为0.5～1.5m，进水采用穿孔花墙。池墙应高出地面，防止地表水流入。

慢滤池池墙可用片石或砖砌筑，表面用水泥沙浆粉刷。进水、出水孔可在砌筑时预留一定缝隙或采取孔隙方式。池中滤料一般就近挖取河砂，经冲洗筛选，分层铺入即可。

表4-25　　　　　　　　　　　　　　滤层粒径与厚度

滤层	粒径/mm	厚度/mm
细砂	0.3～1	800～1000
粗砂	1～2	100～150
细卵石	2～8	100～200
粗卵石	8～32	100～200

2. 粗滤池与慢滤池工艺

这种工艺一般适用于浑浊度在50～250NTU的原水净化，粗滤池可利用地形稍加修筑，图4-65是广西扶绥县塘岸村的塘边砂滤池平、剖面图，它实际上为横滤式与直滤式结合的混合式慢滤池。

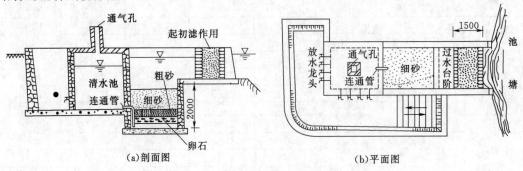

(a)剖面图　　　　　　　　　　(b)平面图

图4-65　广西扶绥县塘岸村的塘边砂滤池

塘水先经 1.5m 厚的砂层和卵石层进行初滤，然后经过水台阶进行直滤。砂滤池平面尺寸为 2.0m×2.5m。

据该县卫生防疫站对 7 个塘边初滤、慢滤池的水质检验分析，经过这种净化工艺后的出水浊度能降低 91% 以上，色度平均降低 60%，耗氧量降低 64%，细菌总数降低 96% 以上。

3. 自然沉淀池、慢滤池工艺

这种工艺形式一般适用于原水浊度为 250～500NTU 的水质。它由自然沉淀池和慢滤池组成。

五、其他滤池

（一）无阀滤池

无阀滤池是我国农村水厂用得较为普通的一种滤池，因为它不用大型阀门，所以称为无阀滤池。无阀滤池分重力式和压力式两种。压力式多数用在小型给水中，水量不大于 50m³/h，因此供水范围也较小，当原水浊度较低时，可用双层滤料作一次净化用。

1. 重力式无阀滤池

重力式无阀滤池一般为方形，为了保证有足够的冲洗水，往往把 2～3 只滤池合建在一起，合用一只冲洗水箱。重力式无阀滤池可以和澄清池或沉淀池配合使用。

（1）过滤过程。无阀滤池的构造和过滤过程见图 4-66。待滤水经进水分配槽、进水管进入虹吸上升管，再由伞形顶盖下的布水；挡板将水均匀地散布到滤料层上，自上而下过滤，通过承托层、小阻力配水系统进入底部配水。滤后水从底部空间经连通渠（管）上升到冲洗水箱。当水箱水位达到出水渠口溢流到堰顶后，溢入渠内，最后流入清水池，水流方向见图中箭头所示。

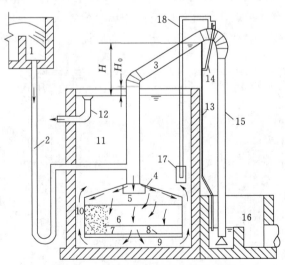

图 4-66　无阀滤池构造和过滤过程

1—进水分配槽；2—进水管；3—虹吸上升管；4—伞形顶盖；5—挡板；6—滤料层；7—承托层；
8—配水系统；9—底部配水区；10—连通渠；11—冲洗水箱；12—出水渠；13—虹吸辅助管；
14—抽气管；15—虹吸下降管；16—水封井；17—虹吸破坏斗；18—虹吸破坏管

开始过滤时，滤料层较清洁，虹吸上升管与冲洗水箱中的水位差 H_0 为过滤起始水头损失。随着过滤时间的延续滤料层水头损失逐渐增加，虹吸上升管中水位相应逐渐升高。管内原存空气受到压缩，管内空气压力大于一个大气压，一部分空气就从虹吸下降管出端穿过水封进入大气。上升管水位随着滤池水头损失的增加而继续上升，直到设定的 H（1.5～2.0m），顶端产生溢流，说明已经达到期终水头损失，即进入冲洗阶段。

（2）冲洗过程。当水位上升到虹吸辅助管的管口时，水从辅助管流下，依靠下降水流在管中形成的真空和水流的挟气作用，抽气管不断将虹吸管中的空气抽出，使管中真空度逐渐增大。当真空度达到一定值时，虹吸上升管中的水便大量越过管顶落下，因流速较大，能把虹吸管中残存的空气全部带走，这时就形成连续虹吸水流，开始冲洗了。冲洗过程见图 4-67，由于虹吸使滤层上部压力骤降，促使冲洗水箱内的水循着过滤时的相反方向进入虹吸管，滤层因而受到反冲洗。冲洗废水由排水水封井流入下水道，冲洗时的水流方向

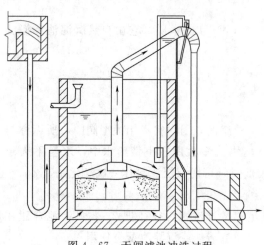

图 4-67 无阀滤池冲洗过程

见图 4-67 箭头所示。

（3）重力式无阀滤池附属设施结构原理。

1）虹吸辅助管的作用原理。图 4-68 表示的是虹吸辅助系统，运行经验表明，当滤池达到期终水头损失时，虹吸上升管的水位上升到虹吸管顶弯管的下端，这时就开始溢流。在溢流过程中把空气带走，但这样的速度相当缓慢，长达 1h 以上。为了加速形成虹吸，所以设计了一套虹吸辅助系统，其功能就是加速抽气，因虹吸辅助管的管径小、流速

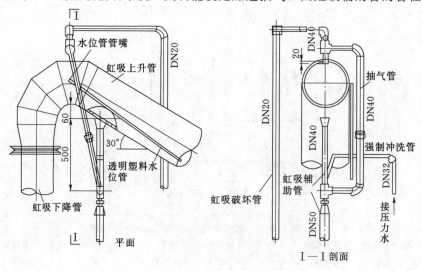

图 4-68 虹吸辅助管

快，抽气的效果好。这套系统的第二个功能即是强制冲洗功能；当水头损失值还未到终值，而滤池的出水浊度由于进水浊度过高或其他原因而超过标准，此时可以利用强制发生虹吸方法，图中有一根管子与压力水接通，只要开启压力水，强制冲洗管即向虹吸管注水，通过抽气管抽吸虹吸管中的空气，水流挟带空气从水封井溢出，即能形成虹吸而进行提前冲洗。

2）冲洗强度调节器的构造和作用。冲洗强度调节器的构造见图4-69和图4-70。由于虹吸管的设计计算管径与实际冲洗情况难免有出入，通常虹吸管口径选用时适当偏大一点，便于运行时进行调整。在虹吸下降管的端部有一个锥体形的调节器，利用它上下调节来改变管口的出流断面，从而起到调节冲洗强度的作用。

图4-69　强制冲洗设备

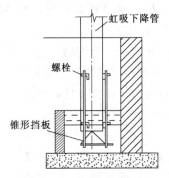

图4-70　冲洗强度调节器

3）虹吸破坏斗装置的构造和运行原理。破坏斗的构造见图4-71。虹吸破坏斗的作用是通过虹吸破坏管引入空气，抽走斗中水，使水位下降，管口与大气相通，进而使虹吸破坏。小斗旁的两根小虹吸管作用是当水箱水位下降时，斗内与斗外造成一定的液位差，使斗内充水，封住管口，不会出现连续冲洗现象。

(4) 重力式无阀滤池的优缺点和适用条件。与普通快滤池相比，重力式无阀滤池大致有以下优缺点：

1）优点。运转全部自动，管理方便；工作稳定

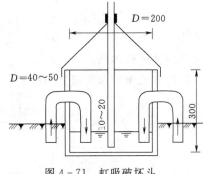

图4-71　虹吸破坏斗

可靠；结构简单，由于省去大阀门，故造价相对比快滤池低；运转中滤料层内不会出现负水头现象；由于滤池出水口位置较高，有可能把清水池建造在地面上，既可降低清水池造价，又可以使二级泵房吸水处于正水压状况，便于启动。

2）缺点。滤池总高度较大，要抬高前处理构筑物的高程；更换滤料困难，只能从人孔中进出；滤池在每次冲洗后，必须先充满水箱后才能出水进清水池。

(5) 重力式无阀滤池的运行注意事项如下。

1）滤池初始运行时，应对滤料进行清洗和消毒。具体方法为：先向冲洗水箱缓慢注水，用清水冲洗滤料10～20min，再用含氯量大于0.3mg/L的水继续冲洗5min后停止冲洗。滤料经含氯水浸泡24h后再用清水冲洗10～20min方可投入正常运行。

2）合理调整滤池的冲洗强度。在试运行期间，通过调整虹吸排水下降管底端的反冲洗强度调节器或虹吸下降管下水封井溢水口高度的变化，使冲洗强度达到设计的要求。

3）滤池出水浊度大于1NTU、尚未自动冲洗时，应立即人工强制冲洗滤池。

4）滤池暂停运行一段时间后，如滤池水位高于滤层以上，可启动继续运行；如滤层已接触空气，则应按初始运行程序进行，是否仍需采取加氯浸泡措施则应视出水细菌指标决定。

（6）重力式无阀滤池的保养与维护要点如下。

1）每日检查进水池、虹吸管、辅助虹吸管的工作状况，保证虹吸管不漏气。

2）每半年至少检查滤层情况一次。检查时，放空滤池水，打开滤池顶上人孔，运行人员下到滤层上检查滤层是否平整，滤层表面积泥球情况，有无气喷扰动滤层情况发生等，发现问题及时处理。

3）每1～2年清出、清洗滤层上层滤料一次。

4）运行3年左右要对滤料、承托层、滤板进行翻修，部分或全部更换，对各种管道，阀门及其他设备进行解体恢复性修理。

5）每年对金属件油漆一次。

6）如发现滤池平均冲洗强度不够，应设法增加冲洗水箱的容积。

2. 压力式无阀滤池的构造和工作原理

压力式无阀滤池通常和水塔（水箱）建造在一起，过滤后水就储存在水塔中；可以借助于水塔的静压力直接向用户管网供水，也可以由水塔溢流到小型清水池，再由二级泵向用户管网压力供水，视供水范围大小而定，水塔中设有内套水箱，专备冲洗之用，见图4-72。压力式无阀滤池工作过程：水泵从江河中吸水，混凝剂与消毒剂直接加在吸水管中，因为吸水管是负压状态，药液能自动注入，经过水泵叶轮的搅动混合，然后经压力管到滤池进行过滤。

随着滤层中水头损失的增大，虹吸上升管水位不断上升，水泵扬程也随之提高，当水位到达辅助虹吸管口时，就从管中流下，通过抽气管带走虹吸管中的空气，直至发生虹吸，进行自动反冲洗，接下来过程与重力式无阀滤池相同。

（二）虹吸滤池

虹吸滤池是快滤池的一种形式，其工作原理与普通快滤池基本相同，主要在工艺布置上的进出水系统及运行控制方式上有所不同。

1. 虹吸滤池的构造和工作原理

虹吸滤池是由6～8个单元组成的一个平面形状，可以是矩形的，也可以是圆形或多边形的。图4-73为圆形虹吸滤池构造和工作过程示意图，图的右半部分表示

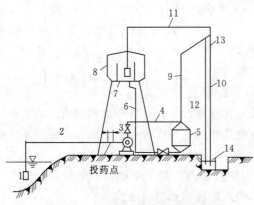

图4-72　压力式无阀滤池流程图
1—吸水底阀；2—吸水管；3—水泵；4—压力管；5—滤池；6—清水管；7—冲洗水箱；8—水塔；9—虹吸上升管；10—虹吸下降管；11—虹吸破坏管；12—虹吸辅助管；13—抽气管；14—排水井

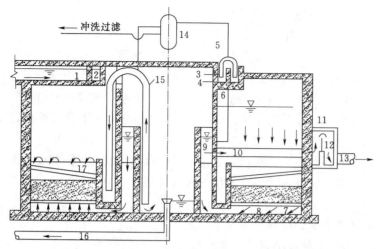

图 4-73 圆形虹吸滤池构造和工作过程示意图

1—水槽；2—配水槽；3—虹吸管；4—进水槽；5—进水堰；6—布水管；7—滤层；8—配水系统；
9—清水槽；10—出水管；11—出水井；12—出水堰；13—清水管；14—真空系统；
15—冲洗虹吸管；16—冲洗排水管；17—冲洗排水槽

过滤时的情况，图的左半部分表示滤池冲洗时的情况，分别介绍如下。

（1）过滤过程。待滤水由进水槽流入滤池上部的配水槽，经虹吸管流入单元滤池的进水槽，再经过进水堰（调节单滤池的进水量）和布水管流入滤池。水经过滤层和配水系统而流入清水槽，再经过出水管流入出水井，通过控制堰流出滤池。

滤池在过滤过程中滤层的含污量不断增加，水头损失不断增长，要保持出水堰口上的水位，即维持一定的滤速，则滤池内的水位应该不断上升，以保持池面与清水集水槽之间一定的水位差，才能克服滤层增长的水头损失。当滤池水位上升到预定的高度时，水头损失达到了最大允许值（1.5～2.0m）时，滤层就需要进行冲洗。

（2）冲洗过程。虹吸滤池的重要特点之一是反冲为小阻力系统，可省去冲洗水塔或冲洗水泵，每格滤池的冲洗用水来自其余几格的过滤水，所以冲洗水头为出水井堰上水位与排水槽水位的高差（见图 4-73 虹吸滤池构造和工作示意图的左半部分）。冲洗时，首先破坏进水虹吸管的真空，使该格不再进水，由于滤池仍在继续过滤，故滤池水位开始下降，开始下降很快，但很快就下降缓慢。当水位下降到反冲洗排水槽顶时，反冲洗即开始，利用真空系统抽出冲洗虹吸管中的空气，使它形成虹吸，排水虹吸管排水。其他格滤后水以底部配水室经过清水渠进入到被冲洗格的底部配水室，并自下而上经过底部配水室均匀地流过滤池层，使滤层膨胀，处于悬浮状态；冲洗下来的污物随上升水流依次进入排水槽、集水渠、排水虹吸管排出池外，当滤池冲洗干净后，破坏冲洗排水虹吸管的真空，冲洗即告停止，然后再启动进水虹吸管，滤池恢复进水过滤。

滤池冲洗强度为 13～15L/(s·m²)，冲洗历时 5～6min。一格滤池在冲洗时，其他滤池会自动调整滤速，使总出水量变动减少。因此虹吸滤池的总进水量要考虑等于或稍大于一格滤池的反冲洗水量，因此在运行中要避免两格滤池同时冲洗。例如 6 格一组的滤池，为满足反冲洗强度为 15L/(s·m²)，滤速必须大于 9m/h。清水水位降低能提高滤速，但降低冲洗强度，如水位不降低则出水量降低。

2．虹吸滤池的运行特点

虹吸滤池与普通快滤池比较起来，在运行上有下列几个特点：一是由于虹吸滤池需要其他格滤后水来进行反冲洗，这就要求滤后水位高于滤层面，这样也就避免了像无出水控制堰的普通快滤池那样，滤层可能在负压下过滤的状态，不会由于这个原因而产生气阻现象；二是基本上自动在恒速下过滤，在运行中尽管每格池中水位不同而且瞬息在变，但由于各进水堰口高程相同，故总进水量各格滤池基本相同，在没有任何格进行反冲洗时，就能保证该格滤速接近恒速；三是过滤工况可由滤池水位直接反映出来，水位低，意味着过滤开始不久，滤层含污量尚少；水位高，说明滤层含污量较大，需要反冲洗，根据这种水位的变化规律，很容易实现过滤和反冲洗的水力自动化控制。

3．虹吸滤池的优点和存在问题

（1）虹吸滤池与普通快滤池比较有下列 3 个方面优点。

1）虹吸滤池以虹吸管代替普通快滤池的阀门，其控制系统是管径很小的真空管路及容量很小的真空设备，因此造价比较低。

2）虹吸滤池的进水虹吸管和排水虹吸管均安装在滤池中，布置比普通快滤池紧凑，不需要很大的管廊面积。

3）由于虹吸滤池采用了小阻力配水系统，因此靠滤后水的一定水位，就可对滤层进行反冲洗，省去了普通快滤池所不可能少的反冲洗水塔或冲洗水泵。

以上说明虹吸滤池在基建总投资方面有一定优越性。它比较适用于日产水量大于 $5000m^3$ 的大中型水厂。对于小水厂不适用的原因是：由于虹吸滤池冲洗的特点，一般一组不得小于 6 格，每格面积过小，施工复杂，也不经济。

（2）虹吸滤池存在的主要问题如下：

1）由于滤层的反冲洗水是由其他各格正在过滤的滤池供给的，它的反冲洗强度完全依靠足够的进水量。因此当滤池在低负荷运转时，滤过水量就有可能保证不了滤格反冲洗时必要的反冲洗强度。长期运转的结果就会使滤层冲洗不清，颗粒表面会积累污泥，甚至在滤层中产生泥球或使滤层板结，过滤周期缩短，影响出水水质。如出水堰高固定，只要其他滤池出水大于冲洗水量，则冲洗强度不会减小。

2）整个池深较大，这是虹吸池本身的工艺结构所决定的。

3）初滤水不能排除，但对整个出水水质影响不大。

4．虹吸滤池的运行与维护

虹吸滤池的运行、保养与维护均可参照普通快滤池有关要求。运行管理工作中还要注意以下几点。

（1）真空系统在虹吸滤池中占重要地位，它控制着每格滤池的运行，如果发生故障就会影响整组滤池的正常运行，为此在运行中必须维护好真空系统中的真空泵（或水射器）、真空管路及真空旋塞等，防止漏气现象发生。

（2）当要减少滤水量时，可破坏进水小虹吸，停用一格或数格滤池。当沉淀水质较差时，应适当降低滤速。降低滤速可以采取减少进水量方法，即在进水虹吸管出口外装置活动挡板，用挡板调整进水虹吸管出口处间距来控制水量。

（3）冲洗时要有足够的水量。如果有几格滤池停用，则应将停用的滤池先投入运行后再进行冲洗。

（4）寒冷地区要采取防冻措施。

（三）移动冲洗罩滤池

移动冲洗罩滤池又称移动罩滤池，为快滤池的一种类型，实际上它是池体采用虹吸滤池形式，分成多格，为了满足冲洗水量，至少有 6～8 格，一般的冲洗用水由其余合格的过滤水供给；另外，把无阀滤池的顶盖和虹吸管部分做成移动式的罩子。当要冲洗时，移动罩就根据设定的时间间隔正好移动到所需要冲洗的一格上，即进行滤池的反冲洗，冲洗废水从虹吸管排入废水渠，如虹吸排水在高程上有困难，也可以用水泵将废水压出来。过滤原理与普通快滤池相同。

1. **滤池的基本构造和运行**

移动冲洗罩滤池基本结构见图 4-74。过滤过程：待滤水由进水管经穿孔配水墙及消力栅进入滤池，通过滤层过滤后，水由底部配水室流入钟罩式出水虹吸中心管。当虹吸中心管内水位上升到顶且溢流时，带走虹吸管罩钟和中心管间的空气，达到一定真空度时，虹吸形成，过滤后水便从钟罩和中心管间的空间流出，经出水堰进入清水池。池内水面标高 A 和出水堰上水位标高 B 之差即为过滤工作水头，一般取 1.2～1.8m。

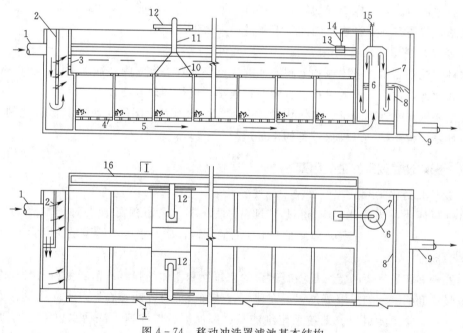

图 4-74 移动冲洗罩滤池基本结构

1—进水管；2—穿孔配水墙；3—消力栅；4—小阻力配水系统的配水孔；5—配水系统的配水室；
6—出水虹吸中心管；7—出水虹吸管钟罩；8—出水堰；9—出水管；10—冲洗罩；11—排水虹吸管；
12—桁车；13—浮筒；14—针形阀；15—抽气管；16—排水渠

冲洗过程：冲洗罩由桁车带动至该滤格上面就位，并封住滤格顶部，在设计和安装中务求罩体定位准确。密封良好，控制设备安全可靠，定位封住后，抽气设备抽取排水虹吸管中的空气。当排水虹吸管真空度达到一定值时，虹吸形成（因此这种滤池也称移动虹吸式冲洗罩滤池），冲洗开始。冲洗水由其余滤格滤后水经小阻力配水系统的配水室、配水孔进入滤池，通过滤层后，冲洗废水由排水虹吸管排入排水渠。出水堰顶水位 B 和排水渠中水封井上的水位 C 之差即为冲洗水头，一般取 1.0～1.2m。当滤格数较多时，在一格滤池冲洗期间，滤池组仍可继续向清水池供水。冲洗完毕，冲洗罩移至下一滤格，再准备对下一滤格进行冲洗。

2. 移动冲洗罩滤池的几个问题

（1）冲洗罩滤池正常运行的关键是冲洗罩移动、定位和密封，新的设计中，移动罩当冲洗完了以后，用水力活塞缸把罩体提起一定高度，然后再移动，这样不会使罩体周边的密封橡胶在刚开始移动时，产生卷边现象，定位正确与否是决定冲洗效果的关键之一：如罩体与滤格岔位，虹吸管排的是滤层上面的待滤水，使冲洗强度下降。

（2）冲洗周期是由预先根据经验而设定的，滤池各滤格的冲洗程序采用等时间间隔冲洗，采用一套自动控制系统进行控制。这套系统可以根据不同的时间间隔要求来进行调整。

（3）冲洗罩滤池一组滤格连在一起，一端进水，当滤池在放空的情况下进水时，由于落差较大，水流的冲击会引起第一格滤池砂面的平整度，所以进水时首先要经穿孔墙整流，然后过消力栅，这样既能均匀分散水流，又能消除水动能。从实践可知，尽管采取了消能措施，但还有一点影响，因此还需要进一步改进。

3. 移动冲洗罩滤池的优缺点

这种滤池是利用虹吸滤池和无阀滤池的优点，如省去大阀门和冲洗水塔，因此造价比普通快滤池低，这是最大的优点，占地面积也小，运行管理方便。

其主要缺点是钟罩的维修工作相对较大；一格滤池发生问题会影响其他滤池的运行，因此要加强经常维护，以确保设备的正常运行。

六、影响过滤效果的主要因素

1. 快滤池进水的预处理（混凝、沉淀）效果

有资料证明，当原水浊度超过 15NTU 时，若不采用预处理，对于粒径为 0.5～1.2mm、厚60cm 的砂滤层，即使是 5m/h 的低滤速，滤后水也不能满足浊度为 1NTU 的饮用水的标准。

预处理好坏最重要的特征是混凝过程的完善性和絮体的强度；前者更为重要。这样絮体易被吸附和筛滤。如果混凝过程不完善，一些细微的悬浮颗粒在滤料表面就没有足够的黏附力，容易穿透滤料层。即使采用细滤料、厚滤层、慢滤速，滤后水也不会有多大改善。有时混凝过程虽然很完善，但是絮体还是穿透了滤层，这是由于絮体缺乏强度和韧性的缘故，不能抵抗出现在滤床中的剪切力，因此不同的絮体强度会有不同的穿透深度（所谓"穿透深度"，即是在过滤过程中，从滤层表面算起到下面的某一深度，从这一深度取水样，恰好符合允许的过滤水水质标准，这一深度称为杂质穿透深度）。

在混凝沉淀之后，还可以采用改进过滤性的预处理措施；例如采用阳离子型或中性聚合物（例如水玻璃、聚丙烯酰胺等）助凝剂，它能提高滤池抵抗穿透的能力，对某水体而言，往往在冬天剪力增大，絮体易打碎，而在夏天容易产生强絮体。

当原水浊度不高时，在待滤水中投加混凝剂后快滤池也可作直接过滤，而无需经过絮凝和沉淀的过程，只需数分钟时间就能完成絮凝，相当于混合和絮凝的两个过程，这一工艺称为接触过滤或接触絮凝过滤。接触絮凝实际上反映了过滤的最本质现象：水中细微颗粒经混合过程后即可在滤料表面上发生絮凝过程而被去除。采用混凝沉淀作为过滤预处理的原因是由于水中有很多细微颗粒，不得不借絮凝过程结成较大的絮体，以便在沉淀过程中预先去除掉，因此减轻了滤池的悬浮物质的负荷，而微细颗粒在滤料表面直接发生絮凝过程和许多颗粒结成大絮体的絮凝过程，在概念上是有差别的，过滤去除已脱稳的微细颗粒的基本要求和这细颗粒是否需要预先结成大粒的絮体并无直接的关系。

2. 滤速的影响

滤速是表示滤池工作强度的一项极为重要的指标。滤速指水通过滤池总面积的速度，其单位为 m/h，也相当于单位时间内单位滤料层面积上通过的水量，单位为 $m^3/(h \cdot m^2)$。

实践证明，在相同的过滤条件下，滤速越大，杂质穿透深度也越深，滤层中杂质分布越是均匀，这样滤层相对来说可以发挥更大的作用。所以目前双层滤料滤池设计规范规定设计滤速为 9～10m/h。

滤速也不是可以无限制提高的，上面讲到滤速与穿透深度有关，所以一方面要考虑到出水水质问题，一般讲滤速越低，出水浊度越低，据上海市自来水公司南市水厂统计，在滤层相同、水温较高时，其他条件基本相同的情况下，滤后水浊度为

$$C = 0.125C_0^{0.8}v^{0.35}$$

式中　C_0——滤池进水浊度；

　　　v——滤速，m/h。

从上式可知：如果要提高滤速，在同样混合、絮凝条件下，要维持同样出水浊度，只要降低进水浊度就能提高滤速。但是，也要考虑到由于滤速提高，水头损失就增加得快，过滤周期过分缩短，冲洗水率就会提高。所以滤速的确定既要考虑到预处理的效果，又要考虑到出水水质和运行的合理性问题，究竟经济滤速是多少，最好通过实验结合整个系统的分析作技术经济比较来确定运行滤速。

3. 滤料粒径的影响

一般说，滤料颗粒越大，滤层中颗粒之间的孔隙尺寸也越大，颗粒尺寸趋于均匀，滤料层中孔隙率也越大。这样杂质的穿透深度就增大，滤料层中的含污能力也随之增大，水头损失在过滤过程中增加也缓慢，滤池的工作周期也可以延长。这里所说的"含污能力"是指整个工作周期结束时，滤料层单位体积所截留的杂质量（以 kg/m^3 或 g/cm^3 计算），含污能力越大，表明整个滤层所发挥的作用也越大。显然含污能力与杂质穿透深度有很大的关系，但如果为了提高含污能力使滤料颗粒增大或越趋均匀，并使滤料层厚度适当增加，能提高含污能力，并能改善水质和提高滤速。

4. 滤料结构的影响

一般所用的滤池为单层砂滤料，它的结构是上细下粗排列，从上面分析可知，这种滤料结构会造成杂质在垂直方向分布极不均匀，将是上层最多，越往下越少，当顶层滤料很细时尤其是这样，这是影响过滤效能的主要原因，也是我们常用的单层滤料一个弱点，可以用一个经验公式来判断滤料粒径组成与池深关系：即 L/d_j＝池深/滤料平均粒径。一

般该比值必须不小于800，可以分层分级求得，比值越大越好。

5. 过滤方式的影响

在过滤过程中，随时间逐渐延长，滤层中截留的悬浮物质增加，滤层孔隙率也逐渐减小。当滤料粒径、形状、滤层级配和厚度以及水温已定时，如果孔隙率减小，则在水头损失保持不变时，将引起水头损失的增加，这样就产生了等速过滤和变速过滤两种过滤方式，以下将分别予以叙述。

（1）等速过滤中的水头损失变化。所谓"等速过滤"就是过滤的流量或者过滤的滤速在过滤过程中始终保持不变的过滤，所用的无阀滤池（或称自动虹吸冲洗滤池）和虹吸滤池基本上是属于这种类型。

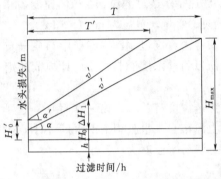

图 4-75　水头损失与过滤时间的关系

为什么滤速会保持不变呢？在等速过滤的状态下，滤池的杂质随时间而增加，随之滤层阻力也增加，为了克服增加的阻力，滤层上部的水位也随之升高，由于滤池的工作水头（或称作用水头）的升高，使滤速基本保持不变。

当水位上升至最高允许值时，过滤即告停止，以待冲洗，这一允许值在设计滤池时一般采用1.5～2.0m；如果不出现诸如操作不当致使滤后水质恶化等情况，则是由过滤周期来决定的，至于过滤周期长短又与滤速有关，滤速大，同时单位时间内被滤层截留的杂质量较多，水头损失增加的速率也大，相对运行周期就短；反之，水头损失增加慢，相对运行周期就长（图 4-75）。

上面着重讨论在等速过滤情况下，滤层水头损失增加与时间的关系。至于由上而下逐层滤料水头损失的变化情况，则与滤料层的截污规律有关，由于单层滤料上层颗粒细下层粗，所以截污量上层最多，越往下越少；而水头损失大部分消耗在上层滤料中。如果从滤池砂面起由上而下等距离地从不同深度引出 5 根测压管（图 4-76），很显然各个测压管中的水位差将由上而下逐减即 $h_{1-2} > h_{2-3} > h_{3-4} > h_{4-5}$。因滤层越向下，滤料的颗粒也越粗，而截留的杂质越少，所以水头损失小，在过滤时水头损失的增长也较缓慢。由此可知，表层水头损失增长规律与滤料层截留杂质的规律是相一致

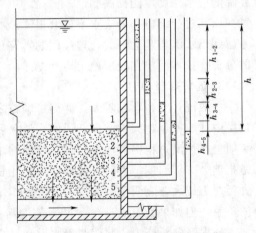

图 4-76　水头损失沿滤层深度的变化

的，杂质在滤料层中的分布规律表明上下是极不均匀的，这是造成周期缩短的主要原因之一，也是单层砂滤料滤池严重弱点的具体表现。

（2）变速过滤中的滤速变化。随着过滤时间延续而滤速逐渐减小的过滤方式称为变速过滤或减速过滤，常用的普通快滤池以及移动冲洗罩滤池就属于变速过滤的一种型式。变

速过滤在运行中有一条件，就是滤池的过滤水头（作用水头或工作水头）基本保持不变，也就是说，滤池水面和清水池（或出水渠道）的水位差基本稳定（图4-77）。这种情况称等水头变速过滤。

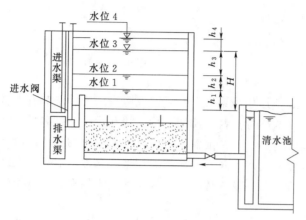

图4-77 减速过滤（一组4座滤池）

这种变速过滤方式在普通快滤池中一般不可能出现。因为尽管水厂内设有多座滤池，但既要保持进出水量平衡又要保持每座滤池水位恒定是不可能的。在变速过滤中，滤速与过滤时间关系相当复杂，并不是一条简单的直线关系，不过在分格数很多的移动冲洗罩滤池中，有可能达到近似的"等水头变速过滤"状态。如果水厂内是一组滤池运行，滤池水头损失按顺序到达允许值，这样冲洗也按次序冲洗，那么滤池组相邻两次冲洗之间，各滤池实际上是等速过滤，而每冲洗一座滤池后，其余各滤池的滤速才降低一级；如果一组滤池的池数很多，则相邻两座滤池的冲洗时间间隔将缩短。这样在滤池组中各座滤池相邻两次冲洗之间的水头损失变化值就很小，就更接近于等水头变速过滤，滤速随时间变化而阶梯式连续下降。

（3）等速过滤与变速过滤的比较。等速过滤是使水头损失逐渐增加，而变速过滤是使逐渐减小。就滤层孔隙内流速而言，其情况恰恰相反，滤层随着过滤时间的延长，截留杂质增加，孔隙率也随之而减小。等速过滤因要保持流量不变，必然使孔隙流速增加来实施；而变速过滤，却使实际孔隙流速变化很小，由于滤速的减小，流量也随之减小。虽然变速过滤中孔隙率也同样缩小，出于进水流量也减小，所以孔隙流速变化相对也小。

不少研究者认为：等速过滤与变速过滤相比，在相同条件下，当平均滤速相等时，无论就工作周期或滤后水质而言，变速过滤似乎比等速过滤要好一些。因为它符合如下规律：即过滤初期滤层比较清洁，截污能力强，滤速适当提高，使杂质深入下层滤料是容许的，不会对滤后水质产生影响；过滤后期，滤层截污能力减小，为了防止杂质穿透滤层而使滤后水质变坏，这时降低滤速是适宜的。这说明变速过滤能够随滤层截污能力的变化有自然调节功能。

6. 水温的影响
一般来讲，水温越低，滤层的截留能力越低，杂质也越容易穿透滤层。

7. 浮游生物的影响

快滤池也会因浮游生物而造成滤层堵塞。如用水库水会有很多藻类，不但会堵塞滤层，而且会使滤后水产生色度。

七、滤池的运行与管理

(一) 滤池运行中常见故障及排除方法

滤池的常见故障大多是由于运行不当、管理不善而导致的。

1. 气阻

由于某种原因，在滤层中积聚大量空气。气阻表现为冲洗时有大量气泡上升，水头损失增大，以致滤水量显著减少；甚至滤层出现裂缝和承托层被破坏，滤后水水质恶化。

造成气阻的主要原因：一是滤池滤干后，未把滤层中的空气赶跑，随即继续进行过滤而带进空气；二是滤池运行时间过长，由于滤层上部水深不够而滤层水头损失较大时，滤层内呈现真空状态，使水中溶解气体逸出，导致滤层中原来用于截留泥渣的空隙被空气所替代而造成气阻。

解决气阻现象产生，根本的办法是不产生"负水头"。在滤层滤干的情况下，可采用清水倒压，赶走滤层空气后，再进行过滤。也可采取加大滤层上部水深的办法；如池深已定的情况下，可采取调换表层滤料、增大滤料粒径的办法。这样可以降低水头损失值，以降低负水压的幅度。有时可以适当加大滤速，使整个滤层内截污比较均匀。

2. 滤层裂缝

造成裂缝的主要原因是滤层含泥量过多，而且滤层中积泥又不均匀，因此引起滤速也不均匀，产生裂缝多数在滤池壁附近，也有在滤池中部产生开裂现象。产生滤层裂缝后，使一部分沉淀水直接从裂缝中穿过，影响滤后水水质。

解决裂缝的办法首先要加强冲洗措施（为适当提高冲洗强度，缩短冲洗周期，延长冲洗时间，设置表面冲洗设备），提高冲洗效果。使滤料层含泥量减少。同时要检查配水系统是否有局部受阻现象，一旦发现要及时检修完整。

3. 泥球、含泥率高

滤层出现泥球、含泥率高，实际上削弱了滤层截泥能力会使整个滤层级配混乱，显著降低净水效果。滤层含泥量一般不能大于 3％。造成以上情况的主要原因是由于长期冲洗不当，冲洗不均匀，冲洗废水未能排干净，或待滤水浊度过高，日积月累，残留的污泥相互黏结，使体积不断增大，再因水的紧压作用而变成不透水的泥球，其直径可达数厘米。

为了防止泥球和含泥量过大，首先要从改善冲洗条件着手，要检查冲洗时砂层的膨胀程度和冲洗废水的排除情况，适当调整冲洗强度和冲洗历时，还需检查配水系统，有条件时可以采用表面冲洗和压缩空气辅助冲洗。如泥球和积泥情况严重，必须采用翻池更换滤料的办法，也可采用化学处理办法，例如用漂白粉精（每平方米池面积 1kg 漂白粉）或用液氯（每平方米池面积 0.3kg 有效氯）浸泡 12h 以上，利用高浓度的氯水来破坏结泥球的有机物，浸泡后再进行反冲洗。

4. 滤层喷口现象

滤池表面砂层凹凸不平，整个滤池的过滤就不均匀，甚至会影响出水水质。造成砂层表面不平的原因，可能是滤层下面的承托层及过滤系统有堵塞现象，大阻力配水系统有时会使部分孔眼堵塞，影响过滤的不均匀，流速大的部分会造成砂层下凹；也有可能排水槽布水不均匀，进水时滤层表面水深太浅，受水冲击而造成凹凸不平，如移动冲洗罩滤池，一端进水，有时进水端的一格长期被水流冲洗而造成下凹。移动冲洗罩滤池有时滤池格数多，一端进水，从第一格到最后一格距离长，落差较大，由于水平流速过大，水深又不大，会带动下面砂层，造成砂面高低不平。

针对上述情况必须翻整滤料层和承托层，检查、检修滤水系统及调整排水槽。

滤池反冲洗时如发现喷口现象（即局部反冲洗水似喷泉涌出），经多次观察，确定喷口位置后，可局部挖掘滤料层和承托层，检查滤水系统，发现问题及时修复。

5. 跑砂、漏砂现象

如果冲洗强度过大、滤层膨胀率过大或滤料级配不当，反冲洗时会冲走大量相对较细的滤料；特别当用煤和砂双层滤料时，由于两种滤料对冲洗强度要求不同，往往以冲洗砂的冲洗强度同时来反冲煤层，相对细的白煤会被冲跑，由排水槽随冲洗废水排出。另外，如果冲洗水分配不均匀，承托层会发生移动，从而进一步促使冲洗水分布不均匀，最后某一部分承托层被淘空，以致滤料通过配水系统漏失到清水池中去。如果出现以上情况，应检查配水系统，并适当调整冲洗强度。

6. 水生物繁殖

在春末夏初和炎热季节，水温较高，沉淀水中常有多种藻类及水生物的幼虫和虫卵，极易带到滤池中繁殖。这种生物的体积很小，带有黏性，往往会使滤层堵塞，如为了防止以上情况发生，最有效的办法是采用滤前加氯措施。如已经发生，应经常洗刷池壁和排水槽，杀灭水中的有害生物可根据不同的生物种类，采用不同的药剂、硫酸铜或氯。

7. 过滤效率降低，滤后水浊度不能符合要求

这里指的过滤效率降低，是沉淀过滤后浊度的去除不能符合规定指标的要求，碰到这种情况首先要寻找产生的原因，常见的有以下几种情况。

（1）沉淀水的过滤性能不好，虽然浊度很低，但通过滤池以后，浊度下降较少，甚至进出水浊度基本接近，碰到这种情况，比较有效的措施是投加适量的助滤剂以改变其过滤性能。使用助滤剂后，不但能改善过滤特性，而且还能适当提高滤速，降低混凝剂加注量。但如果过滤周期过短，则须改变滤料组成或用双层滤料，以维持合适的运行周期。

（2）由于投加混凝剂的量不合适，使沉淀水浊度偏高，根据已定的滤池滤料级配不能使偏高浊度降低到规定要求。在这种情况下，首先应该调整混凝剂投加量，这时投加助滤剂也是应急措施之一。

（3）由于滤速控制设施不够稳定，砂面水经变动过多过急；出水阀门操作过快或过于频繁，会使滤池的滤速产生短期内突变，特别在滤料结泥较多时，由于滤速增加，水流剪力提高，会把原来吸附在滤料颗粒上的污泥重新冲刷下来，导致出水水质变坏。这种情况产生，不是由于滤料层本身引起，而是由于操作不当，使滤速在短期内突变而产生的。所以应当在操作上对上述情况予以避免。

8. 冲洗时排水水位壅高

有时由于冲洗强度控制不当，冲洗时水位会高过排水槽顶面，这样就出现漫流现象，使池面上排水不均；由于排水不均匀，说明整个滤层面出流的不均匀，滤床中也会出现横向对流，滤料有水平移动产生；在这种情况下，由于局部上升流速过高，而使支承层发生水平移动，从而对支承层起破坏作用，由此引起影响滤后水水质的不良后果。

为了避免以上情况，在排水槽顶面标高设计时，要考虑滤料层在合适的冲洗强度下，膨胀以后的高要在排水槽底部以下；另外，在设计时使排水槽、排水总渠和排水管有足够的排水能力，也是应考虑的问题。如工艺、结构设计没有问题，则要对冲洗强度予以控制。

（二）快滤池的检查、保养和维修

为了使快滤池经常保持良好的运行状态，除了认真执行以岗位责任制为中心的各项规章制度外。必须定期（一般为一个季度）对过渡的滤速和水头损失的逐时变化值、冲洗强度和滤层膨胀率、滤料表层的含泥率进行测定；并对所测数据进行分析，如发生异常情况，要找出原因，及时采取措施，记录在设备卡中，有的可作为安排检修计划的依据。

（1）快滤池的检修保养工作范围。应包括滤池的土建结构、配水系统、排水系统、砂层组织、冲洗系统、控制仪表、各种附属的管道、阀门以及有关机电设备，对以上内容首先要做好定期检查。

（2）根据测定和定期巡视情况应对设备分别不同类型做好"三级保养"。三级保养的范围和职责分工分别说明如下。

一级保养的工作内容为：保持滤池池壁及排水槽清洁，定期洗刷和清除滋生的藻类或杂草等；控制阀、冲洗泵、排水泵、增压泵的维护，包括轴承加油、填料调换及清洁工作；管廊保持清洁无积水；测定仪器的清洁；水头损失仪的维护，包括漏水纠正和玻璃管外壁的清洁。一级保养工作根据职责分工，应由运行管理人员负责。

二级保养的工作内容应为：控制阀（水力阀或电动阀）的检查，如遇启闭不灵活或漏水等情况须及时检修；表面冲洗设备旋转管喷嘴的检查及转速的校正；水头损失仪的检查，如漏水加以修复，内壁积污加以清洗，进水莲蓬头阻塞加以疏通；冲洗泵、排水泵、增压泵的检查，如设备不正常处予以纠正。二级保养是月度或定期的检修，由车间检修人员负责。

三级保养可分为两部分：一为滤池控制阀的轮修或调换。滤池控制阀操作频繁，使用一定时间后，阀体的钢筋和闸门的钢圈磨损严重，有关闭不出或漏水现象需要解体检修。其中冲洗阀、进水阀、表冲阀的损坏频率较高，因此要定期安排，将每组滤池控制阀调换下来进行解体检修。如装置年久、配件损坏严重、不能再修的需要更换新阀门。阀门的检修间隔一般规定为一年，如遇特殊情况，应随时创造条件予以检修。一为滤池的恢复性大修理。滤池运行一定时间后，发现砂面、含泥量、滤后水质等不正常现象，经分析找出原因后，需要安排恢复性大修理。关于滤池的大修理间隔时间，应根据维修规程的大修条件进行，这些条件说明，如不进行恢复性大修，滤池就不能正常运行，严重时将会造成水质事故。如因含泥量过高，则首先应检查冲洗系统问题。

滤池恢复性大修理内容为：滤料换新、卵石层清洗和重新分层筛析；清水渠检查包括渠盖滤头装置是否断裂及渠内是否有积砂；配水集水支管的通刷去除结垢及孔眼检查；陶瓷滤砖孔眼的通刷和检查；滤头损坏或缝隙阻塞的更换；钢制排水槽的检查和油漆；表面冲洗设备检修等项目。滤料更换时，必须分层验收，经消毒、冲洗合格后才能投产。

（三）改进和改造现有快滤池的主要途径

1. 滤料结构的改进

快滤池一般为石英砂单层滤料，细颗粒在滤层上部，粗颗粒在下部，滤层的孔隙度从上到下均匀地加大。因此，相当于 d_{10} 的颗粒集中在滤层的表层。这种状况对自上而下过滤的滤池很不利，过滤时绝大部分的杂质都被截留在表层10cm左右的滤层内（图4-78），使过滤水头损失迅速增长，而下层滤料虽然孔隙度很大，但未被充分利用，表层冲刷下来的细小颗粒，容易通过下层滤料而进入滤后水中。显然单层石英砂滤料层有其不足之处。为了发挥整个滤层的作用，目前被广泛采用的有双层滤料，均粒滤料和三层滤料也已被用于实际生产，但三层滤料由于选料麻烦，并不易控制冲洗强度，故实际应用较少。它们可以克服单层滤料所存在的缺点。

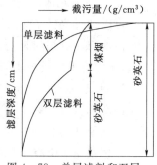

图4-78　单层滤料和双层滤料截污量比较

（1）双层滤料。上层为无烟煤，下层为石英砂。无烟煤的比重为1.4～1.6，化学稳定性好，机械强度也高。无烟煤粒径0.8～1.8mm，$K_{80}<2.0$，厚度为300～400mm；石英砂粒径为0.5～1.2mm，$K_{80}<2.0$，厚度为400mm。滤速可达到15m/h。由于煤的比重比砂要小，因此当冲洗后，能按比重大小和颗粒直径大小经水力分筛自然按原来排列。截污能力比单层滤料大，能较充分发挥整个滤层的截污作用（图4-77）。

（2）均粒滤料。均粒滤料的材质为石英砂，目前多数用于法国人发明的 AQUAZUR V 型滤池，在普通快滤池中也被逐步采用。粒径为0.95～1.35mm，允许扩大到0.7～2.0mm，滤层厚度0.95～1.5m。采用气水反冲，滤速可达7～30m/h；近几年来在我国已被逐步推广。它的优点主要反映在孔隙放大，截污能力强，能提高滤速保证水质，不易积泥球，无需定期翻砂清洗，因此反冲周期比较长。

双层滤料或三层滤料，主要利用它上层孔隙度大、下层小的特点，积泥深度深，整个滤层截污能力提高，既可以适当提高滤速，又能进一步改善水质。这种过滤方式也有称反粒度过滤。均粒滤料的平均粒径比原来单层石英砂滤料大，所以孔隙度也大，因此也具有很大优越性，但投资费用相对较高。

使用双层滤料应该注意以下两点。

1）煤和砂的级配必须选择适当。根据研究结果认为：当煤的比重为1.5时，煤的 $d_{max}<3.2$，煤的比重为1.8时，煤的 $d_{max}/d_{min}<2.6$。但是煤和砂的最小粒径之比应大于2，否则会产生煤层与砂层之间交界面处是粗煤和最细的石英砂，此处最容易混杂。根据生产实践经验，最粗的无烟煤与最细石英砂粒径之比在3.5～4.0之间，冲洗以后可以形成良好的滤层，但是交界面处有一定程度的混杂是难免的。对混杂问题各有不同见解，

有的认为煤、砂交界面应尽可能清晰，这样起始水头损失小，可延长过滤的工作周期，也有认为，煤、砂交界面截然分开，会使交界面处积聚过多杂质，使水头损失增加快，故认为交界面处适当混杂是有益的。

2）在选配无烟煤滤料时，应尽量注意冲洗时煤粒流失问题。由于过筛时的不注意，细颗粒的煤屑会一起装进滤池，所以一经反冲就容易被冲走，有时由于操作不当，冲洗强度过大，也会把煤粒冲走，还有煤粒本身机械强度不是很高，几经反冲相互摩擦，破损率较高，也是被冲走的原因之一。

2. 操作系统的改进

可以通过改进滤池附属设备的方法来达到降低滤池的造价和生产成本的目的。一般普通快滤池有 4 只阀门来控制滤池的进水、冲洗、排水、出水，其造价约占滤池总造价的 2/3。所以目前广泛采用双阀滤池、无阀滤池、移动罩冲洗滤池。

3. 冲洗控制方面的改进

冲洗的目的是保持滤料层的原状，保证滤池的净水效果。但在保证冲洗效果的前提下，怎么使冲洗的方法更简便，更容易被操作，也是要研究的一个方面。

普通快滤池中有 4 只阀门，冲洗时，关浑水进水阀门，待滤池水位下降到砂面以上 10cm 时关清水出水阀。然后开启排水阀门和冲洗水进水阀。在操作上显然比较繁复；从造价上计算，4 只阀及其相应配件的费用占滤池总造价约 2/3。为了简化操作步骤，降低滤池造价，从减少阀门上面动脑筋。有采用两只阀门两个虹吸管的滤池，两只阀门一只鸭舌阀，重力式和压力式无阀滤池，以及近期发展用计算机程序控制的移动罩冲洗滤池。这种移动罩冲洗滤池的造价与普通快滤池相比，只占总造价的 60% 左右。

4. 运行参数的有效控制

如果对滤池过滤后的水质目标已经确定，那么在一定滤料层的情况下，怎样充分发挥并合理掌握运行参数是日常运转应该注意的问题。

前节中已对影响滤池运行的预处理效果、滤速、滤料结构、水温等做了说明。人们希望各项因素的指标均能尽可能的好。由于各因素之间相互之间存在着一定制约的关系，所以一般应综合考虑，使各指标的组合在技术经济上是合理的。衡量滤池效能的一个重要指标是截泥能力指数 SCI。

$$SCI = \frac{(C_0 - \bar{C})vT}{H}$$

式中　　C_0——滤池进水浊度；

　　　　$\bar{C}$——平均出水浊度；

　　　　v——滤速；

　　　　T——运行周期；

　　　　H——达到运行周期时的水头损失。

SCI 实际上是单位面积滤层在单位水头损失时的截泥能力。一定的滤料在一定的滤速时有其最大允许截泥能力。滤池合理有效的控制实际上是在保证目标的前提下尽量提高截泥能力并合理用好截泥能力。

第六节 消　　毒

为防止通过饮用水传播疾病，在生活饮用水处理中，消毒是必不可少的。消毒并非要把所有水中微生物全部消灭，只是要消除水中致病微生物的致病作用。致病微生物包括病菌、病毒及原生动物胞囊等。

一、概述

（一）消毒的必要性

在自然界中没有纯净的水，从地表水到地下水都含有许多杂质。《地表水环境质量标准》（GB 3838—2002）中根据水域的使用目的、功能，物理、化学等指标划分为五类。其中Ⅱ类以人体健康基准值为依据，主要适用于集中式生活饮用水水源地一级保护区，多数指标相当于国家饮用水卫生标准中所规定的要求；Ⅲ类以保护水生生物的推荐基准值为依据，主要适用于集中式生活饮用水水源地二级保护区；Ⅳ类以保护水生生物的急性基准值为依据，主要适用于一般景观用水、发电、化工、石油等工业用水。水域兼有多功能时，选最高功能为目标。对照上述规定，许多自来水厂的水源并不符合规定的水质标准和水源保护要求。

国家颁布的生活饮用水卫生标准和地表水环境质量标准，对自来水水源水质和水质的保护作出了许多具体的规定，其目的是为了在现有的净水工艺条件下完成饮用水标准中的各种规定。饮用水标准规定："若只经过加氯消毒即供作生活饮用的水源水，总大肠菌群平均每升不超过 1000 个，经净化处理及加氯消毒后供作生活饮用的水源水，总大肠菌群平均每升不超过 10000 个。"表明水源水质将直接关系到饮用水的水质。

一般的给水工艺要得到合格的自来水必须建立在较好的水源水质条件下，即符合地表水Ⅱ～Ⅲ类的标准，符合饮用水卫生标准要求，因为现有的常规工艺条件改善水质的作用是有限的。净水处理的任务是充分运行管理好自来水厂的各项设施，使之达到最佳的技术状态，以确保自来水水质达到标准。对水的消毒是必不可少的工艺条件。

（二）消毒的意义

在被污染的水源中可能有血吸虫尾蚴，它是侵入人体的血吸虫幼虫。内变形虫孢囊是传播阿米巴痢疾的病原体。大肠菌及伤寒、霍乱、痢疾的病原菌，传染性肝炎、小儿麻痹症等则由病毒传播。以上这些病原菌、病毒大多存在于温血动物和人类的粪便中。大肠菌大量地存在于粪便中，可能占大便重量的 1/3～1/5，本身并不致病。它在水源中的发现标志着水体受到了粪便的污染。对水中大肠菌的检验方法远较直接对各种病原菌的检验方便、快速。经检验后如发现消毒后大肠菌群数达到饮用水卫生标准时，可以认为对氯抗御能力比大肠菌弱的病原菌也不存在了，饮用这种水是安全、可靠的。自来水以大肠菌检验为代表的方法已被长期实践证明是可靠的。

水经过混凝沉淀、过滤后也能除掉许多细菌，因为天然水中的细菌大多黏附在泥沙中，随着水的澄清、泥沙的去除而减少。根据水厂的实践经验，混凝沉淀后可以去除水中 50%～90%的细菌，经过滤后的水又能去除剩余细菌的 90%。假定每升原水中有 10000 个大肠菌，经混凝沉淀过滤后可能约有 100 个/L 大肠菌，达不到不得检出的标准。

在世界自来水发展史和我国一些地方曾发生许多起通过饮用水传播伤寒、霍乱、肝炎等介水传染病事件，造成十分严重的社会问题，影响了居民的身体健康。因此，水的消毒是非常重要的。

（三）消毒的方法

消毒有多种方法，基本上分物理、化学两大类。物理法有加热、紫外线、超声波等；化学法有氯及含氯制剂、二氧化氯、臭氧等。目前村镇水厂常用的消毒方法有氯气、次氯酸钠、漂白粉和二氧化氯。

二、液氯消毒

液氯消毒法，是指将液氯汽化后通过加氯机投入水中完成氧化和消毒的方法，是国内外供水消毒中应用历史最长、积累经验最多的消毒方法近几十年来在城市供水中广泛应用。由于液氯消毒的安全和管理要求较高，在我国村镇供水工程中应用范围受限，目前仅在一些供水规模较大的村镇水厂，特别是城乡一体化水厂中应用。

（一）液氯的主要性质

1. 物理性质

氯气在常温常压下（25℃、1 个大气压）呈黄绿色气体，具剧烈窒息的有毒气体。原子量 35.45，分子式 Cl_2，分子量 70.9，比重 2.486，在一个大气压下沸点 -33.9℃，熔点 -100.5℃，汽化热 4.878kcal/mol，相当于每公升液氯汽化时吸热 68kcal。氯气是一种易液化的气体，干燥氯气常温下，加压到 0.6～0.8MPa 或在常压下冷却至 -34℃时变成液体。液氯为黄色透明液体，0℃时 1L 液氯重 1.468kg，当液氯汽化时 1L 液氯生成 463L 氯气，即 1kg 液氯生成 315L 氯气。

2. 化学性质

氯是一种很活泼的元素，在自然界中并不存在，但在许多化合物中却分布很广泛。正常温度下，干燥氯气不与铁、铜、镍、铂、银和金等金属起反应，但干燥氯气可与铝、砷、汞、硒、碲、锡和钛等金属直接反应。当温度高于 65℃时，氯气与铁等起反应。湿氯因为它水解形成盐酸和次氯酸，因此对一般金属有极大的腐蚀性，仅金、铂、银和钽能抵抗。储于钢瓶中的液氯须预先经过干燥处理，使水分控制在 0.06% 以下。氯虽不能自燃，但能助燃。粉状，海绵状或丝状的锑、砷、铋、硼、铜、铁、磷和某些它们的合金，在氯气中可以自燃。氯与氢、氧、乙炔、甲烷等气体以及许多有机物溶剂、油脂类等有机物迅速反应，并放出大量热，因此运输、储存过程中必须特别防止接近这类物质，以避免引起火灾。

（二）液氯消毒原理

假定水中除了细菌外没有别的杂质，当氯投注入水中与水反应，化学反应式为

$$Cl_2 + H_2O \longrightarrow HClO + H^+ + Cl^- \tag{4-4}$$

$$HClO \longrightarrow H^+ + ClO^- \tag{4-5}$$

HClO 为次氯酸，ClO⁻ 为次氯酸根。式（4-4）和式（4-5）很快达到平衡。在偏碱性的水中，电离后的 [H⁺] 不断被水中碱度中和，反应强烈地向右方进行，最后只剩下 HClO 和 ClO⁻，两者的比例主要取决于水的 pH 值。

当 pH 值小于 7.0 时，水中主要是 HClO，当大于 8.0 时，ClO⁻ 离子逐渐增加。pH 值越大，水中 ClO⁻ 离子浓度越大，反之则小。水温升高，ClO⁻ 离子浓度降低，反之则大。

当水中游氨存在时，次氯酸钠水解生成的次氯酸可以同氨发生反应，在水中生成微量带有气味的氯氨化合物，其也被认为是一种安全的消毒剂。

$$NH_3 + HClO \Longrightarrow NH_2Cl + H_2O \qquad\qquad (4-6)$$

$$NH_3 + 2HClO \Longrightarrow NHCl_2 + 2H_2O \qquad\qquad (4-7)$$

$$NH_3 + 3HClO \Longrightarrow NCl_3 + 3H_2O \qquad\qquad (4-8)$$

氯的消毒是通过它产生的次氯酸作用，而不是氯气，也不是它所产生的氯离子或次氯酸根离子的作用。HClO 分子量小，是一种中性不带电的分子，可以扩散到带负电的细菌表面，穿过细胞壁破坏细菌的某种酶系统后导致细菌的死亡。带负电的 ClO⁻ 不能靠近带负电的细菌，所以不能穿过细胞壁进入细菌而达到消毒的目的。因此 HClO 的杀菌能力并不主要在于它具有强氧化力，而主要是它与酶作用并能穿过细胞壁与酶作用的能力。而氯氨化合物 [式（4-6）中的一氯胺 NH₂Cl 和式（4-7）中的二氯胺 NHCl₂] 消毒时，实质起消毒作用的仍是次氯酸，水中次氯酸被细菌消耗后，式（4-6）和式（4-7）中的反应向左边进行，继续供给消毒所需次氯酸。因此，有氨存在时的消毒作用就比氯消毒时用次氯酸消毒缓慢，而式（4-8）反应生成的三氯胺 NCl₃ 被认为不起消毒作用。

（三）消毒作用的影响因素

用氯消毒的效果决定于许多因素，主要有接触时间、氯的投加量、混合搅拌条件、pH 值和水温等。

1. 接触时间

在水中投入一定量氯后，必须使氯与水保持一定的接触时间才能达到相应的杀菌要求。氯化时间又与投氯量有关，余氯高则需要接触时间短。水中余氯的形态不同要求接触的时间也不同。饮用水卫生标准中明文规定：自来水厂采用折点加氯后游离性余氯，接触时间不少于 30min（图 4-79）；当以化合性余氯（一氯胺）存在时，接触时间不能少于 2h。

2. 加氯量

在一定水质条件下投氯量决定了水中的余氯量以及游离性余氯和化合性余氯量的多少，游离氯杀菌效果优于化合氯。

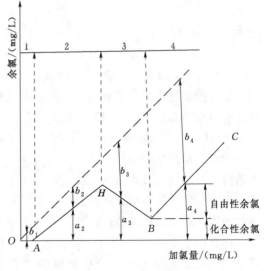

图 4-79 折点加氯

3. 温度、pH 值、混合搅拌条件

pH 值将决定水中次氯酸和次氯酸根的百分比，一氯胺和二氯胺的百分比（前已述），由此关系到杀灭细菌，消毒作用的强弱。

但当 pH 值、余氯形态不变时，温度高反应速度增大，温度低反应速率减小，温度高有利反应，杀菌作用增强，反之则减小。但同时需注意，温度越高时，水中余氯衰减也越快。

对一般水源水，加氯量有两个用途：一是用于杀灭水中的细菌和氧化有机物；二是用于满足饮用水卫生标准中规定的出厂水和管网末梢水余氯要求。当水源污染较为严重时，其加氯量也相应需要增加。

加入水体的氯快速、均匀地与水混合是非常重要的：如同混凝剂需要快速混合的关系一样。加氯点的合理设计和布置首先要满足混合条件，其次要考虑投加后的接触时间。自来水厂原水加氯一般应投加在汲水井、水泵管道的进口或泵前管道中，依靠水泵混合。进水泵远离水厂的情况，一般设置静态管道混合器，加氯应在混合器前通过静态管道混合器混合，滤后加氯投加点一般在滤后水进入水库的管道中或水库进口处，依靠水流紊动加强混合。输配管网中设置投加点，应首先考虑在中途增压水库泵站或在管道中开孔，预设加注管，出口位于管道中心，内套塑料加氯管，出口呈 45°角与管道水流方向一致。有条件的地方可设置静态管道混合器，提高混合效果。

（四）液氯的使用要点

液氯通常储存于钢瓶内，钢瓶外表面涂刷草绿色漆，瓶体上标有"氯"字。水厂应用时，一般把液氯钢瓶放在磅秤上，由钢瓶的重量变化判断钢瓶内剩余氯量，钢瓶内液氯不能用尽，一般应留有 1% 以上的余量。氯的使用过程是也液氯不断变成氯气的过程。液氯变氯气要吸热，当气温较低，氯从空气中吸热有限，需要对氯瓶进行加热，切忌用火烤，不能升温太快，可用 $15 \sim 25$℃温水淋微氯钢瓶。

加氯量计算公式为

$$Q = 0.001aQ_1 \tag{4-9}$$

式中　Q——加氯量；

　　　a——最大投氧量；

　　　Q_1——需消毒的水量。

最大投氯量应根据试验或相似水厂的运行经验，按最大量确定，应使余氯量符合生活饮用水卫生标准要求，一般滤后加氯量为 $0.5 \sim 1.5 \text{mg/L}$。管网末梢余氯量应不低于 0.05mg/L，氯与水的接触时间不小于 30min。

加氯消毒最主要的任务是使水的卫生学指标达到要求，因加氯点一般在过滤后流入清水池前的管道中间或清水池入口。如原水水质较差，需要充分杀菌、提高混合沉淀效果、防止沉淀池底部污泥腐化或构筑物池壁长青苔时，可在沉淀池前或取水泵的吸水井内进行滤前加氯。如供水管网较长，可在管网中途选点进行补充加氯。

加氯时需要用到加氯机，加氯机可将氯气按需要投加量均匀加到水中。常见的加氯机包括正压式加氯机、转子加氯机和真空加氯机。相对于过去使用过的正压式加氯机及转子加氯机，真空式加氯机具有更高的安全性，成为各类水厂加氯设备的首选，其构造见图 4-80。

氯气是有毒危险气体，在氯气的使用、运输和储存过程中，应执行《氯气安全规程》（GB 11984—2008）的有关规定，保证安全，做好防护，有防止水倒灌氯瓶的措施，加氯间应配校核氯量的磅秤和液氯吸收装置。液氯采购需经公安部门审批，运输和使用安全要求高。

（五）液氯消毒的应用范围

液氯消毒对原水水质及供水工程条件有以下要求。

（1）原水 pH 值不宜高于 8.0。

（2）原水水质较好，没有受到污染，COD_{Mn} 宜小于 3.0mg/L，净化后出水浊度小于 1NTU。

（3）宜有清水池等调节构筑物，以保证消毒剂与水接触时间 30min 以上。

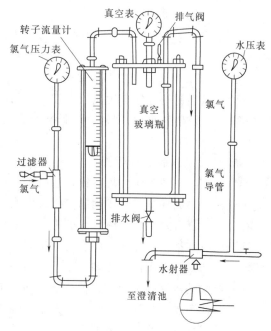

图 4-80　真空式加氯机构造示意

此外，因管理要求高，采用液氯消毒的水厂多为规模较大供水工程。

三、次氯酸盐消毒

次氯酸盐作为水厂加氯主要有次氯酸钠和漂白粉两种。目前水厂已很少使用漂白粉，而改用次氯酸钠溶液，主要优点是无沉淀物，易配制，储存、运输方便，投加计量也易控制。漂白粉是次氯酸钙，使用时产生大量沉渣，需沉淀后取其上层溶液投加，稍不留意管道或孔口计量产生阻塞，带来麻烦。

（一）次氯酸钠消毒

次氯酸钠（NaClO）是一种强氧化剂，在溶液中产生次氯酸离子，通过水解反应生成次氯酸。商品次氯酸钠溶液为无色或带淡黄色的液体：含有效氯 100～140g/L。

次氯酸钠有多种制法，最主要的方法是碱液氯化法。将氯气通入苛性钠溶液氯化，反应式如下：

$$2NaOH + Cl_2 \Longrightarrow NaClO + NaCl + H_2O \tag{4-10}$$

次氯酸所含的有效氯易受日光、温度的影响而分解，所以一般采用次氯酸钠发生器电解食盐现场制备次氯酸钠溶液就地投加，这种方法操作简单，比投加液氯方便、安全。目前在村镇水厂中应用也逐渐增多，其反应原理为

$$NaCl + H_2O \Longrightarrow NaClO + H_2 \tag{4-11}$$

次氯酸钠发生器产生的次氯酸钠溶液为淡黄色透明液体，pH 值等于 9.3～10.0，含有效氯 6～11mg/mL。制取 1kg 有效氯，耗盐量为 3～4.5kg，耗电为 5～10kW·h，其成本较采用漂白粉低。电解食盐水的浓度一般为 3%～3.5%。产生的次氯酸钠不宜储存，一般是随制取随投加。

1. 次氯酸钠消毒原理

次氯酸钠溶于水后，生成烧碱和次氯酸，其消毒有效成分与液氯相同，都是次氯酸。

$$NaClO + H_2O === NaOH + HClO \qquad (4-12)$$

2. 次氯酸钠消毒效果影响因素

因次氯酸钠消毒的有效成分与液氯相同，其消毒效果的影响因素也与液氯相同，较低的 pH 值、较高的水温、较好的水源水质及混合搅拌条件有利于次氯酸钠消毒效果的发挥。

3. 次氯酸钠的使用要点

氯碱厂生产的工业次氯酸钠，由槽车运输至水厂。水厂储存次氯酸钠溶液，可存于混凝土储槽，内涂环氧树脂或钢制储槽，内涂环氧树脂。先由槽车放至低位档，泵至高位储槽存放，上需有遮阳屋需注意保证避光。使用时由储槽重力流至平衡箱，通过孔口计量。工业品次氯酸钠产品标准，要求有效氯在 $10\% \sim 12\%$，其产品浓度可以通过化学检验法测定，生产现场常用比重法测定。

次氯酸钠溶液有腐蚀性，能伤害皮肤，操作时应戴劳动防护用品。储运时须放阴凉处，务必使不受日光强烈暴晒，因其稳定性差，不宜长期存放。使用次氯酸钠发生器应符合《次氯酸钠发生器安全与卫生标准》（GB 28233—2011）。

4. 次氯酸钠消毒的应用范围

次氯酸钠消毒对水质和供水工程条件的要求与液氯相同，由于不存在液氯、二氧化氯等消毒剂的安全隐患，其消毒效果被公认为和液氯相当，且其制备方便、操作安全、使用简便、易于储存、对环境无毒害。早期国内的次氯酸钠发生器因有效氯浓度较低、能耗及运行成本较高等问题，应用受到限制，但近年来国内的有关研究单位及相关企业开展了大量研发改进，上述问题已经解决，因此近年来城镇水厂中应用次氯酸钠消毒的实例逐渐增多，建议水源水质较好的集中供水工程选用。

（二）漂白粉消毒

1. 漂白粉（漂白粉精）的主要性质及制备

漂白粉系白色粉末状物质，有刺鼻氯气味，主要成分是 $[Ca(OCl)_2]$，含有效氯一般为 $25\% \sim 30\%$。化学性质不稳定，暴露于空气中易分解，宜密封储藏，不能长期存放。漂白粉精含有效氯为 $55\% \sim 65\%$，主要成分也是次氯酸钙，呈白色粉状，宜密封储藏，存放时间可略长。

漂白粉精的制法：将氯气通入氯化塔，氯气与消石灰反应制得。漂白粉价廉，消毒原理和氯相同，在小型水厂广泛使用。

2. 漂白粉（漂白粉精）的消毒原理

漂白粉（漂白粉精）的有效消毒成分均为 $Ca(OCl)_2$，其溶液水后解生成次氯酸和氢氧化钙，如式（4-13）所示，因此其消毒原理同液氯、次氯酸钠相同。

$$Ca(OCl)_2 + H_2O === 2HOCl + Ca(OH)_2 \qquad (4-13)$$

3. 漂白粉（漂白粉精）消毒效果影响因素

因次氯酸钠消毒的有效成分与液氯相同，其消毒效果的影响因素也与液氯、次氯酸钠相同。

4. 漂白粉（漂白粉精）的使用要点

漂白粉投加量 q（kg/d）是根据出厂水余氯要求及漂白粉有效氯景来计算控制的，计算式为

$$q = 0.001aQ/C \qquad (4-14)$$

式中 Q——设引水量，m^3/d；

a——最大加氧量，mg/L；

C——漂白粉有效氯含量，%，$C = 20\% \sim 25\%$。

漂白粉投加量也可以通过推算，如根据水源水质的情况，出厂水余氯需要加氯量为 $20mg/L$，即每千立方米的水需投加 $2kg$ 氯，若漂白粉有效氯量为 25%，则可算出每立方米水需投加漂白粉 $10kg$。

漂白粉使用时，先加水调成糨糊状，再稀释搅拌配成有效氯为 $1\% \sim 10\%$ 的浓度，经沉淀去除沉渣，清液泵入平衡箱，通过孔口计量，基本形式如液体矾液计量。投加到原水中的漂白粉，有时采用漂白粉悬浊液加注，要求溶解后的漂白粉液中石灰处于悬浮状态，不断地用机械搅拌。这种方法的优点是充分利用石灰来改善水的 pH 值，石灰渣沉淀在沉淀池中，不必另行清渣。另外漂白粉渣中常残留 $6\% \sim 7\%$ 的有效氯，也能得到充分的利用。这种方法的缺点是含有大量石灰渣的漂白粉液易阻塞计量孔口和水射器喷口、管道。采用这种办法时，加注点到漂白粉投加点的管道要短，计量孔口要略大，并应用两套计量孔口和管道，在阻塞时备用。投加点可设在原水泵汲水井的管道口。

5. 漂白粉（漂白粉精）消毒的应用范围

从饮用水消毒技术总体发展趋势看，漂白粉作为消毒剂应逐步被新的、更为高效安全的消毒剂所取代。现阶段，漂白粉在小型集中及分散供水工程有一定的应用，但由于滤渣多、容易堵塞管道、影响处理后水体观感，适度规模的集中式供水工程中一般不采用。漂白粉精有效氯含量为 $55\% \sim 65\%$，使用方便，但也存在一定的缺点，主要是溶解比较困难，消毒后会留下一层白色沉淀物而影响观感，漂白粉精在小型村镇供水工程中有一定应用。

四、二氧化氯消毒

（一）二氧化氯的理化性质

二氧化氯化学式为 ClO_2，相对分子质量为 67.452，英文名为 Chlorine Dioxide。在常温常压下（25℃、1atm❶）是一种黄绿色至橙色的气体，颜色变化取决于其浓度，具有类似于氯气的刺激性气味。在 $760mmHg$ 时沸点 $11℃$，熔点 $-59℃$，0℃时的蒸汽压为 $65.3kPa$，在 20℃、一个标准大气压时在水中的溶解度为 $8.3g/L$。

二氧化氯是一种易于爆炸的气体。当空气中的二氧化氯含量大于 10% 或水溶液含量大于 30% 时都易于发生爆炸，遇电火花、阳光直射、加热至 60℃ 以上都有爆炸危险。二氧化氯溶液置于阴凉处，密封于避光下，才能稳定。

二氧化氯具有较强的氧化能力，其理论氧化能力是氯的 2.63 倍。它可与很多物质发生剧烈反应，腐蚀性也很强。由于它的不稳定性和一定的腐蚀性，在商业上不便制成压缩

---

❶ $1atm = 1.013250 \times 10^5 Pa$。

气体或浓缩液，必须现场制备，就地使用。

（二）二氧化氯的消毒特性

1. 消毒特性

（1）具有高效杀菌能力。二氧化氯能迅速杀灭水中的病原菌，对大肠杆菌、异养菌、铁细菌、硫酸盐还原菌、脊髓灰质炎病毒、肝炎病毒、贾弟虫胞囊等均有很好的杀灭作用。其消毒效果基本不受 pH 值的影响。

（2）具有较强的杀灭病毒能力。二氧化氯对病毒的杀灭能力比氯要强。例如，二氧化氯投加量为 25.0mg/L，作用 20min，在 pH 值为 3.0～8.0 范围内均可对乙肝病毒失活达到 95％以上，乙肝表抗原 HbsAg 呈阴性结果；而氯气在同样条件下即使作用 60min，仍呈阳性结果；二氧化氯对流感病毒Ⅰ型、Ⅱ型、Ⅲ型都具有很好的消毒效果，二氧化氯投加 30～40mg/L，作用 20min 在 pH 值为 3.0～8.0 范围内均可使者 3 种病毒失活；而氯气投加 60mg/L，作用 120min 时上述 3 种病毒仍存活。

（3）消毒副产物较少。二氧化氯消毒主要通过氧化反应，而非取代反应，二氧化氯消毒的安全性被世界卫生组织（WHO）定为 AⅠ级。

（4）二氧化氯的持续消毒能力强，能延长和保证管网消毒作用。

2. 消毒机理

关于二氧化氯的消毒机理，目前有很多解释。一般认为二氧化氯在与微生物接触时先附着在细胞壁上，然后穿过细胞壁与微生物的酶反应而使细菌死亡。也有人认为它与微生物蛋白质中的部分氨基酸发生氧化还原反应，使氨基酸分解破坏，导致由氨基酸组成的肽链分开，致使微生物酶及其他蛋白质变性，或破坏蛋白质的合成，最终导致其死亡。还有一些研究认为，二氧化氯的主要作用点在微生物外膜，通过改变外膜的蛋白质结构而改变外膜的渗透性，从而引起微生物生理代谢异常，导致微生物死亡。

（三）二氧化氯消毒的影响因素

1. pH 值

二氧化氯可在 pH 值为 3～9 的范围内有效杀灭细菌，而液氯只有在近中性条件下，即 pH 值为 6.5～8.5 时才可有效杀死细菌。

2. 温度

二氧化氯消毒效果受温度的影响和液氯相似，温度高杀菌效力大。有试验表明，在同等条件下当水温从 20℃降低至 10℃时，二氧化氯对隐孢子虫的灭活效率降低了 40％。

3. 悬浮物

悬浮物被认为是影响二氧化氯消毒效果的主要因素之一。因为悬浮物能阻碍二氧化氯直接与细菌等微生物接触，从而不利于二氧化氯对细菌的灭活。有研究表明，当向纯菌溶液中投加膨润土产生的浑浊度不大于 5NTU 时，二氧化氯的灭菌效率下降了 11％；而当悬浮液浊度为 5～17NTU 时，二氧化氯的灭菌效率下降了 25％。

4. 投加量与接触时间

二氧化氯对微生物的灭活效果随其投加量的增加而提高。消毒剂对微生物的总体灭活效果取决于残余消毒剂浓度（C）与接触时间（T）的乘积，即"CT"值，有资料表明，二氧化氯灭活大肠杆菌所需 CT 值（25℃）为 0.4～0.75；灭活隐孢子虫所需 CT 值为 78

（pH 值＝7.25）；灭活贾第虫包囊所需 CT 值为 7.2～18.5。因此，延长接触时间也有助于提高消毒剂的灭菌效果。

（四）二氧化氯的制备方法

我国村镇水厂中应用的二氧化氯消毒以现场制备为主，一般采用化学法二氧化氯发生器及投加系根据原料、反应原理和产物的不同，二氧化氯发生器分为纯二氧化氯消毒剂发生器、二氧化氯和氯混合消毒剂发生器两种。纯二氧化氯消毒剂发生器一般以亚氯酸钠和盐酸为原料，二氧化氯和氯混合消毒剂发生器一般以氯酸钠和盐酸为原料。

1. 纯二氧化氯消毒剂

（1）反应原理：该法使用原料为亚氯酸钠、盐酸，反应式为

$$5NaClO_2 + 4HCl = 4ClO_2\uparrow + 5NaCl + 2H_2O \tag{4-15}$$

（2）工艺流程和特点：从反应式可以看出产品中主要是二氧化氯，有效产率达 80%（以亚氯酸钠转化为二氧化氯计），二氧化氯纯度也可达到 95% 以上。

目前国外的大多数水厂都采用这种工艺生产二氧化氯。国内由于亚硫酸盐价格较高，产量较少，应用没有二氧化氯和氯混合发生器多。但纯二氧化氯消毒剂发生器产物中仅有二氧化氯，没有氯，氧化能力更强，消毒效果比复合型二氧化氯好，尤其是对贾第虫、隐孢子虫、原生动物包囊等，具备条件的适度规模集中供水工程可优先选用高纯型二氧化氯发生器。

2. 二氧化氯和氯混合消毒剂发生器

（1）反应原理：该法采用氯酸钠和盐酸为原料进行反应，反应式为

$$NaClO_3 + 2HCl = ClO_2\uparrow + 1/2Cl_2\uparrow + NaCl + H_2O \tag{4-16}$$

（2）工艺流程和特点：国内市场上用于自来水消毒的以氯酸钠和盐酸为原料的二氧化氯发生器一般采用单级反应，其工艺流程见图 4-81。

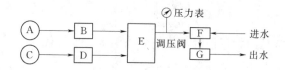

图 4-81 氯酸钠＋盐酸法工艺流程

A—氯酸盐槽；B—盐酸计量泵；C—盐酸槽；D—酸液计量泵；E—ClO₂ 反应器；F—混合器；G—ClO₂ 溶液储槽

从该方法的化学反应式可以看出，这种发生器的产物是二氧化氯和氯的混合物，而且实际生产过程中还会有很多副反应发生，导致产物中二氧化氯所占的比例不足一半，也就是说这种发生器实质上是二氧化氯与氯混合消毒剂发生器，因此采用这种发生器时二氧化氯消毒的优点和氯气的缺点都同时存在。因二氧化氯和氯混合消毒剂发生器所用的原料氯酸钠比亚氯酸钠价格便宜且购置相对容易，因此在国内使用更为普遍。但事实上合格的复合型二氧化氯发生器内部需要设置多级反应，结构相对复杂，且反应釜温度需要达到 70℃ 才能保证产物中二氧化氯的纯度，因此需要生产厂家具有较高的技术水平，否则很容易出现氯酸盐超标或产物中二氧化氯与氯的比值很低。

目前国内市场上销售的二氧化氯发生器，还有电解法二氧化氯发生器，但实际上这种发生器的产物以次氯酸钠为主，仅有少量二氧化氯。而化学法氧化氯发生器特别是其中的复合型二氧化氯发生器的产品质量良莠不齐，采购时需严格把关，确保其性能符合《二氧

化氯消毒剂发生器安全与卫生标准》（GB 28931—2012）的要求。

采用二氧化氯消毒时，消毒剂的投加点尽可能投加在清水池（塔）前的进水管上，确保 30min 的接触时间，并与水泵的开、停联动变量投加时，应在输水管道上设流量计，并与消毒剂投加设备联动。

二氧化氯的消毒间和每种原料应存放于单独的房间，房间内设置监测和报警装置；设观察窗、直接通向外部的外开门和通风设施；药剂储藏室门外应各有防毒面具。投加消毒剂管线敷设在沟槽内，并采用无毒的耐腐蚀惰性材料；照明和通风设备的开关应设在室外要有二氧化氯制取过程中析出气体的收集和中和措施；冬季，应采用暖气采暖，散热片应离开投加设备，不得使用火炉取暖。

（五）二氧化氯消毒的应用范围

针对不同水源水质，二氧化氯消毒特别适宜于以下 4 种情况。

（1）受有机物污染的地表水源可以大大消除三氯甲烷等副产物的产生量，特别是高纯型二氧化氯发生器。

（2）藻类、真菌造成的含色、臭、味的水源除藻、除色、除臭、除味的效果好于氯制剂。

（3）pH 值和氨氮含量较高的水源消毒效果受 pH 值影响较小，不会与氨氮反应生成低效率的氯胺，在高氨氮含量的条件下仍保持较高的杀菌效率。

（4）较高铁、锰含量的地下水源对水中铁、锰的去除效果要好于氯气。

采用二氧化氯消毒时，水厂最好有清水池，以保证消毒剂与水有 30min 的接触时间，水厂无调节构筑物、不能保证接触时间时，最好采用高纯型二氧化氯发生器。供水规模较大的水厂和地表水源水厂，可优先选用产品质量好的二氧化氯和氯混合消毒剂发生器；规模较小的地下水源水，可优先选用纯二氧化氯消毒剂发生器。

五、其他消毒方法

此外村镇水厂最常见的物理消毒方法是紫外消毒，最有代表性的化学消毒法是臭氧消毒法。

（一）紫外线消毒

紫外线是电磁波谱中波长从 100～400nm 的总称，其中 200～290nm 的紫外线具有杀菌作用。紫外线辐射由低压水银灯放射，灯的额定功率可达 200W，寿命平均在 2000～4000h 之间。被处理的水必须靠近灯流过，水必须完全透明，水层要浅。在水深 15～20cm 时，一支 36W 灯能每小时消毒 3m³，通常在水流通过的管道轴心安装紫外石英管实施消毒。

紫外消毒的原理属于点热，当紫外光子击中一个分子的细胞膜或细胞质，光子能量通过细胞膜或细胞质传递，使击中的一点产生热，温度升高，使分子或分子的一部分产生分裂达到消毒。紫外消毒的优点是管理简单，杀菌快，缺点是只有在低浊度的水效果好，缺乏持续杀菌能力，细菌可能在管网中再繁殖。

紫外线消毒适用于以地下水为水源、水质较好、管网较短的小型单村集中供水工程，适用于学校供水和分散供水工程。使用过程中要采用特殊的保温措施或采用特殊的紫外线杀菌设备，使用温度要达到 5℃以上，室温为 20～25℃的使用情况下，紫外线 C（253.7nm）辐射强度杀菌效果最好。

（二）臭氧消毒

臭氧是一种理想的消毒剂，虽然价格比氯或氯的化合物高，但消毒效果也比较好。臭氧由于多了一个氧原子而起氧化作用，氧化电位最高（臭氧 2.07V，次氯酸 1.49V，氯 1.36V，二氧化氯 1.15V）。整个臭氧分子可固定在双链原子上（蛋白质和酶等）从而对双链起作用，使臭氧对病毒、味、色和某些微污染物质起消毒作用。臭氧不受水中氨氮、pH 值的干扰，特别在污染比较严重的水处理中有较好的效果。臭氧投加量一般为 $1.0 \sim 1.2g/m^3$，投加量随前处理的水的质量变化很大。

臭氧制取分电晕放电法和电解纯水法两种。电晕放电法产出臭氧的原理是在两个平行的高压电极之间平行放置一个介电体（通常采用硬质玻璃或陶瓷做介电体），并保持一定的放电间隙，当在两极间通入高压交流电时，在放电间隙，形成均匀的蓝紫色电晕放电，空气或氧气通过放电间隙，氧分子受到电子的激发获得能量，并相互发生弹性碰撞，聚合成臭氧分子。电解纯水法以纯水为原料，在低电压高密度电流状态下，固体聚合物电解质膜复合电极催化，使水分子在阳极失去电子生成臭氧和氧，在阴极发生放电反应。

臭氧消毒的主要优势为原料易购置（电解法）或不需购置（电晕法），操作简便，管理简单，灭菌能力强。主要劣势为臭氧发生单元不能连续变量制取臭氧（部分较好的设备，只能做到通过组件控制，跳挡式变量制取），造成臭氧生产量大于需要量投加单元，虽然可以做到变量投加，但溶解罐内的臭氧浓度不稳定，特别是小流量时易造成过量投加，对溴化物较高的原水易造成溴酸盐副产物超标；另外，臭氧在管网中的衰竭较快。

臭氧消毒通常仅适合于供水规模较小、配水管网较短的小水厂（建议 2km 以内），以及原水中溴化物含量较低（建议 0.02mg/L 以内）的情况。

六、消毒的运行与管理

（一）总体要求

（1）供水单位应根据供水规模、管网情况和经济条件等综合因素，合理采用液氯、二氧化氯、次氯酸钠、臭氧、紫外线、漂白粉或漂白粉精等单一或联合消毒措施。

（2）应按时记录各种药剂的用量、配置浓度、投加量及处理水量。

（3）消毒剂仓库的固定储备量应根据当地供应、运输等条件，按 15~30 天的最大用量计算，其周转储备量应根据当地具体条件确定。

（4）每日检查消毒设备与管道的接口、阀门等渗漏情况，定期更换易损部件，每年维护保养 1 次。

（5）消毒剂应在滤后投加，投加点宜设在清水池、高位水池或水塔的进水口处；无调节构筑物时，可在泵前或泵后管道中投加。当原水中有机物和藻类较多时，可在混凝沉淀前和滤后分别投加。

（6）消毒剂投加量应根据原水水质、出厂水和管网末梢水的消毒剂余量，合理确定。

（7）消毒剂加注时应配置计量器具，计量器具应定期进行检定。

（8）消毒剂与水应充分混合，各种消毒剂与水的接触时间、出厂水中限值以及出厂水和管网末梢水中的消毒剂应符合《生活饮用水卫生标准》（GB 5749—2006）的规定。

（9）冬季应有取暖保温措施，水温以及环境温度应在 5℃以上。

（10）消毒间及其仓库的运行维护要点如下。

1）通向消毒间的压力给水管道应连续供水，并保持水压稳定。

2）寒冷地区，冬季宜采用暖气片取暖，不应使用火炉取暖。取暖设备应远离消毒剂投加装置。

3）消毒间应保持清洁、通风、备有防毒面具、抢救材料和工具箱。

4）消毒间应每3年清洗墙面1次、油漆门窗1次，铁件应每年进行油漆防腐处理。

因液氯、漂白粉（漂白粉精）在农村供水工程中应用范围有限，故本书重点介绍次氯酸钠、二氧化氯、紫外线和臭氧4种消毒设备的运行维护。

（二）次氯酸钠消毒设备的运行维护

1. 使用说明

（1）准备与检查。首先应该根据设备要求的参数条件与实际运行条件进行核实是否条件具备，包括设备的电压、电流，设备进水压力、各关键组件的液流流量，以及泵的冲程和频率。

开机前应确认溶盐罐内盐水是否足量，不应超出最高盐位，当低于低盐位时必须补盐，再确认进水浮球阀无异常；然后确认缓冲水箱内软水到达满液位，满液位时再打开设备电源，否则会报警影响正常运行；此外按说明书确认各阀门是否开启或关闭至正确位置，如正常工作时，应开启的阀门有总进水阀门、软水调节阀、电解槽出水阀、NaClO储罐出水阀、软水器排污阀等，必须关闭的阀门包括 NaClO 取样阀、稀盐水取样阀、电解槽排污阀、储罐排污阀、溶盐罐排污阀。

（2）设备开启。在次氯酸钠发生器开启时，应先将电解槽的"电流"调至最小值，以保护电极；然后将电控箱的"电源"打开，将发生器的"运行"档位由停止调至运行位置。此时应检查设备各部件是否有报警提示，是否正常运行。

（3）设备关机。关机前首先要观察软水器是否处于再生状态，如处于再生状态应待软水器再生完成后再关机。关机的顺序是先将发生器"运行"档位由运行状态切换至停止状态，然后将电控箱"电源"关闭即可。

2. 使用注意事项

次氯酸钠发生器的操作使用应严格遵守操作说明，并做好设备开机前的准备，确保设备运行外部环境条件满足设备需求。在设备运行过程中需要注意的事项如下：

（1）NaClO 溶液。电解槽内及储药箱内的 NaClO 溶液，具有强氧化性，严禁直接饮用，切忌接触眼睛、皮肤，一旦接触应立即用水冲洗，并就医治疗；操作过程应穿好防护设备，如护目镜、橡胶手套等；NaClO 溶液一旦泄露，则用水清洗并使房间通风；切忌将酸溶液（HCl、PAC 等）与 NaClO 溶液混合，两者反应会产生 Cl_2。电解生成的次氯酸钠溶液不宜长时间储存，夏天应当天生产、当天用完；冬天储存时间不超过一周，并采取避光措施。

（2）H_2 外排。因电解产物为 H_2，所以电解槽所在的设备区域要严格禁火，包括设备或管道以及发生器排氢点均需严格禁火；设备运行时，必须确保排氢口通风性良好和出水阀开启，以避免爆炸危险；室外排氢口需做好防水、防雨保护。

（3）整流器电力供应。整流器切忌空转，即电解槽内未注入盐水时不可开启整流器，避免高热损坏电解槽。整流器运行时切忌接触任何通电部分（如电极组两端接线端、电缆、电控箱内部接线端）。

（4）电极结垢。在 NaClO 发生器运行过程中，阴极会缓慢结垢，从而导致槽电压上升；当达到规定的酸洗周期、整流器的输出电压快速升高或通过透明电解槽观察到电极阴极结垢时，要求对电极进行酸洗清垢处理。

（5）酸洗操作。酸洗操作具有危险性，操作人员必须是经过培训，操作前必须熟读酸洗操作说明，明确所有阀门位置、功能，并掌握每个步骤的操作方法和意义；酸洗液配制采用 HCl 稀释，应先将清水注入容器，然后再加入 HCl；因 NaClO 遇酸产生 Cl_2，电解槽进行酸洗前，应先将槽内 NaClO 溶液用清水冲洗干净，酸洗后应将残余的 HCl 用清水冲洗干净；酸洗的环境应保持通风；酸洗人员必须配备防护装备（包括护目镜、防酸服、防酸靴、橡胶手套、胶鞋等）；酸洗时若不小心将酸洗液接触到皮肤或眼睛，应用大量的水冲洗并及时就医。

（6）泵。不要在泵空载的时候运行，必须保证增压泵开启前打开次氯酸钠储罐出水阀门；投加泵投加流量必须小于发生器出水流量；发现盐泵进水软管内有空气时需要旋动排气阀进行排气操作。

（7）原料要求。采用无碘食用盐，不可采用含碘盐和工业盐。进水温度不应低于 10℃，当温度过低时，建议停机，低温运行对电极板寿命极为不利。应有去除进入电解槽食盐水硬度的措施。

3. 出现故障与处理措施

发生器运行过程中会遇到突发状况，导致出现设备故障，应能初步分析原因进行相应检查及简单维修，详细的说明见表 4-26。

表 4-26 次氯酸钠消毒设备的常见故障及处理措施

序号	问题	原因分析	检查和措施
1	电压过高	进水流量过大	调整进水调节阀，控制流量计流量在设备要求范围内
		溶盐罐盐量过少，浓盐水不饱和	进行加盐操作，要见盐不见水
		电压显示器显示与实际不符	使用万用表测量实际电压后，联系厂家
		电极结垢	进行电极酸洗
		电极损坏	与厂家联系
	电压过低	进水流量偏低，电导率过高	调整进水调节阀，控制流量计流量在规定范围内
		电压显示与实际不符	使用万用表测量实际电压后，联系厂家
2	电流不稳	整流器为处于稳流状态，CC 信号灯未亮	将电压旋钮旋于最大值，确保 CC 灯亮
		电流显示器显示已实际不符	使用万用表测量实际电流后，联系厂家

续表

序号	问题	原因分析	检查和措施
3	软水硬度过高	软水器处于再生状态	待再生完毕后,可恢复
		软水器再生周期未设定	按照说明书进行软水器再生周期设定
		软水再生周期设定不正确	对实际进水硬度进行测试,联系厂家,对软水再生周期进行重新设定
		树脂失效	更换树脂,联系厂家
4	发生器启动后整流器不工作	发生器液位开关浮子卡住	清洗液位开关浮子
		电解槽温控探头故障	检查温控探头连接线,负责更换温控探头
		储罐液位高于高液位	等待投加泵储罐液位低于高液位后启动
5	发生器工作中突然停机	发生器液位开关浮子脱落	检查液位开关浮子
		整流器过载	检查设备电控箱是否存在短路
		进水流量低,出水温度过高	调整进水流量,测量出水温度
		储罐液位到达高液位	检查储罐液位
6	出水 NaClO 浓度低	进水盐含量低	检修盐水调配单元
		电解电流低	检修整理器
		进水流量大	检查进水流量计
		电解槽阴极结垢	酸洗电解槽
		电解槽故障	电解槽酸洗后仍不能解决,由供货商检修电解槽
7	出水温度超过 60℃	进水温度高于 27℃	检查进水温度
		温度探头故障	取样测试出水温度确认后更换温度探头
		进水流量小	调整软水流量调节阀
			查找原因后恢复
		电解槽阴极结垢	酸洗电解槽
		电解电流高	调整电解电流设定
			联系设备厂家检修整理器
8	发生器停机后 NaClO 储罐液位仍在上升	进水电动阀故障	检查电磁阀接线
			使用六角扳手拆卸电磁阀,检查密封胶垫
			联系设备厂家更换电磁阀
9	发生器工作后,NaClO 投加泵不工作	未开启投加泵旋钮开关	转动投加泵旋钮开关运行投加泵
		储罐液位低于低液位	等待储罐液位高于低液位后投加泵运行
		投加泵连线故障	检查连接线,重新连接
		投加泵故障	联系设备厂家更换投加泵

（三）二氧化氯消毒设备

1. 使用说明

（1）使用前准备工作。

1）应该根据设备要求的参数条件与实际运行条件进行核实是否条件具备，包括电压、电流、室温、通风等要素。

2）检查设备的储药桶内有无原料，当原料桶应该是全空或液面处于低液位状态时，需要配药。配药操作步骤注意是先加水后加原料，以免发生爆炸事故。注水至原料桶注水位，然后加入粉剂的亚氯酸钠或氯酸钠原料，然后应搅拌均匀至粉剂全部溶解；盐酸稀释也是先注水后，再加入浓度为31%的盐酸至设定液位即可。

3）对原料泵进行排气处理，打开排气阀排空泵内及管内残余的气体，释放压力，保证液体顺畅流通。排气的方式是打开计量泵的排气阀直至有液体从排气管流出即可。

（2）开机。当准备工作完成后，调节各阀门至运行指定位置，然后接通设备电源，打开开关，调节两原料泵的频率至一致，设备运行频率、加药时间及加药量根据用水量的具体变化而设定。

在运行时，应注意发生器是否吸入原料，如不吸原料应进行检查排除故障。

（3）关机。当设备出现异常报警状态，或停止供水等情况下，需要关停设备。请先检测设备情况，条件具备情况下关停设备，切断电源。

2. 使用注意事项

（1）不同原料应单独存放，如氯酸钠和盐酸、亚氯酸钠和盐酸应分开单独存放。氯酸钠和亚氯酸钠应放在干燥、通风、避光处，严禁与易燃物品混放，严禁挤压、碰撞。

（2）药剂管理人员应掌握药剂特性及其安全使用要求，做好入、出库记录，并对各种药剂每天的用量、配置浓度、投加量以及加药系统的运行状况进行记录。

（3）药液的配置，要称量，按规定比例和浓度配置。配制过程必须先加水，然后缓慢加入原料，禁止使用金属容器，原料洒在地上时务必用大量清水冲洗即可。

（4）配药时房间必须通风，操作人员必须戴手套、防护眼镜、防护面具。如有大量刺激性气体产生，务必立即离开现场，待气体挥散后再操作。

（5）设备内不能有原料及产生物残留；按原料桶上各液位指示标记配药；应注意经常清洗原料罐下部的沉淀物，防止堵塞计量泵。

（6）检测人员应熟练掌握检测仪器的使用方法，每天至少检测1次出厂水二氧化氯余量及自由性余氯量，消毒剂余量过高或过低时，及时查明原因。

（7）经常察看罐（桶）的液位，以及计量泵的工作状况，避免两种药液不同步注入；二氧化氯和氯混合消毒剂发生器还应经常察看反应釜的温度是否保持在68℃以上。

3. 出现故障与对策

二氧化氯发生器运行过程中会遇到突发状况，导致出现设备故障，应能初步分析原因进行相应检查及简单维修。详细的说明见表4-27。

表 4 - 27   二氧化氯消毒设备的常见故障和处理措施

序号	问题	原因分析	检查和措施
1	设备停机	停电	待正常供电后重新启动设备
		欠压,自动停机	欠压是驱动水压力低,调节动力水压力
		水压不足导致设备停机	正常供水后设备自动启动
		取水阀门未打开	按规定开启或关闭相应阀门
		两种原料有一种或两种不足	按要求配制补充原料
		设备内部电路出现故障	切断电源,分析原因,联系厂家
2	计量泵抽不出溶液	计量泵马达不工作	检查是否控制器线路问题,然后再确定是否是马达损坏
		进药管有杂质堵塞	冲洗管路,及时清理杂质
		药管有空气栓塞	打开计量泵排气阀,并且松开进、出药管上的接头
		原料过滤器堵塞	更换新的原料过滤器

(四) 紫外线消毒设备的运行维护

1. 使用说明

(1) 开机前准备。首先检查设备安装的条件是否具备设备正常运行所必需的环境条件,检查紫外线消毒设备各连接口是否漏水。

(2) 接通电源,打开控制器开关即可。冬季温度过低情况下,应开启其中一根灯管对设备内进行保温以免冻裂灯管。注意紫外线消毒设备的电源应采用单独的插线板,千万不要与水泵等使用同一接线,防止其他非线性负荷对紫外线杀菌效果及本装置整流和控制装置的影响。

(3) 关机。检查灯管运行状态是否正常,正常情况下,直接关闭控制器开关,然后切断电源即可,若设备存在故障,故需要对设备故障进行排除后再关机。

2. 使用注意事项

(1) 设备在购置时应购买配套的紫外灯管作为备用,保证设备出现故障时能及时更换。

(2) 设备运行时严禁紫外线直接照射到人体皮肤。

(3) 石英套管及紫外线灯管属易碎品,在运输、安装、使用中应避免磕碰。

(4) 注意设备运行的电压一般为 220V,勿接工业用电,以免电压过大烧毁灯管。

(5) 使用中严禁超过额定工作水压,避免设备构件受到猛烈水流冲击,一般应保持在 0.6MPa 以下,若压力过大时需停机,采取降压措施。

(6) 在使用过程中,应保持紫外线灯表面的清洁,一般每两周用清洗剂擦拭一次,发现灯管表面有灰尘、油污时,应停机后擦拭。

（7）安装前，石英套管内部不应有水，否则应等其干燥后才能安装。灯管及控制装置应避免浸水。

（8）若设备在停止期间可能会结冰，应打开一根灯管进行保温，或者是停止运行后立即放空设备中的水。

（9）根据水质情况，当使用时间达到 500～2000h 后，或通过观察口发现紫外线灯的亮度降低时，应及时进行维护应对紫外线灯管进行维护保养。

（10）设备在维护时，应先断开电源关闭设备两端阀门，放空管道内余留的水，然后根据说明书要求，对灯管和套管进行清洗。

3. 出现故障与对策

紫外线消毒设备运行过程中会遇到突发状况，导致出现设备故障，应能初步分析原因进行相应检查及简单维修，详细说明见表 4-28。

表 4-28　　　　　　　　　　紫外线消毒设备故障状况及对策

序号	问题	原因分析	检查和措施
1	石英套管漏水	石英套管破裂	更换石英套管
		末端连接盖未拧紧	均匀旋拧螺丝至不漏水
		垫圈损坏	更换垫圈
2	杀菌效率低	石英套管外附着物	应清洁石英管表面
		达到灯管使用寿命	应更换灯管
		水中杂质、悬浮物超标	应改善水处理环节效果
3	紫外线灯管不亮	熔断丝烧断	更换熔断丝
		镇流器损坏	如有损坏应立即更换
		灯管插座没插牢	应插牢插片
		灯管损坏	更换灯管

（五）臭氧消毒设备的运行维护

1. 使用说明

（1）使用前准备工作。

1）应该根据设备要求的参数条件与实际进行条件进行核实是否条件具备，包括电压、电流、室温、通风等要素。

2）检查电机及设备的开关状态，按说明书检查气路供给状态，以及气路是否稳定，是否有泄漏、堵塞等问题。

（2）开机。当准备工作完成后，调节各阀门至运行指定位置，然后接通设备电源，打开开关，期间应观察各功能指示是否正常，各指示灯、电流等，定期检查臭氧进出口各管路有无漏气，及时维护。设备运行频率、加药时间及加药量根据用水量的具体变化而设定。如当水厂内无调节构筑物时，采用接触时间 2min（或水厂内的水龙头取水样），臭氧余量不小于 0.3mg/L、不超过 0.4mg/L 控制投加量，以保证对致病微生物的灭活效果。

（3）关机。当设备出现异常报警状态或停止供水的情况时，需要关停设备，请先检测设备情况，条件具备情况下关停设备，切断电源。机器长时间不使用而放置环境低于 0℃时，应使用无油气泵，向进水口内打入空气（压力小于 0.05MPa）将发生管内残留冷却水排出。

2. 臭氧消毒设备使用的注意事项

（1）臭氧发生器安装人员必须经过培训才能开机操作与日常维修。

（2）设备保养或维修前应检查电源是否已断和臭氧是否已泄气，确保人员安全维修。

（3）经常察看设备的运行状况，包括指示灯、电压、电流，管路是否被水珠堵塞（湿度较大时会出现该问题），以及室内、尾气管和溶解罐内水的臭氧气味等。

（4）当发现室内有较高的臭氧味或者室内和溶解罐中的水无任何臭氧味时，可能出现了故障，应进行检查。建议配备专用仪器经常检测室内和水中的臭氧浓度，消毒间内人呼吸带（距离地面 1.2~1.5m）臭氧浓度应不大于 0.16mg/m³，一旦发现空气中臭氧浓度过高或水中臭氧浓度过低时，应停机检修。

（5）如发生臭氧泄漏的情况需要第一时间关闭臭氧发生器，并开启通风设备进行通风处理后，及时退出臭氧发生器使用空间，等空间残余臭氧降至安全范围再进入。

（6）消毒间应保持干燥，利于散热；发生器有高压危险，不要用水冲洗设备。

（7）采用电解法时，要及时加纯净水；采用电晕法时，要按要求定期维护空气过滤器，定期更换分子筛。

（8）冬季要有保温措施；采用电解法时，禁用火炉取暖。

3. 臭氧消毒设备的出现故障与对策

发生器运行过程中会遇到突发状况，导致出现设备故障，应能初步分析原因进行相应检查及简单维修，详细的说明见表 4-29。

表 4-29　　　　　　　　　　　　发生器故障状况及对策

序号	故障	原因	解决方法
1	开机烧保险	放电室进水	打开放电室排水并擦干陶瓷管上的水
		陶瓷管被击穿	打开放电室更换陶瓷管
		可控硅坏	换阻流圈
2	放电室进水	杀菌塔倒灌	严格遵守关机规定，加单向阀，抬高机器等
		冷凝器水、气混合	维修冷凝器
		放电室密封圈坏	换放电室密封圈
		陶瓷管裂	换陶瓷管

序号	故障	原因	解决方法
3	开臭氧电流过大	电容坏	换电容
		二极管坏	换二极管
		集成块坏	换集成块
		陶瓷管管壁潮气太大或高压击穿渗漏水	打开放电室擦干潮气或换陶瓷管
4	开臭氧无电流显示	变压器坏或触发模块坏	换变压器或换触发模块
5	机壳有电	机壳与带电线接触	断开带电部位,用绝缘材料处理好带电线头
		没接地线	一定要接好地线
		地线导电性不好	选用导电性能好的铜线或铜螺母
6	流量计无气压或气压过低	冷凝器排水阀漏气	换冷凝器排水阀或连接好冷凝器
		空压机无气压	检查空压机是否正确
		接头或接管漏气	检查接头、接管
7	流量计有水(应马上停机,清除气路余水)	冷凝器存水多	放冷凝器的存水
		冷凝器水、气混合	维修冷凝器
		空压机存水过多	放空压机存水
		杀菌塔水倒灌	严格遵守关机规定,加单向阀,抬高机器等
8	杀菌塔无气或氧化罐(塔)无气	单向阀连接管路断开	连接好单向阀
		气压过小	检查空压机是否有泄压
		气管道漏气或阻塞	接好气管道疏通气管道
		放电室阻塞	保养放电室
9	无臭氧或臭氧浓度过低	干燥器潮湿	打开干燥器将分子筛在300℃以上的温度下烘烤2~3h即可
		放电室潮湿	打开放电室擦干潮气
10	电磁阀无水	电磁阀未打开	检查电磁阀是否通电
11	水射器后无水	水射器是否堵塞	打开水射器检查,清理堵塞物
12	设备故障	液位故障	检查液位开关,坏掉更换
		水泵热继电器动作	复位设备热继电器

第七节 特殊水质处理技术

一、除铁除锰

(一) 除铁除锰的意义

我国有丰富的地下水资源，其中有不少地下水源含有过量的铁和锰，成为含铁含锰地下水。国内部分含铁、含锰地下水水源的水质：其地下水含铁量一般多在 $5\sim15mg/L$，有的达 $20\sim30mg/L$，超过 $30mg/L$ 者则较为少见；含锰量多在 $0.5\sim2.0mg/L$ 之间，但近年来发现，含锰量超过 $2.0mg/L$ 者也有，个别有高达 $5\sim10mg/L$。

水中含有过量的铁和锰，将给生活饮用及工业用水带来很大危害。饮用水铁锰过多会对人体造成很大的不良影响。人体中铁过多对心脏有影响，甚至比胆固醇更危险。锰超标会影响人的中枢神经，过量摄入对智力和生殖功能有影响，同时可引起食欲不振、呕吐、腹泻、胃肠道紊乱大便失常。因此，高铁高锰水必须经过净化处理才能饮用。铁锰的浓度超过一定限度就会产生红褐色的沉淀物。生活中能在白色织物或用水器皿、卫生器具上留下黄斑，同时还容易使细菌繁殖，堵塞管道。在工业上，当用于纺织、印染、针织、造纸等行业时更会影响产品质量。我国《生活饮用水卫生标准》（GB 5479—2006）规定：铁小于 $0.3mg/L$，锰小于 $0.1mg/L$。当原水铁、锰含量超过上述标准时，就要进行处理。

(二) 除铁除锰方法

1. 地下水除铁方法

地下水除铁方法很多，如曝气氧化法、氯氧化法、接触过滤氧化法以及高锰酸钾氧化法等。实际应用中以曝气氧化法、氯氧化法和接触过滤氧化法为多。

(1) 曝气氧化法。曝气氧化法是利用空气中的氧将二价铁氧化成三价铁使之析出，然后经沉淀、过滤予以去除。

除铁所需的溶解氧计算式为

$$[O_2]=0.14\alpha[Fe^{2+}] \tag{4-17}$$

式中　$[O_2]$——除铁所需溶解氧量，mg/L；

　　　$[Fe^{2+}]$——水中二价铁含量，mg/L；

　　　α——过剩溶氧系数，一般取 $\alpha=3\sim5$。

(2) 氯氧化法。氯是比氧更强的氧化剂，可在广泛的 pH 值范围内将二价铁氧化成三价铁，反应瞬间即可完成。氯与二价铁的反应式为

$$2Fe^{2+}+Cl_2 = 2Fe^{3+}+2Cl^- \tag{4-18}$$

按此反应式，每 $1mg\ Fe^{2+}$ 理论上需 $0.64mg\ Cl_2$，但由于水中尚存在能与氯化合的其他还原性物质，所以实际所需投氯量要比理论值高。

含铁地下水经加氯氧化后，通过絮凝、沉淀和过滤以去除水中生成的 $Fe(OH)_3$ 悬浮物。当原水含铁量少时，可省去沉淀池；当含铁量更少时，还可省去絮凝池，采用投氯后直接过滤。

（3）接触过滤氧化法。接触过滤氧化法是以溶解氧为氧化剂，以天然锰砂为滤料，以加速二价铁氧化的除铁方法。

含铁地下水经曝气充氧后进入滤池，二价铁首先被吸附于滤料表面，然后被氧化，氧化生成物作为新的催化剂参与反应，成为自催化氧化反应。

为避免过滤前生长 Fe^{3+} 胶体颗粒穿越滤层，应尽量缩短充氧至进入滤层的流经时间。

2. 地下水除锰方法

地下水中的锰一般以二价形态存在，是除锰的主要对象。锰不能被溶解氧氧化，也难于被氯直接氧化。工程实践中主要采用的除锰方法有高锰酸钾氧化法、氯接触过滤法和生物固锰除锰法等。

（1）高锰酸钾氧化法。高锰酸钾是比氯更强的氧化剂，它可以在中性和微酸性条件下迅速将水中二价锰氧化为四价锰。

$$3Mn^{2+}+2KMnO_4+2H_2O \Longrightarrow 5MnO_2+2K^++4H^+ \tag{4-19}$$

按式（4-19）计算，每氧化 1mg 二价锰，理论上需要 1.9mg 高锰酸钾。

（2）氯接触过滤法。原水加氯后，流经天然锰砂滤料滤池，这一方法为氯接触过滤法。其基本原理为含 Mn^{2+} 地下水投加氯后，流经包覆着 $MnO(OH)_2$ 的滤层，Mn^{2+} 首先被 $MnO(OH)_2$ 吸附，$MnO(OH)_2$ 具有催化作用，继续催化对 Mn^{2+} 的氧化反应。滤料表面的吸附反应与再生反应交替循环进行，从而完成除锰过程。

天然锰砂对 Mn^{2+} 有相当大的吸附能力。氯氧化 Mn^{2+} 的理论消耗量为 $Mn^{2+}:Cl_2=$ 1:1.3，实际消耗量与此相近。

（3）生物固锰除锰法。中国市政工程东北设计研究院、哈尔滨建筑大学与吉林大学经多年研究，发现了除锰的生物氧化机制，确定了以空气为氧化剂的生物固锰除锰技术。

在 pH 值为中性范围内，二价锰的空气氧化是以 Mn^{2+} 氧化菌为主的生物氧化过程。Mn^{2+} 首先吸附于细菌表面，然后在细菌胞外酶的催化下氧化为 Mn^{4+}，从而由水中除去。

含锰地下水经曝气充氧后（pH 值宜在 6.5 以上），进入生物除锰滤池。生物除锰滤池必须经除锰菌的接种、培养和驯化，运行中滤层的生物量保持在几十万个/g 湿砂以上。曝气也可采用跌水曝气等简单的充氧方式。

（三）除铁除锰设备设施

1. 曝气装置

对含铁含锰地下水曝气的要求，因处理工艺不同而异，有的主要是为了向水中溶氧，有的除向水中溶氧外，还要求去除水中的二氧化碳，以提高水的 pH 值。

曝气时的气水比（参与曝气的空气体积和水体积之比），对曝气效果有重要影响。在曝气溶氧过程中，由于氧在水中的溶解度很小，所以参与曝气的空气中的氧不可能全部溶于水中，随着气水比的增大，氧的利用率迅速降低，所以选用过大的气水比是不必要的，一般不大于 0.1～0.2。在曝气去除二氧化碳过程中，由于参与曝气的空气量有限，所以只能散除水中一部分二氧化碳，随着气水比的增大，二氧化碳的去除率不断提高，所以只有选用较大的气水比，才能获得好的曝气效果，气水比一般不小于 3～5。

提高曝气效果的方法是增大气与水的接触面积，方法如下：

（1）将空气以气泡形式分散于水中，称为气泡式曝气装置。其主要形式有水气射流泵曝气装置、压缩空气曝气装置、跌水曝气装置、叶轮表面曝气装置。

（2）将水以水滴或水膜形式分散于空气中，称喷淋式曝气装置。其主要形式有莲蓬头或穿孔管曝气装置、喷嘴曝气装置、板条式曝气塔、接触曝气塔、机械通风式曝气塔。

2. 除铁除锰滤池

（1）各种滤池的适用条件。普通快滤池和压力滤池工作性能稳定，滤层厚度及反冲强度的选择有较大的灵活性，是除铁除锰工艺中常用的滤池型式。

无阀滤池构造简单、管理方便，也是除铁除锰工艺中常用的滤池类型之一。由于它出水水位较高，在曝气、两级过滤处理工艺中，可作为第一级滤池与快滤池（作为第二级滤池）搭配，以减少提升次数。对于水质周期较压力周期为短的水处理而言，应注意监测滤后水中铁锰漏出浓度，以便及时进行强制冲洗。

双级压力滤池是新型除铁除锰构筑物。它使两级过滤一体化，造价低，管理方便。其上层主要除铁，下层主要除锰，工作性能稳定可靠、处理效果良好。适用于原水铁锰为中等含量的中、小型水厂。双级压力滤池构造见图4-82。

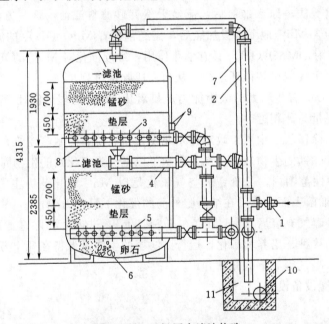

图4-82 双级压力滤池构造

1—来水管；2—一滤室进水管及反冲洗排水管；3—一滤室排水管；4—二滤室进水管及反冲洗排水管；
5—二滤室配水管；6—罐体；7—排气管；8—隔板；9—压力表；10—总排水管；11—排水井

虹吸滤池也是除铁除锰滤池类型之一，适用于大、中型水厂。但目前国内采用者较少，可能是由于滤料常采用比重较大的天然锰砂，而它的反冲洗水头又较低之故。

总之，滤池类型应根据原水水质、工艺流程、处理水量等因素来选择。使其构筑物搭配合理、减少提升次数，占地小、布置紧凑、方便管理。

（2）滤料要求。除铁除锰滤料除了应满足作为滤料的一般要求——有足够的机械强度、有足够的化学稳定性、不含毒质、对除铁水质无不良影响等以外，还应对铁、锰有较大的吸附容量和较短的"成熟"期。

目前大量用于生产的滤料有石英砂、无烟煤、天然锰砂。

在曝气氧化法除铁工艺流程中，滤池滤料一般采用石英砂和无烟煤。

在接触氧化法除铁工艺流程中，上述各类滤料都可用作滤池滤料，但一般天然锰砂滤料对水中二价铁离子的吸附容量较大，故过滤初期出水水质较好。

在接触氧化法除锰工艺流程中，上述各种滤料都可用作滤池滤料，但马山锰砂、乐平锰砂和湘潭锰砂对水中二价锰离子的吸附容量较大，过滤初期出水水质较好，且滤料的"成熟"期较短，宜优先选用。

（3）滤料粒径。在工程上，常用滤料的最大粒径 $d_{\max}$ 和最小粒径 $d_{\min}$ 作为除铁除锰滤料的粒径特征指标向生产厂商定货。但由于各地筛网孔目不统一、筛分操作的差异及运输过程中滤料磨损等缘故，购进的商品滤料在装入滤池之前，应再行筛分一次，将不合规格的颗粒，特别是细小颗粒淘汰出去。

天然锰砂滤料最大粒径可在 1.2～2.0mm、最小粒径可在 0.5～0.6mm 之间选择。

石英砂滤料最大粒径可在 1.0～1.5mm、最小粒径可在 0.5～0.6mm 之间选择。

当采用双层滤料时，无烟煤滤料最大粒径可在 1.6～2.0mm、最小粒径可在 0.8～1.2mm 之间选择。石英砂滤料粒径选择同上。

（4）承托层组成。石英砂滤料及双层滤料池的承托层组成，同一般快滤池。

锰砂滤池的承托层组成见表 4-30。

表 4-30　　　　　　　　　　　锰砂滤池的承托层组成

层次	承托层材料	粒径/mm	各层厚度/mm
1	锰矿石块	2～4	100
2	锰矿石块	4～8	100
3	卵石或砾石	8～16	100
4	卵石或砾石	16～32	由配水孔眼以上 100mm 起到池底

（5）滤速和滤层厚度。除铁滤池的滤速一般为 5～10m/h。但有的高达 10～20m/h，甚至有的天然锰砂除铁滤池高达 20～30m/h。设计中应根据原水水质、特别是地下水的含铁量，来确定适宜的滤速。设计滤速以选用 5～10m/h 为宜，含铁量低可选用上限，含铁量高宜选用下限。

除锰滤池及除铁锰滤池滤速，一般为 5～7m/h。

滤池滤层厚度如下。

1）重力式：800～1000mm。

2）压力式：1000～1500mm。

3）双级压力式：每级厚度为 700～1000mm。

4）双层滤料：无烟煤层为 300～500mm，石英砂层为 400～600mm，总厚度为 700～1000mm。

（四）除铁除锰工艺

1. 地下水除铁工艺

含铁原水的处理一般工艺流程见图 4-83。

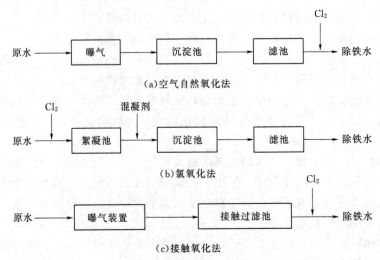

(a)空气自然氧化法

(b)氯氧化法

(c)接触氧化法

图4-83 除铁工艺流程

空气自然氧化不需投加药剂,滤池负荷低,运行稳定,原水含铁量最高时仍可采用,但不适合用于溶解性硅酸含量较高及高色度地下水。

氯氧化适应能力强,几乎适用于一切地下水。当Fe^{2+}量较低时,可取消沉淀池,甚至絮凝池。其缺点是形成的泥渣难以浓缩、脱水。

接触氧化不需投药、流程短,出水水质良好稳定,但不适合用于含还原物质多、氧化速度快以及高色度原水。

2. 地下水除锰工艺

常用的除锰工艺流程见图4-84。

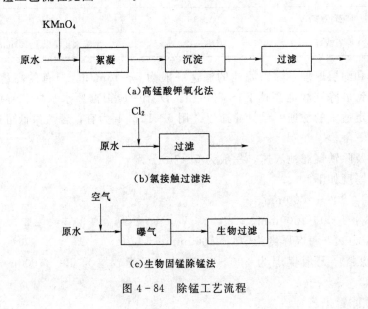

(a)高锰酸钾氧化法

(b)氯接触过滤法

(c)生物固锰除锰法

图4-84 除锰工艺流程

3. 同时除铁除锰工艺

对于铁、锰共存的地下水,其处理工艺流程一般可组合成图4-85所示的各种流程。

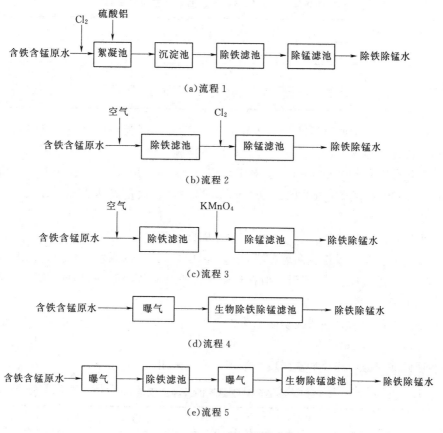

(a)流程1

(b)流程2

(c)流程3

(d)流程4

(e)流程5

图4-85　除铁除锰工艺

流程1见图4-85（a），是以氯为氧化剂的化学氧化除铁除锰流程。该流程是根据Fe^{2+}和Mn^{2+}氧化还原电位的差异而采用的两级过滤流程，先用氯氧化除铁，然后再用氯接触过滤除锰。当原水含锰、含铁量较小时，也可应用一级滤池除铁和除锰。

为节省投氯量，可采用流程2，见图4-85（b）先以空气为氧化剂经接触过滤除铁，再投以氯接触过滤除锰。

流程3见图4-85（c），是先用空气氧化接触过滤除铁，再用$KMnO_4$除锰。当Mn^{2+}含量大于1.0mg/L时需在除锰滤池前设沉淀池。

流程4见图4-85（d），是以空气为氧化剂的接触过滤除铁和生物固锰除锰相结合的过程。该滤池滤层为生物滤层，存在者以除锰菌为核心的微生物群系。除铁也在同一滤层完成，其氧化机制仍以接触氧化为主。

当含Fe^{2+}量大于10mg/L，含Mn^{2+}量大于1.0mg/L时，可采用两级曝气两级过滤流程5，见图4-85（e）。一级用作接触氧化除铁，二级用作生物除锰。

（五）除铁除锰滤池运行与管理

除铁滤池及除铁锰滤池的工作周期，一般为8~24h。石英砂滤池工作周期与原水含铁量、滤池滤速的关系见表4-31。

表 4 - 31　　　　　　　　除铁滤池工作周期与滤速、原水含铁量的关系

待滤水总 Fe/(mg/h)	滤速/(m/h)	工作周期/h
<5	6～12	12～24
5～15	5～10	8～15
20～30	3～6	4～8

在设计中，应保证滤池运转后工作周期不小于 8h，因为周期过短，既浪费水量，管理又麻烦。因此，当含铁量较高时，应采取以下措施。

（1）采用粒径较均匀的滤料。如南宁采用 $d=0.6\sim1.2mm$ 天然锰砂，不均匀系数 $K=1.44\sim1.63$，孔隙率达 $61.0\%\sim63.9\%$。当原水含铁量高达 15mg/L 以上时，滤池工作周期仍可达 12h 以上。

（2）采用双层滤料滤池，一般可延长工作周期 1 倍左右。

（3）降低滤速。在曝气、两级过滤除锰工艺中，第二级除锰滤池工作周期一般较长，可达 7～20 天，最短也有 3～5 天。但在运转中，不宜将周期延至过长，否则滤层有冲洗不均匀及逐渐板结之虞。

（4）滤池的反冲洗，一般按期终水头损失为 1.5～2.5m 掌握。也可在掌握规律之后，定期反冲洗。

天然锰砂除铁滤池的反冲洗强度可按表 4 - 32 采用。

表 4 - 32　　　　　　　　天然锰砂除铁滤池的反冲洗强度

序号	锰砂粒径/mm	冲洗方式	冲洗强度/[L/(s·m²)]	膨胀率/%	冲洗时间/min
1	0.6～1.2	无辅助冲洗	18	30	10～15
2	0.6～1.5	无辅助冲洗	20	25	10～15
3	0.6～2.0	有辅助冲洗	22	22	10～15
4	0.6～2.0	有辅助冲洗	19～20	15～20	10～15

石英砂除铁滤池反冲洗强度一般为 13～15L/(s·m²)，膨胀率为 30%～40%，冲洗时间不小于 7min。

天然锰砂和石英砂作为除锰滤池滤料，成熟后密度减少 10% 左右，所以其反冲洗强度应略低于除铁滤池。天然锰砂除锰滤料反冲洗强度一般为 25～20L/(s·m²)，膨胀率为 25%～30%。冲洗历时也不宜过长，以免破坏锰质活性滤膜，一般为 5～10min。

二、除氟

（一）除氟的意义

长期摄入氟化物含量过高的饮水，将引起以牙齿和骨髓为主的慢性疾病，前者称为氟斑牙，后者称为氟骨病，是严重危害人类健康的地方病。我国《生活饮用水卫生标准》（GB 5479—2006）规定，氟化物的含量不得超过 1.0mg/L。当原水氟化物含量超过标准时，就应设法进行处理。氟化物含量过高的原水往往呈偏碱性，pH 值常大于 7.5。

（二）除氟方法与常见构筑物

1. 地下水除氟方法

除氟的方法大致可分为以下几种。

（1）吸附过滤法。含氟水通过滤层，氟离子被吸附在由吸附剂组成的滤层上。当吸附剂的吸附能力降至一定极限值，出水含氟量达不到规定时，用再生剂再生，恢复吸附剂的除氟能力，依次循环以达到除氟的目的。主要的吸附剂有活性氧化铝、羟基磷灰石活化沸石和磷酸三钙等。

（2）药剂混凝法。向含氟水中加入混凝剂形成难溶氟化物，经沉淀过滤去除。混凝剂为 $Al_2(SO_3)$、碱式氯化铝、氢氧化镁等。适用于原水浊度较高、氟含量较低的情况。

（3）离子交换法。利用离子交换树脂的交换能力，将水中的氟离子去掉。

（4）电渗析法。利用离子交换膜的选择透过性除氟。

（5）反渗透法。反渗透法是以高分子或无机半透膜为分离介质，以外界能量为推动力，利用水体中各组分在膜中传质选择性的差异，实现物质分离、分级、提纯或富集的方法。

以上方法中，离子交换法、电渗析法和反渗透法适用于苦咸水、高氟地区，反渗透法是目前应用较广的方法。各种除氟方法均有一定适用范围及优缺点，其综合性能及工程投资运行成本比较分别见表 4-33 和表 4-34。

表 4-33　　除氟方法综合性能比较

去除方法	除氟容量	工作 pH 值	优点	缺点
铝盐混凝沉淀	150mg/mg	不特定	工艺成熟	有污泥产生，出水偏酸，有铝残存
活性氧化铝吸附	1000g/m³	5.5	工艺成熟	对操作要求较高，再生时会有铝的溶出
电渗析法	高	偏酸性	可同时去除其他离子，除盐等	对操作有一定要求，成本高，维护组装复杂
反渗透法	高	不特定	可同时去除其他离子，除盐等	操作相对简单，成本高

表 4-34　　除氟方法工程投资运行成本比较

去除方法	设备投资	试剂价格	运行成本	缺点
铝盐混凝沉淀	低	低，但投加量较大	中等	简单
活性氧化铝吸附	中等	中等	中等	中等
电渗析法	高	很高	很高	较难
反渗透法	高	很高	很高	简单

2. 除氟设备

（1）吸附滤池。

1）滤料。吸附滤池的滤料是作为吸附剂的活性氧化铝。其粒径不宜大于 2.5mm，一般采用 0.4～1.5mm。滤料应有足够的机械强度，耐压强度大于 10N/个，使用中不易磨损和破碎。

2）原水 pH 值。活性氧化铝每个吸附周期的吸附容量随原水 pH 值的不同而不同，可相差数倍。天然含氟量高的水，往往 pH 值较高，从而降低了吸附容量。为此，可以采取人为措施，在进入滤池前降低原水 pH 值。降低的值应通过技术经济比较确定，一般宜调整到 6.0～7.0 之间。

pH 值调整可采用投加硫酸、盐酸、醋酸等溶液或投加二氧化碳气体。投加量可根据原水碱度和 pH 值计算或通过实验来确定。

3）滤速。当原水不调整 pH 值时，滤速只能达到 2～3m/h，连续运行时间 4～6h，间断运行 4～6h。当原水 pH 值降低至小于 7.0 时，可采用自下而上或自上而下方式，滤速为 6～10m/h。

4）流向。原水通过滤层的流向可采用自下而上或自上而下方式。当采用硫酸溶液调整 pH 值时，宜采用自上而下方式；当采用二氧化碳气体调整 pH 值时，为防止气体挥发，增加溶解量，宜采用自下而上的方式。

5）周期工作吸附容量。滤料工作吸附容量受许多因素影响，主要因素有原水含氟量、pH 值，滤池滤速、滤层厚度，终点出水含氟量及滤料自身的性能等。

a. 当采用硫酸调整 pH 值至 6.0～6.5 时，吸附容量一般可为 4～5g(F)/kg(Al$_2$O$_3$)。

b. 当采用二氧化碳调整 pH 值至 6.0～6.5 时，吸附容量一般可为 3～4g(F)/kg(Al$_2$O$_3$)。

c. 当原水不调整 pH 值时，吸附容量一般可为 0.8～1.2g(F)/kg(Al$_2$O$_3$)。

6）终点出水含氟量：当采用多个吸附滤池时，其中任一单个滤池的终点出水含氟量可考虑稍高于 1mg/L。这是由于再生后活性氧化铝滤池的出水，在较长时间内小于 1mg/L，为延长除氟周期，增加每个周期处理水量，降低制水成本，故单个滤池出水含氟量可稍高于 1mg/L。设计时应根据混合调节能力确定终点含氟量值，保证混合后出水含氟量不大于 1mg/L。

7）滤层厚度。滤池滤料厚度可按以下规定使用。

a. 当原水含氟量小于 4mg/L 时，滤层厚度宜大于 1.5m。

b. 当原水含氟量在 4～10mg/L 时，滤层厚度宜大于 1.8m，也可采用两个滤池串联运行。

c. 当采用硫酸调整 pH 值至 6.0～6.5、处理规模小于 5m³/h、滤速小于 6m/h 时，滤层厚度可降低到 0.8～1.2m。

8）滤池高度。滤池总高度包括滤层厚度、承托层厚度、滤料反冲洗膨胀高度和保护高度。

当采用滤头布水方式时，应在吸附层下铺一层厚度为 50～150mm、粒径为 2～4mm 的滤层，表面至池顶高度采用 1.5～2.0m，该高度包括了滤料反冲洗膨胀高度和保护高度。

（2）反渗透。反渗透膜以 1nm 或以上的无机离子为主要的分离对象。所施加的压力与渗透压反向，并超过渗透压，从而导致浓溶液中的水向稀溶液的一侧反向渗透，因反渗透膜的有效处理范围在 0.1nm 以上，而 F$^-$ 离子的直径为 0.266nm，所以利用反渗透压能够有效地除去溶液的氟离子。反渗透膜一般用高分子材料制成，表面微孔直径一般在

0.5~10nm 之间，透过性与膜本身的化学结构有关。反渗透膜的结构，有非对称膜和均相膜两类。目前使用的膜材料主要为醋酸纤维素和芳香聚酰胺类，其组件有中空纤维式、卷式、板框式和管式。

（三）除氟工艺

1. 活性氧化铝法

活性氧化铝是一种用途很广的吸附剂。除氟应用的活性氧化铝属于低温态，由氧化铝的水化物在约 400℃下焙烧产生，其特征是具有很大的表面积。表 4－35 列举了一些除氟用氧化铝的规格型号和主要技术指标。

表 4－35　　　　　　　　　活性氧化铝产品技术参数

型号	晶相	粒径 /mm	堆密度 /(g/cm³)	比表面积 /(m²/g)	孔容积 /(mL/g)	耐压强度 /(N/个)
WHA104	$x-\varphi$	1~2.5	≥0.72	≥320	≥0.38	35
WHA104	$x-\varphi$	0.5~1.8	≥0.72	≥320	≥0.4	10
WHA104	$x-\varphi$	扁粒	≥0.72	≥320	≥0.4	—

活性氧化铝对阴离子的吸附交换顺序如下：

$$OH^->PO_4^{2-}>F^->SO_3^->Fe(CN)_6^{4-}>CrO_4^{2-}>SO_4^{2-}>Fe(CN)_6^{3-}>Cr_2O_7^{2-}>I^->Br^->Cl^->NO_3^->MnO_4^->ClO_4^->S^{2-}$$

它比离子交换树脂对氟离子（F^-）有较高的吸附选择性，而对水体中常有的离子（如 SO_4^{2+}、Cl^-）选择性低。

活性氧化铝除氟处理工艺流程见图 4－86。

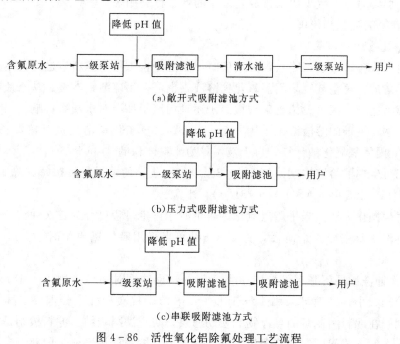

图 4－86　活性氧化铝除氟处理工艺流程

当原水浊度大于 5NTU 或含砂量较高时，应在吸附滤池前设置预处理。消毒工艺应设在除氟处理工艺之后。

2. 反渗透法

反渗透法多应用于脱盐淡化，全世界采用不同技术建立且生产能力大于 $100m^3/d$ 的脱盐淡化工程中，反渗透法占 55% 以上。反渗透膜技术在国外已成功大规模应用于苦咸水淡化、海水淡化和超纯水制备等方面，可有效、可靠地实现高氟苦咸水除氟除盐的双重目的。

美国和欧洲的一些国家将反渗透装置广泛应用于净化水和去除氟离子、硝酸根和亚硝酸根离子。我国天津和河北沧州农村也建有一些反渗透除氟站，运行效果良好，除氟率可达 90% 以上。为更好地提高膜的使用率，需在反渗透前加预处理装置，一般为三级过滤（石英砂、活性炭、微滤）装置，工艺流程见图 4-87。

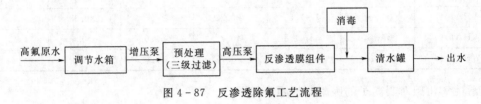

图 4-87 反渗透除氟工艺流程

由于反渗透法处理高氟水成本较高，且存在出水偏酸性和产生大量浓水的问题，难以在农村大规模推广应用。目前反渗透膜成本有所降低，可考虑通过安装家用终端装置，引入分质供水的理念，减少处理水量，仅考虑家庭饮用和做饭用水，在高氟水地区也可得到一定应用。目前反渗透法用于高氟水处理的研究，主要集中在提高膜的使用寿命、改善抗污染能力、加大通量、减少浓水排放及浓水的处置再利用等。

（四）除氟的运行与管理

1. 吸附滤池运行与管理

当滤池出水含氟量达到终点含氟量值时，滤池停止工作，滤料应进行再生处理。

（1）再生剂。再生剂宜采用氢氧化钠溶液，也可采用硫酸铝溶液。从水质考虑，氢氧化钠溶液较为适宜，因为无论是硫酸根离子还是铝离子都会对水质有影响。

氢氧化钠再生剂的溶液浓度采用 0.75%～1%。氢氧化钠消耗量可按每去除 1g 氟化物需 8～10g 固体氢氧化钠计算，再生液用量为滤料体积的 3～6 倍。

硫酸铝再生剂的溶液浓度采用 2%～3%。氢氧化钠的消耗量可按每去除 1g 氟化物需 60～80g 固体硫酸铝 $[Al_2(SO_4)_3 \cdot 18H_2O]$ 计算。

（2）再生操作方法。当采用氢氧化钠再生时，再生过程可分为首次冲洗、再生、二次冲洗（或淋洗）及中和 4 个阶段，见图 4-88。当采用硫酸铝再生时，上述中和阶段可省略。

1）首次冲洗滤层膨胀率可采用 30%～50%，反冲洗时间可采用 10～15min，冲洗强度视滤料粒径大小，一般可采用 12～16L/($m^2 \cdot s$)。首次冲洗十分重要，其主要作用是去除吸附期间在滤料间截留的悬浮物和松动滤层，防止滤料板结。滤料板结是活性氧化铝法使用中存在的主要问题，它将严重降低除氟能力，缩短使用寿命。因此，要确定首次反

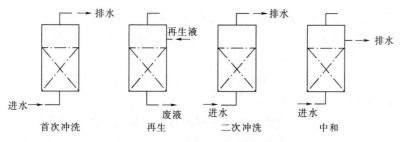

图 4-88　再生操作工艺程序

冲洗达到要求强度，反冲洗进出水管管径按此进行选择。

2）再生液自上而下通过滤层，当再生剂采用氢氧化钠溶液时，再生时间为 1～2h，再生液流速为 3～10m/h。当再生剂采用硫酸铝溶液时，再生时间可采用 2～3h，流速可为 1～2.5m/h。再生后滤池的再生液必须排空。为节省再生剂，再生初期允许使用前次再生使用过的再生剂，后期使用新配制的再生剂。滤料的再生液可采用浸泡的方式或再生剂循环的方式。

3）二次反冲洗强度可采用 3～5L/(m² · s)，流向为自下而上通过滤层，反冲时间为 1～3h。也可用淋洗的方法，淋洗采用原水以 1/2 正常过滤流量，从上部淋下，淋洗时间 0.5h。采用硫酸铝作为再生剂，二次反冲洗或淋洗终点出水 pH 值应大于 6.5，含氟量应小于 1mg/L。

4）中和可采用 1％硫酸溶液调节进水，pH 值降至 3 左右，进水流速与正常除氟过程相同，中和时间为 1～2h，直至出水 pH 值降至 8～9 为止。

5）首次反冲洗、二次反冲洗、淋洗以及配制再生液均可利用原水。

（3）再生池有效容积按单个最大吸附滤池一次再生所需再生液的用量来计算，一般情况下再生液的用量为滤料体积的 3～6 倍，再生液循环使用取低值，一次性使用取高值。再生池需设置再生泵，再生泵应有良好的防腐性能，流量按单个滤池要求设计。

（4）酸稀释池有效容积可按每回调节进水 pH 值所需酸用量进行计算。硫酸的稀释倍数按使用浓度 0.5％～1％计算。酸稀释池设酸投加泵，投加泵应有良好的防腐，流量为调整原水 pH 值的酸溶液投加量。

2. 反渗透设备运行与管理

（1）防止膜性能的损坏。新的反渗透膜元件通常浸润 1％NaHSO₃ 和 18％的甘油水溶液后储存在密封的塑料袋当中。在塑料袋不破的情况之下，储存 1 年时间也不会影响到其寿命和性能等方面。当塑料袋开口以后，应尽快使用，以免因 NaHSO₃ 在空气中发生氧化对元件产生不良的影响，因此膜应尽量在使用前开封。

设备试机运行两天的时间，然后采用 2％的甲醛溶液保养；或者运行 2～6h 以后，用 1％的 NaHSO₃ 的水溶液进行保养。这两种方法都可以达到满意的效果。第一种方法成本较为高些，在闲置时间长时使用过程当中，第二种方法在闲置时间较短时使用。

（2）设备的操作。设备中存在残余气体在高压下环境运行，形成气锤会损坏到膜，常有以下两种情况发生。

1）在预处理设备与高压泵之间的接头密封不好或漏水的时候，当预处理供水不是很足时，如微滤设备发生堵塞的现象，在密封不好的地方由于真空会吸进一部分的空气。应清洗或更换微滤器，保证管路不漏。总之，要在流量计中没有气泡的情况下逐步升压运行，在运行过程当中发现气泡应逐渐降压检查其原因所在。

2）设备排空之后，重新运行的时候，气体没有排尽就快速升压运行。应在 2～4bar❶ 的压力下将余下的空气排尽以后，再逐步进行升压运行。

（3）关机的方法。因为含化学试剂的水在设备停运期间可能会引起膜污染。在准备关机的时候，应该要停止投加化学试剂，逐步降压至 3bar 左右用预处理好的水冲洗 10min 左右，直至浓缩水的 TDS 与原水的 TDS 很接近为止。

（4）清洗。设备在使用的过程当中，除了性能的正常衰减以外，由于污染而引起设备性能的衰减更为严重。通常的污染主要有化学垢、有机物及胶体污染、微生物污染等现象。不同的污染表现出的症状也是各不相同的。不同的膜公司所提出的膜污染的症状也是有一定的差异。

污染时间的长短不一样，其症状的结果也就会不一样。比如说膜发生碳酸钙垢污染，污染时间为一个星期，主要表现为脱盐率的迅速下降，压差渐渐增大，而产水量变化不明显，用柠檬酸清洗能够完全恢复其性能。污染时间为一年，盐通量由最初的 2mg/L 上升为 37mg/L，产水量由 230L/h 下降到 50L/h，用柠檬酸清洗以后，盐通量降为 7mg/L，产水量上升到 210L/h。

（5）消毒和保养。由于消毒和保养不力导致微生物的污染是复合聚酰胺膜使用过程当中普遍存在的问题，因为聚酰胺膜耐余氯性较差，在使用中没有采用正确的方法投加氯元素等消毒剂，加上用户对微生物的预防重视度不足，非常容易导致微生物的污染。目前许多厂家生产的纯水微生物超标，就是消毒、保养不够等因素造成的。主要表现为：在出厂时，RO 设备没有采用消毒液保养；设备安装好之后没有对整个管路和预处理设备进行消毒操作；间断运行不采取消毒和保养等措施；没有定期对预处理设备和反渗透设备进行消毒；保养液失效或浓度不足。

三、除砷

（一）除砷的意义

高砷地下水是威胁地区居民身体健康和生活水平提高的重大环境地质问题之一。近年来，由饮用高砷地下水引发的地方性砷中毒不仅发生在亚洲诸国和地区，同时在北美、南美的一些国家和地区也均有发生，已成为一个世界规模的全球性的环境地质问题。

砷是一种有毒元素，其化合物有三价和五价两种，三价砷的毒性更大。五价砷对大鼠、小鼠径口半数致死量为 100mg/kg，三价则为 10mg/kg，相差 10 倍。天然地下水和地表水都可能含有砷，除来源于地壳外，砷污染也来自农药厂、玻璃厂和矿山排水。地下水含砷量高于地表水，砷可通过呼吸道、食物或皮肤接触进入人体，在肝肾、骨骼、毛发等器官或组织内蓄积，破坏消化系统和神经系统，从而具有致癌作用。

GB 5749 规定：砷的限值为 0.01mg/L。为保证居民饮用水中砷含量合格已经迫在眉

---

❶ 1bar＝0.1MPa。

睫，部分使用地下水源的水厂必须采取适当的处理工艺除去水中过高含量的砷。

（二）除砷方法

地下水除砷主要有以下几种方法。

1. 混凝法

混凝法是目前在工业上和生活中使用最为广泛的一种除砷方法，它具有成本低廉、易于操作、除砷效率高等优点，能使处理后的含砷水达到排放标准。

混凝法除砷的原理是利用具有强大吸附能力的混凝剂，利用吸附作用将砷吸附，转化为沉淀，再通过过滤等方式将砷与水分离。

常见的混凝剂有铁盐、铝盐、比表面积大的粉煤等无机物以及一些高分子黏结剂。混凝剂通过将不同价态的砷以沉淀形式转化出来，达到除砷的目的。通过对国内外文献的研究，发现在混凝法除砷的过程中，五价砷比三价砷更加容易形成稳定的化合物而沉淀，所以在使用混凝法除砷的过程中，若加入一定量的氧化剂使得三价砷转化成为五价砷再沉淀，除砷效果将会有很大的提升。

2. 直接沉淀法

直接沉淀法是利用化学反应将砷直接转化为沉淀，然后过滤除去。此种方法对工业中高砷废水的初步处理具有十分明显的优势，但是不适用于处理饮用水中微量砷。所以此种方法处理后的含砷废水还有必要用其他方法，例如混凝法等再处理才能达标排放。

3. 离子交换法

离子交换法具有能有效回收有价金属的特点，目前得到越来越多研究人员的重视。离子交换法处理量大、操作简单，非常适合工业化生产。据国内外的报道，在对低含量含砷水的处理中，较有成效的有无机离子交换剂（如水合二氧化钛，即 $TiO_2 \cdot H_2O$）和有机离子交换剂（如经二价铜离子活化的阳离子交换树脂和聚苯乙烯强碱型阴离子交换树脂）。其中无机离子交换剂水合二氧化钛对除去水中的三价砷有良好的效果，但还未见实际应用的报道。

4. 生物法

生物法除砷的原理在于某些特殊菌种在培养过程中会产生一种类似于活性污泥的物质，这种物质起絮凝作用，它会与砷结合而形成沉淀，达到除砷的目的。但是，生物法菌种培养周期长，对环境要求苛刻，而且常被用于废水除砷，用于饮用水除砷还鲜有报道。

目前，美国伊利诺伊大学（University of Illinois）的研究人员提出一种通过细菌检测达到抗砷污染的简易方法。通过对美国伊利诺伊中部地区的供水进行取样分析，研究人员发现水样中砷的浓度与硫酸盐含量成反比。这是因为在水中的可使硫酸盐减少的细菌将硫酸盐还原为硫化物，而硫化物可将砷沉淀下来，从而有效地从水中除掉砷。当缺少硫酸盐时，砷的含量就会升高，但当硫酸盐含量较高时，能使硫酸盐减少的细菌可使砷的含量保持较低的水平。因此，测试水中的硫酸盐含量能反映出砷的安全程度，受污染的水可以通过加入廉价的硫酸盐进行补救。

5. 与铁锰共沉除砷

目前，美国环保总署（EPA）认为铁锰除砷是最有效的除砷方法。除砷可以在具有混合池和反应池的传统处理构筑物中进行，或者通过粒状滤料除去。原有水处理系统如果已经具备除铁锰系统但砷含量超过修正 MCL 标准过多，可以采用此种策略。

虽然砷可以通过与锰吸附共沉来去除，但铁对于砷的去除作用更加有效。砷去除率与水中初始铁含量和水中铁砷比相关。大多数情况下，水中铁含量保持在 1.5mg/L 或更高，并且铁砷比至少是 20∶1，这时，砷去除率通常保持 80％～95％。某些情况下，在除铁工艺的起始处加入一些铁盐混凝剂，这对于除砷工艺的优化是十分必要的。当 pH 值在 5.5～8.5 范围内，通过与铁共沉的除砷效果与原水 pH 值无关，但是超出这个范围除砷效果则会大大降低。因此，进水砷含量严重超标的系统可以通过调节 pH 值来增加砷去除率。

6. 其他方法

其他方法如反渗透法（RO）在对生活饮用水进行除砷的实验中也取得了良好的效果，是一种有效的除砷方法，但该法还只停留在实验阶段，实际中还未得到应用。有利用电吸附技术去除水中砷，也取得了较好的效果。还有用改进的飞灰床过滤去除饮用水中的砷的方法，过滤结果令人满意。

四、苦咸水的淡化

（一）苦咸水去除的意义

苦咸水是指水的溶解性总固体不低于 1000mg/L 的地下水，水中阴阳离子含量过高，饮用水的口感发生明显变化，以至于饮用者难以接受。水中钠的味阈浓度取决于与其结合的阴离子和水温。在室温时，钠的平均味阈值约为 200mg/L，超过此值，水中有涩味，洗手时即使不用肥皂，亦有肥皂的滑腻之感。水中存在的硫酸盐可以产生引人注意的苦涩味，当浓度非常高时，对敏感的消费者有致泻作用。使水的味道异常的程度随所结合的阳离子的性质而不同；味阈值范围从硫酸钠的 250mg/L 到硫酸钙的 1000mg/L。高浓度的氯化物使水带有咸味，氯化物的味阈值与它结合的阳离子有关，钠、钾和钙的氯化物的味阈值浓度在 200～300mg/L 之间。

苦咸水大部分分布在西北缺水地区和东部沿海地带，尽量寻找溶解性总固体符合生活饮用水卫生标准的水源水。实在不能满足条件，结合当地具体情况，可选择电渗析、反渗透、电吸附或纳滤技术进行苦咸水的处理。

（二）电渗析技术

1. 电渗析技术的主要特点

（1）能量消耗相对不大。电渗析运行过程中，仅用电来迁移水中已解离的离子，不发生相的变化，它所消耗的电能与水中含盐量成正比，当水中含盐量为 3000～4000mg/L 时，采用电渗析脱盐，被认为是能耗较低的经济适用技术，电耗为 2～3kW·h/m³，原水含盐量越高，则电耗越大。

（2）操作简便，易于向自动化方向发展。运行时只要在恒定电压下，控制浓水、淡水和极水的压力和流量，定期倒换电极即可，易于实现自动化操作。

（3）设备紧凑，占地面积小。水流是通过紧固型多膜对设备进行淡化除盐的，可将辅助设备组合一起，占地少。

（4）设备经久耐用，预处理简便。膜和隔板均系高分子材料。此外，电渗析器中水流方向与膜面平行，不像反渗透器中水流垂直通过膜面，故电渗析对进水水质的要求没有反渗透那样高，预处理较为简单。

（5）水的利用率高，排水处理容易。根据原水的含盐量高低，水的利用率可达60%～90%不等。

（6）药剂消耗量少，环境污染小。电渗析运行时，不需要投加药剂，不需使用高压泵，仅在定期清洗时用少量酸。与反渗透相比，无高压泵的噪声。

2. 电渗析技术应注意的问题

（1）电渗析法难于去除离解度小的盐类，如硅酸和碳酸根，无法去除不离解的有机物。

（2）某些高价金属离子和有机物会污染离子交换膜，降低除盐效率。

（3）电渗析器是由几十到几百张极薄的隔板和膜组成，部件多，组装繁杂，一个部件出问题即会影响到整体。

（4）电渗析是使水流在电场中流过，当施加到一定电压后，紧靠膜面的水滞留层中，电解质的含量极小，水的解离度增大，易产生极化、结垢和中性现象，这是电渗析运行中较难掌握又必须重视的问题。

（三）反渗透技术

反渗透（RO）的原理是在膜的原水一侧施加比溶液渗透压高的外界压力，只允许溶液中水和某些组分选择性地透过、其他物质不能透过而被截留在膜表面的过程。反渗透膜用特殊的高分子材料制成，具有选择性的半透性能的薄膜。反渗透膜适用于 1nm 以下的无机离子为其主要分离对象的水处理。

反渗透除盐工艺流程见图 4-89。

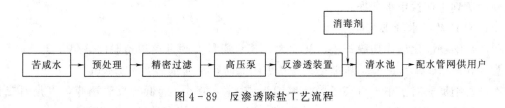

图 4-89　反渗透除盐工艺流程

为保证水处理系统长期安全稳定运行，原水在进行反渗透前，应预先去除所含的悬浮物和胶体、微生物、有机物、铁、锰、游离性余氯和重金属等，称为预处理。

1. 反渗透工艺的主要设备

采用反渗透方法除盐，所使用的反渗透装置包括以下设备：多介质过滤器，内装石英砂或石英砂与无烟煤组成的双层滤料；精密过滤器，也称保安过滤，内设 $5\sim10\mu m$ 滤芯，用于去除水中的微量悬浮物和微小的胶体颗粒；给水加压的高压泵，使水透过反渗透膜；用于加酸清洗反渗透膜的加药泵，运行中加阻垢剂防止膜表面结垢阻塞膜面。

2. 反渗透装置出水的后处理

苦咸水经反渗透装置处理后的出水，由于水中一氧化碳能 100% 通过膜，使出水的pH 值低而呈酸性，故出水还需加氢氧化钠或石灰，或勾兑适当比例的原水，把 pH 值调至大于 6.5 后，再投加消毒剂才能作为生活饮用水。

3. 反渗透装置运行与管理

（1）对于 $10\mu m$ 或 $5\mu m$ 的过滤器，精密过滤器（保安过滤）当过滤器进出口压差大于设定值（通常为 $0.05\sim0.07MPa$）时就应更换。

（2）高压泵保护装置。高压泵进出口都装有高压和低压保护开关。供水量不足时高压泵入口水压会低于某一设定值，自动发出信号停止高压泵运作，使高压泵不在空转状况下运行。当误操作时，其出口压力超过某设定值时，高压泵出口高压保护开关也会自动切断电源，使系统不在高压下运行。

（3）反渗透控制系统。主要是控制高压泵的启动与停止，高压泵的启、停是通过反渗透后置的水箱液位的变化来控制的。

（4）反渗透清洗系统。反渗透膜经长期运行后，膜表面会积累一层难以冲洗掉的、由微量盐分和有机物形成的污垢，造成膜组件性能下降，所以必须用酸进行清洗。反渗透装置停机时，因膜内部水已处于浓缩状态，易造成膜组件污染，需要用水冲洗膜表面，可用反渗透出水通过冲洗水泵进行清洗。

4. 反渗透装置的维护与保养

每月检查泵头检测孔是否有物料流出；每 3 个月检查机械驱动部分运行声音是否异常；每半年（或 1500h）清洗底阀和单向阀组件，检查流量稳定性；每年（或 3000h）更换底阀和单向止回阀阀球、阀座或阀体（视使用情况而定），更换隔膜和油封（视使用情况而定）。

（四）纳滤技术

纳滤技术用于苦咸水淡化时，可脱除水中部分可溶性盐类，使产水的溶解性总固体（TDS）达到生活饮用水标准。纳滤技术用于软化时，可降低水中部分二价离子，使出水的硬度达到生活饮用水标准。

1. 纳滤的技术特点

（1）纳滤膜比反渗透膜疏松、孔径大，其水通量大约是反渗透膜的数倍，当 NaCl 含量为 3.5%、水温为 $25℃$、压差 Δp 为 $0.1MPa$ 时，水通量为 $2\sim4L/(m^2 \cdot h)$。

（2）纳滤膜对水中一价离子脱盐率约为 $40\%\sim80\%$，远低于反渗透膜，可是对二价离子的脱盐率可达 95%，略低于反渗透膜，对水中有机物有较好的截留能力。

（3）纳滤膜能截留的分子量一般为 $100\sim200D$。

（4）纳滤膜设计的水回收率与反渗透膜相似，1m 长的单只膜水回收率为 15% 左右。

（5）纳滤膜是荷电膜，其脱盐率很大程度上取决于膜的电荷种类和电荷量。

（6）纳滤膜出水的 pH 值与原水的相差无几，故出水无需进行后处理。

2. 纳滤装置的注意事项

（1）纳滤膜组件可制成板框式、管式、中空纤维式或卷式，水处理中应用最多的是卷式膜组件。

（2）纳滤装置多为一级系统，要求水的回收率较高时，可采用一级多段工艺。

（3）纳滤装置进水与反渗透要求相同。

（4）处理生活饮用水的运行过程中，纳滤膜进行清洗时采用的清洗剂和膜的保存剂与反渗透的要求相同，首先要符合《生活饮用水化学处理剂卫生安全性评价》（GB/T 17218—

1998）的要求，严禁使用对人体健康有危害的化学品作为膜的清洗剂和保存剂。

五、软化

（一）水质软化的意义

硬度是水质的一个重要指标。水的总硬度指水中钙、镁离子的总浓度，其中包括碳酸盐硬度（即通过加热能以碳酸盐形式沉淀下来的钙、镁离子，故又叫暂时硬度）和非碳酸盐硬度（即加热后不能沉淀下来的那部分钙、镁离子，又称永久硬度）。

生活用水与生产用水对硬度指标有一定的要求，特别是锅炉用水中若含有硬度盐类，会在锅炉受热面上生成水垢，从而降低锅炉热效率、增大燃料消耗，甚至因金属壁面局部过热而烧损部件，引起爆炸。

水的硬度太高或太低都不好，如果水硬度较高，不利于血液流通，肾结石发病率随水的硬度升高而升高；常年饮用硬度为 5 度以下软水的人群较前者血胆固醇含量、心率和血压均显著增加，心血管死亡率高达 10.1% 以上。我国《生活饮用水卫生标准》（GB 5749—2006）要求饮用水硬度不得超过 450mg/L（以 $CaCO_3$ 计）。

（二）水质软化方法

水质软化主要有以下几种方法。

1. 药剂软化法

水处理中常见的某些难溶化合物的溶度积列于表 4-36。

表 4-36　　　　　　　　　某些难溶化合物的溶度积（25℃）

化合物	$CaCO_3$	$CaSO_4$	$Ca(OH)_2$	$MgCO_3$	$Mg(OH)_2$
溶度积	4.7×10^{-9}	2.5×10^{-5}	5.0×10^{-6}	4.0×10^{-5}	8.9×10^{-12}

水的药剂软化工艺过程，就是根据溶度积原理，按一定量投加某些药剂（如石灰、苏打等）于原水中，使之与水中钙、镁离子反应生成沉淀物 $CaCO_3$ 和 $Mg(OH)_2$。工艺所需设备与净化过程基本相同，也要经过混合、絮凝、沉淀、过滤等工序。

2. 石灰软化法

石灰 CaO 是由石灰石经过煅烧制取，亦称生石灰。石灰加水反应称为消化过程，其生成物 $Ca(OH)_2$ 叫熟石灰或消石灰。投加熟石灰时可配制成一定浓度的石灰乳液。

为除去水中钙、镁离子，反而加入 $Ca(OH)_2$，似乎存在着矛盾。而其道理可从下列反应中看出。

$$Ca(OH)_2 \longrightarrow Ca^{2+} + 2OH^- \qquad (4-20)$$

$$HCO_3^- + OH^- \longrightarrow CO_3^{2-} + H_2O \qquad (4-21)$$

$$Ca^{2+} + CO_3^{2-} \longrightarrow CaCO_3 \downarrow \qquad (4-22)$$

$$Ca(OH)_2 + 2HCO_3^- \longrightarrow CaCO_3 \downarrow + CO_3^{2-} + 2H_2O \qquad (4-23)$$

根据上述反应，为使水中 HCO_3^- 离子去除，石灰提供了所需的 OH^- 离子。投加石灰的实质是为了生产过剩的 CO_3^{2-} 离子，使之与原水中的 Ca^{2+} 离子生成 $CaCO_3$ 沉淀析出。这样，每加入 1mol $Ca(OH)_2$，可去除水中 1mol Ca^{2+}。

实际上，石灰软化过程包括下面几个反应：

$$CO_2 + Ca(OH)_2 \longrightarrow CaCO_3 \downarrow + H_2O \tag{4-24}$$

$$Ca(HCO_3)_2 + Ca(OH)_2 \longrightarrow 2CaCO_3 \downarrow + 2H_2O \tag{4-25}$$

$$Mg(HCO_3)_2 + Ca(OH)_2 \longrightarrow CaCO_3 \downarrow + MgCO_3 + 2H_2O \tag{4-26}$$

$$MgCO_3 + Ca(OH)_2 \longrightarrow CaCO_3 \downarrow + Mg(OH)_2 \downarrow \tag{4-27}$$

熟石灰最容易与水中游离 CO_2 起化学反应，其次与碳酸盐硬度起化学反应，后者也是石灰软化的主要反应。在式（4-25）的反应中，去除 1mol $Ca(HCO_3)_2$，要消耗 1mol $Ca(OH)_2$。而式（4-26）第一步反应生成的 $MgCO_3$，其溶解度较高，还需要再与 $Ca(OH)_2$ 进行第二步反应，生成溶解度很小的 $Mg(OH)_2$ 才会沉淀析出。所以去除 1mol $Mg(HCO_3)_2$，要消耗 2mol $Ca(OH)_2$。

上面这些反应也就是碳酸平衡向生成 CO_3^{2-} 的方向转移，如下式所示：

$$2HCO_3^- \rightleftharpoons CO_2 + CO_3^{2-} + H_2O \tag{4-28}$$

$$CO_3^{2-} + Ca^{2+} \rightleftharpoons CaCO_3 \tag{4-29}$$

明显看出，促使 HCO_3^- 和 CO_3^{2-} 相互转化的重要因素是游离 CO_2。当石灰与水中游离 CO_2 起反应，有利于使式（4-28）反应向右方进行，亦给式（4-29）反应创造了条件，使水中 Ca^{2+} 生成 $CaCO_3$ 沉淀析出。

熟石灰虽然亦能与水中非碳酸盐的镁硬度起反应生成氢氧化镁，但同时又产生了等物质的量的非碳酸盐的钙硬度：

$$MgSO_4 + Ca(OH)_2 \longrightarrow Mg(OH)_2 \downarrow + CaSO_4 \tag{4-30}$$

$$MgCl_2 + Ca(OH)_2 \longrightarrow Mg(OH)_2 \downarrow + CaCl_2 \tag{4-31}$$

所以，单纯的石灰软化是不能降低水的非碳酸盐硬度的。不过通过石灰处理，还可去除水中部分铁和硅的化合物。

综上所述，石灰软化主要是去除水中的碳酸盐硬度以及降低水的碱度。但过量投加石灰反而会增加水的硬度。石灰软化往往与混凝同时进行，有利于混凝沉淀。

石灰用量 $\rho(CaO)$（以 100%CaO 计算）可按以下两种情况进行估算。

（1）当钙硬度大于碳酸盐硬度，此时水中碳酸盐硬度仅以 $Ca(HCO_3)_2$ 形式出现：

$$\rho(CaO) = 56\{c(CO_2) + c[Ca(HCO_3)_2] + c(Fe^{2+}) + K + \alpha\} \tag{4-32}$$

（2）当钙硬度小于碳酸盐硬度，此时水中碳酸盐硬度以 $Ca(HCO_3)_2$ 和 $Mg(HCO_3)_2$ 形式出现：

$$\rho(CaO) = 56\{c(CO_2) + c[Ca(HCO_3)_2] + 2c[Mg(HCO_3)_2] + c(Fe^{2+}) + K + \alpha\}$$
$$\tag{4-33}$$

式中　$c(CO_2)$——原水中游离 CO_2 浓度，mmol/L；

　　　$c(Fe^{2+})$——原水中铁离子浓度，mmol/L；

　　　K——铁盐或铝盐混凝剂投加量，mmol/L；

　　　α——CaO 过剩量，一般为 $0.1\sim0.2$mmol/L。

经石灰处理后，水的剩余碳酸盐硬度可降低到 $0.25\sim0.5$mmol/L，剩余碱度 $0.8\sim1.2$mmol/L，硅化合物可去除 $30\%\sim50\%$，有机物可去除 25%，铁残留量约 0.1mg/L。

在水的药剂软化中，石灰是最常用的投加剂，由于价格低，来源广，很适用于原水的碳酸盐硬度较高、非碳酸盐硬度较低而且不要求深度软化的场合。石灰用量不恰当，会使出水水质不稳定，给运行管理带来困难，所以，石灰实际投加量应在生产实践中加以调试。石灰也可以与钠离子交换法联合使用，用于原水的碳酸盐硬度较高而且要求深度软化的情况，这时石灰软化可作为钠离子交换法的预处理。

3. 石灰-苏打软化

这一方法是在水中同时投加石灰和苏打（Na_2CO_3）。此时，石灰用以降低水的碳酸盐硬度，苏打用于降低水的非碳酸盐硬度。软化水的剩余硬度可降低到 $0.15 \sim 0.2 mmol/L$。与 Na_2CO_3 有关的化学反应表示如下：

$$CaSO_4 + Na_2CO_3 \longrightarrow CaCO_3 \downarrow + Na_2SO_4 \tag{4-34}$$

$$CaCl_2 + Na_2CO_3 \longrightarrow CaCO_3 \downarrow + 2NaCl \tag{4-35}$$

$$MgSO_4 + Na_2CO_3 \longrightarrow MgCO_3 + Na_2SO_4 \tag{4-36}$$

$$MgCl_2 + Na_2CO_3 \longrightarrow MgCO_3 + 2NaCl \tag{4-37}$$

$$MgCO_3 + Ca(OH)_2 \longrightarrow Mg(OH)_2 \downarrow + CaCO_3 \downarrow \tag{4-38}$$

该法适用于硬度大于碱度的水。

六、高浊水的处理

（一）高浊水

在浊度较高的含沙水体中，大于均浓水层的极限粒径的泥沙，按其粒径大小，以各自的沉速下沉，而不大于极限粒径的泥沙组成均浓浑水层。此均浓水层的稳定泥沙，其大小不同的泥沙颗粒以相同的沉速组成群体下沉，此群体的沉速就是浑液面沉速。其含沙量一般为 $10 \sim 30 kg/m^3$，这种水通常称为高浊度水。

高浊水的沉降性能与一般浊度的水有明显的差异。多年来，以黄河泥沙水为代表，对高浊水的沉降性能进行了大量研究，探索了其沉降规律。研究表明，黄河泥沙颗粒在沉降过程中，出现明显的清浑水界面，以浑液面的沉降为其特征。浑液面的沉速主要取决于稳定泥沙的极限粒径。极限粒径又与泥沙含量和组成有关。通过对黄河高浊水的研究，为高浊水预沉淀的设计提供了依据。

当高浊度原水含砂量较高时，采用自然沉淀，浑液面沉速很低，因此往往需要采用混凝沉淀。对高浊水的混凝剂，要求具有较高的聚合度，较大的分子量和较长的分子链，因此多选用高分子絮凝剂。根据兰州自来水公司的资料，采用硫酸铝做混凝剂，适应的最大含沙量为 $10 \sim 20 kg/m^3$，用三氯化铁为 $40 kg/m^3$ 左右，用聚合铝为 $60 kg/m^3$ 左右，而采用聚丙烯酰胺则可适应含沙量达 $100 \sim 150 kg/m^3$。

兰州自来水公司从 20 世纪 50 年代开始即已采用高分子絮凝剂作为高浊度水处理的药剂。当时主要采用非离子型聚丙烯酰胺。随着科学技术的发展，阴离子型絮凝剂和阳离子絮凝剂也有所应用。

（二）高浊水处理工艺

高浊水处理的特点是在常规处理工艺前增加预处理工艺。预处理工艺可分为：一是设置水量调节构筑物（调蓄水库），以避开高浊期间取水；二是设置预沉淀构筑物，以去除大部分泥沙。

1. 沉降分类

天然浑水的沉降可以分为 4 种类型，即自由沉降、絮凝沉降、界面沉降、压缩沉降。

（1）含沙量较低（6kg/m³ 以下），泥沙颗粒组成较粗时，一般具有自由沉降的性质。

（2）含沙量较高（6kg/m³ 以上，15～20kg/m³ 以下），或泥沙颗粒组成较细时，由于细小泥沙的自然絮凝作用而形成絮凝沉降。

（3）当含沙量更高时（15～20kg/m³ 以上），细颗粒泥沙因强烈的絮凝作用而互相约束，形成均浓浑水层。均浓浑水层以同一平均速度整体下沉，并产生明显的清——浑水界面，称浑液面，此类沉降称界面沉降。组成均浓浑水层的细颗粒泥沙称稳定泥沙，其粒径范围随含砂量的升高而加大。

（4）原水含沙量继续增大，泥沙颗粒便进一步絮结为空间网状结构，黏性也急剧增高。此时颗粒在沉降中不再因粒径不同而分选，而是粗、细颗粒共同组成一个均匀的体系而压缩脱水，称压缩沉降。

沉降类型不同，颗粒沉降所遵循的规律和相应的沉降速度也各不相同。高浊水的颗粒群体沉降服从界面沉降规律，故沉淀池应按浑液面沉降速度进行设计。

2．浑液面沉速

高浊水在其自然沉降过程中相继出现浑液面的等速沉降、过渡区和压缩沉降 3 个阶段。一般选用等速沉降段的沉速或等速沉降段和过渡区两个阶段的浑液面平均沉速值作为设计沉速。

浑液面沉速取决于原水中的稳定泥沙的浓度，即组成均浓浑水层的细颗粒（粒径小于0.03mm）的泥沙浓度。由于原水的物理、化学性质不同，浑液面沉速也互有差异。有条件时，应选择有代表性的水样进行静水沉降试验。

当采用预沉构筑物时，必须考虑泥渣浓缩和排泥。预沉池通常采用连续排泥方式，以形成一定量的底流，使进入和排出的泥沙维持平衡，以保证预沉构筑物的稳定工作。

3．预沉淀构筑物

适用于高浊度水预沉淀或澄清的构筑物池类型及选用见表4-37。

表 4-37　　　　　　　　　　　　　预 沉 池 的 类 型

形式	优缺点	适用条件
辐流式预沉池	优点： （1）管理方便，工作可靠； （2）便于机械排泥； （3）投加聚丙烯酰胺，净化效率高。 缺点： （1）占地面积大； （2）投资大，施工较平流差； （3）导流和配水条件较差	一般用于大、中型水厂的预沉
平流式预沉池	优点： （1）管理方便，水力条件好； （2）施工简单； （3）易于与反应设备连接。 缺点： （1）占地面积大； （2）排泥困难，机械排泥设备维护较复杂	用于大、中型水厂的预沉

续表

形式	优缺点	适用条件
斜管预沉池	优点： （1）沉淀效率高，水力条件好； （2）体积小，占地少。 缺点： （1）造价高； （2）排泥困难	用于各类水厂的预沉
水旋澄清池	优点： （1）结构简单，采用水力混合、反应，省去了提升和搅拌设备； （2）体积小，占地少。 缺点： （1）水头损失大； （2）排泥较困难	用于中小水厂的预沉
沉砂池	优点： 体积小、占地少、结构简单。 缺点： （1）仅能去除大颗粒的泥沙； （2）需专门清沙	用于各类水厂的预沉，适用于原水含沙量高、颗粒较粗的水质

此外，在考虑高浊水预沉处理时，若附近有天然预沉条件的洼地，并在此基础上可改建天然预沉池时，应首先考虑采用天然预沉。

高浊水处理除了需要解决泥沙的沉淀外，对于沉淀泥沙的输送和处理也是重要问题。根据多年实践，利用沉泥淤背以加固黄河大堤以及利用低洼盐碱池，淤沙至一定高度后，盖淤还耕，既改良了土壤又解决了泥沙出路，都在实践中取得较好效果。

第八节　微污染水处理技术

一、微污染水源水

微污染水源水是指受到工农业和生活污水污染，其中部分项目超过《地表水环境质量标准》（GB 3838—2002）中Ⅲ类水体规定标准的饮用水水源水。

1. 微污染水源水的成分

微污染水源水的成分主要包括有机物［天然有机物（NOM）和人工合成有机物（SOC）］、氨（水体中常以有机氮、氨、亚硝酸盐和硝酸盐形式存在）、色、嗅、味、三致物质、铁锰等。

2. 微污染水源水的水质特点

（1）受工业废水和生活污水影响。

（2）水中溶解性有机物大量增加。

（3）一些有害微生物较难去除。

（4）内分泌干扰物去除率不高。

因微污染水源水中的污染物浓度低，自来水厂原有的混凝、沉淀、过滤、消毒的传统工艺不能有效去除水中的污染物，尤其是致癌物的前体物。这些前体物经加氯处理后产生卤代烃三卤甲烷和二氯乙酸等"三致"物，而氨氮过高不仅使水厂消毒加氯量提高，还会导致管网中亚硝酸菌滋生，残留的有机物会引起管道中异养菌生长，危害人体健康。

由于我国的经济实力无法在较短的时间内控制水源污染，改变水源水质低劣的现状，因而人们不得不采用新的处理方法来保证饮用水的安全和人们的健康，主要包括预处理和深度处理技术。

二、预处理技术

为了解决微污染水的处理问题，使饮用水水质满足现行水质标准，在水厂常规处理工艺的前端，增加物理、化学或生物的处理工艺，称为预处理。

（一）预氧化

预氧化通常是指在水厂头部如絮凝池或沉淀池之前，将氧化剂投加到原水中的工艺，其主要作用是氧化分解水中有机或无机污染物，以利于其在后续处理过程中去除，同时可以破坏附着或包裹在胶体颗粒表面的还原性有机物，促使胶体颗粒脱稳，以提高常规处理混凝沉淀和过滤的效果，也就是起到了助凝作用。

1. 预氯化

通常在混凝、澄清以前加氯，称为预氯化，是微污染水源提高出水水质的方法之一。加氯以后，可以氧化水中的有机物和铁、锰，控制臭味，去除色度，强化混凝和过滤，抑制处理构筑物内的微生物生长，还可将有毒害的致癌物亚硝酸盐氧化为硝酸盐。当水中氨的浓度很高时，预氧化需大量加氯。不但药剂费用很高，还需要在后面去除剩余氯。预氯化时会生成大量卤代消毒副产物，这些副产物对人体有毒害，且不易被后续的常规处理工艺去除，因此处理后水的毒理学安全性下降。

2. 预臭氧化

臭氧用作预氧化剂的主要目的是强化常规处理工艺去除微污染物的能力。臭氧投加在混凝之前时称为预臭氧化，也有在沉淀池后或滤池后投加臭氧，称为中间臭氧化，目的是使水中有机物的形态发生变化，以提高后续工艺去除污染物的效果，对于这种情况通常臭氧和活性炭滤池在一起使用。后臭氧化是在滤后水中投加臭氧，目的在于灭活致病微生物，保证饮用水的生物和化学安全性。臭氧要现场制备，且运行成本较高，因此，选择可靠的臭氧发生设备是保证预臭氧化工艺稳定运行的关键。

（1）预臭氧化的特点。预臭氧化比预氯化有下列优点：预臭氧化可在沉淀和过滤过程中起生物硝化作用，从而减少原水中的氨，而加氯时则需以折点的加氯量才可用化学方法除氨；预氯化时会生成 THMs，而预臭氧化时因在澄清过程中去除 THMs 的母体，其结果是处理后水比原水的 THMs 有所减小，避免了预氯化时的类似问题。

根据上海市水源的试验，预臭氧化工艺与预氯化相比，在去除色度、铁和锰等方面有显著效果，比预氯化工艺分别提高了 29.9%、0.7% 和 14.8%。

1）预臭氧化工艺对亚硝酸盐也有很好的去除效果，其去除量取决于臭氧的投加量。

2）预臭氧化工艺出水中的溶解氧和预氯化工艺相比有明显的提高，投加臭氧后，原水、沉淀水、滤后水的溶解氧都达到了过饱和状态，有利于后续工艺中还原性物质的去除，将为后续生物活性炭滤池中的好氧生物提供氧源。

3）预臭氧化工艺可以很好地改善水的致突变活性：预臭氧化时不像加氯时产生那样多的三卤甲烷和卤乙酸，因为臭氧氧化可以很好地去除氯化消毒产物的母体，所以当滤后水加氯消毒时，氯仿、一溴二氯甲烷、二溴一氯甲烷和四氯化碳的含量均降低，而卤乙酸并未检出。

4）预臭氧化工艺去除氨氮能力有限，氨氮去除率比预氯化时明显减少，因此用臭氧预处理后的水，一定要联合生物活性炭工艺才能有效地去除氨氮。

5）预臭氧化时，COD_{Mn} 的去除率高且比较稳定，不像预氯化时的去除率变化很大。

6）预臭氧化时 UV_{254} 去除率远高于预氯化工艺，说明臭氧可使大分子有机物转化为容易被生物降解和吸附的小分子有机物，有利于后续常规处理工艺的去除，但是臭氧只是将大分子有机物氧化成小分子有机物，故预臭氧化工艺和预氯化工艺一样，对 TOC 都没有很好的去除效果。

7）黄浦江原水的溴离子浓度很低，因此预臭氧化出水中的溴酸盐浓度极低，一般不存在臭氧副产物——溴酸盐超标的问题，不过应该注意海水倒灌时水中的溴化物含量增加时的情况。

（2）预臭氧化的效果。预臭氧化可以达到许多处理效果，包括消毒、去除臭味、降低色度、除铁除锰、强化混凝、减少消毒副产物母体，去除藻类及其气味和浑浊度。原水需臭氧量高时，臭氧投加点可选在水处理流程之后。对于直接过滤或原水臭氧需要量低的情况，投加臭氧主要是为了消毒。

3. 高锰酸钾预氧化

高锰酸钾（$KMnO_4$）是一种强氧化剂，主要用来控制臭味、去除色度、防止水处理构筑物内滋生微生物，并可降低铁、锰含量，氧化有机铁。还可以将生成消毒副产物的母体加以氧化，以控制三卤甲烷生成量。高锰酸钾除铁除锰的化学条件并不严格，在水的 pH 值高于 7 时，高锰酸钾几乎瞬时就可将铁和锰氧化，而 pH 值在 5 和 6 时，氧化时间分别约为 15min 和 5min。高锰酸钾能够选择性地与水中有机污染物作用，破坏有机物的不饱和官能团，效果良好。近年来又研制出高锰酸盐复合药剂，对地表水有显著的氧化助凝、除藻、除臭味、去除微量有机污染物等效果，还可降低三卤甲烷的母体。

产水量为 20000m³/d 的农村大型水厂，如高锰酸钾投加量为 2mg/L，约需要有 70kg/d 的投药系统，包括备用的能力。一般而言，当投药量大于 11kg/d 时，可以用干式投药机。投药机下面有浮球控制的溶液池，药剂溶液用水射器送到投加点。投加量小于 11kg/d 时，通常将高锰酸钾先在溶液池中溶解。投药设备可包括 2 个溶液池和 2 台计量投药泵，每台泵应能满足高峰日用水量的投药量要求，溶液池应有搅拌器并加盖。

4. 二氧化氯预氧化

二氧化氯对芳香烃类化合物有较好地去除效果，它可以减小三卤甲烷（THMs）和总有机卤的生成，能很好地去除色度。二氧化氯预氧化时生成的副产物较少并且毒害作用较轻，消毒副产物主要有亚氯酸盐和氯酸盐，两者的氧化性很强，对人体神经系统有毒害作用，长期饮用能导致贫血症等。

二氧化氯需要现场制备，根据不同的制备方法，应严格控制反应条件，防止发生爆炸事故。二氧化氯用于预氧化以去除有机物、铁和锰时，其投加量为 $1\sim1.5mg/L$，具体投加量需要根据原水水质情况确定。投加浓度必须控制在防爆浓度以下，必须设置安全防爆措施，凡与二氧化氯接触的设备和管道应使用惰性材料，对每种药剂应设置单独的房间，并要有排除和储存遗留或渗漏药剂的措施。

（二）生物预处理

生物预处理一般设置在常规净水工艺流程之前。主要利用微生物的氧化分解及转化功能，以水中有机物（少数以无机物）作为微生物的营养，通过微生物的新陈代谢作用，对水中的有机污染物、氨氮、亚硝酸盐及铁、锰等无机污染物进行初步去除降解，既改善了水的混凝沉淀性能，也减轻了常规处理和后续处理单元的负荷。同时，通过可生物降解的有机物的去除，还能减少水中"三致"物质的前体物的含量，减少细菌在配水管网中重新滋生的可能性，减少消毒剂需要量及消毒副产物生成量，增加饮用水的生物稳定性。生物处理按微生物在构筑物中的存在方式可分为两类：活性污泥法和生物膜法。由于微污染水源水有机物浓度非常低，活性污泥法不太适用，因此均采用生物膜法。目前应用的生物膜法预处理技术主要有生物滤池、生物接触氧化池、生物转盘、生物流化床及在水源地通过堤岸、沙丘等渗透的土地处理系统等几种形式。目前比较成熟的、能用于大规模净水厂实际运用的生物预处理工艺有弹性填料生物接触氧化池、生物滤池、悬浮填料生物接触氧化池和轻质滤料生物滤池。

生物预处理对氨氮的去除效果非常明显，正常气温下，氨氮去除率在 80% 以上，即使水温在 $5℃$ 左右，去除率通常也在 50% 左右，对有机物、铁、锰在后续处理工艺中有很好的去除率，也能改善絮凝效果；它的设备也比较简单，运行成本较低，主要是鼓风机的耗电和一些水头损失，运行成本一般在 0.01 元$/m^3$ 左右。

1. 生物接触氧化池

生物接触氧化池又叫浸没式曝气滤池。就是在曝气池中填充填料，经曝气的水流经填料层，使填料颗粒表面长满生物膜，水和生物膜相接触，在生物膜作用下水得到净化。这是一种兼有活性污泥和生物膜法特点的处理构筑物，所以兼有这两种处理法的优点。

这种方法的特点是：水力条件好，填料表面全为生物膜所布满，有利于维护生物膜的净化功能；对冲击负荷有较强的适应能力，污泥量少，不产生污泥膨胀危害；易维护管理。我国多个城市水厂均有应用。

2. 生物陶粒滤池

生物陶粒滤池是目前常用的生物处理方法。通过布水装置流到滤池表面的水，以滴流形式下落，在滤池表面生成生物膜。通过生物膜的代谢活动，有机物被降解，使附着水层得到净化。其填料一般不被水淹没，也有填料完全被水淹没的。供氧是影响生物滤池净化功能的重要因素之一。微生物的代谢速度取决于有机物的浓度和溶解氧量，在一般情况下，氧较为充足，代谢速度只取决于有机物的浓度。

这种方法的特点是：处理效果稳定，污染物去除率较高、污泥量少，受外界环境变化影响较小，有机物降解程度较高，净化较彻底，管理操作简单方便。

3. 悬浮填料生物接触氧化池

悬浮填料是近年来开发出的一种用于生物接触氧化工艺的新型填料，该填料最早在德国、挪威等地研制成功，并在当地的污水处理中得到广泛应用，据相关文献介绍，国外采用这种池型的污水处理厂已达到数百座。国内也开始逐渐引进和发展。该填料的特点如下：

（1）一般呈规则状，比表面积大，远高于弹性填料。

（2）由聚乙烯、聚丙烯等塑料或树脂制成，相对密度与水接近，在适当曝气时，易达到全池流化翻动状态。

（3）填料在流化状态下不会结团堵塞，老化的生物膜可通过水力冲刷自动脱落，促进了生物膜的更新。

（4）填料直接投加在水池中，不需支架等附属物，减少了安装工程，且不易堵塞，不需反冲洗，运行管理方便。

由于悬浮填料在曝气时处于流化状态，不但可提高氧的利用率和传质效率，而且通过填料对气、水的分割，有利于布水和布气的均匀，可提高反应效率，减少停留时间。

4. 轻质滤料生物滤池

轻质滤料生物滤池所采用的滤料是一种粒径小、形状一致的球形滤料，具有以下特性。

（1）在滤料介质内达到很高的滤速，在微污染原水中，气水同向流的情况下，可以采用较高的滤速。

（2）该滤料的原材料来自国内的工业原料，化学性能稳定，可就地生产加工，来源广泛，价格便宜。

（3）滤料比表面积大，填料比表面积大于 $1000 \mathrm{m}^2/\mathrm{m}^3$，表面适宜微生物生长，处理负荷高。

（4）滤料粒径均匀，阻力损失小，在常规情况下，滤层阻力损失不超过 0.5m。

（5）气水比较低，由于滤料密度较小，能浮于水上，实际使用气水比为（0.4～1.0）∶1，且大多数情况下可运行在（0.4～0.6）∶1。

5. 存在的主要问题

从各地应用情况看，生物预处理存在的主要问题是冬季低温期间处理效率较低；悬浮填料生物接触氧化池的填料上生长的生物膜不易清洗，挂膜的支架承重较大；悬浮填料上容易长满螺丝、蛤蜊等小生物，不易清洗并使填料下沉不悬浮。生物滤池的缺点主要是由于在水厂改造中，常规处理已经建成，不得已将生物滤池设置在最前方，虽可节省混凝剂用量，但它越俎代庖，将沉淀池最容易去除的颗粒杂质放在生物滤池中去除，增加了水头损失，并容易堵塞管嘴，常须清洗，加重了运行负担。

综合比较，悬浮填料如能克服小生物生长易堵塞的特点，确保悬浮，使生物膜自动脱落，则具有效率高、运行方便、造价较低的优点，将是今后的发展方向。

（三）粉末活性炭预吸附

粉末活性炭对水中的溶解有机物有较强的吸附能力，可以有效地去除臭味、色度、TOC、重金属、放射性物质等。

活性炭通常分为粉末活性炭（PAC）和颗粒活性炭（GAC）两大类。在水处理中，颗粒活性炭应用较多，常放在滤池中作为滤料，处理效果稳定，但价格较贵，处理构筑物的基建和运行费用较高，且存在颗粒活性炭滤池内易滋生细菌、产生亚硝酸盐和对短期或突发性污染适应性差等缺点。而粉末活性炭价格便宜，基建投资省，不需增加特殊设备和构筑物，适用于水质季节性恶化及突发性事故的水源净化处理，粉末活性炭也有其不足之处，即炭末飞扬操作条件较差，一次使用后即成为污泥而丢弃，不仅增加处理费用也带来污泥处置的困难，有时粉末活性炭会从快滤池中泄漏出来而影响配水系统的水质。

　　粉末活性炭的表观密度为 0.36～0.74g/cm³，根据原材料和生产过程而异，一般为 200 目通过率大于 90%，常为极细粉末。因为粉末活性炭的颗粒小，比表面积大，吸附有机物的速度比颗粒活性炭快。水处理时，粉末活性炭的用途主要是去除色度、臭味化合物、农药和其他有机污染物。在欧洲和美国，大多用干投装置投加粉末活性炭，或用湿投法将活性炭粉末拌成炭浆（炭和水的比例为 0.1kg PAC/L 水）。用计量泵或高位炭池重力间歇投加到水中。粉末活性炭投加量的多少与浑浊度和产生臭味物质的浓度有关，应根据试验确定。

　　粉末活性炭颗粒的粒径为 10～50μm，粒径小可以增加吸附速率，从而减小投加量。活性炭具有微孔、中孔和大孔的孔隙状结构，其中各种孔隙大小的分布比例可影响炭种的选用。通常应该选用比表面积低、中孔占适当比例的炭种。因为大孔主要起过道作用，较少吸附污染物；而微孔又太小，会由于水中污染物的分子直径较大，难以进入，有时较大分子的污染物还会堵塞炭的微小孔隙；只有当活性炭的孔隙和被吸附物分子大小相近时，才会有较好的吸附作用。

　　粉末活性炭可以吸附由藻类、酚和石油引起的异常臭味，由铁、锰和有机物产生的色度，去除过量加氯时的剩余氯，去除消毒副产物的母体、洗净剂、可溶性染料、氯化烃、农药、杀虫剂，去除汞、铬等重金属，去除放射性物质等。但投加要过量，否则不易去除微量污染物。

　　粉末活性炭投加到水中后，在混凝沉淀时随污泥排除，不再回收利用。但如果结合澄清池使用，因为活性炭可以随池内泥渣循环回流，增加了活性炭和水中污染物的接触机会，不仅提高了活性炭的利用率，还可以减少活性炭的投加量。由于粉末活性炭只能一次性使用，因此大部分情况是在水源水季节性恶化发生臭味时才临时投加，以去除臭味。据美国包括最大 500 家供水企业在内的 683 个水厂调查，其中有 1/4 水厂应用粉末活性炭以去除臭味，也有用以去除有机物，投加量从几毫克每升到 100mg/L 以上，但一般小于10～50mg/L。

　　粉末活性炭投加到原水中后，经过水流的充分混合，吸附了产生臭味物质和其他有机物后，就在混凝沉淀池内下沉，随后在排泥时排除。由于水中的有机物和产生臭味物质进行竞争吸附，可能会减小活性炭对土臭素和 2-甲基异冰片的吸附。活性炭投加到水中后，与污染物的接触时间应有 10～30min，一般在相同去除率时，延长接触时间可以减少活性炭投加量。通常不应在预氯化之后投加粉末活性炭，为了减少活性炭的投加量，应取消预氯化改为滤后加氯。粉末活性炭应在混凝剂之前投加，并且先后相隔一段时间，否则，混凝时产生的矾花可黏附在活性炭的表面，会降低活性炭的吸附能力，因而需增加投加量才能达到相同的去除率。

三、深度处理技术

（一）概述

深度处理技术就是通过物理、化学、生物等作用去除常规处理工艺不能有效去除的污染物质（包括消毒副产物前体物、内分泌干扰物、农药及杀虫剂等有毒有害物质、氨氮等无机物），以减少消毒副产物的生成，提高和保证饮用水质，提高管网水的生物稳定性，对于 COD_{Mn} 及氨氮含量较高的微污染水源水来说，经常规混凝沉淀和过滤处理后，水中的污染物质主要为有机物及氨氮。

深度处理的效果可以从 3 个方面来反映：一是出水的水质指标，应满足有关的饮用水水质标准；二是出水的致突变活性降低，致突变试验应为阴性；三是水在管网中的生物稳定性要高，防止管网中细菌的繁殖。

深度处理最主要的目的是去除溶解性有机物。按有机物（以溶解性有机物 DOC 计）能否被活性炭吸附，可以将水中有机物分成可吸附有机物（DOC_A，adsorbable DOC）、不可吸附有机物（DOC_{NA}，non-adsorbable DOC）；按有机物能否被生物降解，可将有机物分成可生物降解有机物（BDOC，biodegradable DOC）、难生物降解有机物（NBDOC，non-biodegradable DOC）。这几类有机物相互交叉，因此又可将水中的有机物质综合分成四类：

（1）可生物降解同时可被吸附的有机物（用 $DOC_{B\&A}$ 表示）。

（2）可生物降解、不可吸附有机物（用 $DOC_{B\&NA}$ 表示）。

（3）难生物降解、可吸附有机物（用 $DOC_{NB\&A}$ 表示）。

（4）难生物降解、不可吸附有机物（用 $DOC_{NB\&NA}$ 表示）。

其中可生物降解有机物可通过生物作用去除，难生物降解有机物（包括农药、杀虫剂及其他内分泌干扰物）可通过化学氧化作用将其转化为易生物降解有机物再通过生物作用去除，也可通过活性炭吸附作用将其去除。

水中的氨氮可通过生物作用将其转化为硝酸盐，或通过加氯将其去除，但氯化法的氯气消耗量大。

常用的化学氧化方法有臭氧氧化法和高级氧化法，目前在工程中应用最多的是臭氧氧化法。活性炭具有很强的吸附作用，可以有效去除水中的有机物，生物膜成熟后成为生物活性炭，可去除水中易降解有机物及氨氮，延长活性炭的使用寿命。传统工艺对水源中的病原原生生物（贾第虫、隐孢子虫）去除率较低，生物炭滤池（粒状炭）过滤对贾第虫孢囊和隐孢子虫卵囊的去除效果和砂滤池基本相同，其中隐孢子卵囊比贾第虫孢囊更易穿透活性炭滤池，通用的消毒剂氯和氯胺对隐孢子虫的灭活效率较低，很多研究证明，膜过滤对隐孢子虫卵囊具有非常高的去除率，经膜过滤的水中很少发现隐孢子虫卵囊，其去除机理被认为是膜的截留作用。

臭氧活性炭联合工艺是一种较为成熟的深度处理工艺，两者的有机结合使其成为有效去除有机物的工艺。臭氧氧化可以有效去除农药及其他内分泌干扰物，并将难降解有机物氧化分解为可生物降解有机物，这部分有机物可在生物活性炭滤池中通过生物降解被去除；同时，一些不能被活性炭吸附的大分子有机物可被臭氧氧化为较小分子有机物，从而通过活性炭吸附去除。臭氧氧化产物中的醛类对人体有害，但由于这类物质容易生物降解，因此，生物活性炭可将其有效去除。同时，水中一部分易被吸附的难降解有机物被氧化成为生物降解有机物，在活性炭滤池中通过生物作用将其去除，从而延长了活性炭的使用寿命。

深度处理的内涵是在常规处理的基础上提高水质，因此，深度处理并不是单纯地在常规处理工艺后增加臭氧-活性炭工艺，还包括常规处理前的各种预处理工艺、对常规处理工艺单元的改进以及膜过滤技术。预处理包括了化学氧化及生物预处理工艺、为提高混凝对有机物的去除效果而采取的各种强化措施、为提高过滤单元对污染物的去除效果采用活性炭或改性滤料替代石英砂滤料。

（二）臭氧技术

臭氧自 1840 年由德国科学家 Schonbein C 发现以来，即作为氧化剂使用。20 世纪初，法国的尼斯市 Veyage 水厂率先将臭氧引用于饮用水消毒。臭氧是一种很强的氧化剂和消毒剂，其氧化还原电位在碱性环境中仅次于氟，远远高于水中常用的消毒剂液氯。臭氧不仅有优异的消毒作用，而且作为一种强氧化剂，在水处理中同时具有去除水中的色、臭、味和铁、锰、氰化物、硫化物和亚硝酸盐等作用，且消毒后饮用水中的三卤甲烷等副产物少。因此臭氧作为饮用水消毒剂越来越引起人们的关注。目前世界上已有很多国家，特别是欧洲国家在水处理中均采用臭氧。

研究发现，臭氧与有机物的反应具有很强的选择性，但它对水中已生成的三卤甲烷几乎没有去除作用。

1. 臭氧的主要物理化学性质

臭氧的分子式为 O_3，是氧的同素异形体。臭氧与氧有显著不同的特性，氧气是无色、无味、无臭、无毒的，而臭氧却是淡蓝色，且具有特殊的"新鲜"气味。在低浓度下嗅了使人感觉清爽，但当浓度稍高时，具有特殊的臭味，而且是有毒的。

（1）臭氧在水中的溶解度。臭氧的相对密度是氧的 1.5 倍，在水中的溶解度比氧气大13 倍，比空气大 25 倍，臭氧和气态气体一样，在水中的溶解度符合亨利定律：

$$C = K_H P \tag{4-39}$$

式中　C——臭氧在水中的溶解度，mg/L；

P——臭氧化空气中的臭氧的分压力；

K_H——亨利常数，mg/(L·kPa)。

由上式知，当实际生产中，采用空气作为臭氧发生器的氧源时，臭氧化空气（含有臭氧的空气）中臭氧的分压很小，故臭氧在水中的溶解度也很小，例如，用空气为原料的臭氧发生器生产的臭氧化空气，臭氧只占 0.6%～1.2%（体积比）。根据气态方程和道尔顿分压定律，臭氧的分压也占臭氧化空气的 0.6%～1.2%。因此当水温为 25℃时，将这种臭氧化空气加入到水中，臭氧的溶解度只有 3～7mg/L。若以氧气为氧源时，臭氧的分压可占到臭氧气的 10% 左右，因此，臭氧在水中的溶解度可大大提高。

（2）臭氧的分解。常温下，臭氧在空气中会自行分解成氧气并放出大量热量，其反应式为

$$O_3 \longrightarrow \frac{3}{2}O_2 + 144.45\text{kJ} \qquad (4-40)$$

臭氧在空气中的分解速度与臭氧浓度和温度有关，当浓度在 1.0% 以下时，臭氧在常温常压的空气中分解的半衰期为 16h 左右，浓度越高，分解越快。随着温度的升高，分解速度加快，温度超过 100℃ 时，分解非常剧烈；达到 270℃ 高温时，可立即转化为氧气。

臭氧在水中的分解速度比在空气中快很多。蒸馏水中臭氧浓度为 3mg/L 时，常温下其半衰期仅 5~30min。臭氧在天然水中的分解速度与水的污染物含量、pH 值有关，污染物含量越高、pH 值越高，臭氧的分解速度越快。所以臭氧不易储存，需边产边用。

2. 臭氧的制备

氧气在电子、原子能射线、等离子体和紫外线等射流的轰击下将分解为氧原子。这种氧原子极不稳定，具有高活化能，能很快和氧气结合形成 3 个氧原子的臭氧。电解稀硫酸和过氯酸时，含氧基团向阳极聚集、分解、合成，也能生成臭氧。因此，生产臭氧的方法大致有以下几种：无声放电法、放射法、紫外线法、等离子射流法和电解法。

紫外线法是最早使用的制备臭氧的方法，只能生产少量的臭氧，主要用于空气的除臭。等离子射流法是氧气分子激发分解为氧原子，然后用液氧收集而产生臭氧。其臭氧浓度不高，能耗极大。例如，电解低温硫酸的能耗为 $41.45\text{kW} \cdot \text{h/kgO}_3$，且设备复杂，故实际生产中应用不多。

放射法是利用放射线辐射含氧气流，从而激发生产臭氧。其热效率高，是无声放射法的 2~3 倍，但设备复杂，投资大，适用于大规模使用臭氧的场合。

工业上最常见的是无声放电法（或称为电晕放电法），下面主要介绍这种方法。

（1）无声放电法合成臭氧的原理。在一对高压电流之间（间隙 2~3mm）形成放电电场，由于介电器的阻碍，只有极小的电流通过电场，即在介电体表面的凸点上发生局部放电，因此不能形成电弧，故称之为无声放电。当氧气或空气通过此间隙时，在高速电子流的轰击下，一部分氧原子转变为臭氧，其反应如下：

$$O_2 + e^- \longrightarrow 2O + e^- \qquad (4-41)$$

$$3O \longrightarrow O_3 \qquad (4-42)$$

$$O_2 + O \Longleftrightarrow O_3 \qquad (4-43)$$

上述可逆反应表示生成的臭氧又会分解为氧气，分解反应也可能按下式进行：

$$O_3 + O \longrightarrow 2O_2 \qquad (4-44)$$

分解速度随臭氧浓度的增大和温度的升高而加快。在一定浓度和温度下，生产的臭氧只占空气的 $0.6\%\sim1.2\%$（体积比），若以纯氧气通过放电区域，其产生的臭氧也仅增加 1 倍。因此，所生产出来的臭氧，通常称为臭氧化空气，而并非纯臭氧气。

用无声放电法制备臭氧，放电间隙将产生大量热量，它将促使臭氧加速分解，更加剧了生产率的下降。因此，采用适当的冷却方式，及时排除这些热量，是提高臭氧浓度、降低电耗的有效措施。

（2）无声放电臭氧发生器。无声放电臭氧发生器的种类繁多，按其构造可分为管式、板式和金属格网式 3 种。管式臭氧发生器中，又有单管、多管、卧式和立式等多种发生器。

国内使用的较普遍的是卧管式臭氧发生器，器内有水平装设的不锈钢管多根，两端固定在两块管板上。管板将容器分为3部分，右端进入原料气，左端排出臭氧化空气，中间管件外通冷却水，每根金属管构成一个低压级（接地），管内装一根同轴的玻璃管作为介电体，玻璃管内侧喷涂一层铝和银，与高压电源相连。玻璃管一端封死，管壁与金属之间留2～3mm的空隙，供气体通过之用。经过净化干燥处理后的空气从环状间隙流过，在高电压作用下（1万～1.5万V）将部分氧气转变为臭氧。此方法生产的臭氧浓度在1％～3％之间。由于制备臭氧过程中产生的大量热量，85％～95％的电能转变为热能，因此臭氧发生器的电能利用效率很低，运营费用较高。

（3）臭氧发生系统。随着电流频率的增高臭氧发生器的能耗将增大，放电管的使用寿命将缩短。实践表明，小型臭氧发生器可采用高频（＞1000Hz）放电，大、中型臭氧发生器宜采用中频（600～1000Hz）放电。臭氧发生器的臭氧产量与浓度会随着供气压力的增高而降低，其最佳工作压一般为120～130kPa。臭氧发生过程中消耗的能量仅有22％用于合成臭氧，其余均转化为热量而使气体温度升高，这将导致臭氧产量降低。因此，臭氧发生器应配备完善的冷却系统。对于氯离子浓度小于50mg/L的冷却水，一般采用开环冷却系统，对于氯离子浓度大于50mg/L的冷却水则采用闭环冷却系统。对臭氧发生系统而言，臭氧浓度低则臭氧发生器的能耗也低，但臭氧发生所消耗的氧气量大；臭氧浓度高则臭氧发生器的能耗也高，但臭氧发生所消耗的氧气量低。因此，究竟选用多大的臭氧浓度，因根据当地的电价和氧气价格，在进行总能耗比较后确定。

（4）气源。臭氧发生器的气源有空气、液态氧、气态氧。空气制备臭氧设备投资高，臭氧浓度一般为3％～4％，耗电量为23～25kW·h/kgO₃。液态氧制备臭氧设备投资低，臭氧发生浓度可达18％甚至更高，耗电量为10～13kW·h/kgO₃。因为液态氧一般需外购，故臭氧发生总成本随着液态氧价格的变化而变化。试验表明，当液态氧气含量为97.7％时臭氧产率最高。气态氧制臭氧设备投资比空气制备臭氧低，但比液态氧制臭氧要高，臭氧发生浓度可达到18％甚至更高，耗电量为11～14kW·h/kgO₃。气态氧一般是现场制备，氧气纯度为90％～93％，能耗为0.3～0.4kW·h/kgO₂。对于不同地区，究竟采取何种气源应根据当地的电价和氧气价格经经济成本分析后再确定。

（5）臭氧尾气破坏系统。由于受水质与扩散装置的影响，进入接触池的臭氧很难100％被吸收，因此必须对接触池排出的尾气进行处理。常用的尾气处理方法有高温加热法和催化剂法。高温加热法是将臭氧加热到350℃后迅速完全分解（1.5～2s内便可将其100％分解）。该法安全可靠，维护简单。并可回收热能，但增加了设备投资和运行能耗。催化剂法是利用催化剂对臭氧尾气进行分解破坏。目前，使用的催化剂是以二氧化锰为基质的填料。该法的设备投资和运行能耗均比高温加热法低，但处理效果受尾气的含水率、催化剂的使用年限等因素影响，安全及稳定性比高温加热法差，且催化剂需要定期更换。为保证安全生产，应使臭氧尾气破坏系统的设备备用率不低于30％。

3. 臭氧的氧化作用

臭氧在水中与有机物反应有两个途径：分子臭氧的直接反应和·OH自由基的间接反应。由分子臭氧直接参与的反应，反应速度慢且具有较强的选择性，易与芳香族化合物、不饱和的脂肪族有机物以及特殊的功能基团反应；由臭氧氧化过程中臭氧分解形成的

·OH自由基参与的反应，反应速度快且不具有选择性，可与大部分有机物快速反应。

水中存在着·OH自由基链反应的激发剂（能从 O_3 分子诱导形成超氧离子 O^{2-} 的物质，包括 OH^-、O^{2-}、某些阳离子、乙醛酸、甲酸、腐殖质、紫外线）、促进剂（能从·OH自由基再生 O^{2-} 的有机和无机物，包括芳香族有机物、甲酸、乙醛酸、伯醇、腐殖酸、磷酸盐）和抑制剂（能消耗·OH自由基但不能再生超氧离子 O^{2-} 的化合物，包括 CO_3^{2-}、HCO_3^-、烷基化基团、叔醇、腐殖质）。臭氧化过程中哪一个氧化途径占优势，与水中有机物的性质、水的 pH 值、碱度、臭氧投加量等因素有关。

在饮用水处理中所用的臭氧剂量下，有机物一般不能被臭氧完全氧化成 CO_2 等无机物，因此，水中总有机碳（TOC）在臭氧化前后的变化很小，主要表现为大分子量部分减少，小分子量部分增加。试验发现，臭氧氧化可以降低具有紫外吸光性质的有机物浓度（UV_{254}），这一部分物质是主要消毒副产物（DBPs）的前驱物，在臭氧剂量为 $0 \sim 2.5 mgO_3/mgDOC$ 的范围内，溶解性有机碳（DOC）的浓度基本没有变化。Takeuchi 等人的研究结果与其相似，试验发现，在臭氧氧化过程中，水中有机物的部分 C—C 链断裂，DOC 没有明显降低。Kerc 等人试验发现，经臭氧氧化水中有机物分子量发生变化，分子量范围从 $500 \sim 450 kDa$ 转化为 $500 \sim 100 kDa$。另外有研究中发现，随着臭氧的剂量增加，对 TOC 的去除有所增加。

臭氧氧化可提高水质有机物的可生物降解性。试验发现，随臭氧剂量的提高，水中有机物 BDOC/TOC 比值及 AOC 的浓度也会提高，即水的可生物降解性提高。在臭氧氧化中，分子臭氧和·OH自由基反应可以将大分子打断，使有机物羧酸基团增加，使水中疏水性有机物减少而亲水性有机物增加，主要产物为醛类（甲醛、乙醛、脂肪醛等）、酮、酮酸、羧酸（甲酸、乙酸、饱和脂肪酸、二元酸）等极性强的更具亲水性的有机物。

臭氧氧化可有效去除痕量有害有机物。臭氧氧化可以去除土臭素（Geosim）和二甲基异莰醇（2-MIB），臭氧对藻毒素可完全氧化分解，在一定臭氧浓度下，所有藻毒素在 5min 内被 100% 分解，臭氧的直接反应对分解起主要作用，其中微囊藻毒素（LR、LA）对臭氧最敏感。

臭氧氧化能减少 DBPs 前质的浓度，如果臭氧与生物处理联用，则会进一步降低 DBPs 前质的浓度，因为 TOC 被氧化成了 BDOC。

当水中含有 Br^- 时，臭氧化可生产溴代有机物如溴仿、DBAA 等，还可以产生溴酸盐（BrO_3^-），这些副产物对人体产生致癌作用。Von Gunten 的研究表明，水中有机物的性质显著影响臭氧化卤代有机物的生成，芳香环含量高、紫外吸收强的疏水性有机物比亲水性有机物形成更高浓度的溴代有机物，其中由腐殖酸形成的溴仿、二溴乙酸等浓度最高，可见，在臭氧氧化前去除水中疏水性有机物如腐殖酸是控制臭氧化溴代有机物生成的有效措施。试验发现，臭氧直接反应和·OH自由基反应途径均能生成溴酸盐。影响溴酸盐生成的因素主要是水中初始 Br^- 浓度、天然有机物（NOM）浓度、氨、pH 值、臭氧剂量、温度、碱度等，Song 等人研究发现，与臭氧剂量相比，pH 值是影响 BrO_3^- 形成的更重要的参数。Legube 等人研究了 BrO_3^- 生成量与各种因素的关系，发现 BrO_3^- 的生成量随温度、pH 值及溴离子的增加而增加，随氨氮、DOC、碱度的增加而减小。Westerhoff 等人研究了水中 NOM 对臭氧化 BrO_3^- 形成的影响，得出了相似的结论。可见，当水中含有 Br^- 时，可通过降低水的 pH 值和向水中加氨的方法，减少臭氧化过程 BrO_3^- 的生成量。BrO_3^- 可通过生物活性炭（BAC）过滤去除。

可见，臭氧氧化是去除水中微量有害物质、降低 DBPs 前体物质、提高可生物降解性的有效工艺。为了适应 USEPA 的第二阶段 D/DBP 规范，在美国臭氧装置的数量逐年增加，1997 年，大约 200 个水厂应用臭氧氧化工艺，2001 年，数量增加到大约 350 家。由于臭氧氧化的副产物如甲醛、乙二醛和乙醛酸有致突变作用，因此臭氧氧化工艺不宜单独使用，一般应与生物处理联用以去除水中的臭氧化副产物。

（1）臭氧对无机物的氧化。臭氧是一种优良的强氧化剂，在水处理中可以用于氧化水中的各种杂质，以达到净水效果。臭氧的净水作用大致体现在以下几个方面。

1）臭氧将水中的二价铁、锰氧化成三价铁及高价锰，使溶解性的铁、锰变成固体物质，以便通过沉淀和过滤将其去除，其反应式为：

$$3Fe^{2+} + 2O_3 \longrightarrow 3Fe^{3+} + 3O_2 \tag{4-45}$$

$$Mn^{2+} + O_3 + H_2O \longrightarrow MnO_2 + 2H^+ + O_2 \tag{4-46}$$

由于水中二价铁、锰极易氧化，通常采用最廉价的空气即可将其氧化成三价铁和高价锰。因此，只有为了去除其他杂质需要采用臭氧时，才附带将铁、锰去除。

2）常规的水处理对氰化物的去除效果不大，而臭氧则能轻易地将氰化物氧化成毒性小 100 倍的氰酸盐，其反应式为：

$$CN^- + O_3 \longrightarrow CNO^- + O_2 \tag{4-47}$$

3）氨氮可以被氧化成硝酸盐，反应式为：

$$NH_3 + 4O_3 \longrightarrow NO_3^- + 4O_2 + H_2O + H^+ \tag{4-48}$$

臭氧对氨氮的氧化速率与水的 pH 值有关。在中性 pH 值条件下，氨氮的氧化速率很慢，在 pH 值大于 9 时，具有较快的氧化速率。

4）亚硝酸盐可以被臭氧快速氧化成硝酸盐：

$$NO_2^- + O_3 \longrightarrow NO_3^- + O_2 \tag{4-49}$$

5）当水中含有 Br^- 时，被氧化成次溴酸，次溴酸继续被氧化成溴酸盐和溴离子，反应式为：

$$O_3 + Br^- \longrightarrow O_2 + BrO^- \tag{4-50}$$

$$2BrO^- + 3O_3 \longrightarrow BrO_3^- + 4O_2 + Br^- \tag{4-51}$$

从反应式可看出，由于溴离子在系统中被再生，实际上起了臭氧分解催化剂的作用。由于溴酸盐具有致癌性，当原水中含有溴离子时，应慎重选择采用臭氧氧化或者臭氧消毒工艺。

当氨氮与溴离子同时存在时，会参与溴离子的氧化反应过程，从而减少溴酸盐的生产，反应式为：

$$BrO^- + H^+ \longrightarrow HBrO \tag{4-52}$$

$$HBrO + NH_3 \longrightarrow NH_2Br + H_2O \tag{4-53}$$

$$NH_2Br + 3O_3 \longrightarrow NO_3^- + Br^- + 3O_2 + 2H^+ \tag{4-54}$$

6）臭氧也能将水中的硫化物氧化为硫酸盐，反应式为：

$$S^{2-} + 4O_3 \longrightarrow SO_4^{2-} + 4O_2 \tag{4-55}$$

·OH自由基与无机物的反应速率一般大于分子臭氧的直接反应，臭氧直接氧化对NH_3及Br^-的反应活性较低，基本不与NH_4^+发生反应，而·OH自由基能与这两种无机物迅速反应。

（2）臭氧对有机物的氧化。臭氧能够氧化很多有机物，如腐殖质、蛋白质、有机氨、链型不饱和化合物、芳香族、木质素等，目前在饮用水处理中，一般采用COD_{Mn}或DOC作为测定这些有机物的指标，臭氧在氧化这些有机物的过程中，将生成一系列中间产物，使得水中有机物的BDOC提高。在有限的臭氧剂量下，很难将有机物彻底氧化，因此，对DOC的去除率较低，单纯采用臭氧来氧化有机物以降低COD_{Mn}或DOC是不经济的，但将臭氧与活性炭的有机结合，可大大提高工艺对有机物的去除能力。

臭氧投入水中后，与有机物的反应分为直接反应和间接反应。直接反应是臭氧直接氧化水中的有机物，它是有选择性的，它的反应速度较慢；间接反应是臭氧通过水中形成的·OH自由基氧化有机物，它是没有选择性的且反应速度很快。·OH自由基与有机物的反应速率大大高于分子臭氧的直接反应速率。

当水源水中同时含有Br^-和氨氮时，臭氧化产物除了醛类、羧酸类等有机物外，还产生溴胺、有机溴化物、溴酸盐等物质，反应途径见图4-90。其中各类副产物的生成量与Br^-浓度、氨氮浓度、有机物种类及浓度、pH值、臭氧投加量等有关。

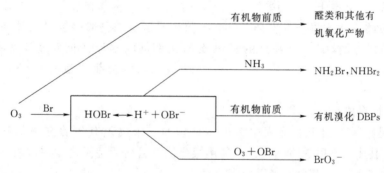

图4-90　臭氧与污染物质的反应途径示意图

4. 臭氧的投加方式与接触池

臭氧在饮用水处理流程中的主要应用有预氧化和后氧化。预氧化主要用途为改善感官指标，如铁、锰以及其他重金属、藻类；助凝，将大分子有机物氧化成小分子有机物；氧化无机物质如氰化物、硝化物等。臭氧后氧化主要与生物活性炭联用，即臭氧生物活性炭法。进水先经臭氧氧化，使水中大分子有机物分解为小分子状态，这就提高了有机物进入活性炭微孔内部的可能性。活性炭能吸附臭氧氧化过程中产生的大量中间产物，包括臭氧无法去除的三卤甲烷及其前体物质，并且微生物附着其上，可以发挥生化和物化处理的协同作用，从而延长活性炭的工作周期且保证了最后出水的生物稳定性。目前，对臭氧氧化机理的研究和如何利用臭氧更有效去除饮用水中有机物的研究成为给水处理中关注的重点。

（1）前（预）臭氧接触氧化系统。一般设在生物预处理、混凝之前（每个流程设一个投加点），臭氧的作用主要有：去除臭和味、色度、重金属（铁、锰等），使水中胶体微粒脱稳，改善絮凝效果，减少混凝剂的投加量，去除藻类和 THM 等三致物质的前体物（减少水中三致物质的含量），将大分子有机物氧化为小分子有机物；氧化无机物质和氰化物、碳化物、硝化物。该阶段的臭氧投加量一般为 0.5～1.5mg/L，反应时间为 2～4min，预臭氧接触氧化池出水中的臭氧剩余浓度一般为零或很少。接触氧化池的有效水深一般为 6.0m，超高不小于 0.75m。

由于被处理水一般为原水，为防止臭氧扩散装置被杂质堵塞，可采用静态混合器或射流扩散器。静态混合器的水头损失一般为 4.9～9.8kPa，射流扩散器水头损失较大，但只需少量的原水与臭氧混合形成臭氧水后，再与全部原水进行混合反应。

（2）后臭氧接触氧化系统。后臭氧接触氧化系统一般设在过滤工艺之后，与生物活性炭联用，或作为消毒工艺。臭氧的作用主要有：杀死细菌和病毒，氧化有机物，如杀虫剂、清洁剂、苯酚等，提高有机物的生物降解性和减少氯的投加量。由于被处理水较清洁，因此扩散装置一般采用微孔曝气头（一般采用耐腐蚀的陶瓷材料或金属钛板制成），它的阻力小、臭氧转移效率高、后臭氧接触氧化的反应时间一般不少于 10min，臭氧投加量为 2～4mg/L，水中臭氧剩余浓度一般为 0.2～0.4mg/L。接触氧化池的有效水深一般也为 6.0m，超高不小于 0.75m。

后臭氧接触氧化池一般分为多格形成串联折板流，在向下流的格内设置微孔曝气装置，一般设 2～3 个投加点。当采用 2 点投加时，各点的臭氧投加比例（顺水流方向）依次为总投加量的 50%～80%、20%～50%，每个投加点的臭氧接触时间分别为总时间的 50%。当采用 3 点投加时，各点的臭氧投加比例（顺水流方向）依次为总投加量的 40%～80%、10%～30%、10%～30%，3 个投加点的臭氧接触时间依次为总时间的 30%、30%、40%。

（三）活性炭技术

活性炭是国际上用于去除水中有机污染物的一个成熟有效的方法，现阶段为去除 NOM 的良好技术，在欧美发达国家的使用很广泛。目前活性炭过滤在国内饮用水处理中尚未得到广泛应用，只有少数水厂使用。

1. 活性炭的分类

活性炭是以含炭为主的物质作为原料，经高温炭化和活化制得的疏水性吸附剂玛花纤体是一种多孔炭材料，其根据原料、炭化及活化方法不同而呈现不同特性，其吸附性能因活性炭种类不同而有所差别。活性炭一般是多孔、有巨大比表面积、吸附性能高的固体。活性炭吸附是去除水中溶解性有机物的最有效方法之一，可以明显改善自来水的色度、嗅味和各项有机物指标。

（1）按原料分类。根据生产所用的材质，目前国内主要的活性炭品种有木质活性炭、煤质活性炭、果壳活性炭和活性炭纤维等。

任何炭质原料几乎都可以用来制造活性炭。用于活性炭生产的主要原料可分为以下 5 类：①植物性原料，如木柴、锯末、果壳、棉花秸、糠醛渣、蔗糖渣等；②矿物原料，如各种煤和石油残渣等；③各种废弃物，如动物的骨头和血、工艺废旧塑料、各种橡胶废品等；④合成纤维材料，如聚丙烯等；⑤有机纤维材料，如聚丙烯纤维、黏胶丝、沥青纤维等。原料中的灰分含量是关系原料品位的重要因素，一般灰分含量越少越好。

（2）按形状分类。活性炭按形状分类可分为粉末活性炭、颗粒活性炭和纤维活性炭 3 种。颗粒活性炭又分为不定形炭和成形炭两种。不定形炭又叫破碎炭，其代表为椰壳炭，粒径一般在 0.50～2.36mm 之间；成形炭又有各种形状和规格，主要为柱状炭和球形炭。

（3）按制造方法分类。按制造方法分类可分为药品活化炭和气体活化炭。药品活化法是把化学药品加入活性炭中，然后在惰性气体介质中加热，同时进行炭化和活化的一种方法。工业上主要使用的活化剂有氯化锌、磷酸和硫化钾，粉状活性炭多用 $ZnCl_2$ 活化法制得。气体活化法一般以水蒸气、CO_2 为活化气，制造粒状活性炭时多采用这种方法。

活性炭的制造主要分为炭化和活化两步。炭化也称热解，是在隔绝空气条件下对原料加热，一般温度在 600℃ 以下。炭化可以使原材料分解放出水蒸气、CO、CO_2 及 H_2 等气体，还可以使原材料分解成碎片，并重新集合成稳定结构。原材料经炭化后形成一种由碳原子微晶体构成的孔隙结构，其比表面积达 $200～400m^2/g$。活化是指对炭化物进行部分氧化使其产生大量细孔构造的操作过程，当氧化过程的温度为 800～900℃ 时，一般用水蒸气或二氧化碳作为氧化剂；当氧化过程的温度低于 600℃ 时，一般用空气作为氧化剂。目前对活化过程所起的作用只有大致的理解，一般认为对炭化后的原料起 3 个作用：①生成新的微孔或将原来闭塞的微孔打通；②扩大原有的细孔尺寸；③将相邻细孔合并成更大的孔。经活化后产生了更完善的孔隙结构，同时把活性炭表面的化学结构固定下来。

（4）活性炭生产新进展。活性炭生产近年来得到了迅速发展，不仅质量越来越好、品种越来越多，而且其应用范围也不断扩大，活性炭的生产原料已不局限于木材、煤、果壳、竹子、废纸、茶叶残渣、橄榄油废料、稻壳、酚醛树脂、糠醛渣、农作物秸秆、炭黑等。如以椰树皮纤维为原料，通过化学法得到的活性炭，能有效去除工业废水中的有毒重金属；用粒状酚醛树脂生产的活性炭具有独特的微细孔，通过表面处理，可用于电池电极材料、净水器、氮气发生装置用炭分子筛等方面；以下水污泥为原料制得的活性炭，虽然吸附能力略差，但其成本只有普通炭的 1/3。

活性炭产品除了粉状炭、破碎炭、柱状炭以外，现在又出现了直径只有 $0.01～10\mu m$ 的超细活性炭粉末、蜂窝状活性炭、板状活性炭、活性炭丸等。另外，在许多方面都出现了专用的活性炭品种，如吸附有毒工业物质（硫化氢和硫醇）的活性炭、滤毒罐用高性能活性炭、适合于去除气体或者废弃中烷基硫化物的涂镍活性炭、柠檬酸专业活性炭等。

2. 活性炭的选择

（1）活性炭选择的一般原则。活性炭因能有效去除色、嗅、味、有机物、杀虫剂、除草剂、酚、铁、汞等多种污染物而成为最有效和最通用的除污染净水剂。1910 年英国建立了第一座应用活性炭处理饮用水的水厂，用"超氯化"来氧化有机物，然后再用活性炭脱氯。20 世纪后期开始用粉末活性炭消除饮用水中的臭味。在消除水中的臭味实践中，活性炭是最有效的吸附材料，它以发达的孔隙结构和巨大的比表面积，非常有效地吸附产生臭味的有机物。

活性炭的选择对水处理效果非常重要。活性炭的性质与活性炭制造时使用的原料、加工方法以及活化条件有关，其物理、化学性质决定其吸附效果，因此活性炭在生产过程中采用的原料及工艺流程不同，各种活性炭产品的性能差别很大，其碘值、亚甲蓝值、机械强度、比表面积、总孔容积、中孔容积、堆积密度等性能指标存在差异。

水处理用活性炭的选择应满足吸附容量大、吸附速度快及机械强度好三项要求。活性炭的吸附容量是最重要的指标，主要与活性炭的比表面积及孔径孔容积的分布有关，比表面积大，说明细孔数量多，可吸附在孔壁上的吸附质就多，对于水处理用活性炭，要求中孔（过渡孔）较为发达，有利于吸附质向细孔中扩散。吸附速度主要与细孔分布及活性炭粒度有关。活性炭的机械强度直接影响活性炭的使用寿命和运行费用，也影响活性炭再生后的回收率，因此，应选择机械强度高的活性炭。

由于生物活性炭滤池主要靠生物作用对有机物进行去除，所以应选择易挂膜且生物膜量较大的活性炭。由于用于吸附的细孔中一般不能生长细菌，微生物只能附着在活性炭的颗粒表面及大的孔洞处，因此，在相同的进水条件下，粒度越小、颗粒表面大孔越多，单位体积滤料提供的附着面积越大，能生长的生物膜越多。

活性炭的产品技术性能参数是选择活性炭的依据之一，但目前国内参数指标中的碘值及亚甲蓝值并不能很好地反映活性炭对水中有机物的吸附性能。国外多采用糖蜜值这个吸附指标，该指标能较好地反映活性炭对有机物的吸附性能。

最后要对活性炭进行吸附容量测定、吸附等温线测定、柱子试验以及再生试验测定等，通过试验确定适合该水源水处理的活性炭。

（2）活性炭吸附容量的确定。活性炭吸附容量可通过吸附等温线测定，得到吸附容量的近似范围。温度一定时，当活性炭和水接触达到平衡浓度时，吸附容量（q_0）和平衡浓度（C_1）之间的关系线为吸附等温线，以普通坐标图或对数坐标图表示。

吸附容量是指单位质量活性炭能吸附的溶质的量。平衡吸附容量是指吸附达到平衡时，单位质量活性炭所能吸附的污染物的质量，可以用它表示活性炭对该污染物的吸附性能，用 q_0 表示，单位为 mg 污染物/g 活性炭（mg/g）。

平衡吸附容量公式为：

$$q_0 = \frac{V(C_0 - C_i)}{W} \tag{4-56}$$

式中　V ——达到平衡时的累计通水体积，L；

　　　C_0 ——吸附开始时水中污染物的浓度，mg/L；

　　　C_i ——吸附平衡时水中污染物的浓度，mg/L；

　　　W ——活性炭用量，g。

平衡吸附容量随溶液的 pH 值、浓度、温度、活性炭的性质及污染物性质等不同而异。吸附容量越大，吸附周期越长，活性炭吸附使用寿命越长，运行管理费用越低。

吸附等温试验是测定活性炭吸附性能和筛选活性炭的常用方法。常见的吸附等温线有三种，每种类型对应于一种吸附公式，即 Langmuir、BET、Freundlich 公式，其中 Langmuir 和 BET 公式都是理论公式，Freundlich 公式属于经验公式，水处理中常用该公式。Freundlich 公式如下：

$$q = V(C_0 - C_e)/m = KC_e^{1/n} \tag{4-57}$$

式中　q ——吸附容量，mg/g；

　　　V ——水样体积，L；

　　　C_0 ——水样初始浓度，mg/L；

C_e——水样平衡浓度，mg/L；

m——吸附剂用量，g；

K、n——常数。

一般用图解法求 Freundlich 公式中的两个常数 K 及 $1/n$。对 Freundlich 公式两边取对数得到下式：

$$\lg q = \frac{1}{n}\lg C_e + \lg K \tag{4-58}$$

根据式（4-58），以 $\lg C_e$ 为横坐标，斜率为 $1/n$，截距为 $\lg K$。K 值越大，活性炭吸附容量越大。$1/n$ 表示随着斜率的增加吸附容量增加的速度，$1/n$ 为 0.1～0.5 时，吸附效果最显著。$1/n > 2$ 时，随被吸附物质浓度的降低，吸附量显著降低，即便增加活性炭用量，吸附效果也不明显。在评估活性炭的吸附特性时，要将 K 与 $1/n$ 两个常数同时分析，综合考虑选择适当的活性炭。

实际水处理中均是多成分，不可能测定各个成分的吸附平衡式。一般把 COD_{Mn} 或 TOC 等综合指标看作单一指标来求吸附平衡式。

3. 活性炭再生

颗粒炭均以固定床的形式应用。当吸附床的吸附能力丧失后，再通过再生方法恢复炭的吸附能力，活性炭再生后可以重新使用，一般再生费用为炭原费用的 1/4～1/3，碘值可达新炭的 80% 左右。

常用的再生方法是热再生法，再生温度为 540～960℃。但加热温度随使用条件与具体活性炭不同可能有不同的最适宜温度。再生步骤为：吸出滤池→装入再生炉→干燥（100℃）→炭化（700℃）→活化（800～1000℃，通入水蒸气）→冷却→出炉。

一般再生 1kg 活性炭需要的热量为 3000～7000kcal（1cal＝4.1868J）。采用电炉时，一般平均再生 1t 活性炭需用电量为 1000～2000kW·h。每次再生的损耗率为 7%～10%，相当于经过 10～14 次再生后，即需更换炭床。

要正确评价再生对于活性炭吸附机理和吸附容量的影响，必须根据活性炭再生达 10 次的研究成果。用于处理废水的活性炭，所吸附的有机物量可达 40% 的炭重，常用的再生温度为 960℃。但用于给水处理的活性炭，吸附的有机物量只有炭重的 7.6%～8.2%，再生温度采用 960℃ 则太高，这个温度可能使吸附挥发性有机物所需的微孔受到严重破坏，同时削弱大孔的结构从而产生较大的损耗。540℃ 虽然没有 960℃ 再生的这些缺点，但由于温度低，有机物中固定碳可能遗留在活性炭内，从而阻塞了吸附部位。因此，850℃ 的再生温度可能是一个较好的折中再生温度。

4. 臭氧-生物活性炭联用技术

臭氧-生物活性炭技术是集臭氧氧化、活性炭吸附、生物处理效果一体的饮用水深度处理技术。臭氧-生物活性炭首先于 1961 年在德国使用，20 世纪 70 年代开始了大规模研究和应用，其中具有代表性的是瑞士的 Lengg 水厂和法国的 Rouen La Chapella 水厂。水中的有机物经臭氧氧化后，提高了可生物降解性，从而有利于后续活性炭处理对有机物的去除，延长了活性炭的使用寿命，活性炭的使用周期可达 2 年以上。O_3-BAC 的发展较为成熟，现已广泛应用于欧洲国家的上千座水厂中，在欧洲臭氧活性炭技术已经被公认为处理污染原水、减少饮用水中有机物浓度的最有效技术。该技术在我国正在逐步推广应用。

典型的常规处理＋臭氧活性炭深度处理工艺流程见图 4-91。

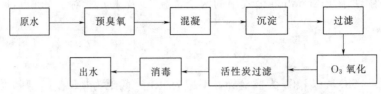

图 4-91　常规处理＋臭氧活性炭深度处理工艺流程

（四）膜处理技术

膜分离被称为"21 世纪的水处理技术"，在饮用水处理领域的应用日益广泛。微滤（MF）膜和超滤（UF）膜分离技术在市政给水领域的应用也已有 20 余年。根据原水特点，膜处理可以替代传统水处理方法中的混凝、沉淀、过滤的全部流程，或者沉淀和过滤部分，也有被用作替代过滤工艺。即便是孔径较大的微滤膜也可以去除用粒状过滤无法去除的微粒、细菌和大肠菌群等。膜处理无论在水质方面还是在设备方面都较传统处理方法更具有安全性和可靠性。

由于膜生产技术的发展和成本的降低，以及采用传统给水处理技术难以完全满足越来越严格的生活饮用水卫生标准，因此膜分离技术的研究和应用逐渐成为给水处理领域的热点。

1. 超滤膜概况

（1）膜组件分类。膜组件的形式，即膜的几何形状。膜的安装方法和水在膜面的流动方式，对膜分离过程的性能具有重要的作用。水处理中较为常用的膜组件有平板膜、中空纤维膜和卷式膜等几种。还有一些其他形式的膜，但在净水处理中较少使用。

1）平板膜。板框式组件的平板膜是膜最早商品化的组件形式。板框式组件的基本单元由刚性支撑板、膜片及置于支撑板和膜片间的产水隔网组成。将膜片的四周端边与支撑板、产水隔网密封，且留有产水排出口，则形成膜板。其过滤流程与卷式相似，两者的主要差异是板框式的每个膜板出水分别有一根产水管排水，而卷式是每个膜袋产水集中到中心集水管挂排出。板框式组件由于结构复杂、装填密度小、成本较高等原因，很少在有一定规模的工程中采用。

市场上近年来也出现一种叠式组装的平板膜，结构相对简单，装填密度也比较高，但是比较困难。

2）中空纤维膜。中空纤维膜是超滤膜和微滤膜的主要结构形式。中空纤维膜由很多很细的管（丝）状集合而成。空纤维膜因无需支撑体，所以一般来说膜的填充密度比较高，比其他形式的膜组件体积要小。单根中空纤维膜的外径一般为 0.5～3.0mm。

中空纤维膜组件可分为内压式和外压式两种。原水从膜丝的内侧进入，清水向膜丝外壁渗出，称为内压式；原水从膜丝的外侧进入，清水向膜丝内壁渗出，称为外压式。

外压式将膜元件安装在能承受一定工作压力的容器内，通过提高膜的工作压力来提高膜的通量。如果收纳的容器用水池代替，膜组件就变成了浸没式膜组件。

3）卷式膜。卷式膜组件也是一种重要的组件形式，也可以看作是另一种板式膜。卷式膜组件是将一支至几支膜元件串联装填到压力容器里。在卷式膜组件中膜片由塑料网分隔，沿渗透管卷绕。膜片三面密封，另一面接到收集管。原液从端面进入，轴向流过膜组件。卷式膜采用横卧式安装，具有膜的填充密度高、压力损失少、占地面积小的优点，并可以串联安装，配管、接头少，还具有膜更换方便等优点。但是，膜的间隙比较小，如原水含有悬浮物就容易堵塞，故一般需要进行去除浊度的预处理。

（2）膜和组件的选用。给水工程中最常用的膜有微滤膜与超滤膜，只有在处理苦咸水、海水或特种污染水体时才会用到反渗透膜。

净水厂采用膜处理技术主要是要去除两大类物质：一类是不溶解的悬浮物；另一类是有害的溶解性物质。

去除水中的悬浮物（包括细菌等）常用的是微滤膜和超滤膜。如果所处理的原水符合国家地表水Ⅱ类水质标准，两者的处理效果基本相当，正常情况下都能确保滤后水浊度达到 0.1NTU 以下。如果考虑病毒和大分子量有机物的去除，则超滤略优于微滤。按照目前市场上供应的这两类膜，超滤膜的价格并不一定比微滤膜价格高，超滤运行的能耗也不一定比微滤高。因此，膜的选择应该通过现场中试的实测数据加以对比确定。

超滤膜和微滤膜的组件形式也基本相同，一般都做成中空纤维状。原水从纤维内孔流向外壁，称为内压式。原水从外壁流向内孔，则有两种形式：装在压力容器内的，称外压式；安装在敞开槽内的则称为浸没式。

（3）工艺流程的选择。在具体的净水厂设计中采用膜处理工艺，一是要选择合适的工艺流程；二是要选择合适的膜。

工艺流程的选择主要取决于原水水质。就采用膜处理工艺而论，原水水质一般可分为 4 个大类：①原水水质好，原水浊度比较低。大致原水水质符合 GB 3838—2002 中的Ⅰ类、Ⅱ类水标准，并且浊度常年在 20NTU 以下。②原水水质好，原水浊度比较高。大致原水水质符合 GB 3838—2002 中的Ⅰ类、Ⅱ类水标准，而浊度常年在 20NTU 以上。③原水水质差，但原水浊度比较低。大致原水劣于 GB 3838—2002 中的Ⅲ类水质，并且浊度常年在 20NTU 以下。④原水水质差且原水浊度比较高。大致原水劣于 GB 3838—2002 中的Ⅲ类水质，并且浊度常年在 20NTU 以上。

由于膜处理应用实践尚不普遍，以下工艺流程选择仅供参考。

1）原水水质好且浊度较低的膜处理工艺流程。这类原水通常为水质比较好的水库水、湖泊水、浅层地下水或上游植被较好的江河水，水源基本没有遭受污染，常年浊度也比较低。这种原水很适合采用膜处理工艺，它可以避免这类原水投药和絮凝的困难，可直接通过膜（压力式膜组件、浸没式膜池）过滤或微絮凝膜过滤处理，其工艺流程见图 4-92。

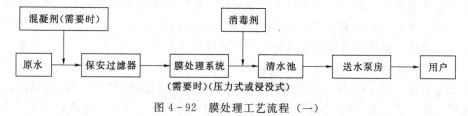

图 4-92　膜处理工艺流程（一）

2）原水水质好但浊度较高的膜处理工艺流程。原水水质好但常年浊度较高的膜处理可以采用图4-93所示的工艺流程。

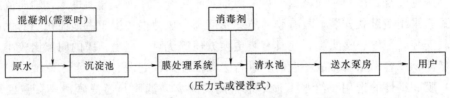

图4-93　膜处理工艺流程（二）

3）原水水质差但浊度较低的膜处理工艺流程。原水氨氮小于2mg/L、耗氧量小于5mg/L、浊度常年较低时，可采用以下工艺（粉末活性炭的投加量及污泥在高密度沉淀池的停留时间，应根据中试结果确定），见图4-94。

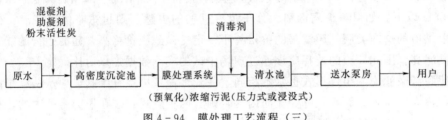

图4-94　膜处理工艺流程（三）

4）原水水质差且浊度较高的膜处理工艺流程。原水氨氮小于2mg/L、耗氧量小于5mg/L、浊度较高时，原水可以在不加氯的前提下投加氧化剂、混凝剂经预沉至出水浊度在5NTU左右后，再采用上述工艺，其粉末活性炭的投加量及污泥在高密度沉淀池的停留时间，同样应根据中试试验结果确定，见图4-95。

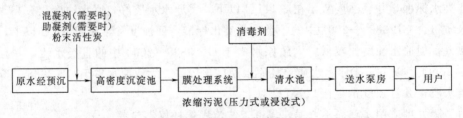

图4-95　膜处理工艺流程（四）

当原水氨氮含量更高时，可在沉淀前增设生物预处理工艺；耗氧量含量更高时，可在膜处理系统前增设臭氧接触池和上向流活性炭吸附池；也可采用以超滤为前处理，将部分或全部超滤水进行反渗透处理的双膜法处理工艺。

（4）膜处理系统组成。实际工程中，膜组件通常制作成压力式的柱式膜和浸没式的柱状或帘状膜。压力柱式膜又分为内压式膜和外压式膜，在净水厂设计中通常采用死端过滤。浸没式的柱状膜和帘式膜通常采用虹吸产水或抽吸产水。

压力柱式膜布置成封闭系统，无论是产水、反冲洗还是化学清洗均在密闭的管路内进行。系统布置在普通车间内，外形整洁美观。其缺点是管路相对复杂，特别是阀门设置多，也就是需要控制的点特别多；膜组的工作周期比较短，工作频率很高，因此对设备的要求也很高。

浸没式膜设置在水池内，可以像滤池一样分隔布置成若干独立的膜池，也可以将膜组分块直接布置在沉淀池等池体内。膜组的出水可以采用虹吸的产水方式，也可采用水泵抽吸的产水方式。虹吸方式往往可以充分利用流程中的富余水头，省去抽吸水泵，但需另设反冲洗系统，增加相关阀门、管道和水泵。水泵抽吸方式最简洁的系统是每格膜池设置一台转子泵，正向低速旋转为产水抽吸，反向高速旋转为反冲洗，系统最为简单，控制也简单、精准。其缺点是当流程水头富裕时水泵还是要消耗一些克服机械摩擦的电能，转子泵价格也较一般水泵高很多，但这种配置对膜系统来说是最理想的。

（5）主要设计参数。由于膜由不同的材料、不同的添加剂和不同的生产工艺制作而成，因此差异性很大，同样的原水选用不同的膜组处理效果可能相差很大，同样的膜组对于不同原水的处理效果同样也可能截然不同。因此，除了有完全相同的工程实例可以提供相应设计参数外，新的工程设计必须根据原水水质、出水要求以及建设场地和资金等因素，确定总体的工艺流程。然后根据膜处理工艺要求，选择若干品牌的膜组，在现场进行中试。中试的原水要体现实际工程中膜所处理的原水水质。试验周期最好能经过冬季的考验。然后将中试实测的水质、通量、跨膜压差、反冲洗周期、反冲洗消耗的水和气、维护化学清洗和化学清洗的周期及药耗、能耗、水耗等参数作为设计的依据。

膜处理系统设计中最基本的参数是通量、跨膜压差和回收率，它直接决定了工程造价和日常的运行费用。影响通量、跨膜压差和回收率的因素除了膜本身的性能还有水温、水质等。膜系统的回收率是指膜系统的最终产水（扣除膜系统自身反冲洗等耗水）与膜系统进水的比值，它决定了膜系统的膜面积，也决定了前处理的规模。对于给水厂而言，膜系统的回收率并不是追求的目标。微滤与超滤工艺在有前处理的条件下，其水耗一般都能控制在1%以下。膜系统的排水可以回流到前处理。因此，片面追求膜系统回收率，忽视全流程整体回收率往往是不经济且没有必要的。

1）回收率的确定。膜系统在日常运行时需要进行冲洗，一段时间后要进行维护性化学清洗，更长的时间要进行恢复性化学清洗。维护性化学清洗一般在线进行，费时几分钟到几十分钟。恢复性化学清洗可能在线进行也可能离线进行，需要几个小时以上。一般我们将水冲洗和维护性化学清洗算作日常运行，恢复性化学清洗则算作设备的阶段性维护检修。因此，在进行回收率计算时可以不把后者计算在内。回收率计算公式为：

$$L_h = 100\% (q_1 t_1 - q_2 t_2 - q_3 t_3)/(q_1 t_1) \qquad (4-59)$$

式中　L_h——回收率，%；

　　q_1——设计通量，$L/(m^2 \cdot h)$；

　　t_1——产水时间，h；

　　q_2——顺冲洗强度，$L/(m^2 \cdot h)$；

　　t_2——顺冲洗时间，h；

　　q_3——反冲洗强度，$L/(m^2 \cdot h)$；

　　t_3——反冲洗时间，h。

例如，一种内压式膜组件，设计通量为 $75L/(m^2 \cdot h)$；每工作 30min 需要进行一次冲洗；冲洗分顺冲和反冲。顺冲时间为 15s，强度为 $225L/(m^2 \cdot h)$，反冲时间为 30s，强度为 225L/($m^2 \cdot h$)；夏天每天需要进行一次维护性化学清洗，浸泡时间为 20min。浸泡后再冲洗一次。

膜组实际一个工作周期为：工作 30min、冲洗 45s，共 30.75min。化学浸泡费时 20.75min，则在一天中膜组工作周期为：

$$(24 \times 60 - 20.75)/30.75 = 46.15$$

膜组的实际产水时间 t_1 为：

$$t_1 = 30min \times 46.15/60 = 23.08h$$

膜组一天顺冲所用时间 t_2 为：

$$t_2 = 15s \times (46.15 + 1)/3600 = 0.2h$$

膜组一天反冲洗所用时间 t_3 为：

$$t_3 = 30s \times (46.15 + 1)/3600 = 0.4h$$

$$L_h = 100\% \times (75 \times 23.08 - 225 \times 0.2 - 225 \times 0.4)/75 \times 23.08 = 92.2\%$$

（注：含一次维护性化学清洗的漂洗。）

2）膜面积的确定。根据产水量要求、膜的设计通量及回收率即可以计算出基本要求的膜面积：

$$A = Q/q_1 L_h \tag{4-60}$$

式中　A ——基本膜面积，m^2；

　　　Q ——设计水量，L/h。

膜的设计通量一般是指在一定的水温和一定的跨膜压差条件下的通量。随着水温的下降，在一定的跨膜压差下，通量会有所下降。一般在 15℃的基础上，温度每下降 1℃，产水约下降 2%。对城镇供水系统来说，随着温度的下降总的供水量也有一定幅度的下降，一般能满足供水要求。如果供水量变化不大，则可通过提高系统工作压力来增加产水量，当还不能满足需水量时就要在基本膜面积的基础上增加膜面积。

另外，膜系统也要考虑分组，要考虑膜组布置的协调和留有适当的检修备用量。浸没式膜池的备用考虑应基本与滤池的备用要求相仿。

第九节　小型综合净水设备

小型综合净水设备亦称一体化净水设备，适合村镇供水特点的净水设施，就是将絮凝、沉淀（澄清）、过滤等净化工艺，经过合理布置，综合在一个构筑物内而建成的净水设备。浑水经过这样的设备处理，就可得到净化。在以地表水为水源的村镇水厂得到较为广泛的应用。小型净水设备能减少土建安装工程量，减少占地和各构筑物的连接，节省投资，缩短施工周期，便于管理等特点，适用于小型村镇供水工程。

一、组合式净水设备

（一）絮凝、沉淀、过滤组合式设备

某净水站处理规模 15m³/h，采用穿孔旋流、斜管沉淀、快滤池和清水池组合而成。该设备穿孔旋流絮凝池由若干方格组成，分格数一般不少于 6，视水量大小而定，进水孔

上下交错布置。水流沿池壁切线方向进入后形成旋流。第一格进口流速较大，孔口尺寸较小，而后流速逐渐减小，孔口尺寸逐格增大。因此，搅拌强度逐格减小。沉淀池采用异向流斜管沉淀池，蜂窝状塑料斜管，内切圆直径35mm，斜管倾角60°，长1m，采用人工定时泥斗排泥。滤池采用快滤池，反冲洗水由反冲洗泵或高位水池（水塔）提供。

（二）澄清-过滤组合式净水设备

该设备由悬浮斜管澄清池与无阀滤池组合而成。原水加混凝剂后由穿孔管进入装有带翼片的斜板，悬浮颗粒被初步截留下来，又流经斜管，水质得到进一步澄清，再流入无阀滤池进行过滤。构造示意见图4-96。

1. 主要设计参数

（1）悬浮斜管澄清池停留时间为50min。

（2）带翼片斜板长为1.6m，倾角为60，板间距为200mm。

（3）斜管上升流速为2.0mm/s。

（4）滤速为6～8m/h。

（5）滤料、承托层组成与规格参照快滤池。

（6）反冲洗强度为15L/(s·m²)。

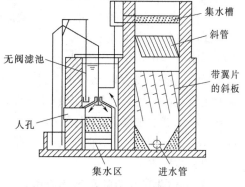

图4-96　组合式净水设备构造示意图

2. 施工时应该注意的事项

（1）进水穿孔管孔眼向下分两排，与管中心夹角为45°。

（2）澄清池与无阀滤池间的隔墙不允许有任何渗漏。

二、一体化净水器

一体化净水器是20世纪80年代初在国内发展起来的一种小型净水装置。它将地表水处理的常规净水工艺（絮凝、沉淀、过滤）组合在同一装置。采用优质钢材、塑料或玻璃钢等制造。部分净水器应用了一些净水新技术以期达到提高净化水质的效果，再辅以加药（混凝剂）混合、消毒设施，其功能相当于一个以地表水为水源的常规工艺小型净水厂。一体化净水器可广泛应用于以地表水为水源的小型村镇、工矿企事业单位、旅游网点的供水厂。

（一）一体化净水器特点

从国内市场研制的一体化净水器来看，主要具有以下特点。

（1）工艺成熟，技术可靠。国内大部分净水器是由有关设计科研单位专题研制，有的净水器还采用了国内外先进技术和新工艺。所以，只要对净水器的运行操作得当，一般来说，净水效果较好，出水水质基本稳定。

（2）净水器体积小，占地少，且运输方便。大部分净水器将多道工序组合于一体，减少许多阀门，有些净水器设计成可以拆卸、现场组装，为边远山区村镇的运输安装提供了方便。

（3）水厂建设周期短，且运行操作方便。净水器大多已成系列产品，5～100m³/h的规模，适合于不同规模的小型水厂。供水工程的设计人员应根据原水水质条件和所要求的供水量核实设计参数，选择合适的净水器，再配建必要的建筑物（如加药间、消毒间、清水池、泵房），可加快水厂的建设速度。另外净水器中各处理单元之间的水流自然衔接，简化了运行操作。

（4）从净水构筑物施工的难易程度考虑，规模过小（如 $5m^3/h$、$10m^3/h$）的净水厂，土建施工或山区施工难度大，工艺布置较困难时，可考虑采用一体化净水器。

（二）工艺技术要求

（1）净水器装置设计的主要工艺参数，如絮凝时间，沉淀或澄清的液面负荷，滤池滤速等应参照《室外给水设计规范》（GB 50013—2016）和《村镇供水工程技术规范》（SL 310—2004）中有关规定；如采用经实践验证的新技术，有些工艺参数作了适当调整，应经有关部门进行技术论证或鉴定。

（2）净水器适用于以地表水为水源的水厂，水源应符合《地表水环境质量标准》（GB 3838—2002）的Ⅲ类水以上标准。进水浊度一般小于 500NTU，瞬时不超过 1000NTU，若原水浊度过高，可以采取相应的预处理，如除砂器或预沉处理等措施。

（3）净水器的加氯点可根据进入净水器的原水水质和处理工艺，采用预加氯或滤后加氯等方式。净水器出水经消毒后，水质必须符合《生活饮用水卫生标准》（GB 5749—2006）的相应要求。

（三）一体化净水器的种类及应用

目前，国内市场上的净水器产品型式较多，常用的有以下几种。

（1）一体化净水器，集絮凝、沉淀（澄清）、过滤于一体的净水装置。①絮凝。较多采用穿孔旋流、波形板、折板、隔板。②沉淀。采用异向流斜管、同向流梯形斜板。③过滤。较多采用煤、砂双层滤料或单层石英砂滤料过滤。

市场上也有采用水力循环澄清、悬浮澄清池等型式。选用净水器时应根据原水水质，因地制宜，合理选择。一体化净水器仅适用于原水浑浊度小于 500NTU，瞬时不超过 1000NTU 的原水，适用于规模小于 $1000m^3/d$ 的小型村镇水厂。

一体化净水设备工艺流程见图 4 - 97。

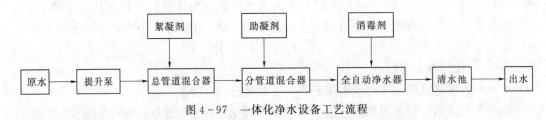

图 4 - 97　一体化净水设备工艺流程

原水进入静态混合器前的水压不小于 0.07MPa 即可。全自动净水装置前设置静态混合器，水处理药剂混凝剂、助凝剂在加药房内由加药装置配制完成，并由计量泵送至管道混合器内，混合器通过自身结构的剪切、搅拌作用，使其混合均匀，然后进入净水装置内。

原水在进入高效全自动净水装置后，首先进入装置底部的配水区，进行均匀布水，水流速度降低，并缓慢进入高浓度絮凝区，进行彻底的混凝反应，在斜管导流区的导流作用下，絮凝池出水沿斜管方向往上流动，进入沉降区内，沉积下来的污泥重力作用下，沿倾斜方向往下滑落，同时滑落的矾花在导流斜管的作用下，被推到净水装置的排泥斗内，而通过斜管澄清后的水则由净水装置上部进入过滤室内，并自上而下通过滤层进行过滤，水中的细颗粒矾花被滤层拦截、过滤。过滤后的清水通过滤头汇集至装置底部的清水区，并由连通管返至装置顶部的清水层。这样原水在净水装置净化后流入清水池。

设备排泥及反洗排污：高效全自动净水装置里沉淀下的泥渣，经排泥系统定时自动排除，排出的泥浆及过滤反冲洗水接至下水道或泥浆坑进行干化处理。①排泥：当净水装置运行一定的时间后，电动阀通过中央控制柜所给信号进行自动排泥一次（原水浊度低于500NTU 时排泥周期 $T=12h$ 为宜，排泥周期可调）。②反冲洗排污：沉淀池出水经过滤层过滤一定时间后，过滤层的阻力逐渐增大，当水位上升至一定高度时，即开始形成自动反洗，过滤区内存水在上清水层的静压下迅速加速反冲洗，这时装置内清水按照正常运行路径反方向返回，即当清水经过过滤区时即开始对过滤层进行反冲洗，反洗历时 5min 后，当清水区水位下降至一定水位时自动停止反冲洗。反洗污水排至排污槽内，并由排污管引至下水道或泥浆坑。

（2）压力滤器，此类净水器仅设置一个净水工序即过滤，来完成水源的净化，并且都是在压力状态下工作。压力滤器目前一般采用微絮凝接触过滤，原水经加药混合后直接进入压力滤器。此类净水器仅适用于原水浑浊度长年低于 20NTU，瞬间不超过 60NTU。

根据净水器运行中的受压状态，可分为重力式和压力式两大类型。压力式净水器多为圆形，它是在密闭的压力状态下工作，出水具有剩余压力可直接供给用户或入高位水池。

压力式净水器组建的水厂可不设清水池和二级泵房，由于它密闭承压，不利于拆修和排除故障；重力式净水器多为矩形，它是在敞开或加盖状态下运行，出现故障便于处理，但比压力式净水器要多一级提升。

（3）地下水除铁、除锰、除氟、除砷、苦咸水淡化等装置是水质净化设备的特殊水处理形式，其处理工艺及主要性能分别详见本章第五节特殊水质处理。

（四）一体化净水器工艺流程

（1）当地表水源离水厂距离较近时，可采用混凝剂投加在泵前吸水管或吸水管喇叭口处。混合依靠离心泵高速旋转叶轮，达到瞬间药剂与水充分混合的目的。

泵前加药仅适用于混合装置离净水构筑物距离小于 120m，加药混合后的原水在管道内停留时间不超过 2min，工艺流程见图 4-98。

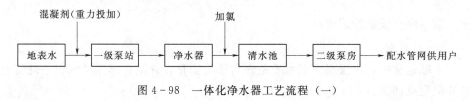

图 4-98　一体化净水器工艺流程（一）

（2）当地表水源离水厂距离较远时，可采用混凝剂依靠计量泵加至压力水管内，通过管道混合器将药剂与水达到瞬间均匀混合后，再进入一体化净水器，工艺流程见图 4-99。

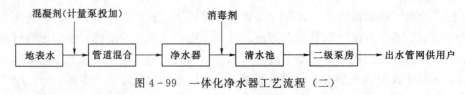

图 4-99　一体化净水器工艺流程（二）

（五）一体化净水器简介

以 BZ 型净水器为例，BZ 型净水器为全水力型，低压式封闭钢结构装置，可制造成分体式和连体式。

装置包括絮凝、沉淀、过滤，见图 4-100。絮凝采用波形板工艺，是竖流折板絮凝的一种特殊形式。波形板相互之间有一定距离，形成若干窄通道，水流通过时，由于过水断面连续变化，形成速度差，使每个渐变过程都能产生无数大小不同的涡流水体，起到了水力搅拌作用。絮凝后的水流均匀分配到各沉淀单元体，沉淀室由宽 0.4m 的若干沉淀单元组成的梯形斜板沉淀工艺，水流沿梯形斜板坡向流动，沉渣沿斜板下滑，澄清水由集水支管沿程收取汇集于干管进入滤室。过滤室由于受高度限制，采用了压力式过滤系统，将过滤室分成若干个独立的过滤单元（分为 5 格），各个单元滤室的清水连通在一起。一个单元的反冲洗水由其他单元提供，且每个单元只需一个反冲洗排水阀，运行操作简便。

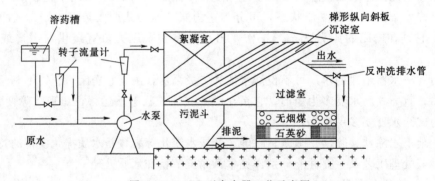

图 4-100　BZ 型净水器工艺示意图

混凝剂采用泵前湿法投加，水泵叶轮高速混合。当净水器离取水泵房较远时，可在靠近净水器的进水管上安装一个管式静态混合器，此时混凝剂投加点在混合器的前端，由静态混合器实现混合。过滤室还预留有外接反冲洗水的阀门，以便必要时定期接压力水进行高强度反冲洗，以保证滤料的长期使用。

三、综合净水设备管理维护

（一）一般要求

（1）实际运转中，应根据原水水质条件与浊度变化，并结合不同净水设备的特点选择混凝剂与确定投加量。

（2）操作时务必注意净水设备产品说明书中规定的正常工作压力或安全运行的额定压力，运转中最好不应超过规定值。

（3）净水器的排泥周期与次数要根据原水浊度的变化适时调整，在保证正常运行效果的条件下，做到勤排少放。

（4）一般可根据出水浊度或根据经验定时进行反冲洗。

（5）运行中应定时化验水质，由专人操作管理，并建立必要的规章制度，确保净水设备正常运转。

（二）维护管理

（1）净水设备一般每年要停机保养一次，主要内容如下。

1）全面检查并调换机体内损坏的零部件。

2）检查和补充滤料。

3）清洗和进行防腐维护。

（2）根据运行经验，一般应在3～5年进行大修一次，主要内容如下。

1）更换和修理各种已经损坏或淘汰的配套设备、零部件以及更新滤料等。

2）彻底清扫和重新进行防腐处理，涂刷前应先去除表面的氧化皮、油污等，然后干刷，吹净灰尘。内表面涂层，必须用对水质无污染，对人体无害的食品级防腐涂料。净水器外表面应涂1～2道底漆，刷2～3道或喷涂2～4道面漆，并要求涂层外观均匀、光亮、平整。

3）对于长期停用的净水器，应取出全部的滤料进行清洗、干燥，存放于通风干燥的场所。

第十节　调节构筑物

为满足供水系统的制水和供水区的随时用水量变化，在村镇水厂供水系统中设置调节构筑物是十分必要的。调节构筑物除了平衡供水与用水的负荷变化外，另一重要作用是满足消毒接触时间的需要。村镇水厂供水系统中的调节构筑物主要有清水池、高位水池、水塔和水窖等。其适用条件见表4-38。清水池与高位水池的建造型式相同，只是相对高度不同，运行管理的任务与要求基本相同。

表4-38　　　　　　　　　　调节构筑物类型及适用条件

调节构筑物类型	适用条件
清水池	需要连续供水，并可用水泵调节的水厂
高位水池	给水范围和规模较小的水厂；间歇性生产的水厂；没有地形可以利用，调节容量不大时的情形
水塔	有合适的地形条件，调节容量较大，给水区对压力要求变化不大的情形
水窖	没有永久水源，仅靠季节性水源（如泉水、雨水）的山区

一、清水池（高位水池）

1. 清水池的构造

清水池常用钢筋混凝土、预应力钢筋混凝土或砖、石建造，其中尤以钢筋混凝土水池使用较广。清水池的主要附属设施有进水管、出水管、溢流管、透气孔、检修孔、导流墙等。清水池的形状可以是圆形，也可以是方形、矩形。

2. 运行

(1) 水池必须装设水位计，并应定时观测。经常检查水位显示装置，要求显示清楚灵活准确。水池严禁超越上限水位或下限水位运行，每个水池都应根据本工程的具体情况，制定水池的允许水位上限和下限，超过上限易发生溢流，浪费水，低于下限则可能吸出池底沉泥，影响出厂水质，甚至抽空水池而使系统断水。

(2) 定期检查水池的进、出水管及闸门，要求管道流畅，无渗漏，闸门启闭灵活，螺栓、螺母齐全且无锈蚀。

(3) 水池顶上不得堆放可能污染水质的物品和杂物，也不得堆放重物。水池顶上种植植物时，严禁施用各种肥料和农药。

(4) 水池的检查孔、通气孔、溢流管都应有卫生防护措施，以防昆虫、动物等进入水池，污染水质。水池顶部应高于池周围地面，至少溢流口不会受到池外水流入的威胁。

(5) 水池的排空管、溢流管严禁直接与下水管道连通。排水出路应妥善安排，不得给周围村庄或农田造成不良影响。水池应定期排空清洗，清洗完毕经消毒合格后方可再蓄水。

(6) 汛期应保持水池四周排水通畅，防止雨洪。

(7) 经常检查水池的覆土与护坡，保证覆土厚度。定期检查避雷装置，要求完整良好，保证运行安全。

3. 保养与维护

(1) 定期清理溢流口、排水口，保持清水池的环境整洁。定期对水位经行检查，给滑轮上油，保证水位计的灵活、准确。电传水位计应根据规定的检定周期进行检定；机械传动水位计宜每年校对和检修一次。

(2) 每1～3年刷洗一次水池。刷洗前池内下限水位以上的水可以继续供入管网，至下限水位时应停止向管网供水，下限水位以下的水应从排空阀排出池外。

(3) 水池刷洗后应进行消毒处理，合格后方可蓄水运行。

(4) 地下清水池所在位置的地下水水位较高时，如设计中未考虑排空抗浮，清洗时应采取相应降低地下水水位的措施，防止清水池在刷洗过程中因地下水上浮力造成的移位损坏。

(5) 应每月对阀门检修一次；每季度对长期开或长期关闭的阀门活动操作一次并检修一次水位计。水池顶和周围的草地、绿化地应定期修剪，保持整洁美观。1～2年对水池内壁、池底、池顶、通气孔、水位计、爬梯、水池伸缩缝检查修理一次，阀门解体修理一次，金属件油漆一次。每5年将闸阀阀体解体，更换易损部件，对池底、池顶、池壁、伸缩缝进行全面检查，修补裂缝等损坏的部位；更换各种老化的损坏的管件。

(6) 水池大修后，必须进行清水池满水渗漏试验，渗水量应按设计上限水位以下浸润的池壁和池底的总面积计算，钢筋混凝土水池允许渗漏水量每平方米每天不得超过2L，砖石砌体水池不得超过3L。在满水试验时，应对水池地上部分进行外观检查，发现漏水、渗水及时进行补修。

二、水塔

1. 水塔的构造

水塔由水箱、塔体、管道和基础等4部分组成，可用钢筋混凝土或砖构造。

水塔水箱的形状有平底式、球底式、圆筒球穿式和倒锥壳式等。

2. 水塔的运行

水塔水箱必须装设水位计。水位计可与水泵组成自动上水、停启水泵系统，自动运行；机械式水位计应随时观察水位，及时开停水泵，保持水箱的一定水位，防止放空，防止出水管道进气；严禁超上限和下限水位运行。水箱应定期排空刷洗；经常检查水塔所有阀门的灵敏度和进、出水管及溢流管、排水管有无渗漏；保持水塔周围环境整洁。

3. 保养与维护

（1）定期对水位计进行检查校准；对水塔底部一定范围内的环境进行清扫整理，保持环境卫生；及时修复或更换破损、渗漏的水塔管道，修复渗漏水的管道法兰盘。

（2）每年刷洗水箱一次，水箱刷洗后恢复运行前，应对水箱进行消毒；每月对水塔各种闸阀检查、活动操作一次；每年雨季前检查一次避雷装置，重点是接地电阻；汛后检查水塔基础有否被雨水冲刷，严重时应及时采取补救措施；入冬前检查水箱防冻保温措施情况。

（3）每年检查水塔建筑、照明系统、栏杆、爬梯一次，发现问题及时修理；金属件每年油漆一次。

三、水窖

水窖是我国广大山区、半山区缺水居民，为了解决人畜饮用水和干旱季节作物育苗和播种用水而创造的一种地下水储水构筑物，是解决居住分散，又无可供全年不间断开采的水源的山区饮水困难的一种有效措施。

1. 水窖系统

水窖系统有分散式和集中式两种类型。分散式水窖系统为每家每户自建小型水窖，独立给水；集中式水窖系统为一个村落建造的大型水窖，进行集中给水。水窖系统一般由水窖、地面集水和净水设施和配水管网组成。

2. 水窖结构形式

水窖的结构形式与该地区地质岩性和习惯做法有很大的关系。几种主要形式有圆柱形中间开口水窖、圆柱形旁边开口水窖、长方拱顶水窖、瓶形水窖、缸形水窖等。

3. 集水和净化设施

当以雨水为主要水源时，雨水需经收集与沉砂过滤后才能引入水窖。

雨水收集方式一般有屋面集水和人工场集水两种。对于储水量较少的小水窖，通常用屋面集水。对于降雨量较小的地区，因为屋顶集水面积小、不能满足水窖储水量的要求时，需要建造人工场集水。

4. 水窖水的水质

水在水窖中的储存时间相当长，一般为5～6个月，有些地区长达10个月。因此要对水窖进行定期水温检测、水质化验和定期消毒。

第五章 机 电 设 备

村镇供水工程的机电设备主要指取水或加压水泵机组及电气控制设备等。水泵可以将水提升到一定的高度，也能将水输送到要求一定压力的地方，水泵在供水系统中处于重要的位置，它是整个供水系统正常运转的枢纽。随着我国农村电网在农村地区的广泛覆盖，绝大多数规模化村镇水厂与水泵配套的动力机都采用电动机，它把电网的电能转变为机械能，拖动水泵抽水。本章主要介绍村镇供水工程中常用机电设备（主要有水泵、电动机和柴油发电机、阀门等）的基础知识和运行与维护管理。

第一节 泵 的 基 础 知 识

一、泵的种类与型号

（一）泵的定义

泵是输送液体或使液体增压的机械。它把动力机的机械能或其他能源形式的能量传递给所抽送的流体，使流体的能量增加，从而把流体从低处抽提到高处，或从一处输送到另一处。泵主要用来输送水、油、酸碱液、乳化液、悬乳液和液态金属等液体，也可输送液、气混合物及含悬浮固体物的液体。其中，用于抽水的泵称为水泵，它把动力机的机械能或其他能源形式的能量传递给所抽送的水流，使水流的能量增加，从而把水流从一处提升或输送到另一处。

（二）泵的类别

泵的种类很多，按工作原理、用途、被输送介质、位置、材质、叶轮的吸入方式和数目（级数）可分为以下类型。

（1）按泵的工作原理分类：包括叶片式泵、容积式泵和其他类型泵。水厂中常用的是离心泵、混流泵和轴流泵，均属于叶片式泵。

（2）按用途分类：包括循环泵、消防泵、给水泵、排水泵、输油泵、喷灌泵、搅拌泵、井用泵、潜水泵等。

（3）按被输送介质分类：包括清水泵、污水泵、热水泵、渣油泵、砂浆泵、泥浆泵、水泥泵等。

（4）按形式分类：包括立式、卧式。

（5）按材质分类：包括铸造铁泵、不锈钢泵、塑料泵等。

（6）按吸入方式分类：包括单吸式、双吸式等。

（7）按级数分类：包括单级、多级等。

（三）泵的型号

根据我国规定，泵的型号常由汉语拼音字母和数字两个部分组成，汉语拼音字母一般用来表示泵的类型、结构特点等；而数字表示该泵的吸入口直径、流量、扬程等参数。由于泵的型号，规格繁多，产品的更新换代很快，泵的型号具体字母、数字表示方法也在不断变化。下述 6 类泵型是供水厂使用最多的几种泵型，其型号表示方法也是近年来比较常见的表示法。

1. 单级单吸悬臂式离心泵

该泵供输送清水或物理及化学性质类似于清水的其他液体使用。适用于温度不高于 80℃，工业和城市给水、排水与农田排灌。

（1）IS 型单级单吸离心泵：其外形见图 5 - 1。该泵是根据国际标准 ISO 2858 规定的技术标准设计的，其性能参数与 BA 型老产品有相似处，但效率平均提高 3.67%。

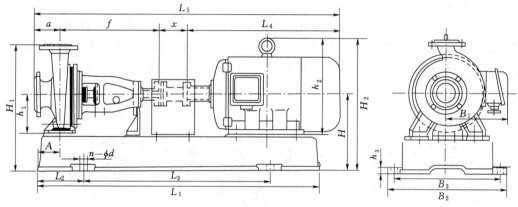

图 5 - 1　IS 型单级单吸离心泵

型号意义举例如下：

例：IS100 - 65 - 315 型

IS——国际标准单级单吸清水离心泵；

100——泵吸入口直径，mm；

65——泵吐出口直径，mm；

315——泵叶轮名义直径，mm。

（2）B 型单级单吸离心泵：其外形见图 5 - 2。该泵采用滑动轴承做支撑，从而降低了振动和噪声，故适合于对噪声值有一定要求的场所。

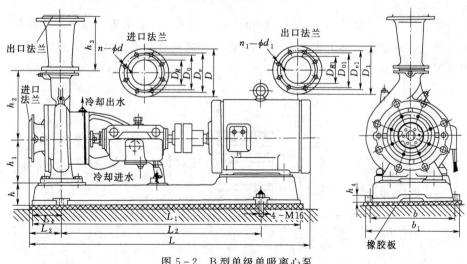

图 5 - 2　B 型单级单吸离心泵

型号意义举例如下：

例：100B90/30 型

100——泵吸入口直径，mm；

B——单级单吸清水离心泵；

90——泵设计点流量值，m³/h；

30——泵设计点扬程值，m。

2. 单级双吸离心泵

该泵体为水平中开式，吸入口和吐出口与下半部泵体铸在一起，无需拆卸管路及原动机即能检修泵的转动部件。该泵型通常用字母 Sh、S、SA 来表示，其外形见图 5-3。适用于工厂、矿山、城市供水、大型水利工程、农田灌溉与排涝等。

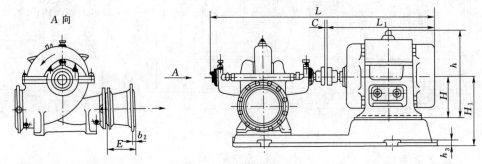

图 5-3 单级双吸离心泵

其型号含义举例如下：

例：10Sh-13A 型

10——泵吸入口直径；

Sh——单级双吸中开式离心式清水泵；

13——泵的比转速除以 10 的整数值；

A——泵的叶轮外径经过第一次切削。

3. 多级离心泵

该泵是清水泵，适合矿山、工厂、城市给水、排水用。泵的吸入口为水平方向，吐出口为垂直向上。泵的转子轴上安装有多个叶轮。多级离心泵通常用字母 D、DA 来表示，其外形见图 5-4。

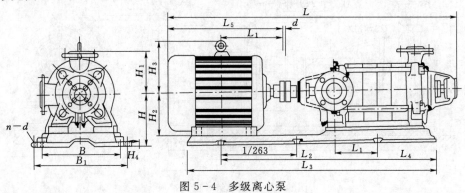

图 5-4 多级离心泵

型号含义举例如下：

例：100D－16×5 型

100——泵的吸入口直径，mm；

D——分段式多级离心式清水泵；

16——泵设计点单级扬程值，m；

5——泵的级数（即叶轮个数）。

4. 轴流泵

该泵的特点是流量大，扬程低，适合输送清水。可供电站循环水、城市给水、农田排灌。轴流泵通常用字母 ZLB、QZW 表示，其外形见图 5－5。

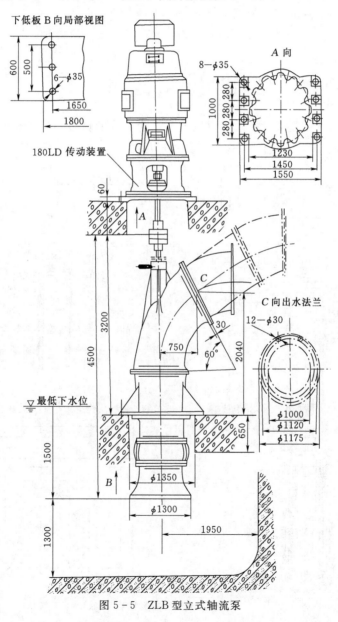

图 5－5　ZLB 型立式轴流泵

型号含义举例如下：

例：32ZLB‑100 型、800ZLB‑125 型

32——泵出口直径，in；

800——泵出口直径，mm；

ZL——立式轴流泵；

B——叶片为半调节式；

100 及 125——泵的比转速除以 10 的整数值。

例：74QZW‑100 型

74——泵叶轮直径，in；

Q——叶片为全调节式；

Z——轴流泵；

W——卧式安装；

100——泵的比转速除以 10 的整数值。

5. 长轴深井泵

该泵用于从深井中提取地下水，供以地下水为水源的城市，工矿企业及农田灌溉用。长轴深井泵通常用字母 JD、JC 等表示，其外形见图 5‑6。

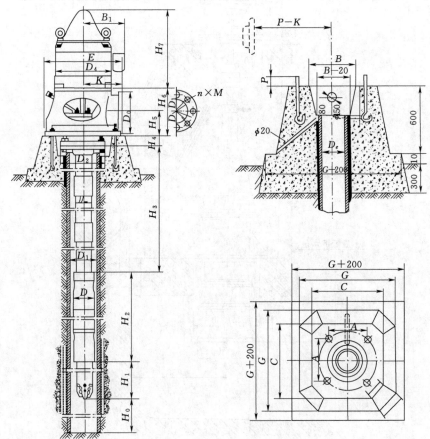

图 5‑6　长轴深井泵

型号含义举例如下：

例：150JC30－9.5×6型

150——适用于最小井筒内径，mm；

JC——长轴深井清水泵；

30——泵设计点流量值，m³/h；

9.5——泵设计点单级扬程值，m；

6——泵的级数，即叶轮个数。

例：150JC30－9.5×6型

150——适用于最小井筒内径，mm；

JC——长轴深井清水泵；

30——泵设计点流量值，m³/h；

9.5——泵设计点单级扬程值，m；

6——泵的级数（即叶轮个数）。

6. 深井潜水泵

深井潜水泵通常用字母 QJ、JQ 等表示，外形见图5－7。

型号含义举例如下：

例：150QJ－10－50/7型

150——泵适用于最小井筒内径，mm；

QJ——井用潜水泵；

10——泵的设计点流量值，m³/h；

50——泵的设计点总扬程值，m；

7——泵的级数（即叶轮个数）。

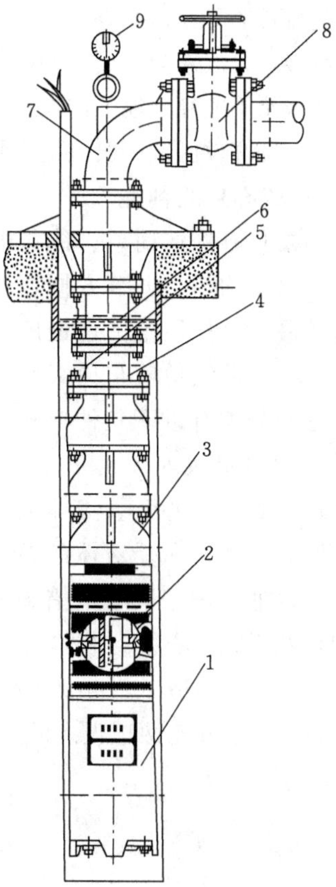

图5－7 深井潜水泵

1—潜水电机；2—滤网（进水口）；3—潜水泵；
4—出水泵；5—潜水电机电缆；6—动水位；
7—弯头；8—阀门；9—压力表

（四）泵的铭牌

水泵的铭牌是水泵外壳上标有水泵主要参数的一块牌子，铭牌上的主要参数简要介绍如下。

（1）扬程。扬程是水泵能够抽水的高度，包括从水源水面到水泵出水管口的中心垂直高度，单位用米表示。

（2）允许吸上真空高度。允许吸上真空高度是水泵能够吸上水的最大垂直高度，即最大吸水扬程，单位用米表示。它是用来确定水泵安装高度的依据。

（3）流量。流量也叫出水量，是指水泵在单位时间内输出的水量，单位是 L/s 或 m³/h。

（4）转速。转速是水泵叶轮每分钟转数，单位是 r/min。

（5）泵轴功率与配套功率。水泵的功率分有效功率、泵轴功率和配套功率3种：有效功率是指水泵对水做的功率；动力机传给水泵轴的功率叫泵轴功率，也叫输入功率，泵轴功率比有效功率大，因为水泵运转时要损耗一部分功率；配套功率是一台水泵应选配动力机的额定功率。考虑安全通常使配套功率大于泵轴功率。

（6）效率。有效功率与轴功率的百分比叫做水泵的效率。一般在一定有效功率下，所需的轴功率越小，水泵的效率就越高。效率是评价一台水泵设计、制造好坏的一个综合指标。

上述性能参数是水泵在输送 20℃的清水，大气压力为 1atm（10.33m 水柱高），泵在设计转速下运转，泵效率为最高时的参数值。由于在实际工作中，水泵受到温度、管路等因素的影响，往往水泵不能稳定地工作在这一参数值上。因此，水泵在出厂使用说明书上给出了泵性能参数范围，即高效区。一般应把水泵的运行参数尽量控制在高效区范围以内为最经济。

（五）离心泵的种类

离心泵具有构造简单、能与电动机直接相连、不受转速限制、不易磨损、运行平稳、噪声小、出水均匀、调节方便、效率高、运行可靠、维修方便等优点。在叶片泵中，离心泵的用量最大、使用范围也最广。离心泵也是大、中、小水厂中最为常用的一种泵类。上一部分介绍的单级单吸与单级双吸离心泵、深井泵、潜水泵等都属于这类水泵。其种类很多，常见的分类有以下几种方式。

1. 按叶轮的吸入方式分

（1）单吸式离心泵。液体从一侧进入叶轮（图 5-8）。单吸式离心泵构造简单，制造容易，但叶轮两边所受液体的总压力不同，产生了轴向力，这个轴向力对水泵安全、经济运行不利。通常需采取一定措施来平衡这个轴向力。

（2）双吸式离心泵。液体从两侧进入叶轮（图 5-9）。双吸式离心泵构造上比单吸式离心泵相对复杂，制造工艺也要求高一些。其主要优点是流量大，并且平衡了轴向推力。其不足之处是，由于叶轮两边吸入液体，液体在叶轮出口汇合处有冲击现象而产生噪声或振动。

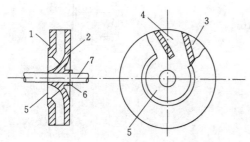

图 5-8 单吸式叶轮
1—前盖板；2—后盖板；3—叶片；4—叶槽；
5—吸水口；6—轮毂；7—泵轴

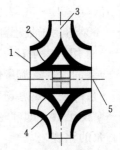

图 5-9 双吸式叶轮
1—吸入口；2—轮盖；3—叶片；
4—轮毂；5—轴孔

2. 按叶轮数目分

（1）单级离心泵。只有一个叶轮，扬程较低，构造简单。

（2）多级离心泵。具有两个或者两个以上叶轮串联工作，可以产生高扬程，但构造相对复杂些。

3. 按叶轮结构分

（1）封闭式叶轮离心泵。叶轮的前后都有盖板，这种泵适合输送无杂质的液体，如清水、轻油等，这种泵应用很普遍，见图 5-10（a）。

（2）敞开式叶轮离心泵。叶轮前后没有盖板，适合输送污浊液体，如污水泵、泥浆泵等，见图 5-10（b）。

（3）半开式叶轮离心泵。叶轮中有后盖板而没有吸入端前盖板。这种泵适合输送有一定黏性、容易沉淀或含有杂质的液体，见图 5-10（c）。

(a)封闭式　　　　　　(b)敞开式　　　　　　(c)半开式

图 5-10　叶轮盖板形式

4. 按工作压力分

(1) 低压离心泵。其扬程低于 100m 水柱。

(2) 中压离心泵。其扬程在 100～650m 水柱。

(3) 高压离心泵。其扬程在 650m 水柱以上。

5. 按泵轴位置分

(1) 卧式离心泵。泵轴处于水平位置。

(2) 立式离心泵。泵轴处于垂直位置。

二、泵的工作原理

1. 离心泵

离心泵启动前泵壳内要灌满液体，当电动机带动泵轴和叶轮旋转时，液体一方面随叶轮做圆周运动，另一方面在离心力作用下自叶轮中心向外周抛出，在液体被叶轮抛出时，叶轮中心部分造成低压区，与吸入的液面压力形成压力差，于是液体不断地被压入，并以一定的压力排出。离心泵的工作原理见图 5-11。

2. 轴流泵

轴流泵输送液体不是依靠叶轮对液体的离心力，而是利用旋转叶轮叶片的推力使被输送的液体沿泵轴方向流动。当泵轴由电动机带动旋转后，由于叶片与泵轴轴线有一定的螺旋角，所以对液体产生推力（或叫升力），将液体推出从而沿排出管排出。这和电风扇运行的道理相似：靠近风扇叶片前方的空气被叶片推向前面，使空气流动。轴流泵的液体被推出后，原来的位置便形成局部真空，外面的液体在大气压的作用下，将沿进口管被压入叶轮中。只要叶轮不断旋转，泵便能不断地压入和排出液体。轴流泵具有流量大、结构简单、重量轻、外形尺寸小的优点。立式轴流泵工作时叶轮全部浸没水中，启动时不必灌泵，操作简单方便。轴流泵的主要缺点是扬程低，应用范围受到限制。轴流泵的工作原理见图 5-12。

3. 混流泵

混流泵是介于离心泵和轴流泵之间的一种泵，电动机带动叶轮旋转后，对液体的作用既有离心力又有轴向推力，是离心泵和轴流泵的综合。混流泵的比转速高于离心泵，低于轴流泵，一般在 300～500r/min 之间。它的扬程比轴流泵高，但比离心泵低；流量比轴流泵小，比离心泵大。图 5-13 为混流泵工作原理图。

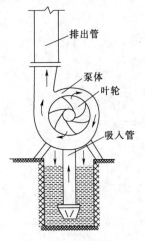

图 5-11 离心泵

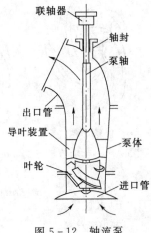

图 5-12 轴流泵

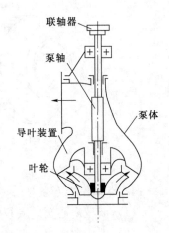

图 5-13 混流泵

三、水泵的结构与主要性能参数

(一) 常用水泵的结构形式及主要部件

1. S 型单级双吸离心泵

S 型单级双吸离心泵是 Sh 型系列的更新，泵的性能指标比 Sh 型泵的相应产品先进。

S 型泵吸入口与吐出口均在泵轴线下方，与轴线垂直呈水平，泵壳中开，检修时无需拆卸进水、排出管路及电动机。从联轴器向泵的方向看，泵为顺时针方向旋转。泵体与泵盖构成叶轮的工作室，在进水、出水法兰上设有安装真空表和压力表的管螺孔，进出水法兰的下部设有放水的管螺孔。S 型单级双吸离心泵的结构见图 5-14。

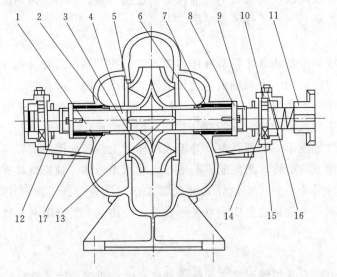

图 5-14 S 型单级双吸离心泵结构示意

1—泵体；2—泵盖；3—叶轮；4—泵轴；5—双吸密封环；6—轴套；7—填料；8—填料压盖；
9—轴套螺母；10—轴承体；11—联轴器；12—挡水圈；13—键；14—轴承端盖；
15—单列向心球轴承；16—轴承体压盖；17—填料函

泵轴由两只单列向心球轴承支承，轴承装在泵体两端的轴承体内，用黄油润滑。双吸密封环用以减少泵叶轮处泄漏量。泵通过弹性联轴器与电动机连接传动。轴封为软填料密封，为了冷却润滑密封腔和防止空气进入泵内，在填料之间装有填料环，泵工作时少量高压水通过泵盖中开面上的梯形凹槽流入填料腔，起水封作用。

　　2. IS型单级单吸离心泵

　　单级单吸离心泵是工业、农业等各部门应用最广泛的一种离心泵，它的结构由泵体、泵盖、叶轮、叶轮螺母、轴、轴套、轴承悬架、密封环、填料环、填料盖等组成。一般泵盖固定在泵体上，泵体固定在托架上，在托架内装有支承泵轴的轴承，轴承通常由托架内机油润滑，也可以用黄油润滑。叶轮则悬臂固定在泵轴上，所以称为单级悬臂式离心泵。这种泵的轴封装置大都采用填料密封，也有采用机械密封的。在叶轮上，一般多有平衡孔，或者用平衡管来平衡轴向力。IS型单级单吸离心泵结构见图5-15。

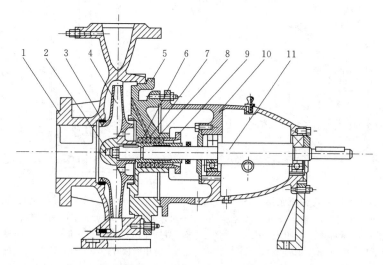

图5-15　IS型单级单吸离心泵结构图

1—泵体；2—叶轮螺母；3—密封环；4—叶轮；5—泵盖；6—轴套；
7—填料环；8—填料；9—填料压盖；10—轴承悬架；11—泵轴

　　单级悬臂式离心泵的结构简单，工作可靠，零部件少，制作工艺要求高，噪声低，振动小，拆开联轴器就能取下整个轴承体转动部件。

　　3. ZLB半调节式轴流泵

　　该泵按叶轮的叶片角度是否可以调节，通常将轴流泵分为固定式、半调节式和全调节式3种结构形式。固定式轴流泵的叶片安装角度是不能调节的，通常对于泵出口直径小于300mm的小型轴流泵都采用这种结构形式。半调节式的轴流泵的叶片，必须在停机状态下，拆开泵的部分部件后才能调节叶片角度，中小型轴流泵通常都采用这种结构形式。全调节式的轴流泵一般均属大中型的轴流泵，设有专门的叶片调节机构。不用停机就可调节叶片角度，称为动调节机构；需要停机但不必拆卸部件的称为静调节机构。

　　图5-16所示为ZLB半调节式轴流泵结构图。

4. LK 立式斜流泵（导叶式混流泵）

混流泵的结构形式可分为蜗壳型和导叶型两种。低比转数的混流泵多为蜗壳型，且其结构与蜗壳型离心泵相似；高比转数的混流泵多为导叶型，而且其结构与轴流泵相似。导叶式混流泵又称斜流泵，是水厂常用的一种水泵。图 5-17 所示为 LK 立式斜流泵的结构图。

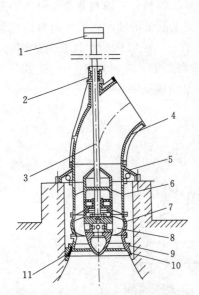

图 5-16　ZLB 半调节式轴流泵结构图

1—联轴器；2—填料密封；3—轴；4—出水弯管；
5—中间接管；6—导叶体；7—叶轮外壳；
8—叶轮；9—填料压圈；10—进水
喇叭口（套管）；11—底座

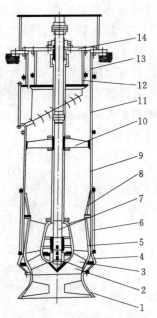

图 5-17　LK 立式斜流泵结构图

1—吸入喇叭口；2—叶轮室；3—叶轮；4—外接管（Ⅰ）；
5—导叶体；6—外接管（Ⅱ）；7—下主轴；8—扩散管；
9—中间接管；10—轴承支架；11—吐出弯管；
12—导流片；13—外接管（Ⅲ）；14—支撑板

该泵主要由叶轮、主轴、轴承、导叶体、导流片、吸入喇叭口、吐出弯管等组成。泵的转子可抽出（转子由叶轮、导叶体、轴组成），叶轮的叶片为半调节式。泵的轴承为橡胶轴承，泵轴设有保护套管，内充以清洁压力水。泵的轴向推力由电动机承受。

5. JC 长轴深井泵

该泵是提取深井地下水的设备，它的动力机和机座在地面上，泵体浸没在井下水内，靠很长的传动轴把动力机的功率传给泵体的叶轮，使它旋转做功，使获得能量的水沿扬水管输送到地面上。JC 型深水泵是一种单吸多级立式长轴离心泵，该类泵具有结构紧凑、性能稳定、效率较高、使用范围广等优点。图 5-18 为长轴深井泵结构示意图。

6. QJ 潜水泵

深井潜水泵是电机与水泵直联一体潜入水中工作的提水装置，以 QJ 型使用最为普遍，它由潜水泵、潜水电机、输水管、电缆和启动保护装置等组成。水泵为单吸多级立式离心泵，潜水电机为充水湿式、立式井用潜水异步电动机，电机与水泵通过筒式联轴器直联。电机腔内注满洁净的清水，用来冷却电动机和润滑轴承，电动轴上端设有可靠的轴封装置，能有效地防止电动机内的冷却液与所抽送的介质之间的交换。电机导轴承采用水润滑轴承，电机下部设有能承受水泵上下轴向力的止推轴承。QJ型潜水泵结构示意图见图5-19。

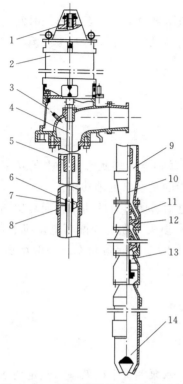

图 5-18　JC 长轴深井泵结构示意图

1—止逆装置；2—电动机；3—泵座；4—传动轴；

5—联轴器；6—轴承支座；7—橡胶轴承；8—联管器；

9—扬水器；10—叶轮轴；11—锥形套；12—叶轮；

13—泵壳；14—滤水管

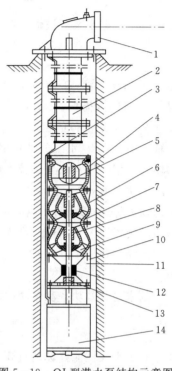

图 5-19　QJ 型潜水泵结构示意图

1—泵座；2—扬水管组装；3—护线板；4—阀体；

5—止逆盘；6—锥套；7—中导流壳；8—壳轴承；

9—叶轮；10—滤网；11—进水节；12—导轴承；

13—联轴器；14—电动机

（一）泵的性能参数

1. 流量

水泵在单位时间所输送的水量称为泵的流量，用 Q 表示。它的单位一般为 m^3/h、m^3/s、L/s。

2. 扬程

单位质量的液体通过水泵以后所获得的能量称为扬程，又叫总扬程或全扬程，用 H 表示。扬程的单位为 m，即液柱高度。水泵扬程示意图见图5-20，其计算公式为：

$$H = H_实 + h_{吸损} + h_{压损}$$

式中　$H_实$——从吸水井内水面高度算起经过水泵提升后能达到的高度；

$h_{吸损}$——吸水侧的损失扬程；

$h_{压损}$——压水侧的损失扬程。

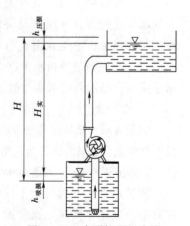

图 5-20　水泵扬程示意图

3. 功率

水泵在单位时间内所做的功称为功率，其单位为 kW。它们有如下关系：$1kW = 102kg \cdot m/s = 1000N \cdot m/s$。

(1) 有效功率（N_e）。水泵的有效功率又称泵的输出功率，它表示单位时间内液体从泵中获得的能量，即水泵对被输送液体所做的实际有效功。泵的有效功率计算公式为：

$$N_e = \frac{\rho QH}{102}$$

式中　Q——所输送液体的流量，m^3/s；

　　　H——泵的全扬程，m；

　　　ρ——所输送液体的密度，kg/m^3。

(2) 轴功率（N）。水泵的轴功率是电动机通过联轴器传递到水泵轴上的功率，也就是水泵的输入功率。通常水泵铭牌上所列的功率均指的是水泵的轴功率。

(3) 配套功率（N_g）。配套功率是指泵配套的电动机所具有的功率。配套功率比轴功率大，因为动力传递给水泵时，传动装置也会有功率损失。在选择配套电动机的功率时，除了考虑传动装置损失外，还应考虑到水泵必须具有的安全储备功率，一般增加 10%～30% 的功率作为储备功率。

4. 效率

水泵的效率是有效功率和轴功率之比值，即：

$$\eta = \frac{N_e}{N} \times 100\%$$

效率是表示水泵性能好坏的重要经济技术指标，水泵铭牌上的效率（额定功率）是指该泵在额定转速运行时可以达到的最高效率值。水泵在实际运转时，由于受其他因素和技术参数变化的影响，其实际运行效率往往有很大的变化。

5. 转速

转速指水泵叶轮每分钟转动的次数，用 n 表示，单位为 r/min。

6. 允许吸上真空高度（H_s）及汽蚀余量（Δh）

(1) 允许吸上真空高度是指水泵在标准状态下，水温为 20℃，表面压力为一个标准大气压下运转时，水泵所允许的最大吸上真空高度，单位为米水柱，一般用 H_s 来反映水泵的吸水性能。它是水泵运行不产生汽蚀的一个重要参数。

(2) 汽蚀余量是指水泵进口处，单位质量液体所具有超过饱和蒸汽压力（汽化压力）的富余量，它是水泵吸水性能的一个重要参数，单位为米水柱。汽蚀余量也常用 $NPSH$ 表示。

7. 比转速

它是表示水泵特性的一个综合性数据。比转速虽然也有转速二字，但它与水泵的转速完全是两个概念。水泵的比转速是指一个假想叶轮的转速，这个叶轮与该水泵叶轮几何形状完全相似，它的扬程为 1m、流量为 $0.075m^3/s$ 时所具有的转速。比转速通常用符号 n_s 来表示。

比转速在水泵的设计工作中是一个重要参数，比转速与泵的性能和特性曲线的变化规律有很大关系，同时，比转速又影响到水泵叶轮的几何形状。所以，知道水泵的比转速后就可以大致知道这台水泵的性能和性能曲线变化规律，以及叶轮的形状，见表 5-1。

表 5-1　　　　　　　　　　　比转速和叶轮形状及性能曲线的关系

水泵类型	离心泵			混流泵	轴流泵
	低比转速	中比转速	高比转速		
比转速	50～80	80～150	150～300	300～500	500～1000
叶轮简图					
尺寸比	$\dfrac{D_2}{D_0}=2.5$	$\dfrac{D_2}{D_0}=2.0$	$\dfrac{D_2}{D_0}=1.8\sim1.4$	$\dfrac{D_2}{D_0}=1.2\sim1.1$	$\dfrac{D_2}{D_0}=0.8$
叶片形状	圆柱形	进口处扭曲 出口处圆柱形	扭曲形	扭曲形	扭曲形
性能曲线					

一般来说，比转速越小，叶轮的出口宽度越窄，叶轮的外径就越大，流道窄而长。反之比转速越大，叶轮的出口宽度越大，叶轮外径越小，流道短而宽。通常以比转速的大小来区分离心泵、混流泵、轴流泵。比转速和水泵的性能关系为：比转速越大，水泵的扬程低而流量大；比转速小，水泵的流量小而扬程高。

（三）泵的性能曲线

离心泵的流量和扬程是可以调节的，它不仅受管道条件的影响，也受液体黏度的影响。泵在并联和串联工作时也不一样。通常用泵的流量、扬程、轴功率和效率、转数等性能参数来表明泵的工作性能。为了方便，常把它们之间的关系划成曲线图，用它正确地选择泵，确定电机的功率，使泵在最优工况下工作，并解决遇到的许多实际问题，这种曲线称为泵的性能曲线或特性曲线。泵的性能曲线是液体在泵内运动规律的外部表现形式。图 5-21 为 32SA-10A 单级双吸离心泵的性能曲线。

1. 流量-扬程曲线

图中 $Q-H$ 曲线即为流量-扬程曲线，从曲线可以看出：当流量较小时，其扬程较高；而当流量慢慢增加时，扬程却跟着逐渐降低。

2. 流量-功率曲线

图中 $Q-N$ 曲线是流量-功率曲线，双吸离心泵流量较小时，它的轴功率也较小；当流量逐渐增大时，轴功率曲线上升。

3. 流量-效率曲线

途中 $Q-\eta$ 曲线是流量-效率曲线，双吸离心泵流量较小时，它的效率并不高；当流量逐渐增大时，它的效率也慢慢提高，当流量增加到一定数量后，再继续增大时，效率非但不再继续提高，反而慢慢降低，曲线形状像一个平缓的山顶，大部分离心泵效率的高效区范围并不宽。

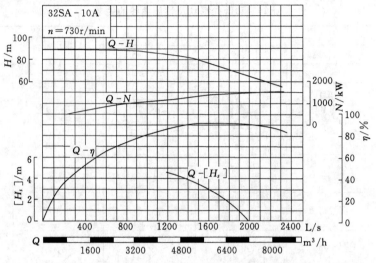

图 5-21 32SA-10A 单级双吸离心泵性能曲线

4. 流量-允许吸上真空高度曲线

图中 $Q-[H_s]$ 曲线是流量-允许吸上真空高度曲线，曲线表示水泵在相应流量下工作时，水泵所允许的最大极限吸上真空高度值。它并不表示在某流量 Q、扬程 H 点工作时的实际吸水真空高度值。水泵的实际吸水真空高度值，必须小于 $Q-[H_s]$ 曲线上的相应值，否则，水泵将会产生汽蚀现象。

（四）泵的运行工况与调节

1. 管路特性曲线

前面讨论了叶片泵的性能曲线，它反映了水泵本身潜在的工作能力。但抽水装置在实际运行时，究竟是处于性能曲线上哪一点工作，不是完全由水泵本身所决定的，而是由水泵和管路系统共同决定的。若确定水泵的实际工况点（或工作点），还需要研究管路系统。管路系统是指水泵的吸水管、压水管及各种阀门、弯头、配件的总称。流体在管路中流动存在着水头损失 h_w，它包括沿程水头损失 h_f 和局部水头损失 h_j，其计算公式为：

$$h_w = SQ^2$$

因为水泵的扬程为：

$$H_r = H_{ST} + h_w$$

所以得出

$$H_r = H_{ST} + SQ^2$$

式中 H_r——需要扬程，m；

H_{ST}——静扬程，m；

S——管道总的阻力参数，s^2/m^5；

Q——管内流量，m^3/s。

曲线的形状、位置取决于管道系统、液体性质和流动阻力。为了确定水泵装置的工况点，将上述管路损失曲线与静扬程联系起来考虑，即按公式（$H_r = H_{ST} + SQ^2$）绘制出的曲线，称为管路特性曲线（或称为管路系统特性曲线），该曲线上任意点表示水泵输送流

量为 Q，提升净扬程为 H_{ST} 时，管路中损失的能量为 $h_w = SQ^2$，流量不同时，管路中损失的能量值不同，抽水装置所需的扬程也不相同。

2. 单泵运行时工况点的确定

泵扬程性能曲线 Q-H 随着流量的增大而下降，抽水装置特性曲线 Q-$H_需$ 随着流量的增大而上升。将 Q-H 曲线和 Q-$H_需$ 曲线画在同一个 Q、H 坐标内，则两条曲线的交点 $A(Q_A, H_A)$，即为水泵的工况点。A 点表明，水泵所能提供的扬程 H 与抽水装置所需要的扬程 H_r 相等。A 点是流量扬程的供需平衡点，即矛盾的统一。从图 5-22 可以看出，若水泵在 B 点工作，则水泵供给的扬程大于需要的扬程，即 $H_B > H_{rB}$，供需失去平衡，多余的能量就会使管道中的流速增大，从而使流量增加，一直增至 Q_A 为止；相反，如果水泵在 C 点工作，则 $H_C < H_{rC}$。由于能量不足，管中流速降低，流量随着减少，直减至 Q_A 为止。

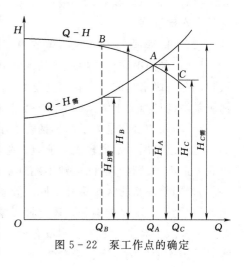

图 5-22 泵工作点的确定

3. 多泵运行时工况点的确定

水泵的工况点是水泵的扬程性能曲线和抽水装置特性曲线的交点，水泵的扬程性能曲线可以从机械产品目录、设计手册或水泵的性能图（包括实验性能曲线、通用性能曲线）等直接查得，也可根据水泵的性能表，利用水泵扬程方程，求得扬程式性能曲线的系数，从而绘制出水泵的扬程性能曲线。

而抽水装置特性曲线是根据抽水装置的管道材料及其布置、设计上下水位，求出其管道系统阻力参数，假设一个流量，计算对应的抽水装置所需要的扬程，从而绘制出抽水装置特性曲线。

水泵的联合运行包括正常运行、调节泵与非调节的联合运行以及非常工况下的运行 3 类。正常运行包括相同和不同型号水泵的并联、相同和不同型号水泵的串联、相同型号水泵的串并联转换运行、一台水泵向高低不同的出水构筑物供水、高位构筑物与水泵联合向低位构筑物供水、多台水泵向高低不同的出水构筑物供水等情况。调节泵与非调节的联合运行包括变径调节水泵的工况点、变径调节水泵和非调节泵的联合运行、变速调节水泵的工况点、变速调节水泵和非调节泵的联合运行、变角调节水泵的工况点、变角调节水泵和非调节泵的联合运行等情况。非常工况下的运行包括串联和并联，它们又都包括全部失去动力和部分失去动力等情况。

（1）对于并联运行需要了解的内容如下。

1）并联的目的是为了减少压力管道的根数，降低管道的材料用量和安装费，减少占地面积，降低征地费用，从而降低整个工程投资。

2）虽然并联的目的在于增加流量，但随着并联台数的增加，虽然总流量随着台数的增加而增加，但是单泵流量却减少，水泵的利用率逐渐降低。

3）随着并联台数的增加，水泵的效率一般也下降，故并联的台数不能太多，不宜超过 3 台。避免水泵在高效率区外运行，以防引起水泵的汽蚀、动力机的超载或欠载。

4）对于城市（镇）给水泵站，在任何不利情况下，供水保证率不应低于 75％，一般要求要有两根压力并管，两根压力并管之间最好用连接管相互连通，以平衡水压和提高泵站的供水保证率。

（2）对于串联运行需要了解的内容如下。

1）水泵的串联应与梯级泵站区别开来，水泵的串联是指上下级水泵之间没有无压构筑物，前一级水泵的压力管道就是后一级水泵的吸水管，上下级之间直接用管道相连；而梯级泵站则是指上下级泵站之间有无压构筑物把管道隔开。

2）串联的目的是为了增加扬程，水泵的扬程本身就比较高，故第一级水泵处及附近的压力管道的压力都比较大，所以，除非中间无台地，不便于泵站布置时，尽量不要采用串联，迫不得已时串联的级数不能过多，一般为两级，极少采用三级串联。

3）如果串联的水泵型号不同，要求大泵在下，小泵在上，不能倒置。

4）无论是水泵的串联，还是梯级泵站，都要求上下级泵站或水泵之间都必须流量匹配，尽量减少弃水，如果中间没有分水，要求它们的台数应当相等，或成倍数关系。有分水时，按流量比例设定各级台数。

（五）泵的汽蚀现象及预防

1. 汽蚀现象

由于水的物理特性，水和汽可以互相转化，转化的条件即温度与压力。一个大气压下的水，当温度上升到 100℃ 时就开始汽化。但在高原地区，水在不到 100℃ 就开始汽化。如水温一定，降低水的压力，当压力下降到某一数值时，水就开始汽化并产生气泡，此时的压力就称作该对应水温下的汽化压力。汽化发生后，就有大量的蒸汽及溶解在水中的气体逸出，形成许多蒸汽与流体混合的小气泡。当气泡随水从低压区流向高压区时，在高压作用下，迅速凝结而破裂。在破裂瞬间，产生局部空穴，高压水以极高的速度流向原气泡占有空间，形成一个冲击力。由于气泡中的气体和蒸汽来不及在瞬间全部溶解和凝结，在冲击力作用下又形成小气泡再被高压水压缩凝结，如此多次反复，在流道表面极微小的面积上，冲击力形成的压力可高达几百甚至上千兆帕，冲击频率可达每秒几百万次。材料表面在水击压力的作用下，形成疲劳而遭严重破坏，从开始的点蚀到严重的海绵状空洞，甚至蚀穿材料壁面。另外，产生的气泡中还夹杂着某种活性气体如氧气，它们借助气泡凝结时放出的热量可使局部温度升至 200～300℃，对金属起化学腐蚀作用。这种汽化产生气泡，气泡进入高压区破裂以致材料受到破坏的全部过程称为汽蚀现象。

2. 汽蚀现象的预防

（1）提高泵本身的抗汽蚀性能。

1）降低叶轮入口部分的流速。

2）采用双吸式叶轮，此时单侧流量减少一半，因而提高了泵的抗汽蚀性能。

3）增加叶轮前盖板转弯处的曲率半径，这样做可以减小局部阻力损失。

4）叶片进口边适当加长。

5）采用抗汽蚀性能好的材料。

（2）提高泵本身的抗汽蚀性能。

1）减少吸入管路的流动损失。

2）合理确定几何安装高度。

3）采用诱导轮。

（六）泵的并联与串联

1. 水泵的串联

（1）串联的概念。水泵的串联就是将第一台水泵的压水管，作为第二台水泵的吸水管。水是由第一台水泵压入第二台水泵，即以同一流量依次流过各台水泵。水泵的这种工作方式叫做水泵的串联。

多级泵和深井泵就是水泵的串联运行，只不过多级泵是卧式结构，而深井泵是立式结构。

（2）串联的条件。水泵的串联只是为了增加扬程时才运用。水泵串联的条件是参加串联的各台水泵的流量要相互接近，否则流量小的水泵可能在很大流量下"强迫"工作，会使电机过载而烧坏。串联水泵运行台数不宜超过 2 台，并应对第二级泵壳进行强度校核。

2. 水泵的并联

（1）并联的作用。一台以上水泵联合运行，通过联络管共同向管网供水，称为水泵的并联。水泵并联运行有以下作用。

1）可以增加水量。

2）可通过开、停水泵的数量来调节泵站出水量。

3）提高泵站的供水安全度。

（2）并联的条件。并联要建立在各台水泵扬程范围比较接近的基础上。并联时各台水泵的工作扬程应是一致的，否则就可能出现不完全并联或不能并联。并联水泵运行台数不宜超过 3 台。

第二节　水　泵　的　运　行

水泵的高效稳定运转是水厂保持正常运行的重要前提，这就要求水泵的结构应完整，安装正确，零部件技术条件完好；扬程、流量、效率、吸程和汽蚀性能等参数满足设计使用要求。一般来说，只要水泵选型合理，使用维护得当，这些要求都可以达到。

一、启动前的检查

安装完毕或刚刚经过检修以及长期停用的水泵，投入运行前应按安装或检修规章制度要求，对各项技术指标与设备状况进行认真检查，并在运行前作好下列准备工作，确保水泵各部件都处在正常状态，方可开机运行。

（1）盘车检查，用手慢慢转动联轴器或皮带轴，查看水泵转动部分是否灵活或受阻，皮带松紧是否合适，填料函松紧是否适宜，轴承有无松紧不均或杂音。

（2）检查轴承中的润滑油是否清洁和适量，用水冷却的轴承，应开启轴承冷却水管。

（3）检查水泵与动力机地脚螺栓、联轴器螺栓等是否紧固。

（4）检查并清除进水池（吸水井），尤其是拦污栅前的水草等杂物，查看进水水位是否到位。

（5）出水管阀门是否关闭，电源、开关、仪表等是否正常。

（6）如果是第一次启用或重新安装的水泵，应检查其旋转方向是否正确。

二、开泵与停泵

对于离心泵与蜗壳式混流泵装置，一般为关阀启动。具体步骤是：先关闭出水管路闸阀和水泵进出口处仪表以及泵体下部放水孔，然后进行充水，使泵体、吸水管路内全部充满水，再启动电动机，待转速达到额定值后，旋开压力表，观察其指针是否正常偏转。如指针偏转正常，再缓慢开启出水管路上的闸阀，使水泵压力表达到额定工作压力，完成开机过程。此外，真空表和压力表在不用时应关掉。如指针不偏转，要立即停机，查找原因排除故障后再启动。（水泵在出水阀关闭的情况下，电机功率不大于 110kW 时，离心泵连续工作时间不应超过 3min；大于 110kW 时，不宜超过 5min。）

对于立式轴流泵和导叶式混流泵，均为开阀启动。一般先注水，向填料室上的注水管注清洁压力水，接着即可启动电动机，待转速达到额定值后，水泵即转入正常运行。

离心泵与轴流泵的停泵操作方法也不同。离心泵停机的步骤稍许有些复杂，具体步骤是停泵前先关闭出水阀，然后停机；如隔几天才再开机运行，或者冬季低温下长期停机，一定要将泵内与管路中的余水放空，防止零部件长时间浸水生锈或冻坏；如是短时间停机，可不用放空余水。轴流泵停机较简单，关停动力机即可。

三、水泵运行中的注意事项

（1）声音与震动。水泵在运行中机组平稳，声音正常而不间断，如有不正常的声音和震动发生，是水泵发生故障的前奏，应立即停泵检查。泵的振动不应超过《泵的振动测量与评价方法》（JB/T 8097—1999）振动烈度 C 级的规定。

（2）温度与油量。水泵运行时对轴承的温度和油温应经常巡检。轴承温升不应超过 35℃，滑动轴承最高温度为 70℃，滚动轴承最高温度为 75℃。工作中可以用手触轴承座，若烫手不能停留时，说明温度过高，应停泵检查。轴承中的润滑油要适中，用机油润滑的轴承要经常检查，及时补足油量。同时动力机温度也不能过高，填料密封应正常，若发现异常现象，必须停机检查。除机械密封及其他无法漏密封外，填料室应有水滴出，宜为 30～60 滴/min。

（3）仪表变化。水泵启动后，要注意各种仪表指针位置，在正常运行情况下，指针应稳定在一个位置上基本不变，若指针发生剧烈变化，要立即查明原因。

（4）水位变化。机组运行时，要注意进水池和水井的水位变化。水位过低（低于最低水位）时应停泵，以免发生汽蚀。深井泵要经常量测井中水位的变化，防止水位下降过大，影响水泵正常工作。在运行过程中，若发现井水中含有大量泥沙，应把水抽清，以免停泵后泥沙沉积于水泵或井底中，影响水泵下次启动或井水水质。当发生大量涌沙而长时间抽不清时，应停泵进行分析以免造成井的塌陷。

（5）运行日志。值班工作人员要坚守岗位，严格执行操作规程，做好巡查监测，认真填写运行日志，在机组运行中应认真做好记录。水泵发生异常时，应增加记录次数，分析原因，及时进行处理。交班时应把值班时发现的问题和异常现象交代清楚，提醒下一班工作人员注意。运行日志参考格式见表 5-2。

表 5－2　泵站（水泵）运行日志参考格式

机组号：

水泵型号：　　电动机型号：

年　月　日

时间 (时：分)	温度/℃		泵站进出口水位/m		水泵进出口压力/Pa		水泵			电动机					电流频率/Hz	电度表读数/(kW·h)
	室内	室外	进口	出口	真空表	压力表	流量/(m³/s)	扬程/m	轴承温度/℃	电压/V	电流/A	功率/W	定子温度/℃	轴承温度/℃		
8：00																
10：00																
…																

统计数据	时间 (时：分)		
	0：00—8：00	8：00—16：00	16：00—24：00
班次耗电/(kW·h)			
累计耗电/(kW·h)			
班次供水/m³			
累计供水/m³			

事故记录：

运行状况：

值班长（签字）：

值班人员（签字）：

四、水泵的运行维护

水泵运行中常见的故障大体可分为水力故障和机械故障两大类，其产生原因主要可归结为生产厂家制造时产生的质量缺陷、水厂水泵选型不合理、施工安装不符合标准规范或设计要求以及运行维护操作不当等因素。表5-3和表5-4列出了各种可能发生的故障、原因分析和应对措施。

表5-3 离心泵及蜗壳式混流泵常见故障分析及应对措施

故障分析	应对措施
表现1：水泵不出水	
（1）充气不足或泵内空气未抽完	（1）继续充水或抽气（检查真空泵抽气是否正常）
（2）总扬程超过额定值较多	（2）改变装置位置，改进管路装置，降低总扬程
（3）进水管路漏气	（3）用火焰法检查，并堵塞漏气处
（4）水泵叶轮转向不对	（4）改变叶轮旋转方向
（5）进水口或叶轮槽道内被杂物堵塞，底阀不灵活或锈住	（5）停机后清除杂物或除锈
（6）水泵转速过低	（6）用转速表检查，进行转速配套
（7）吸水扬程太大	（7）降低水泵安装位置
（8）叶轮严重损坏	（8）更换新叶轮
（9）轴封填料函严重漏气	（9）紧压盖螺栓，紧压填料或更换填料
（10）叶轮螺母松脱及键脱出	（10）拆开泵体修复紧固
表现2：水泵出水量不足	
（1）进水口淹没深度不够、泵内吸入空气	（1）增加进水管长度，或在水管周围靠水面处套一块木板，阻止空气被吸入
（2）进水管接口处漏气	（2）重新安装，使接口严密，或堵塞漏气处
（3）进水管路或叶轮内有水草等杂物	（3）停机后设法清除水草等杂物，进水口加设拦污栅（网）
（4）扬程太高	（4）调整泵型，使扬程配套
（5）转速不足	（5）调整机泵传动比，或调节皮带松紧度
（6）减漏环或叶轮磨损过多	（6）更换减漏环或叶轮
（7）动力机功率不足，转速减慢	（7）加大配套动力，或更换动力机
（8）闸阀开得不足或逆止阀被堵塞	（8）加大闸阀开启程度，清除逆止阀杂物
（9）轴封填料函漏气	（9）旋紧压盖螺母，或更换填料
（10）叶轮局部损坏	（10）更换或修复叶轮
（11）吸水扬程太高	（11）降低水泵安装高度或减小吸水管路水头损失
表现3：耗用功率太大	
（1）转速太高	（1）调整降低转速

故障分析	应对措施
（2）泵轴弯曲、轴承磨损或损坏过多	（2）拆卸后调直泵轴，更换轴承
（3）填料压盖过紧	（3）旋松压盖螺母或将填料取出打扁一些
（4）叶轮与泵壳有局部卡擦	（4）调整叶轮位置，使其保持一定间隙
（5）流量、扬程超过规定范围	（5）关小出水管路闸阀，减小水泵流量
（6）直联机组轴心不准，间接传动机组皮带过紧	（6）校正轴心位置，调整皮带松紧度
（7）叶轮螺母松脱，使叶轮与泵壳卡擦	（7）停机拆开，紧固皮带松紧度
表现4：水泵有杂音和振动	
（1）底脚螺栓松动	（1）旋紧螺栓
（2）叶轮损坏或局部阻塞	（2）更换叶轮或清理阻塞物
（3）泵轴弯曲、轴承磨损严重	（3）拆开水泵，校正泵轴，更换轴承
（4）直联机组轴心未对准	（4）调整动力机位置，使其对正
（5）吸水扬程过高，引起汽蚀	（5）降低水泵安装高程
（6）泵内有杂物	（6）拆开泵体，清理去除杂物
（7）进水管路漏气	（7）查找漏气原因
（8）进水管口淹没深度不够，吸进空气	（8）加长进水管，增加淹没深度
（9）叶轮、皮带轮或联轴器上螺母松动	（9）设法紧固螺母
（10）叶轮重量不平衡，产生附加离心力	（10）拆下叶轮，做静平衡试验，并调整
表现5：轴承发热	
（1）润滑油量不足，漏油太多或油环不转	（1）加油、修理、调整
（2）润滑油质量差或不清洁	（2）更换合格的润滑油，并用煤油清洗轴承
（3）皮带太紧	（3）适当放松皮带
（4）轴承装配不正确或间隙不当	（4）调整、修止
（5）轴泵弯曲或直联机组轴心不同心	（5）拆下泵轴调直，调整动力机位置，使轴心对准
（6）轴向推力太大，由摩擦引起发热	（6）注意叶轮平衡孔的疏通（指有平衡孔的泵）
（7）轴承损坏	（7）更换轴承
表现6：填料函发热或漏水过多	
（1）压盖过紧	（1）松开压盖螺母，调整到有一点点水漏出为止
（2）水封环放置有误	（2）拆开重新装配，使水封环对准水封管口
（3）填料或轴套磨损过多	（3）更换填料或轴套
（4）填料质量差	（4）用合格的填料（为棉质方形，浸入牛油中煮透，外涂铅粉）
（5）轴承磨损量大	（5）更换轴承

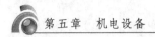

续表

故障分析	应对措施
表现7：水泵在运行中突然停止进水	
（1）进水管路突然被杂物堵塞	（1）停机后清除堵塞物
（2）叶轮被吸入杂物打坏	（2）停机，拆开并更换叶轮
（3）进水管口吸入大量空气	（3）加大进水管口淹没深度
表现8：泵轴被卡死转不动	
（1）叶轮与减漏环间隙太小或不均匀	（1）修理或更换减漏环
（2）泵轴弯曲	（2）拆下后调直泵轴
（3）填料与泵轴发生干摩擦发热膨胀	（3）向泵壳灌水，待冷却后再启动
（4）泵轴被锈住，轴承壳失圆或填料压盖过紧	（4）应检修，松开压盖螺母，使其适度
（5）轴承损坏，被金属碎片卡住	（5）更换轴承，并清除碎片

表5-4　　　　　　　轴流泵及导叶式混流泵运行中常见故障分析及应对措施

故障分析	应对措施
表现1：电动机超载	
（1）扬程过高，出水管路有阻塞物或拍门卡住未全开	（1）增加动力，清理出水管路，拉开拍门
（2）水泵转速超过规定值	（2）重新进行转速配套
（3）橡胶导轴承磨损，叶片外缘与泵壳内壁卡擦	（3）更换橡胶轴承，检查叶片磨损情况，重新调整安装
（4）叶轮上缠有水草等杂物	（4）停机回水冲刷杂物，在进水池加设拦污栅
（5）叶片安装角度超过规定	（5）调整叶片安装角度，使轴功率与动力相适应
（6）叶片紧固螺栓松动，叶片角度走动	（6）调整叶片角度后，旋紧螺栓
表现2：水泵出水量减少	
（1）叶片外缘磨损或叶片部分被击碎	（1）拆开后更换叶片
（2）扬程过高	（2）检查出水管路有无堵塞现象，设法调节扬程
（3）安装偏高，叶轮淹没深度不够	（3）降低水泵安装高程
（4）水泵转速未达额定值	（4）调换动力机或重新设计转动比，提高转速
（5）叶片安装角度偏小	（5）调大叶片安装角度
（6）叶片上缠绕水草等杂物	（6）停机回水冲刷清除杂质，在进水池内设拦污栅
（7）进水池不符合设计要求	（7）水池过小，应放大；机组间距太小，互相抢水，加隔板；悬空高度不足，应加大
表现3：水泵运转有杂音或振动	
（1）叶片与泵壳内壁有碰擦	（1）调整叶轮与泵轴的垂直度
（2）泵轴与转动轴不同心或弯曲	（2）先把两轴拆下调直，后找准同心
（3）泵体与机座底脚螺栓松动	（3）检查并拧紧底脚螺丝

续表

故障分析	应对措施
（4）部分叶片被击碎或脱落	（4）拆下损坏叶片，更换叶片
（5）叶片上缠绕水草等杂物	（5）停机回水冲刷清除杂草，在进水池内设拦污栅
（6）叶片安装角不一致	（6）校正每个叶片安装角，使其一致
（7）水泵梁振动大	（7）检查水泵安装位置，如正确后还是振动，可用斜撑加固大梁
（8）进水流态不稳定，产生漩涡	（8）降低水泵安装高程，后墙与泵体间加隔板；同一水池内各泵间加隔板
（9）刚性联轴四周间隙不一致	（9）用调节联轴螺栓校正四周松紧度，使其均匀一致
（10）轴承损坏严重	（10）更换轴承
（11）橡胶导轴承紧固螺栓松动脱落	（11）及时修复
（12）叶轮拼紧螺母松	（12）拧紧所有螺母
表现 4：水泵不出水	
（1）叶轮反转，或叶片装反，或转速过低	（1）改变叶轮转向，检查叶片安装角，改正装反叶片，调整传动比，增加转速
（2）叶片断裂或固定螺栓松动	（2）更换断裂叶片，紧固全部螺栓
（3）叶轮上缠绕水草	（3）停机回水冲刷，如不行，则拆开水泵清除
（4）叶轮淹没深度不够	（4）降低水泵安装高程

五、水泵的完好标准

（1）泵进口处有效汽蚀余量应大于水泵规定的必需汽蚀余量，或进水水位不应低于规定的最低水位。

（2）水泵应转动平稳，振动速度小于 2.8mm/s。

（3）水泵应运转在高效区，水泵的实际运行效率应大于额定效率的 88%。

（4）水泵的噪声应小于 85dB（A）。

（5）水泵的轴承温升不应超过 35℃，滚动轴承内极限温度不得超过 75℃，滑动轴承瓦温度不得超过 70℃。

（6）填料室应有水滴出，宜为 30～60 滴/min。

（7）水流通过轴承冷却箱的温升不应大于 10℃，进水水温不应超过 28℃。

（8）输送介质含有悬浮物质的泵的轴封水，应有单独的清水源，其压力应比泵的出口压力高 0.05MPa 以上。

（9）电机联轴器与水泵联轴器之间的间距及两轮缘上下左右偏差应符合要求。

（10）轴承润滑油或润滑脂牌号正确，质量合格，无水分或杂质，润滑油应加注至正常油位，润滑脂加注必须适量，不能过多或过少。

（11）外观整洁，无油污、锈迹，铜铁分明，铭牌标志清楚。

（12）设备不漏油、不漏水、不漏电、不漏气。

第三节　电　动　机

一、电动机的基础知识

电动机（motor）是把电能转换成机械能的一种设备，是现代工农业生产中最主要的电气设备。它是利用通电线圈（也就是定子绕组）产生旋转磁场并作用于转子（如鼠笼式闭合铝框）形成磁电动力旋转扭矩。电动机按使用电源不同分为直流电动机和交流电动机，电力系统中的电动机大部分是交流电机，可以是同步电机或者是异步电机（电机定子磁场转速与转子旋转转速不保持同步速）。电动机主要由定子与转子组成，通电导线在磁场中受力运动的方向跟电流方向和磁感线（磁场方向）方向有关。电动机工作原理是磁场对电流受力的作用，使电动机转动。

由于价格较贵，维修复杂，直流电机在生产中应用不如交流电机广泛，但它有突出的优点，就是可以方便地实现无级调速，这对某些生产机械是很适用的。直流发电机作为交流同步机的直流动磁电源在一些水厂中还在继续使用。

所有的电机均有一套技术参数，它是表征电机在满足使用条件下所拥有的性能指标，其主要技术参数一般都在其铭牌上可以查明。现以三相交流异步电动机为例说明如下：

（1）额定功率。指电动机在额定运行时的输出机械功率（kW），范围可从数百瓦到数千千瓦。

（2）额定转速。指电动机在额定运行时的转速（r/min），范围从 3000r/min 至 250r/min 或更低。

（3）额定电压。指电动机在额定运行时的线电压。电动机的运行电压可在额定电压的 ±10％范围内变动。

（4）额定电流。指电动机在额定运行时的线电流。电动机的运行电流一般不应超过其额定电流。

（5）工作方式。指电动机的运转状态，一般分为连续、短时和间歇运行 3 种工作状态。

（6）绝缘等级。指电动机所用的绝缘材料在满足使用年限时所承受的温度。一般有 Y、A、E、B、F、H、C 七个绝缘等级，相应的极限工作温度为 90℃、105℃、120℃、130℃、155℃、180℃、＞180℃，常用电机的绝缘等级为 E、F 等。

（7）温升。和绝缘等级有关，是在规定的环境温度为 40℃时，电机允许超过环境温度的温度值，如 E 级绝缘，规定电机的温升为 75℃。

（8）效率和功率因数。是衡量异步电动机质量的重要指标。效率是指额定状态下运行输出机械功率与输入电功率之比，一般在 90％左右；功率因数是指额定状态下运行输入的有功功率与视在功率之比，各地电力部门对最低功率因数都有规定，功率因数的提高可以降低电网的电能损失。

（9）接法。指电动机绕组的连接方式，一般有△形和 Y 形两种。

（10）转子额定电压。指绕线式异步电机转子不转（开路）时，定子绕组接额定电压后在转子上输出的感应电压。

（11）转子额定电流。指绕线式异步电机在额定工作状态时，转子绕组短接后，转子绕组中的电流。

（12）启动电流和启动转矩。异步电机的启动电流一般用启动电流与额定电流之比来表示，一般为 5～7 倍；启动转矩用启动转矩与额定转矩之比来表示，一般为 0.7～2。两参数可作为选择电机及其启动方式相应保护装置的依据。

（13）最大转矩。指额定工作状态下电机能产生的最大转矩，一般用最大转矩与额定转矩之比来表示，一般约在 1.6～2.2。该参数可作为电机过载能力的依据，故亦称过载系数。

二、电动机的基本结构

三相交流异步电动机主要有静止的定子和转动的转子两个基本部分和其他一些附件组成。定子、转子之间，由于机构上的原因隔有一个很小的空气隙（中小型电机一般在 0.2～1.0mm）。鼠笼式和绕线式两种电机的定子构造是相同的，区别的只是转子绕组。图 5-23 为绕线转子三相异步电动机的结构。

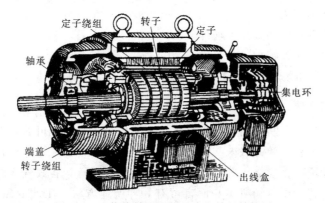

图 5-23　绕线转子三相异步电动机结构图

（一）定子（静止部分）

（1）定子铁芯。其是电机磁路的一部分，并在其上放置定了绕组。一般用 0.35～0.5mm 厚表面涂有绝缘漆的硅钢片叠成圆柱形，内圈做成一定形状和数量的槽，槽内放置定子绕组的线圈。大中型电机的铁芯沿轴向每隔一定间距留有通风沟以增大散热面积。

（2）定子绕组。其是电动机的电路部分，通入三相交流电，产生旋转磁场。由一定形状和数量的用高强度绝缘导线绕制的线圈按一定规律嵌置在定子铁芯槽里，并按一定规律连接而成三组对称分布的绕组，统称为三相绕组，每组绕组头尾互相可按星形或三角形接法引至机座上的接线盒内以供与外电源连接。

（3）机座。其作用主要是固定定子铁芯与前后端盖以支撑转子，并起防护、散热等作用。一般采用铸铁浇铸而成，大型电机则采用钢板焊接而成（可制成箱形，此种结构的电机俗称箱式电机），小型电机的机座表面还铸有散热片。按照外形结构可分为防护式和封闭式，用防护式结构时，在进出风口处穿加上防护罩以防外物进入电机。异步电动机的冷却一般可用自然空气冷却，也可采用强制风冷和水冷等办法。

（二）转子（旋转部分）

（1）转子铁芯。作为电机磁路的一部分以及在铁芯槽内放置转子绕组。

（2）转子绕组。绕线式转子绕组和定子绕组相似，也是由绝缘导线做成线圈嵌入铁芯槽里，按一定规律连接而成对称的三相绕组，一般接成星形。绕组的 3 根引出线接到装在转子一端轴上的 3 个集电环（滑环）上，并通过电刷可接入附加电阻或其他控制设备以便改善电机的启动特性或调速性能。为了避免在运转中电刷的损耗和磨损，在电机启动后（不需调速时）用一套提刷短路装置将电刷提起来，同时将 3 个集电环短接。

鼠笼式转子绕组与定子绕组很不相同。在转子铁芯上也有槽，各槽内都有一根导条，在铁芯两端槽口外，有两个端环分别把所有导条的两端连接起来，形成一短接的回路。如果去掉铁芯，绕组的形状将如一个老鼠笼子。绕组的材料为裸铜（铝）。为了改善电机的启动性能，小容量异步机的鼠笼导条常不是与轴线平行，而是扭斜一个角度，较大容量的电机为得到较大的启动力矩，鼠笼子做成深槽式或双鼠笼式。

（三）其他部件

（1）端盖。支撑作用。

（2）轴承。连接转动部分与不动部分。

（3）轴承端盖。保护轴承。

（4）风扇。冷却电动机。

三、电动机的调速

在给水行业，为了不断提高自来水水质，不断提高供水安全可靠，降低药耗、能耗和漏耗，在净水工艺过程中和方兴未艾的生产自动化过程中，越来越追求各种生产机械（如各种水泵、投药计量泵、搅拌机等）能在不同的速度下运行，各式各样电动机的调速装置也因之不断采用。就异步电动机本身而言可有 3 种调速方法：①改变磁极对数 P；②改变转差率 S；③改变电源频率 f_1。

四、电动机的运行与维护

电动机的正常稳定运行是保障村镇水厂取水和加压正常进行的重要前提，这要求电动机结构完整，零部件完好，安装正确，电流、电压、温升、功率、功率因数等主要性能参数满足设计使用要求；滑环与电刷接触良好，刷握和刷架无积垢；各种保护装置处于良好的工作状态；接线正确，绝缘良好，预防性试验合格。一般情况下，只要正确使用，注意维护保养，都可以使电动机保持良好的技术状态。

（一）启动前的检查

（1）检查电动机引线绝缘是否良好，接头是否牢固，电动机绕组接法是否正确，外壳接地线是否牢靠。

（2）检查电动机地脚螺栓、联轴器螺栓、皮带搭扣螺钉等有无松动；联轴器螺母的弹簧垫圈是否完整；轴隙是否松动，皮带的松紧度是否适宜。

（3）电动机停运 48h 以上重新启动前，应测量电动机定子、转子、电缆及启动设备的绝缘电阻。如绝缘电阻达不到规定值，必须经过烘干才能使用。

（4）当水泵的静止阻力矩不大，用手转动电动机，检查定子与转子、风扇与风扇罩是否有碰擦，转动是否灵活。

（5）检查启动器或控制设备的接线是否完好，触头是否有烧蚀，油浸式启动器是否符合要求，绝缘油是否变质。

（6）绕线型电动机要检查滑环与电刷的接触是否良好，电刷有无破损剥落，是否磨得太短，刷握和刷架上有无积垢，启动变阻器的操作把手是否在"启动"的位置，短路装置是否断开。

（7）检查电源电压是否在允许范围内，熔断器的熔丝有无熔断，过流继电器信号指示有无掉牌。

（二）电动机启动和停止注意事项

（1）接通电源后，如电机不能转动，应立即断开电源，查明原因，是否由于保险丝熔断，闸刀或电线接触不良造成只有两相电源接通。

（2）注意电动机转向是否正确，如转向不对，应立即停机，并将电动机电源引线任意两相对调，即可改变转向。

（3）电动机启动次数不宜过于频繁。鼠笼式感应电动机在冷却状态下，不得连续启动3次以上，在热状态下只允许启动1次，启动时间不超过3s的机组可以多启动1次。电动机要逐台启动，以减少启动电流。

（4）绕线式电动机在停机后，要将电阻器操作把手放在"启动"位置上，并断开短路装置。停机时，切不可先断开转子回路，后断开电源，以免引起转子线圈过电压。

（三）电动机运行中的监视与维护

（1）监测电动机的电流。当周围空气温度为35℃时，电动机的工作电流不应超过铭牌规定的额定电流值。周围空气温度变化时，工作电流允许相应增减，变化范围参见表5-5。

表 5 - 5　　　　　　　　　　电动机空气变化工作电流变化允许范围

电动机工作环境气温/℃	允许工作电流比额定电流增减范围/℃	电动机工作环境气温/℃	允许工作电流比额定电流增减范围/%
25	＋10	40	－5
30	＋5	45	－10
35	±0		

在监视电动机工作电流是否过载的同时，还要监视三相电流是否平衡。不平衡度不超过10%，特别要注意电动机是否缺相运行。

（2）监视电动机的温升。电动机的温度直接影响着绕组的绝缘老化，进而影响电动机的使用寿命。根据电动机的类型和绕组所使用的绝缘材料，生产厂家都对绕组和铁芯最大允许温度和温升做出了规定，应监视电动机在运行中不得超过规定值。

（3）检查轴承是否过热。滑动轴承和滚动轴承温度分别不应超过80℃和95℃。轴承盖边缘不应有油漏出，如有油漏出，表明轴承过热，应进一步检查；润滑油数量是否足够、有无杂物掺混其中、轴与轴瓦是否咬得过紧、直接转动的两轴中心线是否在同一直线上、是否有轴向力使轴承发热等。还应用听音棒（如改锥）靠在轴承外盖上，听轴承内部声音，根据不同声响和经验判断是缺油还是滚轮损坏或轴承松动。

（4）注意电源电压。一般要求电动机在额定工作电压的－5％～＋10％范围内运行，这时电动机的额定出力受影响不大。如果电源电压变化超出允许范围就应根据电动机最高工作温度和最大允许温升限制负荷。

（5）监测电动机有无剧烈振动。正常运行的电动机应平稳、无剧烈振动，当出现剧烈振动时，表明可能存在故障。有条件的水厂，可用专用仪表测量电动机振幅；不具备条件的可用手摸机体。如果手有些发麻，说明振动严重，应查找原因，消除故障隐患。

（6）注意电动机有无绝缘烧焦的煳味或润滑油烧烤的气味，有无烟雾火花，声音是否均匀平稳，根据不同的异常声响和操作人员经验，分析判断是过负荷还是缺相或铁芯松动、转子与定子碰接等情况，进而采取措施，消除故障。

（7）注意电刷是否冒火花、电刷在刷握内是否有晃动或卡阻现象。

（8）保持电动机周围环境清洁、干燥、通风良好，可用抹布擦拭电动机，但不得用水冲洗。

（四）电动机运行中故障原因及处理措施

电动机运行中如发生故障，应查明原因，采取有效措施，及时排除故障。电动机常见故障、产生原因及应对措施见表5－6。

表 5－6　　　　　　　　　　电动机运行中常见故障、产生原因及应对措施

故障分析	应对措施
表现 1：电动机不能启动或转速较额定值低	
（1）熔丝烧断，或电源电压太低	（1）检查电源电压和熔断器
（2）定子绕组或外部线路中有一相断开	（2）用万用表或灯泡检查定子绕组和外部线路
（3）鼠笼式电机转子断条，能空载启动，但不能加负载	（3）将电动机定子绕组接到 50～60V 低压三相交流电源上，慢慢转动转子，同时测量定子电流，如果差距很大，则说明转子断路
（4）绕线式电机转子绕组开路或滑环与碳刷等接触不良	（4）用灯泡法检查转子绕组和滑环与碳刷的接触情况
（5）应接成三角形的电动机误接成星形，造成电机空载，可以启动，但不能满载	（5）检查出线盒接线
（6）电动机负荷过大	（6）减轻电动机负荷
（7）定子三相绕组中有一相接反	（7）查出首尾，正确接线
（8）电动机或水泵内有杂物卡住	（8）去除杂物
（9）轴承磨损、烧毁或润滑油冻结	（9）换轴承或润滑油
表现 2：电动机空载或加负载时三相电流不平衡	
（1）电源电压不平衡	（1）检查电源电压
（2）定子绕组有部分线圈短路，同时线圈局部过热	（2）用电表测量三相绕组电阻，若阻差很大，说明一相短路
（3）更换定子绕组后，部分线圈匝数有错	（3）用电表测量三相绕组电阻，若阻差很大，说明一相短路

续表

故障分析	应对措施
表现3：电动机过热	
（1）过负荷	（1）减少负荷
（2）电源电压过高或过低	（2）检查电源电压
（3）三相电压或电流不平衡	（3）消除产生不平衡的原因
（4）定子铁芯质量不高，铁损太大	（4）修理或更换定子铁芯
（5）转子与定子摩擦	（5）调整转子与定子间隙，使各处间隙均匀
（6）定子绕组有短路或接地故障	（6）用电表测量各相电阻进行比较，用摇表测量定子绕组的绝缘和对地绝缘
（7）电动机在启动后，单相运行	（7）检查定子绕组，是否有一相断开，电源是否有一相断开
（8）通风不畅或泵房空气温度过高	（8）改善通风条件
表现4：电动机有不正常的振动和响声	
（1）电动机基础不牢固，底脚螺栓松动	（1）加固基础，拧紧底脚螺栓
（2）安装不符合设计要求，机组不同心	（2）检查安装情况，进行校正
（3）电动机转轴上皮带不平衡	（3）进行静平衡试验
（4）转子与定子碰擦	（4）消除碰擦的原因，如调换磨损轴承；校正转轴中心后放松皮带；修正或车磨弯曲的轴和精车转子
（5）间隙不均匀	（5）校正转子中心线，必要时更换轴承
（6）一相电源中断或电源电压突然下降	（6）接通断相的电源
（7）三相电不平衡，发出嗡嗡声	（7）检查三相不平衡的原因，并消除不平衡
表现5：轴承过热	
（1）对于滑动轴承，因轴颈弯曲，轴颈或轴瓦不光滑或两者间隙太小	（1）校正或车磨轴颈，刮磨轴瓦和轴颈，并调整它们的间隙或更换轴瓦，放松螺栓或加垫片，将轴承盖垫高
（2）滚珠或滚柱轴承和电动机转轴的轴心线不在同一水平面或垂直线上，滚珠或滚柱不圆或碎裂，内外座圈锈蚀或碎裂	（2）摆正电动机，重新装配轴承或调换轴承
（3）润滑油不足或太多	（3）增加或减少润滑油到规定标准
（4）皮带过紧	（4）放松皮带

第四节　柴油发电机

一、发电机概述

发电机是将其他形式的能源转换成电能的机械设备，它由水轮机、汽轮机、柴油机或其他动力机械驱动，将水流、气流、燃料燃烧或原子核裂变产生的能量转化为机械能传给发电机，再由发电机转换为电能。发电机在工农业生产、国防、科技及日常生活中有广泛

的用途。

发电机的形式很多，但其工作原理都基于电磁感应定律和电磁力定律。因此，其构造的一般原则是：用适当的导磁和导电材料构成互相进行电磁感应的磁路和电路，以产生电磁功率，达到能量转换的目的。

发电机通常由定子、转子、端盖及轴承等部件构成。定子由定子铁芯、线包绕组、机座以及固定这些部分的其他结构件组成；转子由转子铁芯（或磁极、磁轭）绕组、护环、中心环、滑环、风扇及转轴等部件组成。由轴承及端盖将发电机的定子，转子连接组装起来，使转子能在定子中旋转，做切割磁力线的运动，从而产生感应电势，通过接线端子引出，接在回路中，便产生了电流。

发电机分直流发电机和交流发电机两大类，后者又可分为同步发电机和异步发电机。目前最常用的是同步发电机（即发电机定子磁场转速与转子的转速始终保持同步速）。它由直流电流励磁，既能提供有功功率，也能提供无功功率，可满足各种负载的需要。异步发电机没有独立的励磁绕组，其结构简单，操作方便，但不能向负载提供无功功率。因此，异步发电机运行时必须与其他同步发电机并联，或并接相当数量的电容器。直流发电机有换向器，结构复杂，价格较贵，易出故障，维修困难，效率也不如交流发电机高。自20世纪50年代以后，直流发电机逐渐为交流电源经功率半导体整流获得的直流电所取代。

目前，在村镇供水厂中，应用较多的为柴油发电机组，现就柴油发电机组作简要的介绍。柴油发电机就是柴油机驱动发电机运转。在汽缸内，经过空气滤清器过滤后的洁净空气与喷油嘴喷射出的高压雾化柴油充分混合，在活塞上行的挤压下，体积缩小，温度迅速升高，达到柴油的燃点。柴油被点燃，混合气体剧烈燃烧，体积迅速膨胀，推动活塞下行，称为"做功"。各汽缸按一定顺序依次做功，作用在活塞上的推力经过连杆机构变成推动曲轴转动的力量，从而带动曲轴旋转。将无刷同步交流发电机与柴油机曲轴同轴安装，就可以利用柴油机的旋转带动发电机的转子，利用"电磁感应"原理，发电机就会输出感应电动势，经闭合的负载回路就能产生电流。

二、柴油发电机运行控制与管理

（一）机组启动前准备

（1）检查柴油发电机组各部分是否正常，各附件及紧固件的连接是否可靠，操作机构是否灵活，如有不正常现象和妨碍机组运转的杂物，应立即排除和处理。

（2）发电机组的各电气线路在出厂前均已接好，但由于长途运输的颠簸和振动，在启动机组前，还应逐个仔细检查线路各接头的螺丝是否松动，接触是否良好，对照电气原理图和电气接线图，检查各电路是否正确。

（3）由于长期放置电机，电气线路容易受潮，绝缘经常出现问题，因此，主回路和控制回路应用 500V 摇表测量冷态下的绝缘电阻，其值不得小于 $2M\Omega$（注意硅整流元件在测绝缘时应短接，若电线受潮应用电阻电流法烘干，直至合格，控制箱应找出绝缘薄弱点予以处理）。

（4）检查电启动系统的接线是否正常。蓄电池充电应充足，电解液的密度不应低于

$1.27 \mathrm{g/cm}^3$（15℃时），液面过低应及时加注蒸馏水。

（5）检查冷却系统是否正常。开式冷却系统应接通水源，其水位应高于发动机；闭式冷却系统应检查冷却水是否已经加满，水量不足时应加足冷却水。

（6）检查燃油系统是否正常。油箱内油量应充足，油不足时，打开燃油系统开关，必要时可用燃油手压泵充油。充油时旋松喷油泵上的放气螺钉和燃油滤清器上的放气小螺栓，排除燃油系统中的空气，直至溢出的燃油无气泡后，即可拧紧放气螺钉，再继续加泵油，直至回油管有回油后，最后将手压泵旋紧。

（7）检查机油的油面是否在油标尺的刻度范围内，若机油量不足，必须用相同牌号的机油加足至刻度线范围。

（8）检查进气系统是否正常，空气滤清器是否处于良好工作状态。

（9）检查发电机组输出电路接线有无异常，控制屏上的仪表、开关等是否正常可靠。

（10）输出空气开关处于断路状态。

（二）机组的启动

（1）调整转速到机组额定转速，将钥匙打开，带保护装置的机组应检查机油低油压警报灯是否良好，灯亮说明良好，4～5s后即可启动机组。

（2）装有空气预热装置的发动机，预热时，应先接通预热电热塞10s，然后使柴油机启动。如果在10s以内未能启动，即应松开启动按钮，过2min后做第二次启动。如果连续三次不能启动时，应停止启动，找出原因并排除故障后，方可再次启动。

（3）机组启动运转后，立即松开启动按钮。充电电流表指针转向正向位置，表明充电机工作正常。带保护装置的机组此时低油压警报灯应熄灭。若警报灯不能熄灭，说明机油压力太低，应立即停车检查原因。

（4）机组启动后，应密切注意各仪表的读数是否正常，并立即检查机组各部位机件的运转情况，若发现异常，应立即排除和处理，正常后应记录启动运行时间。

（三）机组的停车

（1）应逐步卸去发电机负载，断开输出空气开关。

（2）逐步降低转速，运转3～5min后再停车，尽可能地不要全负荷状态下急停车，以防出现过热等事故。把电钥匙打到关闭位置，取出钥匙。

（3）把燃油系统恢复到开机前的状态，关闭油箱供油阀。

（4）开式冷却系统，应断开水源及关闭水阀。在冬季环境温度低于0℃时，为防止冻坏机件，停车后应把冷却系统中的水放净（添加防冻液的发电机除外）。

（5）长期不工作的柴油发电机组，应按要求进行油封，未进行油封的发电机组每周必须启动一次，运转5～10min，以防止机件特别是内部机件的锈蚀。

（6）柴油发电机组的紧急停车。在紧急或特殊情况下为防止机组发生严重事故，必须采取紧急停车。此时应迅速断开输出空气开关，卸去机组负荷，按下紧急停机按钮或用力拨动紧急停车油门控制手柄至停止供油位置，机组即停止运转。

（7）机组停止运转后，应及时检查和清洁机组外部，擦净机组的油污灰尘，使机组处于随时即可工作状态，并记录其停车时间。

三、柴油发电机维护保养

为使柴油发电机组运转正常，延长使用寿命，必须定期对机组进行系统的检查、调整和清洗，创造机组运转所必需的良好条件，预防早期磨损和故障出现，用户应根据保养项目进行定期保养。保养分级如下。

(1) 日常维护（每班工作）。

(2) 一级技术保养（累计工作 100h 或每隔 1 个月）。

(3) 二级技术保养（累计工作 500h 或每隔 6 个月）。

(4) 三级技术保养（累计工作 1000～1500h 或每隔 1 年）。

无论进行何种保养，都应有计划、有步骤地进行拆检和安装，并合理地使用工具，用力要适当。解体后的各零部件表面应保持清洁，并涂上防锈油或油脂以防止生锈；注意可拆零件的相对位置、不可拆零件的结构特点以及装配间隙和调整方法。同时应保持柴油机及附件的清洁完整。

（一）日常维护

日常维护保养项目和程序可按表 5－7 进行。

表 5－7　　　　　　　　　　柴油发电机日常维护保养项目和程序

序号	保养项目	程　　序
1	检查燃油箱燃油量	观察燃油箱存油量，根据需要添足
2	检查油底壳中机油平面	油面应达到机油标尺上的刻线标记，不足时应加到规定量
3	检查喷油泵调速器机油平面	油面应达到机油标尺上的刻线标记，不足时应添足
4	检查"三漏"（水、油、气）情况	消除油、水管路接头等密封面的漏油、漏水现象；消除进、排气管，气缸盖垫片处及涡轮增压器的漏气现象
5	检查柴油机各附件的安装情况	包括各附件安装的稳固程度，地脚螺钉及与工作机械相连接的牢靠性
6	检查各仪表	观察读数是否正常，否则应及时修理或更换
7	检查喷油泵传动连接盘	连接螺钉是否松动，否则应重新校正喷油提前角并拧紧连接螺钉
8	清洁柴油机及附属设备外表	用干布或浸柴油的抹布擦去机身、涡轮增压器、气缸盖罩壳、空气滤清器等表面上的油渍、水和尘埃；擦净或用压缩空气吹净充电发电机、散热器、风扇等表面上的尘埃

（二）一级技术保养

除日常维护项目外，柴油发电机一级技术保养的工作项目见表 5－8。

表 5－8　　　　　　　　　　柴油发电机一级技术保养

序号	保养项目	程　　序
1	检查蓄电池电压和电解液比重	用比重计测量电解液相对密度，此值应为 1.28～1.30（环境温度为 20℃时），一般不应低于 1.27。同时液面应高于极板 10～15mm，不足时应加注蒸馏水
2	检查三角橡胶带的张紧程度	按介绍的皮带张紧调整方法，检查和调整皮带松紧程度

续表

序号	保养项目	程　序
3	清洗机油泵吸油粗滤网	拆开机体大窗口盖板，扳开粗滤网弹簧锁片，拆开滤网放在柴油中清洗，然后吹净
4	清洗空气滤清器	惯性油浴式空气滤清器应清洗钢丝绒芯，更换机油；盆（旋风）式空气滤清器，应清除集尘盘上的灰尘，对纸质滤芯进行保养
5	清洗通气管内的滤芯	将机体门盖板加油管中的油芯取出，放在柴油或汽油中清洗吹净，浸上机油后装上
6	清洗燃油滤清器	每隔200h左右，拆下滤芯和壳体，在柴油或煤油中清洗或换芯子，同时应排除水分和沉积物
7	清洗机油滤清器	一般每隔200h左右进行一次： （1）清洗绕线式粗滤器滤芯； （2）对刮片式滤清器，转动手柄清除滤芯表面油污，或放在柴油中刷洗； （3）将离心式精滤器转子放在柴油或煤油中清洗
8	清洗涡轮增压器的机油滤清器及进油管	将滤芯及进油管放在柴油或煤油中清洗，然后吹干，以防止被灰尘和杂物污染
9	更换油底壳中的机油	根据机油使用状况（油的脏污的黏度降低程度）每隔200～300h更换一次
10	加注润滑油或润滑脂	对所有注油嘴及机械式转速表接头等处，加注符合规定的润滑脂或机油
11	清洗冷却水散热器	用清洁的水通入散热器中，清除其中沉淀物至干净为止

（三）二级技术保养

除一级技术保养项目外，柴油发电机二级技术保养的工作项目见表5-9。

表 5-9 　　　　　　　　　　　　**柴油发电机二级技术保养**

序号	保养项目	程　序
1	检查喷油器	检查喷油压力，观察喷雾情况，另进行必要的清洗和调整
2	检查喷油泵	必要时重新调整
3	检查气门间隙，喷油提前角	必要时进行调整
4	检查进、排气门和密封情况	拆下气缸盖，观察配合锥面的密封、磨损情况，必要时研磨修理
5	检查水泵漏水情况	如溢水口滴水成流时，应调换封水圈
6	检查气缸套封水圈的风水情况	拆下机体大窗口盖板，从气缸套下端检查是否有漏水现象，否则应拆出气缸套，调换新的橡胶封水圈
7	检查传动机构盖板上的喷油塞	拆下前盖板，检查喷油塞喷孔是否畅通，如堵塞，应清理
8	检查冷却水散热器和机油散热器，机油冷却器	如有漏水、漏油，应进行必要的修补
9	检查主要零部件的紧固情况	对连杆、曲轴螺母、气缸盖螺母等进行检查，必要时要拆下检查并重新拧紧至规定扭矩
10	检查电气设备	各电线接头是否接牢，有烧损的应更换

续表

序号	保养项目	程　　序
11	清洗机油、燃油系统管路	包括清洗油底壳、机油管路、机油冷却器，燃油箱及其管路，清除污物并应吹干净
12	清洗冷却系统水管道	可用每升水加150g苛性钠（NaOH）的溶液灌满柴油机冷却系统停留8～12h后开动柴油机，使出水温度到75℃以上放掉清洗液，再用干净水清洗冷却系统
13	清洗涡轮增压器的气、油道	包括清洗导风轮、压气机叶轮、压气机壳内表面，涡轮及涡轮壳等零件的油污和积碳

（四）三级技术保养

除二级技术保养项目外，柴油发电机三级技术保养的工作项目见表5-10。

表 5-10　　　　　　　　　　　柴油发电机三级技术保养

序号	保养项目	程　　序
1	检查气缸盖组件	检查气门、气门座、气门导管、气门弹簧、推杆和摇臂配合面的磨损情况，必要时进行修磨或更换
2	检查活塞连杆组件	检查活塞环、气缸套、连杆小头衬套及连杆轴瓦的磨损情况，必要时更换
3	检查曲轴组件	检查推力轴承、推力板的磨损情况以及滚动主轴承内外圈是否有周向游动现象，必要时更换
4	检查传动机构和配气相位	检查配气相位，观察传动齿轮啮合面磨损情况，并进行啮合间隙的测量，必要时进行修理或更换
5	检查喷油器	检查喷油器喷雾情况，必要时将喷油偶件进行研磨或更换
6	检查喷油泵	检查柱塞偶件的密封性和飞铁销的磨损情况，必要时更换
7	检查涡轮增压器	检查叶轮与壳体和间隙、浮动轴承、涡轮转子轴以及气封、油封等零件的磨损情况，必要时进行修理或更换
8	检查机油泵，淡水泵	对易损零件进行拆检和测量，并进行调整
9	检查气缸盖和进、排气管垫片	已损坏或失去密封作用的应更换
10	检查充电发电机和启动电机	清洗各机件、轴承、吹干后加注新的润滑脂，检查启动电机齿轮磨损情况及传动装置是否灵活

第五节　阀　　门

阀门是流体输送系统中的控制部件，具有截止、调节、导流、防止逆流、稳压、分流或溢流泄压等功能。阀门也是水厂使用数量最多的设备之一，阀门工作状态的好坏直接影响到水厂的制水生产。水厂或泵站中用得较多的闸门有闸阀、蝶阀、止回阀、减压阀、安全阀等。阀门可以采用多种传动方式，如手动、电动、液动、气动、涡轮、电磁动、电磁-液动、电-液动、气-液动、正齿轮、伞齿轮驱动等，可用于控制水、蒸汽、油品、气体、泥浆、各种腐蚀性介质、液态金属和放射性流体等各种类型流体的流动，阀门的工作压力可从 0.0013MPa 到 1000MPa 的超高压，工作温度从 $-269℃$ 的超低温到 $1430℃$ 的高温。

一、阀门的类别

1. 按驱动方式分类

（1）自动阀。自动阀指不需要外力驱动、而依靠介质自身的能量来使阀门动作的阀门，如安全阀、减压阀、疏水阀、止回阀、自动调节阀等。

（2）动力驱动阀。动力驱动阀可以利用各种动力源进行驱动，包括电动阀（借助电力驱动的阀门）、气动阀（借助压缩空气驱动的阀门）、液动阀（借助油等液体压力驱动的阀门）。此外还有以上几种驱动方式的组合，如气-电动阀等。

（3）手动阀。手动阀借助手轮、手柄、杠杆、链轮，由人力来操纵阀门动作。当阀门启闭力矩较大时，可在手轮和阀杆之间设置此轮或蜗轮减速器。必要时，也可以利用万向接头及传动轴进行远距离操作。

2. 按作用和用途分类

（1）截断阀。截断阀又称闭路阀，其作用是接通或截断管路中的介质。截断阀类包括闸阀、截止阀、旋塞阀、球阀、蝶阀和隔膜等。

（2）止回阀。止回阀又称单向阀或逆止阀，其作用是防止管路中的介质倒流。水泵吸水管的底阀也属于止回阀类。

（3）安全阀。安全阀类的作用是防止管路或装置中的介质压力超过规定数值，从而达到安全保护的目的。

（4）调节阀。调节阀类包括调节阀、节流阀和减压阀，其作用是调节介质的压力、流量等参数。

（5）分流阀。分流阀类包括各种分配阀和疏水阀等，其作用是分配、分离或混合管路中的介质。

（6）排气阀。排气阀是管道系统中必不可少的辅助元件，广泛应用于锅炉、空调、石油天然气、给排水管道中。往往安装在制高点或弯头等处，排除管道中多余气体、提高管道路使用效率及降低能耗。

3. 按工作温度分类

（1）超低温阀。用于介质工作温度 $t<-100℃$ 的阀门。

（2）低温阀。用于介质工作温度 $-100℃≤t<-40℃$ 的阀门。

（3）常温阀。用于介质工作温度 $-40℃<t≤120℃$ 的阀门。

（4）中温阀。用于介质工作温度 $120℃<t≤450℃$ 的阀门。

（5）高温阀。用于介质工作温度 $t>450℃$ 的阀门。

4. 按公称压力分类

（1）真空阀。指工作压力低于标准大气压的阀门。

（2）低压阀。指公称压力 $PN≤1.6MPa$ 的阀门。

（3）中压阀。指公称压力 PN 为 2.5MPa、4.0MPa、6.4MPa 的阀门。

（4）高压阀。指公称压力 PN 为 10～80MPa 的阀门。

（5）超高压阀。指公称压力 $PN \geqslant 100\text{MPa}$ 的阀门。

5. 按公称通径分类

（1）小通径阀门。指公称通径 $DN \leqslant 40\text{mm}$ 的阀门。

（2）中通径阀门。指公称通径 $DN = 50 \sim 300\text{mm}$ 的阀门。

（3）大通径阀门。指公称阀门 $DN = 350 \sim 1200\text{mm}$ 的阀门。

（4）特大通径阀门。指公称通径 $DN \geqslant 1400\text{mm}$ 的阀门。

6. 按结构特征分类

（1）截门阀。关闭件沿着阀座中心移动。

（2）旋塞阀。关闭件是柱塞或球，围绕本身的中心线旋转。

（3）闸门阀。关闭件沿着垂直阀座中心移动。

（4）旋启阀。关闭件围绕阀座外的轴旋转。

（5）蝶阀。关闭件的圆盘，围绕阀座内的轴旋转。

（6）滑阀。关闭件在垂直于通道的方向滑动。

7. 按连接方法分类

（1）螺纹连接阀门。阀体带有内螺纹或外螺纹，与管道螺纹连接。

（2）法兰连接阀门。阀体带有法兰，与管道法兰连接。

（3）焊接连接阀门。阀体带有焊接坡口，与管道焊接连接。

（4）卡箍连接阀门。阀体带有夹口，与管道夹箍连接。

（5）卡套连接阀门。与管道采用卡套连接。

（6）对夹连接阀门。用螺栓直接将阀门及两头管道穿夹在一起的连接形式。

8. 按阀体材料分类

（1）金属材料阀门。其阀体等零件由金属材料制成，如铸铁阀、碳钢阀、合金钢阀、铜合金阀、铝合金阀、铅合金阀、钛合金阀、蒙乃尔合金阀等。

（2）非金属材料阀门。其阀体等零件由非金属材料制成，如塑料阀、陶阀、搪阀、玻璃钢阀等。

（3）金属阀体衬里阀门。阀体外形为金属，内部凡与介质接触的主要表面均为衬里，如衬胶阀、衬塑料阀、衬陶阀等。

二、常用阀门的结构形式

（一）电动闸阀

闸阀是指关闭件（闸板）沿通路中心线的垂直方向移动的阀门。闸阀在管路中主要作切断用，闸阀是使用很广的一种阀门。闸阀有以下优点：流体阻力小；开闭所需外力较小；介质的流向不受限制；全开时密封面受工作介质的冲蚀比截止阀小；体形比较简单；铸造工艺性较好。闸阀也有不足之处：外形尺寸和开启高度都较大，造成安装所需空间较大；开闭过程中密封面间有相对摩擦，容易引起擦伤现象；闸阀一般都有两个密封面，给加工、研磨和维修增加了一些困难。

（1）电动闸阀根据闸板的构造可分为两大类。

1）平行式闸阀。密封线与垂直中心线平行，即两个密封面互相平行的闸阀。平行式闸阀又有双闸板和单闸板之分。

2）楔式闸阀。密封面与垂直中心线成某种角度，即两个密封面成楔形的闸阀。闸阀又有双闸板、单闸板及弹性闸板之分。

（2）根据阀杆的构造又分为两大类。

1）明杆闸阀。闸阀螺母在阀盖或支架上，开闭闸板时，用旋转阀杆来实现阀杆的升级。这种结构对阀杆的润滑有利，开闭程度明显，因此被广泛采用。

2）暗杆闸阀。阀杆螺母在阀体内与介质直接接触，开闭闸板时用旋转阀杆来实现。这种结构的优点是：闸阀的高度总是保持不变的，因此安装空间小，适用于大口径或对安装空间受限制的闸阀。这种结构应装有开闭指示器，以指示开闭程度。这种结构的缺点是：阀杆螺纹不仅无法润滑，而且直接接受介质侵蚀，容易损坏。

（二）电动蝶阀

蝶阀是用圆盘形蝶板作启闭件并随阀杆转动来开启、关闭和调节液体通道的一种阀门。蝶阀的蝶板安装于管道的直径方向。蝶阀旋转角度0°~90°，旋转到90°时，阀门在全开状态，此时具有较小的流阻，当开启在15°~70°时，又能进行灵敏的流量控制。

蝶阀不仅结构简单、体积小、重量轻，而且驱动力矩小、操作简便。蝶阀的这些特点，使它在各种行业得到了非常广泛的应用。

蝶阀的种类很多，并且有多种分类方法。

1. 按结构形式分类

（1）中心密封蝶阀。

（2）单偏心密封蝶阀。

（3）双偏心密封蝶阀。

（4）三偏心密封蝶阀。

2. 按密封面材质分类

（1）软密封蝶阀。

1）密封副由非金属软质材料对非金属软质材料构成。

2）密封副由金属硬质材料对非金属软质材料构成。

（2）金属硬密封蝶阀。密封副由金属硬质材料对金属硬质材料构成。

3. 按密封形式分类

（1）强制密封蝶阀。

1）弹性密封蝶阀。密封比压由阀门关闭时阀板挤压阀座，阀座或阀板的弹性产生。

2）外加转矩密封蝶阀。密封比压由外加于阀门轴上的转矩产生。

（2）充压密封蝶阀。密封比压由阀座或阀板上的弹性元件充压产生。

（3）自动密封蝶阀。密封比压由介质压力自动产生。

4. 按连接方式分类

（1）对夹式蝶阀。

（2）法兰式蝶阀。

（3）支耳式蝶阀。

（4）焊接式蝶阀。

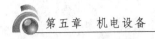

（三）气动蝶阀

气动蝶阀结构和电动蝶阀相似，不同之处是电动装置换成了气动装置，阀门的启闭用带压气体来驱动，压缩气体一般来自具有恒定压力的储气罐。

（四）液控蝶阀

液控蝶阀是一种能按程序开闭、能泵阀联动及消除水锤、具有止回阀功能的新型管路控制设备。常用于出水泵房，取代水泵的出水阀和止回阀。

常用液控蝶阀分为重锤式液控蝶阀和蓄能罐式液控蝶阀。前者关阀动力来自重锤的位能，后者来自蓄能罐中油（或气）的动能。该蝶阀靠液压驱动，开阀时由油泵电动机提供动力，蝶阀开启后液压驱动的油路自动保压，使重锤不下降，蝶板不抖动，关阀时由起升的重锤提供动力，关阀时不需驱动电源。

蝶阀能根据开泵、停泵时的水力过渡过程理论，采用分阶段按程序开阀、关阀。当水泵机组失电停机时，蝶阀能自动按调定好的程序先快关截断大部分水流，起到止回阀的功能，然后慢关至全关，起到消除水锤危害的作用。开阀时间可调，关阀时快关、慢关的时间和角度均可调节。

（五）减压阀

减压阀是通过调节将进口压力减至某一需要的出口压力，并依靠介质本身的能量使出口压力自动保持稳定的阀门。从流体力学的观点看，减压阀是一个局部阻力可以变化的节流元件，即通过改变节流面积，使流速及流体的动能改变，造成不同的压力损失，从而达到减压的目的。然后依靠控制与调节系统的调节，使阀后压力的波动与弹簧力相平衡，使阀后压力在一定的误差范围内保持恒定。

减压阀的作用原理是靠阀内流道对水流的局部阻力降低水压，水压降的范围由连接阀瓣的薄膜或活塞两侧的进出口水压差自动调节。定比减压原理是利用阀体中浮动活塞的水压比控制，进出口端减压比与进出口侧活塞面积比成反比。这种减压阀工作平稳无振动；阀体内无弹簧，故无弹簧锈蚀、金属疲劳失效的问题；密封性能良好不渗漏，因而既减动压（水流动时）又减静压（流量为 0 时）；特别是在减压的同时不影响水流量。

水流通过减压阀虽有很大的水头损失，但由于减少了水的浪费并使系统流量分布合理、改善了系统布局与工况，因此总体上讲仍是节能的。介质为蒸汽的场合，宜选用先导活塞式减压阀或先导波纹管式减压阀。为了操作、调整和维修的方便，减压阀一般应安装在水平管道上。

三、阀门的使用与维护

（一）阀门的使用

阀门在使用过程中应注意如下事项。

（1）电动、气动或液动阀门，在开启、关闭时，应密切注意设备的运转情况及开度表指示，发现异常情况，应立即断电检查。

（2）手动阀门在开启或关闭操作时，应使用手轮开、关，不得借助杠杆或其他工具。

（3）液控蝶阀重锤下面严禁人员进入。

（4）填料压盖不宜压得过紧，应以阀杆操作灵活为准。填料压得过紧，会导致阀杆的磨损，甚至造成电机过负荷跳闸。

（5）阀杆螺纹及其他转动部分应涂一些黄油或二氧化钼，保持传动灵活，变速箱要按时添加润滑油。

（6）不经常启闭的阀门，应定期转动手轮，并对转动部分加油，防止咬住。

（7）电动闸阀应正确调整限位开关，防止出现顶撞死点、损坏设备的事故。阀门关闭或开启到头，即为死点，此时应回转手轮 $1/4\sim1$ 圈，把这个位置作为限位开关的动作点。

（8）应定期检查密封面、阀杆等有无磨损以及垫片、填料，若有损坏失效，应及时修理或更换。

（9）对于明杆阀门，要记住全开或全关时的阀杆位置，避免全开时撞击上死点，便于检查全闭时有否异常情况（如阀板脱落、密封面沾有杂物等）。

（10）管路初用时，内部脏物较多，可将阀门微启，利用介质的高速流动将其带走，然后轻轻关闭（不能快闭、猛闭，以防残留杂质夹伤密封面）。如此重复多次，冲净脏物后再投入正常使用。

（二）阀门的维护

阀门的使用过程中维护的目的是要使阀门处于常年整洁、润滑良好、阀件齐全、正常运转的状态。阀门维护的原则如下。

（1）保持阀门外部和活动部位的清洁，保护阀门油漆的完整。阀门的表面、阀杆和阀杆螺母上的梯形螺纹、阀杆螺母与支架滑动部位以及齿轮、蜗轮杆等部件容易沉积灰尘、油污和介质残渍等脏物，对阀门产生磨损和腐蚀。因此，应经常清洁阀门。

（2）保持阀门的润滑。阀门梯形螺母、阀杆螺母与支架滑动部位，轴承位、齿轮和蜗轮蜗杆的啮合部位以及其他配合活动部位都需要良好的润滑条件，减少相互间的摩擦，避免相互磨损。润滑部位应按具体情况定期加油：经常开启的阀门一般应一周至一个月加油一次，不经常开启的可适当延长一些。

（3）保持阀件的齐全、完好。法兰和支架的螺栓应齐全、满扣，不允许有松动的现象。手轮上的紧固螺母如松动应及时拧紧，手轮丢失后，不允许用活扳手代替手轮，应及时配齐。填料压盖不允许歪斜或无预紧间隙。阀门上的标尺应保持完整、准确。

（4）阀门电动装置的日常维护。电动装置一般情况下应每月进行一次维护，维护内容如下。

1）外表清洁，无粉尘沾积，装置不受汽水、油污污染。

2）密封面应牢固、严密、无泄漏现象。

3）润滑部分按规定加油，阀杆螺母应加润滑脂。

4）电器部分完好，对地绝缘电阻大于 $0.5M\Omega$，断路器和热继电器整定值正确，未出现误动和拒动的情况，指示灯显示正确。

5）手动-电动切换机构完好，手动操作机构灵活。

6）行程开关、过力矩开关调整在正确的位置，开度表指示值与阀门实际位置相符。

（三）阀门常见故障分析和排除

阀门常见故障产生原因及应对措施见表 5-11。

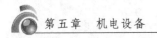

表 5 - 11 阀门常见故障产生原因及应对措施

故障分析	应对措施
表现 1：阀体和阀盖的泄漏	
（1）铸铁件制造质量不高，有砂眼、松散组织、夹渣等缺陷	（1）提高铸造质量
（2）焊接不良，存在着夹渣、未焊透，应力裂纹等缺陷	（2）应按焊接操作规程进行，焊后进行探伤和强度试验
表现 2：填料处泄漏	
（1）填料选用不当	（1）选用符合要求的填料
（2）填料安装不对	（2）按有关规定正确安装填料，盘根应逐圈安放压紧，接头成 30°或 45°
（3）填料超过使用期，已老化	（3）应及时更换
（4）填料圈数不足，压盖未压紧	（4）应按规定的圈数安装，压盖应对称均匀地压紧，压套应有 5mm 以上的预紧间隙
（5）阀杆精度不高，有弯曲、腐蚀、磨损等缺陷	（5）阀杆弯曲、磨损后应进行矫直、修复，对损坏严重的应予以更换
表现 3：垫片处泄漏	
（1）垫片选用不对或损坏	（1）按工况条件正确选用垫片的材质和形式，已损坏应调换
（2）法兰螺栓紧固不均匀、法兰倾斜，垫片的压紧力不够或连接处无预紧间隙	（2）应均匀对称地拧紧螺栓，必要时应使用力矩扳手，预紧力应符合要求，不可过大或过小，法兰和螺纹连接处应有一定的预紧间隙
（3）垫片装配不当，受力不匀	（3）垫片装配应逢中对正，受力均匀，垫片不允许搭接和使用双垫片
（4）静密封面加工质量不高，表面粗糙不平、横向划痕、密封副互不平行等缺陷	（4）静密封面腐蚀、损坏、加工质量不高，应进行修理、研磨，进行着色检查，使静密封面符合有关要求
（5）静密封面和垫片不清洁，混入异物	（5）安装垫片时应注意保持清洁，密封面应使用煤油清洗，垫片不应落地
表现 4：密封面的泄漏	
（1）密封面研磨不平，不能形成密合线	（1）研磨密封面，使其达到要求
（2）阀杆与关闭件的连接处顶心悬空。不正或磨损	（2）检修阀杆与关闭件，使之符合要求，顶心处不符合要求的应进行修整，顶心应有一定的活动间隙，特别是阀杆台肩与关闭件的轴向间隙应大于 2mm
（3）阀杆弯曲或装配不正，使关闭件歪斜或不缝中	（3）阀杆弯曲应进行矫直，阀杆、关闭件、阀杆螺母、阀座经调整后应在一条公共轴线上
（4）密封面材质选用不当使密封面产生腐蚀、磨损	（4）选用符合工况条件的密封面材料
（5）关闭不到位，密封面与闸板配合不严密	（5）调整行程机构，使关闭到位，检修密封面使之与闸板配合严密
（6）密封面变形、损坏，密封面之间有污物附着	（6）检查密封面，进行整修和清洗，如密封面损坏，应调换

续表

故障分析	应对措施
表现 5：密封圈连接处的泄漏	
（1）密封圈碾压不严	（1）密封圈碾压处泄漏应注入胶黏剂或再碾压固定
（2）密封圈连接面被腐蚀	（2）可用研磨、黏结、焊接方法修复，无法修复时应更换密封圈
（3）密封圈连接螺纹、螺钉、压圈松动	（3）卸下螺钉、压圈清洗，更换损坏的部件，研磨密封与连接座密合面，重新装配
表现 6：阀杆操作不灵活	
（1）阀杆与它相配合件加工精度低，配合间隙过大，表面粗糙度差	（1）提高阀杆与它相配合件的加工精度和修理质量，相互配合的间隙应适当，表面粗糙度符合要求
（2）阀杆、阀杆螺母、支架、压盖、填料等件装配不正，其轴线不在一直线上	（2）装配阀杆及连接件时应装配正确，间隙一直，保持同心，旋转灵活，不允许支架、压盖有歪斜现象
（3）填料压得过紧，抱死阀杆	（3）适当放松压盖
（4）阀杆弯曲	（4）矫正阀杆，难以矫正时应更换
（5）阀杆螺母松脱，梯形螺纹滑丝	（5）应修复或更换
（6）梯形螺纹处不清洁，积满了赃物和磨粒，润滑条件差	（6）阀杆、阀杆螺母的螺纹应及时进行清洗和加润滑油
（7）转动的阀杆螺母与支架滑动部分磨损、咬死或锈死	（7）应保持阀杆螺母处油路通畅，滑动面清洁，润滑良好，对不经常操作的阀门应定期检查、活动阀杆
（8）操作不良，使阀杆和有关部件变形、磨损、损坏	（8）正确操作阀门，关闭力要适当，对损坏的部件应进行修复或调换
（9）阀杆与传动装置连接处松脱或损坏	（9）修复连接处的松脱或磨损的部件
（10）阀杆被顶死或关闭件被卡死	（10）手动操作时，用力要适当，电动操作时，对行程机构应进行调整，防止阀门顶撞死点
表现 7：关闭件脱落产生泄漏	
（1）关闭件连接不牢固，松动而脱落	（1）阀门解体，修复关闭件的松动或脱落
（2）选用连接材质不对，经不起介质的腐蚀和机械磨损	（2）调换符合要求的连接件
（3）行程机构调整不当或操作不良，使关闭件卡死或超过死点，连接处损坏断裂	（3）重新调整行程机构，手动操作时应正确操作：用力不能过大，开关阀门时不能顶撞死点，连接处损坏应修复
表现 8：密封面间嵌入异物的泄漏	
（1）不常启、闭的密封面上易沾积一些脏物	（1）不常启、闭的阀门，应定期启、闭一下，关闭时留一细缝，让密封面上的沉积物被冲走
（2）阀内留有较多铁锈、焊渣、泥土等异物	（2）管路初用或阀门检修后，内部会留下很多异物，应用开细缝的方法把这些异物冲走，然后再将阀门投入正常使用

续表

故障分析	应对措施
表现9：齿轮、蜗轮、蜗杆传动不灵活	
（1）轴弯曲	（1）矫正轴
（2）齿轮不清洁，润滑差，齿部被异物卡住，齿部磨损或断齿	（2）保持清洁、定期加油，齿部磨损严重和断齿缺陷应进行修复或更换
（3）轴承部位间隙小，润滑差，被磨损或咬死	（3）轴承部位间隙应适当，油路畅通，对磨损部位修复或更换
（4）齿轮、蜗轮和蜗杆定位螺钉、紧圈松脱、键销损坏	（4）齿轮、蜗轮和蜗杆上的紧固件和连接件应配齐和装紧，损坏应更换
（5）传动机构组成的零件加工精度低，表面粗糙度差	（5）提高零件的加工精度和加工质量
（6）装配不正确	（6）正确装配，间隙适当
表现10：气动或液动装置的动作不灵或失效	
（1）O型圈等密封件损坏或老化，引起内漏，使活塞产生爬行等故障	（1）对O型圈等密封件定期检查和更换
（2）缸体和缸盖因破损和砂眼等缺陷产生的外漏，致使缸内压力过低	（2）对破损和泄漏处进行修补或更换
（3）垫片或填料处泄漏，使缸内操作压力下降	（3）按前面"填料处的泄漏"和"垫片处的泄漏"方法处理
（4）缸体内壁磨损，镀层脱落，增加了内漏和对活塞运动的阻力	（4）对缸体进行修复或更换
（5）活塞杆弯曲或磨损，增加了气动或液动的开闭力或泄漏	（5）活塞杆弯曲应及时矫正，活塞杆磨损应进行修复或更换
（6）活塞杆行程过长，闸板卡死在阀体内	（6）旋动缸底调节螺母，调整活塞杆工作行程
（7）缸体内混入异物，阻止了活塞的上下运动	（7）介质未进入缸体前应有过滤机构，过滤机构应完好、运转正常，对缸内的异物及时排除、清洗
（8）活塞和活塞杆连接处磨损或松动，不但产生内漏，而且容易卡住活塞	（8）活塞与活塞杆连接处应有防松件，对磨损处进行修复，对易松动的可采用黏结或其他机械固定方法
（9）填料压得过紧	（9）填料压紧适当，如压得过紧应放松
（10）进入缸体内气体或液体介质的压力波动或压力过低	（10）调整或稳定进入缸体的介质压力
（11）常开或常闭式缸内弹簧松弛和失效，引起活塞杆动作不灵或使关闭件无法复位	（11）及时更换弹簧
（12）缸体胀大或活塞磨损破裂，影响正常运动	（12）进行镶套和修复，无法修复的要更换
表现11：电动装置过力矩保护动作	
（1）阀门部件装配不正	（1）按技术要求重新装配
（2）阀杆与阀杆螺母润滑不良、阀杆螺母与支架磨损、卡死	（2）定期加油，零部件磨损要及时修复
（3）填料压得太紧	（3）调整填料压紧程度
（4）电动装置与阀门连接不当	（4）电动装置与阀门连接应牢固、正确，间隙要适当
（5）行程机构调整不当，阀门顶撞死点而引起过力矩动作	（5）重新调整行程机构
（6）阀内有异物抵住关闭件而使转矩急剧上升	（6）清除阀内异物

（四）阀门完好标准

阀门的完好标准如下。

（1）阀门开、关时运转平稳，无中间阻塞或卡死；阀体不漏水、不漏气、不漏油。

（2）阀门的行程机构与过力矩保护装置调整合适。

（3）阀门的实际状态和机械指针、开度表、信号灯指示相符。

（4）阀门电动头的手动-电动切换装置良好，手动开、关阀门时应轻巧、灵活。

（5）阀杆与阀杆螺母、传动箱等润滑良好，油质符合要求。

（6）露天阀门的电动头应有良好的防护装置。

（7）气动阀门应运转灵活，无明显摩擦声，供气管路无泄漏，空压机储气罐压力与容器通过安全检测，空压机压力设定合适，无频繁启动现象。

（8）液动蝶阀的补油或蓄能系统应工作正常，停电时应能自动关阀；油路泄漏严重时能自动停泵。

（9）设备外壳防腐良好，无锈蚀，无油污；地上无水滴锈迹，接地良好。

第六节　常用机电设备

一、低压用电设备

电能的生产和传输均采用高电压而对电力的使用，却大多数是低电压。电能的分配和使用需要各类低压电器，据统计，每 1000kW 发电容量需要 10000 件低压电器配套。随着生产和科学的进步，低压电器的种类越来越多，使用越来越广，低压电器已渗透到生活的每个角落。

低压电器的种类繁多，但就其用途和所控制的对象，可概括为以下两大类。

第一类为低压配电电器，这类电器包括刀开关、转换开关、熔断器、断路器及保护继电器。主要用于低压配电系统中，要求在系统发生故障情况下动作准确、工作可靠，有足够的热稳定性和动稳定性。

第二类为低压控制电器，这类电器包括控制继电器、启动器、接触器、控制器、调压器、主令电器、变阻器等。主要用于电力传动系统中，要求寿命长、体积小、工作可靠。

低压电器通常按其种类分为刀开关、熔断器、断路器、控制器、接触器、启动器、控制继电器、主令电器、电阻器、变阻器、调压器、电磁铁十二大类。以下主要介绍一些水厂常用的低压电器及其成套设备。

（一）低压断路器

低压断路器用于对配电线路、电动机或其他设备的不频繁通断操作，当电路中出现过载、短路和欠电压等不正常情况时，能自动分断电炉，保护用电设备面授损害。漏电保护断路器除了具备一般断路器的功能外，还可以在电炉或用电设备出现对地漏电或人身触电时能迅速分断故障电路，保护人身及用电设备安全。

断路器按结构可分为框架式和塑壳式两类。

框架式断路器为敞开式结构，在操作上可通过各种传动机构实现手动（直接操作、储能操作，杠杆连动等）或自动（电磁铁、电动机或压缩空气）。框架的形式可做成敞开式、手车式及其他多种防护式。断路器具有过载长延时、短路短延时、特大短路瞬时动作的保护特性。此外，断路器还具有欠压保护。框架断路器的容量可以做得很大，一般用在总进线柜或容量大的设备上。水厂常用的设备有：DW15、ME、CW1、CW2（常熟开关厂）、RMW1、RMW2（上海人民），MT（施耐德），E系列（ABB）等。

塑壳断路器的特点是具有安全保护的塑料外壳，结构紧凑、体积小、重量轻、使用安全可靠、适于单独安装。塑壳断路器的容量较框架式小，一般用于中、小容量的用电设备及配电线路。微型塑壳断路器广泛使用在照明电路中。塑壳断路器具有过载、短路、欠压保护。水厂常使用的产品有：CM1、CM2（常熟开关厂），RMM1、RMM2（上海人民），NS系列（施耐德），S系列（ABB）等。

1. 主要技术参数

断路器的主要技术参数见表5-12。

表5-12　　　　　　　　　　　　断路器的主要技术参数

序号	名称	含义
1	额定电压	指断路器能承受的正常工作电压，额定电压指的是线电压
2	额定电流	指断路器可以长期通过的工作电流
3	分断能力	指在规定的条件下能够接通和分断的短路电流值。在选择断路器时，必须使分断能力大于网络可能出现的最大短路电流
4	限流能力	对限流式断路器，一把要求限流系数在0.3～0.6之间。限流系数＝实际分断电流（峰值）/预期短路电流（峰值）。为了达到较高的限流能力，要求限流电器的固有动作时间要小于3ms
5	动作时间	指从网络出现短路的瞬间开始至从主触头分离，电弧熄灭，电路完全分断所需的全部时间。框架式和塑壳式断路器动作时间一般为30～60ms，限流式和快速断路器一般小于20ms
6	使用寿命	指在规定的正常负载下，断路器能操作的次数。一般断路器根据容量不同，寿命在2000～20000次
7	保护特性	保护特性是指断路器的过电流保护特性。断路器的保护特性必须和被保护对象的允许发热特性相匹配。一般断路器具有二段或三段保护特性

2. 运行和维护

断路器的运行与维护见表5-13。

表5-13　　　　　　　　　　　　断路器的运行与维护

序号	运行与维护内容
1	断开断路器时必须将手柄拉向"分"字处；接通时，将手柄推向"合"字处。若要接通已经自动分闸的断路器，应先将手柄拉向"分"使断路器机构扣上，然后再将手柄推向"合"字处
2	正常运行时应检查断路器接头、塑壳等地方的发热、框架断路器合闸时合闸机构动作的成功率、塑壳断路器合闸时手柄用力程度
3	框架断路器用在总进线柜时，其失压保护是否投入或退出应进行认真比较，有的场合把失压保护（失压线圈）退出使用可带来不少好处

序号	运行与维护内容
4	断路器过载脱扣器的可调螺钉，不得随意调整；瞬时脱扣器可按现场实际情况进行调整。最好能用大电流发生器对断路器的保护动作值进行整定
5	断路器在正常情况下应定期维护，一般为6个月至1年维修一次，转动部分若不灵活或润滑油以干涸时，可加润滑油
6	断路器在短路保护动作后，应立即进行外观检查：①触头接触情况是否良好，螺钉、螺母是否松动，绝缘部分是否清洁，若有不清洁之处，或留有金属粒子残渣时，应予以清除干净；②检查灭弧栅片是否短路，若被金属粒子短路，应用工具将其清除，以免再次遇到短路电流而影响断路器的可靠分断；③检查电磁脱扣器的衔铁是否可靠地支撑在铁芯上，若衔铁已滑出，应重新放入，并检查动作是否可靠

（二）接触器

1. 简介

接触器是电力拖动和自动控制系统中应用最普遍的一种电器。它作为执行元件可以远距离频繁地自动控制电动机的启动、运转、反向和停止。它能短时接通和分断超过数倍额定电流的过负载。每小时带电操作次数可达1200次。由于它功能多、使用安全、维修方便、价格低廉等优点，使其广泛应用于各行各业。常用的产品有CJ20、B系列、LC1-D（施耐德）、A系列（ABB）等。

2. 主要技术参数

接触器的主要技术参数见表5-14。

表5-14　　　　　　　　　接触器的主要技术参数

序号	名称	主要含义
1	额定电压	额定条件下，接触器主回路的工作电压（线电压）
2	额定电流	额定条件下，接触器主触头能通过的电流
3	线圈工作电压	指接触器工作时施加在线圈上的电压
4	定额工作制	指接触器在额定条件下，允许连续工作的时间，即：连续工作制、短时工作制、反复短时（或断续周期）工作制
5	额定接通能力	接触器在规定条件下能接通的电流值，同时还应保证在稳定状态下不发生触头熔焊或严重磨损
6	额定分断能力	接触器按规定的分断条件，在额定电压下所能分断的电流值，同时不产生过大的飞弧或严重的触头磨损
7	机械寿命	抗机械磨损的性能，用接触器在更换机械零件前所承受的无法负荷操作的次数来表示
8	电寿命	抗电气磨损的性能，用不需修理或更换零件的带负载操作次数来表示

3. 交流接触器的维护与运行

运行中的交流接触器应定期检查与维护，检查周期应视具体工作条件而定，检查项目见表5-15。

表 5 - 15　　　　　　　　　　　　　　　交流接触器的定期维护

序号	维 护 内 容
1	清除接触器表面的污垢，尤其是进线端相同的污垢，以防因绝缘强度降低而造成三相电源短路
2	清除灭弧罩内的碳化物和金属颗粒，以保持其良好的灭弧性能
3	消除触头表面及四周的污物，一般情况下不要修锉触头。如果触头有所烧损可稍微修锉一下；当触头烧蚀严重以致不能正常工作时，则应更换触头
4	拧紧所有紧固件
5	接触器检修时，应切断电源，且进线端应有明显的断开点

4. 交流接触器常见故障分析与处理

交流接触器常见故障的分析与处理见表 5 - 16。

表 5 - 16　　　　　　　　　　　　交流接触器常见故障的分析与处理

故 障 分 析	应 对 方 法
表现 1：线圈通电后接触器不动作或动作不正常	
(1) 线圈损坏	(1) 用万用电表测量线圈，若开路应检修线圈
(2) 电源断路	(2) 检查各接线端子是否断线或松脱、开焊，或辅助触头虚接，并予以修复
(3) 电源电压过低	(3) 测量电源电压是否与接触器的铭牌额定电压相符（不应低于 85%）
(4) 接触器运动部分	(4) 卸下灭弧罩，按动触头是否灵活，排除卡住现象，检查弹簧反力是否正确。如有部件变形损坏应拆下更换
表现 2：线圈通电后吸力过大，线圈短时发热冒烟	
(1) 接入的电源电压超过线圈额定电压 1.1 倍以上	(1) 测量电源电压，调整电压或调换线圈
(2) 线圈内部局部短路	(2) 更换线圈
表现 3：线圈断电后，接触器不断开	
(1) 运动部分卡死	(1) 清除异物或更换严重变形零件
(2) 铁芯极面油垢粘着	(2) 用汽油清洗极面并用干布擦拭干净
(3) 剩磁严重	(3) 若是铁芯中柱无气隙，可磨锉至 $0.1\sim0.3mm$，或在线圈两端并联一只 $0.1\sim1\mu F$ 电容器
(4) 反作用弹簧失效或丢失	(4) 更换或调整反作用弹簧，但反力不宜过大
(5) 安装位置错误	(5) 更正安装位置
(6) 主触头熔焊	(6) 扳正触头，用小锉去掉毛刺；如经常熔焊应检查产品工作环境及触头压力是否过小或闭合时触头跳动
(7) 非磁性垫片磨损或脱落（直流）	(7) 调换非磁性垫片
表现 4：吸合后噪声大	
(1) 电源电压低	(1) 调整电源电压至 85%～110% 线圈额定电压
(2) 极面间有异物或接触不好	(2) 清理极面或调整铁芯（若极面不平可少量磨削），使接触良好

续表

故障分析	应对方法
（3）触头超行程过大或反作用弹簧力过大	（3）减少超行程或调整反力至规定值
（4）短路环断裂	（4）仔细查找断裂处，并加以焊接或更换新的短路环
表现5：触头及导电连接板温度过高	
	（1）调整主触头弹簧及超行程至规定值
	（2）改善触头接触情况，必要时可稍事修锉触头表面，静触头与导电板固定要牢靠
	（3）检查弹簧垫圈是否断裂，旋紧螺钉
	（4）触头磨损至原厚度的1/3或以开焊，应更换新触头
表现6：触头迅速烧损	
（1）吸引线圈电压过低，吸合不良	（1）调整电源电压不应低于线圈额定电压的85%
（2）触头参数相差太多	（2）注意触头零件是否齐全，开距、超程压力是否正确
表现7：相同短路	
（1）相同绝缘损坏	（1）胶木炭化应更换
（2）相同绝缘介质有导电尘埃或潮湿	（2）经常清理保持干燥

（三）熔断器

1. 简介

熔断器是借熔体子电流超出限定值而熔化、分断电路的一种保护设备。当电网或用电设备发生过载或短路时，它能自身熔化分断电路，避免对电网或用电设备造成损害。

熔断器最大的特点是结构简单、体积小、重量轻、使用维护方便、价格低廉，使它在强点系统和弱点系统都获得了广泛的使用。

熔断器分为有填料和无填料两种，无填料熔断器常用的有插入式（如 RC1A）、封闭管式（如 RM7）；有填料的熔断器常用的有螺旋式（如 RL6、RLS2）、封闭管式（如 RT12、NT）。

2. 选用原则

熔断器的额定电流与熔体的额定电流不同，某一额定电流等级的熔断器可以装入几个不容额定电流等级的熔体。所以选择熔断器作线路和设备的保护时，首先要明确使用熔体的规格，然后再根据熔体去选定熔断器。熔断器的选用原则如下。

（1）熔断器的保护特性必须与被保护对象的过载特性有良好的配合，使其在整个曲线范围内获得可靠的保护。

（2）熔断器的极限分断电流应大于或等于所保护电路可能出现的短路冲击电流的有效值，否则就不能获得可靠的短路保护。

（3）在配电系统中，各级熔断器必须相互配合以实现选择性，一般要求前一级熔体比后一级熔体的额定电流大2~3倍，这样才能避免因发生越级动作而扩大停电范围。

（4）只有要求不高的电动机才采用熔断器作过载和短路保护，一般过载保护最宜用热继电器，而熔断器则只作短路保护。

3. 运行与维护

熔断器的运行与维护见表5-17。

表 5-17　　　　　　　　　　　　熔断器的运行与维护

序号	检查与维护内容
1	必须保证接触良好，并经常检查。如果接触不良使接触部位的过热传入熔体，熔体温升过高就会造成误动作
2	熔断器及熔体均必须安装可靠，若有一相接触不良，易造成电动机单相运行而烧毁
3	拆换熔断器时，要检查新熔体的规格和形状是否与被更换的熔体一致
4	安装熔体时，不能有机械损伤，否则相当于截面变小、电阻增加，保护特性变坏
5	检查熔体发现氧化腐蚀或损伤时，应及时更换新熔体
6	熔断器周围介质温度应与被保护对象的周围介质温度基本一致，若相差太大，也会使保护动作产生误差

（四）热继电器

1. 简介

热继电器是依靠负载电流通过发热元件时产生的热量工作的保护电器，当负载电流超过允许值，所产生的热量增大至一定值时，机构随之动作。其主要用途是保护电动机的过载。热继电器常用的有双金属片式和热敏电阻式两种，常用的产品有 JR16、T 系列、LR2（施耐德）、TA（ABB）等。

2. 运行与维护

热继电器的运行与维护见表5-18。

表 5-18　　　　　　　　　　　　热继电器的运行与维护

序号	检查与维护内容
1	检查电炉的负载电荷，是否在热元件的整定范围内
2	检查与热继电器连接的导线接点处有无发生过热的现象，导线截面是否满足负荷要求
3	热继电器上的绝缘盖板是否完整无损和盖好，以保持热继电器中合理的温度，保证其动作性能
4	检查热元件的发热电阻丝外观是否完好，继电器内的辅助接点有无烧毛、熔焊现象，机构各元件是否正常完好，动作是否灵活可靠
5	检查继电器的工作环境温度是否与型号的特点相适应
6	检查继电器的绝缘体是否完好无损、内部是否清洁

3. 常见故障及处理

热继电器的常见故障及处理见表5-19。

表 5 – 19 热继电器的常见故障及处理

故障分析	应对方法
表现 1：热继电器误动作	
（1）整定值偏小	（1）合理调整整定值，如热继电器额定电流不符合要求应予以更换
（2）电动机启动时间过长	（2）在启动过程中将热继电器短接
（3）操作频率过高	（3）合理选用并限定操作频率
（4）强烈的冲击振动	（4）对有强烈冲击振动的场合，应选用带防冲击振动装置的专用热继电器，或采取防振动措施
（5）可逆运转及过密的通断操作	（5）不宜选用双金属片式热继电器，可改用其他保护方式
（6）环境温度变化太大	（6）改善使用环境，使周围介质温度不高于+40℃及不低于-30℃
表现 2：热继电器不动作	
（1）整定值偏大	（1）合理调整整定值
（2）触头接触不良	（2）清除触头表面灰尘或氧化物等
（3）热元件烧断或脱焊	（3）更换已坏的热继电器
（4）动作机构卡住	（4）进行维修调整，但应注意维修后不使特性发生变化
（5）导板脱出	（5）重新放入，并试验动作是否灵活
表现 3：热元件烧断	
（1）载侧短路电流过大	（1）排除电路故障，更换热继电器
（2）反复短时工作操作频率过高	（2）合理选用并限定操作频率

（五）刀开关

1. 简介

刀开关主要用于配电设备中隔离电源，同时也用来不频繁地接通与分断小容量负载电路。刀开关按极数划分，可分为单极、双极、三极 3 种；按操作方式划分，可分为手柄直接操作、杠杆手动操作、气动操作、电动操作 4 种；按合闸方向划分，可分为单投和双投 2 种。

刀开关不能切断故障电流，但能承受故障电流引起的电动力和热效应，因此，刀开关要求具有一定的动稳定性和热稳定性。

为了使用方便和减小体积，将刀开关各熔断器组合在一起，这就是熔断器式刀开关。这种开关电器可以手动不频繁地接通和分断不大于额定电流的电路，其短路分断能力是由熔断器的分断能力来决定的。这种刀熔组合电器常见的有胶盖刀闸、负荷开关（铁壳开关）、刀熔开关。

2. 运行与维护

刀开关的运行与维护见表 5 – 20。

表 5 - 20 刀开关的运行与维护

序号	检查与维护内容
1	刀开关应垂直安装在开关板或条架上，使夹座位于上方，以避免在分断位置由于刀架松动或闸刀脱落而造成误合闸（特别是中央手柄式）
2	合闸时要保证三相同步，各相接触良好，倘若有一相接触不良，就可能造成电动机单相运行而损坏
3	按产品使用说明书中规定的分断负载能力使用，超过分断能力使用将会引起持续燃弧，甚至造成相间短路，损坏开关
4	没有灭弧罩的刀开关不应分断带电流的负载，而只作隔离开关用。而分断电路时，应首先拉开可带负载的断路器，然后再拉开刀开关；合闸时的程序与分断时相反
5	应经常检查刀开关发热情况，尤其是夏天时要经常性检查运行电流在 50% 额定电流以上的刀开关。一经发现刀片发热立即处理

（六）低压成套设备

低压成套设备，又称低压开关柜，是以低压开关电器和控制电器组成的成套设备。这类电器产品可分为电控设备和配电设备两大类。电控设备产品主要是指各种生产机械的电力传动控制设备，其直接控制对象多为电动机。配电设备产品主要是指各种在发电厂、变电所和厂矿企业的低压配电系统中作动力、配电、照明的成套设备。

1. 固定式低压开关柜

固定式低压开关柜在我国很长一段时间内使用 BSL 系列，1984 年以后用 PGL 系列取代了 BSL。上述两类柜体均采用落后的焊接结构。1992 年推出了 GGD 系列，柜体采用型材组装而成，柜内以 20mm、25mm 模数形式组装成元器件，灵活方便。GGD 配电柜具有分断能力高，动、热稳定性好，电气方案灵活、组合方便，防护等级高等优点，是目前低压固定柜中最有代表性的产品。

2. 抽屉式低压开关柜

抽屉式低压开关柜的每个馈出支路的元器件都集中在一个抽屉内，这类配电柜的引出回路远远多于固定柜，同时检修方便、安全，是目前水厂内使用最多的配电柜。

常用的产品有 GCK、GCS、MNS（ABB）、SIVACON（西门子）等。

3. 固定分隔式低压开关柜

固定分隔式低压开关柜又称插拔式柜，柜的形式类似于抽屉式，但它用插拔式的断路器代替了移动的抽屉，断路器拔出后，间隔内设备便在无电状态下，能够方便地进行维护和检修。它同时具备固定柜和抽屉柜两者之间的优点，代表了今后低压柜的使用方向。

常用的产品有 MDmax、ArTU（ABB）、SIKUS（西门子）、Prisma、Blokset（施耐德）等。GCK、GCS、MNS 等也可做成固定分隔式柜。

4. 低压开关柜完好标准

低压开关柜完好标准如下。

（1）抽屉式开关柜各抽屉进出灵活不卡阻，各插接件接触良好。

（2）固定式开关柜闸刀操作灵活、定位准确。

（3）柜内各导体连接点、触头、刀片应接触良好，不发热。

（4）柜内空气开关、接触器等运行时不应有很大的电磁声。

（5）联锁装置良好。

（6）无补偿装置自动投切良好，功率因数表指示正确。

（7）一次回路有明显的相色标示，二次回路线路整齐规范，套管线号及元器件号清楚。

（8）空气开关、热继电器定值合适，合理放置熔断器的熔芯、熔丝、熔片。

（9）电器、仪器仪表、信号指示均正常。

（10）设备外壳防腐良好、无锈蚀、标志清晰，设备内部无积尘，电缆沟下无积水；柜与柜之间的控制电缆都应在两端标出去向。

二、真空泵

（一）水厂常用的真空泵

利用机械、物理、化学或物理化学方法对容器进行抽气，以获得真空的机械叫做真空泵。真空泵的种类很多，有机械真空泵、喷射真空泵、物理化学吸附泵等。水厂一般采用SZ型和SZB型水环式真空泵。

1. SZ型水环式真空泵

SZ型水环式真空泵的结构主要由滚珠轴承架、转子部分、后盖、前盖、泵体等机件所构成，见图5－24。水环式真空泵的基本结构是泵整个转子部分偏心地装在泵体内，在转动时形成吸入与排出2个工作腔。泵体的两侧装有后盖、前盖，保证叶轮与两盖的间隙。为了防止漏气，采用填料密封并通过水封管供给干净的冷水。两端支承采用滚动轴承，并能保证开车后叶轮与侧盖的间隙不发生变动。泵从电动机端看为顺时针方向旋转。

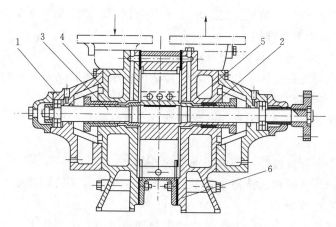

图5－24　SZ－1型水环式真空泵结构图

1—滚珠轴承架；2—密封填料；3—转子部分；4—后盖；5—前盖；6—泵体

2. SZB型水环式真空泵

SZB为单级悬臂式真空泵，结构简单，使用较广。SZB型水环式真空泵结构见图5－25。真空泵由泵盖、泵体、叶轮、轴、托架、联轴器等机件所组成。

SZB型水环式真空泵的泵体和泵盖由铸铁制造，它们配合在一起构成了工作室。泵

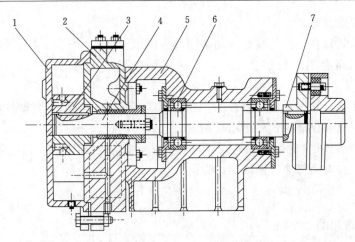

图 5-25 SZB 型水环式真空泵结构图
1—泵盖；2—泵体；3—叶轮；4—轴；5—托架；6—轴承；7—弹性联轴器

盖上铸有箭头，指明泵工作时叶轮的旋转方向。泵体由螺栓固定在托架上。泵体上面的两个孔，从传动方向看，左侧为进气孔，右侧为排气孔，均与工作室相通。泵体侧面螺孔是向泵内补充冷水用。底面两个四方螺塞供停泵后放水用。泵体上铸有液封道，将水环的有压液体引至填料处，起阻气、冷却和润滑作用。

叶轮用铸铁制造，叶轮上有 12 个叶片呈放射状均匀分布。轮上的小孔，用来平衡轴向力。叶轮与轴用键相连，工作时叶轮可以沿轴向滑动，自动调整间隙。

泵轴用优质碳素钢制造，支撑在两个单列向心球轴承上。轴承间有空腔，可存机油润滑。泵轴与泵体之间用填料装置密封。从传动方向看，泵轴为反时针方向转动。

（二）真空泵的使用与维护

1. SZ（SZB）型水环式真空泵使用与维护要求

（1）真空泵应安装在通风、光线充足、清洁的场所；倘若泵所排出的气体对人体或工作环境有影响时，应自空气分离器上导出气体排到远离工作的场所。

（2）初次安装或经大修的泵要进行极限真空检验，经检验确定试运转正常，极限真空合格后方可正式投入使用。

（3）启动或停车程序应按产品说明书要求进行。

（4）新安装的泵或经过长期停车的泵启动前必须用手转动联轴器一周，确认无卡住或其他不良现象后才可开车。

（5）真空泵在极限工作时，由于泵内产生物理作用而发生爆炸声，但功率消耗并不因此增大；当出现爆炸声伴随功率消耗增加时，表明泵的工作不正常，此时应立即停泵检查。

（6）应定期压紧填料，如因填料磨损不能保持所需的密封性时，应更换新填料。填料不能压得过紧，正常压紧的填料允许水成滴漏出，其量不得太多。

（7）经常检查滚珠轴承的工作和润滑情况，正常工作的滚珠轴承温度比周围环境高 15～20℃，最高不允许超过 60℃。

（8）正常工作的轴承每年至少清洗一次，并将润滑脂全部更换。平时发现润滑脂缺少时应及时加注。

（9）如果环境温度低于0℃或停止使用时间很长，必须拧开泵及分离器上的管路，将水放掉。

水环式真空泵的基本结构与单级离心泵相似，故其修理要求和工艺方法可参考离心泵。

2. 真空泵常见故障与排除方法

水环式真空泵的常见故障与排除方法见表5-21。

表5-21　　　　　　　　　水环式真空泵的常见故障与排除方法

故障分析	应对方法
表现1：真空度降低	
（1）管道密封不严，有漏气的地方	（1）拧紧法兰螺钉或更换衬垫
（2）密封填料磨损	（2）更换填料
（3）叶轮与端盖的间隙过大	（3）调整间隙，中小泵为0.15mm，大泵为0.2mm
（4）水环温度过高，一般不应超过40℃	（4）增加水量并降低进水温度
表现2：抽气量不足	
（1）泵轴的转速低于规定转数	（1）如果是电源电压低应增高电压，否则应更换电动机
（2）叶轮与端盖间间隙过大	（2）调整端盖与泵体间的衬垫
（3）填料室密封漏气	（3）更换新填料
（4）吸入管道漏气	（4）拧紧法兰螺钉或更换衬垫
（5）供水量不足以造成所需要的水环	（5）增加供水量
（6）水环温度过高	（6）增加供水量以降低水温
表现3：零件发生高热	
（1）个别零件精度不够	（1）更换不合格的零件
（2）零件装配不正确	（2）重新正确装配
（3）润滑油不足或质量不好	（3）增添润滑油或更换符合规定质量的润滑油
（4）密封冷却水或水环水量供给不足	（4）增加水量
（5）轴承密封填料压得过紧	（5）适当地放松填料压盖螺栓
（6）转子歪斜	（6）检查校正
（7）轴弯曲	（7）检查校正

3. 真空泵完好标准

真空泵完好标准如下。

（1）主要技术性能（真空度等）达到设计要求或满足工艺要求，附属设备齐全，设备运转平稳，声响正常无过热现象，封闭良好。

（2）设备润滑系统完好，润滑油质符合要求，并定期进行检查、换油。

（3）设备冷却系统运行正常，冷却装置完好，排水温度不超过规定要求。

（4）各种仪表指示值正确，并定期进行校验；管路及阀门密封良好，无泄漏现象。

（5）电动机电流、温升、声响等正常，电气控制、保护、测量回路运转正常。

（6）设备外观整洁，无油污、锈迹，铭牌标志清楚。

三、鼓风机

由于水厂使用中的鼓风机大多为罗茨式，因此本节主要叙述罗茨鼓风机的操作和维护。

（一）鼓风机的操作

风机首次启动或大修后，应检查以下的所有项目；日常启动前的检查可按需要选择其中几项。

（1）检查所有螺栓、定位销及各部分连接是否紧固，各管路、阀门是否处于正常状态。

（2）检查机组底座四周是否垫实，地脚螺栓是否紧固。

（3）检查驱动装置的位置和校准精度；检查皮带的紧张度，有否磨损。

（4）检查电气配电设备系统及电动机绝缘电阻是否符合要求；检查电动机转动方向是否与所示箭头一致。

（5）检查润滑是否良好，油位是否保持在正确位置。

（6）有通水冷却要求的风机，应打开管路的阀门，冷却水温度不超过 25℃。

（7）检查所有测量仪表是否完好。

（8）用手盘动转子，转子应转动灵活，无滞阻现象，同时注意倾听各部分有无不正常的杂声。

（二）鼓风机的启动

为减小电机启动电流，机组应空载启动，即不能闭阀启动。所以应按以下步骤进行。

（1）打开鼓风机旁通阀（或放空阀）。

（2）启动机组，风机空载运行。检查机组运行情况，如遇电流过大、出现金属摩擦声等异常情况，应立即停车。风机运行正常后，可继续下面操作步骤。

（3）开出口阀、关旁通阀（或放空阀），使风机达到满负荷运行。

（三）鼓风机的运行

风机在正常运行时，不能关闭出口阀，否则将造成设备爆裂事故。风机在正常运行中应检查以下项目。

（1）电机运行电流有否超过额定电流。

（2）检查机组的振动、噪声、温升是否正常，有无不正常的杂声。

（3）管路有无漏气；设备有否漏油。

（4）观察进、排气压力指示是否正常，空气过滤器有否阻塞。

（5）轴承的温度是否正常。

（6）冷却水系统、润滑系统是否正常。

（四）鼓风机的停车

风机禁止在满负荷情况下突然停车，应按下列步骤操作。

（1）打开旁通阀（或放空阀）。

（2）按下停止按钮，机组停止运行。

（3）关闭出口阀。

（4）关闭旁通阀。

（五）鼓风机常见故障的分析与排除

鼓风机常见故障原因与排除方法参见表5－22。

表 5－22　　　　　　　　　鼓风机常见故障原因与排除方法

故障分析	应对方法
表现1：风量不足	
（1）管道漏气	（1）消除管道漏气
（2）安全阀动作	（2）重新调整安全阀设定压力
（3）排风压力上升	（3）消除排风侧压力上升原因
（4）吸气压力上升	（4）消除吸气压力上升原因
（5）皮带打滑	（5）拉紧皮带或更换皮带
（6）空气滤清器堵塞	（6）清扫空气滤清器
表现2：声音异常或振动异常	
（1）皮带打滑	（1）拉紧皮带或更换皮带
（2）齿轮油不足	（2）加油
（3）轴承润滑油脂不足	（3）补充润滑油脂
（4）压力异常	（4）消除压力异常原因
（5）旁路单向阀不良	（5）检查单向阀或更换
（6）安全阀动作不良	（6）检查安全阀、调整
（7）室内换气不足	（7）检查或改善换气设施，降低室内温度
（8）紧固部位松动	（8）将松动部位紧固
（9）叶轮不平衡或损坏	（9）调整叶轮平衡或更换
（10）轴承或齿轮磨损	（10）更换
表现3：温度过高	
（1）排风压力上升	（1）消除排风压力上升的原因
（2）室内换气不足	（2）检查或改善换气设施，降低室内温度
（3）空气滤清器堵塞	（3）清扫空气滤清器
表现4：漏油	
（1）加油量过多	（1）在停机状态下把油放到油标中间位置
（2）紧固部位松动	（2）将松动部位紧固
（3）密封垫破损	（3）更换密封垫
表现5：设备不转动	
（1）电机或电器损坏	（1）检查电源、电路、电机及其他相关电气设备

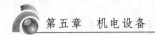

续表

故障分析	应对方法
(2) 转子黏合	(2) 确认黏合原因，去除黏合物
(3) 混入异物	(3) 去除异物

表现 6：电机超载

(1) 风机压力高于规定值	(1) 降低通过鼓风机的压差
(2) 转动部分相碰或摩擦	(2) 立即停机，检查原因并消除
(3) 进口过滤堵塞，出口管障碍或堵塞	(3) 清楚障碍杂质
(4) 室内通风不良，室温太高	(4) 增强通风，降低室温

(六) 鼓风机的维护

1. 日常检查维护项目

(1) 检查鼓风机出口压力、振动、温升，出现不正常情况时应立即停机检查原因。

(2) 检查电机运行电流是否正常，检查管路和阀门有无漏气情况。

(3) 检查隔音罩进、排气孔中是否有杂物，若有，应及时清理。

(4) 每周检查油位是否在视油镜的中间位置，若少油，应及时加到位。

(5) 每周检查皮带张紧度，张紧度保持在 3.2N。

(6) 每周检查滤清器阻力显示，如指示红色，则应清洗滤芯或更换。

(7) 每周检查轴承润滑脂情况，如发现润滑脂减少，应及时添加。

2. 定期维护项目

(1) 每季度对风机各连接部位进行紧固。

(2) 每季度对风机进行振动、噪声、温度测试，测试结果应和历次测试作比较，发现数值变大，应找出原因并进行整改。测试结果的比较应在同一测试地点及相同的测试条件下进行。

(3) 根据润滑油的实际使用情况，每 6 个月更换一次，每次换油时必须将油箱彻底清洗干净。

(4) 每年风机应解体检修一次，清洗齿轮、轴承，检查油密封、气密封，检查转子和气缸内部磨损情况，校正各部分间隙。

(七) 鼓风机完好标准

鼓风机完好标准如下。

(1) 鼓风机主要技术性能（流量、压力等）达到设计要求或满足工艺要求。

(2) 鼓风机机组振动速度应小于 4.6mm/s，噪声小于 85dB（噪声值为距离设备 1m，对地高 1m 处的测量值）。

(3) 油箱内油质符合要求，油位在正常位置。

(4) 空气滤清器阻力显示正常。

(5) 皮带张紧度符合要求，无打滑现象。

(6) 轴承润滑正常，轴承温度不超过 75℃。

(7) 运行时，风机内部应无碰撞或摩擦的声音。

(8) 电动机运行电流不超过额定电流，温升不超过允许温升。

（9）进、出管路及阀门完好，无泄漏观象。所有连接部位螺栓紧固，无松动现象。

（10）设备外观整洁，无油污、锈迹，铭牌标志清楚。

四、起重设备

起重设备属特种设备，其安装、使用、维护、检修、检验等均应遵守国务院颁发的《特种设备安全监察条例》的相关规定。水厂常用的起重设备有电动葫芦、手动单梁起重机、电动单梁起重机、电动双梁起重机、桥式起重机等几种。使用单位应当建立起重设备安全技术档案，加强对起重设备的管理和维护，制定事故应急措施和救援预案，定期由具有相关资质的专业单位对设备进行维修、检验，使起重设备始终保持在完好状态。

（一）起重机的结构

1. 手动单梁起重机

手动单梁起重机由大梁桥架、传动机构、手动单轨小车、手拉葫芦等组成。其手拉葫芦、小车、大车运行机构用曳引链以人力驱动的办法进行工作。这种起重机用于无电源或起重量不大的场合。

2. 电动葫芦

电动葫芦是将电动机、减速机构、卷筒等紧凑集合为一体的起重机械。电动葫芦有多种形式，常用的是单轨小车式电动葫芦。这种电动葫芦具有运行机构，以单轨下翼缘作为运行轨道。

3. 电动单梁起重机

当起重量不大时，如 5t 以下，一般多采用电动单梁起重机。这种起重机通常是采用地面操纵。跨度不大时（小于 10m），可用一段工字钢作为主梁；跨度较大时常制成桁构梁。

电动单梁起重机由金属结构（主梁）、电动葫芦、大车运行机构等组成。电动单梁起重机另有一种结构形式为悬挂式，轨道（工字钢）吸顶安装，大车轮子在工字钢下翼缘运行。

4. 电动双梁起重机

电动双梁起重机又称为电动葫芦桥式起重机，其结构和电动单梁起重机相比，增加了小车及运行机构、主梁由单梁改为双梁。电动双梁起重机由金属结构（主梁）、小车及运行机构、电动葫芦、大车运行机构等组成。起重机按操作方式分为地面操纵和司机室操纵两种形式。起重机大车运行机构的运行速度在地面操纵为 $20\sim40\mathrm{m/min}$，在司机室操纵为 $70\sim80\mathrm{m/min}$。

5. 桥式起重机

桥式起重机主要由桥架、大车运行机构、小车运行机构、起升机构和电气设备等组成。运行机构的驱动方式有以下 3 种。

（1）集中低速驱动。电动机和减速箱放在桥架走台中间，由低速轴通过联轴器传动大车车轮转动。这种方式仅用于起重量和跨度不大的桥式起重机上。

（2）集中高速驱动。电动机装在桥架走台中间，通过联轴器带动高速传动轴与安装在走台两端的减速箱相连接，经过减速箱的低速轴与车轮轴连接。其优点是传动的扭矩小，不足之处是需要两台减速箱。而且传动轴必须具有较高的加工精度，以减少因偏心误差在高速旋转时所引起的剧烈振动。

（3）分别驱动。这种起重机是在走台的两端各有一套驱动装置，对称布置。每套装置由电动机通过联轴器、减速箱与大车车轮连接。分别驱动的优点是省去了很长的传动轴，减轻了自重，安装和维修方便。但是要求两套驱动装置的运行必须同步。

（二）起重机的安全使用

起重机的安全使用应做到以下 10 条。

（1）在无载荷情况下，接通电源，并检查各运转机构。控制系统和安全装置均应灵活准确、安全可靠，方可使用。

（2）带有司机室的起重机，必须设有专人驾驶，严禁非司机人员操作；专职驾驶人员一定要经过审查检验合格，发给驾驶证，方能独立操作。

（3）在地面操作的梁式、电动葫芦等起重机，要指定人员负责操作，并要执行专职驾驶人员的操作规程。

（4）对新安装、改装、大修、自制的起重机的安全技术必须符合《特种设备安全监察条例》的规定，经本企业有关部门及质量检查部门验收合格后方能使用。

（5）起重机要定期检查，安全装置必须保证完全可靠，发现失灵时，要立即采取措施消除，不得迁就使用。

（6）使用起重机必须严格遵守操作规程，严禁起吊易燃、易爆物，严禁超载荷、载人、歪拉斜吊和吊拔埋在地下物件。

（7）禁止使用两台起重机共同吊一重物。在特殊情况下需要两台共同起吊一重物（只限于吨位相同的起重机）时，应采用可靠安全措施，并有有关领导在场指挥，方可起吊。

（8）起重机应根据使用情况，2～3 年做一次载荷试验（静载荷超载 25%，动荷载超载 10%）。对新安装、大修、自修的起重机，在使用前应进行载荷试验。

（9）露天工作的起重机，当风力大于六级时，禁止使用。不工作时，必须将起重机可靠地固定好。

（10）起重机驾驶人员必须做到"十不吊"。

1）超过额定载荷不吊。

2）指挥信号不明、重量不明、光线暗淡不吊。

3）吊索和附件捆缚不牢、不符合安全要求不吊。

4）行车吊挂重物直接进行加工时不吊。

5）歪拉斜挂不吊。

6）工件上站人或工件上放有活动物的不吊。

7）氧气瓶、乙炔发生器等具有爆炸性的物品不吊。

8）带棱角快口物件未垫好（防止钢丝绳磨损或割断）不吊。

9）埋在地下的物件不拔吊。

10）违章指挥时不吊。

（三）起重机常见故障分析与排除

1. 葫芦式起重机常见故障分析与排除

葫芦式起重机（包括电动葫芦、电动单梁和双梁起重机）常见故障及排除方法参见表 5-23。

表 5－23	葫芦式起重机常见故障分析及排除方法	
项目	故障分析	应对方法
起重机运行机构	表现1：启动时，主动车轮打滑	
	（1）轨道面或车轮踏面有油水等污物	（1）清除污物，必要时在轨顶面上撒沙子
	（2）车轮装配精度差，三条腿现象严重，主动轮轮压太小或悬空	（2）改进车轮装配质量或火焰矫正桥架
	表现2：运行中出现歪斜、跑偏、啃轨、磨损	
	（1）轨道架设未能达到相应规范要求	（1）检查轨道跨度、标高、倾斜度等，并进行修整
	（2）起重机桥架几何精度差（跨度超差、跨度差、对角线差等达不到要求）	（2）检查起重机桥架几何精度，并修整
	（3）车轮槽宽与轨顶面宽间隙配合不当	（3）调整车轮与轨道侧面间隙，使达到规范要求
	（4）车轮公称直径尺寸相差较大	（4）检查车轮直径，必要时更换车轮
	表现3：运行中，出现卡轨、爬轨、脱轨或行车出现蛇形、扭摆、冲击、振动等	
	（1）轨道与桥架跨度配合不当	（1）检查起重机和轨道几何精度，并修复
	（2）轮槽与轨顶面宽度配合不当	（2）检查起重机和轨道几何精度，并修复
	（3）起重机三条腿现象严重	（3）调整车轮与轨道侧隙
	（4）起重机跑偏现象严重	（4）必要时进行起重机大修
	（5）轨道接缝质量差	（5）修整轨道接缝达到规范要求
	表现4：起制动时，有明显的不同步、扭动、侧向滑移	
	（1）因磨损造成车轮踏面直径尺寸相差较大	（1）更换车轮
	（2）分别驱动的电动机制动间隙相差较大	（2）调整两侧驱动电动机的制动间隙（锥形转子轴向串量），调整工作应由同一个人完成
	表现5：制动时刹不住车	
	（1）制动器间隙太大	（1）调整制动器间隙
	（2）制动环磨损已达到报废标准而继续使用	（2）更换制动环
葫芦运行小车	表现1：车轮打滑	
	工字钢等轨道面或车轮踏面上有油、水等污物	清除轨道面或车轮踏面上的污物
	表现2：车轮悬空	
	（1）工字钢等支承车轮的翼缘面不规整	（1）利用火焰加热修整
	（2）运行小车制造装配精度差，三条腿现象严重	（2）按制造装配精度要求进行检查，并修整
	表现3：轮缘爬轨	
	（1）轨道端部止挡（阻进器）或缓冲器不对称	（1）重新调整（或修整）止挡或缓冲器为对称结构
	（2）运行小车主、被动侧重量不平衡，造成被动侧车轮翘起而爬轨	（2）在被动侧加配重
减速器	表现1：齿轮传动噪声太大	
	（1）缺油、润滑不良	（1）加足润滑油
	（2）齿轮齿面有磕碰伤痕，齿轮加工精度低，齿轮副装配精度低	（2）修整齿面磕碰伤痕，提高齿轮精度
	（3）齿轮、轴承等磨损严重	（3）更换齿轮、轴承
	（4）齿轮箱内清洁度差	（4）清洗、换油
	表现2：起升减速器箱体碎裂	
	多因起升限位器失灵，吊钩滑轮外壳直接撞击卷筒外壳，造成吊钩偏摆打裂箱体	及时更换减速器箱体，更换或修理起升限位器，尽量使限位器少动作

项目	故障分析	应对方法
制动器	表现1：制动失灵	
	（1）电动机轴断裂	（1）更换电动机轴
	（2）锥形制动环装配不当，出现磨损台阶制动失效	（2）更换制动环，并正确装配
	表现2：重物下滑或运行时明显刹不住车	
	（1）制动间隙太大	（1）调整制动间隙
	（2）制动环磨损严重，并超过了规定值而未更换	（2）更换制动环
	（3）电动机轴或齿轮轴轴端紧固螺钉松动	（3）将电动机卸下，拧紧松动的紧固螺钉
	表现3：制动时发出尖叫	
	制动轮与制动环间有相对摩擦，接触不良	重新调整制动器或车削一下制动环，使锥度相符（指锥形制动器而言）
卷筒装置	表现1：导绳器破裂	
	斜吊	按操作规程操作，导绳器已破裂的应修复
	表现2：外壳带电	
	轨道未接地或地线失效	加装或接通接地线
钢丝绳	表现1：切断	
	（1）因起升限位器失灵被拉断	（1）修理或更换限位器
	（2）超载过大	（2）按规定吊载
	（3）已达到报废标准仍在继续使用	（3）更换钢丝绳
	表现2：变形	
	（1）无导绳器，缠绕乱绳时，钢丝绳进入卷筒端部缝隙中被挤压变形	（1）应安装导绳器
	（2）斜吊造成乱绳而变形	（2）按操作规程操作
	表现3：磨损	
	（1）斜吊造成钢丝绳与卷筒外壳之间的磨损	（1）不要斜吊
	（2）钢丝绳选用不当，直径太大与绳槽不符	（2）合理选用钢丝绳
	表现4：空中打花	
	在地面缠绕钢丝绳时，未能将钢丝绳放松伸直	让钢丝绳在放松状态下重新缠绕在卷筒上
起升限位器	表现：负荷升至极限位置时不能限位	
	（1）电源相序接错，接线不牢	（1）重新接线，修整设备
	（2）限位杆的停止挡块松动	（2）紧固停止挡块于需要的位置上
主梁	表现1：主梁上拱度消失，甚至出现下挠	
	（1）超载过大	（1）按规定吊载，安装载荷限制器加以限制
	（2）疲劳过度	（2）利用火焰修复
	（3）使用环境恶劣（如高温烘烤）	（3）改善工作环境
	表现2：主梁工字钢等下翼缘出现塑性变形	
	（1）超载过大	（1）不得超载或加载荷限制器加以限制
	（2）葫芦轮压太大	（2）增加葫芦走轮个数降低轮压
	（3）工字钢翼缘太薄	（3）选用异型加厚工字钢或在下翼缘下表面贴板补强
	（4）主梁下翼缘磨损严重而变薄，局部弯曲强度减弱	（4）变形严重时，无法补强应报废

续表

项目	故障分析	应对方法
操纵室	表现：振动与摇晃	
	(1) 操纵室本身刚性差，与主梁连接不牢	(1) 加强操纵室刚性，增加减振装置
	(2) 起重机主梁动刚性差	(2) 适当提高主梁刚度
	(3) 起重机运行振动冲击大	(3) 对轨道缺陷进行修复
密封	表现：渗、漏油	
	(1) 油封疲劳破坏失效	(1) 及时更换新油封
	(2) 减速器加油过多	(2) 放掉多余的油
	(3) 装配时连接螺栓未拧紧	(3) 拧紧连接螺栓
	(4) 减速箱体结合面未采用密封结构或未涂密封胶	(4) 拆装时应清除箱体结合面的污物，重新涂上密封胶

2. 桥式起重机常见故障与排除

桥式起重机常见故障与排除见表 5-24。

表 5-24 桥式起重机常见故障与排除

项目	故障分析	应对方法
小车运行机构	表现1：打滑	
	(1) 轨道上有油或冰霜	(1) 去掉油污和冰霜
	(2) 轮压不均	(2) 调整轮压
	(3) 同一截面内两轨道标高差过大	(3) 调整轨道，使其达到安装标准
	(4) 启动过猛（一般发生在鼠笼式电动机的启动时）	(4) 改善电动机启动的方法，或选用绕线式电动机
	表现2：小车三条腿运行	
	(1) 车轮直径偏差过大	(1) 按图纸要求进行加工
	(2) 安装不合理	(2) 按技术要求重新进行调整安装
	(3) 小车架变形	(3) 火焰矫正，使其达到设计要求
减速器	表现1：周期性颤动的声响	
	齿轮齿距误差过大或齿侧间隙超过标准，引起机构振动	更换齿轮
	表现2：发生剧烈的金属摩擦声，引起减速器的振动	
	(1) 减速器高速轴与电动机轴不同心	(1) 检修、调整同轴度
	(2) 齿轮轮齿表面磨损不均，齿顶有尖锐的边缘所致	(2) 修整齿轮轮齿
	表现3：泵体，特别是安装泵轴处发热	
	(1) 轴承滚珠破碎，或保持架破碎	(1) 更换轴承
	(2) 轴颈卡住	(2) 检查、检修轴颈
	(3) 轮齿磨损	(3) 修整轮齿
	(4) 缺少润滑油	(4) 添加或更换润滑油
	表现4：润滑油沿剖分面流出	
	(1) 密封环损坏	(1) 更换密封环
	(2) 减速器壳体变形	(2) 检修减速器壳体，将壳体洗净后涂液体密封胶
	(3) 剖分面不平，连接螺栓松动	(3) 剖分面刮平，开回油槽，紧固螺栓

续表

项目	故障分析	应对方法
减速器	表现5：减速器在架上振动	
	（1）减速器固定螺栓松动	（1）紧固减速器的固定螺栓
	（2）输入或输出轴与电动机轴、工作机件不同心	（2）调整减速器传动轴的同心度
	（3）支架刚性差	（3）加固支架，增大刚性
制动器	表现1：不能刹住重物（对运行机构则是小车或大车断电后滑行过大）	
	（1）制动器杠杆系统中有的活动铰链被卡住	（1）润滑活动铰链
	（2）制动轮工作表面有油污	（2）用煤油清洗制动轮工作表面
	（3）制动带磨损严重，铆钉裸露	（3）更换新制动带
	（4）主弹簧张力调整不当或弹簧疲劳、制动力矩过小所致	（4）调整或更换主弹簧
	（5）电磁铁冲程调整不当，或长冲程电磁铁坠重下有物支承	（5）调整电磁铁冲程，清理长冲程电磁铁工作环境
	（6）液压推杆制动器叶轮旋转不灵活	（6）检修推动机构和电器部分
	表现2：制动器不能打开	
	（1）制动带胶黏在有污垢的制动轮上	（1）用煤油清洗制动轮及制动带
	（2）活动铰链被卡住	（2）消除卡住地方，润滑铰链处
	（3）主弹簧张力过大	（3）调整主弹簧
	（4）制动器顶杆弯曲，顶不到动磁铁	（4）将顶杆调直或更换顶杆
	（5）电磁铁线圈烧毁	（5）更换线圈
	（6）在液压推杆制动器上油液使用不当	（6）按工作环境温度更换油液
	（7）叶轮卡住	（7）检查电气部分和调整推杆机构
	（8）电压低于额定电压的85%，电磁铁吸力不足	（8）查明电压降低的原因，并予以解决
	表现3：在制动带上发生焦味、冒烟，制动带迅速磨损	
	（1）制动带与制动轮间隙不均匀，在运转时相互摩擦而生热	（1）调整制动器
	（2）辅助弹簧失效不起作用，推不开制动臂，制动带始终压在制动轮上	（2）更换弹簧
	（3）制动轮工作表面粗糙	（3）按要求重新加工制动轮
	表现4：制动器易于脱开调整的位置，制动力矩不稳定	
	（1）主弹簧的锁紧螺母松动致使调整螺母松动	（1）拧紧调整螺母，并用锁紧螺母锁住
	（2）螺母或制动推杆螺扣破坏	（2）更换制动推杆和螺母，或重新修整推杆并配制螺母
卷筒	表现1：卷筒发现疲劳裂纹	
	卷筒断裂	更换卷筒
	表现2：卷筒轴和键磨损	
	轴被剪断，导致吊物坠落	停止使用，立即检修
	表现3：卷筒绳槽磨损和跳槽	
	卷筒强度削弱，容易断裂，钢丝绳缠绕混乱	当卷筒壁厚磨损达原厚度的20%以上时，应更换卷筒

续表

项目	故障分析	应对方法
滑轮	表现1：滑轮槽磨损不均匀	
	材质不均匀，安装不合要求，绳与轮接触不均匀	重新安装或修补，磨损超过3mm时，应更换
	表现2：滑轮心轴磨损	
	心轴损坏	调换心轴并加强润滑
	表现3：滑轮转不动	
	心轴和钢丝绳磨损加剧	检修心轴和轴承
	表现4：滑轮冲撞，轮缘裂纹	
	滑轮损坏	更换新轮
	表现5：滑轮倾斜，松动	
	轴上定位板松动	调整、紧固定位板，使轴固定
车轮	表现1：轮辐、踏面（滚动面）有裂纹	
	车轮损坏	更换新车轮
	表现2：主动车轮滚动面磨损不均匀	
	由于表面淬火不匀，车轮倾斜、啃轨所致，运动时振动	成对的更换车轮
	表现3：轮缘磨损	
	由于车体倾斜、啃轨所致，容易出现脱轨现象	轮缘磨损超过原厚度的50%时，应更换新车轮
联轴器	表现1：联轴器体内有裂纹	
	联轴器损坏	更换
	表现2：联轴器连接螺栓孔磨损	
	开动时机构跳动、切断螺栓，如是起升机构，将会发生吊物坠落	对于起升机构联轴器应更换新件，对于运行机构的联轴器可重新扩孔配螺栓，孔磨损严重时可焊补后再钻铰孔
	表现3：齿式联轴器轮齿磨损或折断	
	由于缺少润滑油，工作频繁，打反车所致。会导致齿磨坏，重物坠落	对于起升机构，轮齿磨损达原齿厚15%即应更换新件，对于运行机构轮齿磨损达原齿厚的20%时，更换新件
	表现4：轮齿套键槽磨损	
	不能传递转矩，重物坠落	对于起升机构齿轮套则应更换新件，对于运行机构齿轮套可在与其相距90°处重新插键槽，配键后继续使用

（四）起重机完好标准

1. 电动葫芦完好标准

（1）电动葫芦起重和牵引能力达到设计要求。

（2）各传动系统运转正常，钢丝绳、吊钩、吊环符合安全技术规程。

（3）制动装置安全可靠，主要零件无严重磨损。

（4）操作系统灵敏可靠，调整正常。

（5）主、副梁的下挠、上拱、旁弯等变形均不得超过有关技术规定。

（6）电气装置齐全有效，安全装置灵敏可靠。

（7）车轮与轨道有良好接触，无严重啃轨现象。

（8）润滑装置齐全，效果良好，无漏油。

（9）电动葫芦内外整洁，标牌醒目，零部件齐全。

（10）技术档案齐全，有专人负责设备动态记录。

（11）各种接触器、开关触点接触良好，运行正常。

（12）电机无异常声响，温升、电流、电压均符合电机铭牌规定。

2．单梁起重机完好标准

（1）起重能力。应达到设计要求，在起重机明显部位标志起重吨位、设备编号。

（2）大梁。大梁下挠不超过规定值。额定起重量作用下，电动单梁起重机大梁从水平线下挠应不大于 $L/500$；手动单梁起重机大梁从水平线下挠应不大于 $L/400$（L 为跨度）。

（3）行走系统及轨道。

1）轨道平直，接缝处两轨道位差不大于 2mm，接头平整，压接牢固。

2）车轮无严重啃道现象，与路轨有良好接触。

3）行走系统各零部件完好齐全，运转平稳，无异常窜动、冲击、振动、噪声和松动现象，车架无扭动现象，制动装置安全可靠。

4）传动装置润滑良好，无漏油。

（4）起吊装置。

1）起吊制动器在额定载荷内制动灵敏、可靠。

2）钢丝绳符合使用技术要求。

3）吊钩、吊环符合使用技术要求。

4）滑轮、卷筒符合使用技术要求。

5）吊钩升降时，传动装置无异常窜动、冲击、噪声和松动现象。

6）起吊装置润滑良好，无漏油。

（5）电气与安全装置。

1）电气装置安全可靠，各部分元、器件运行达到规定要求。

2）滑触线或橡套电缆敷设整齐、固定可靠、接触良好。

3）轨道和起重机有可靠的接地，接地电阻应小于 4Ω。

4）地面操纵的悬挂按钮箱应动作可靠并有明显的标志。

3．桥式起重机完好标准

（1）起重能力。应达到设计要求，在起重机明显部位标志起重吨位、设备编号。

（2）主梁。空载情况下，主梁下挠不大于 $L/1500$ 或额定起重量作用下主梁下挠不大于 $L/700$。

（3）操作系统。各运行部位操作符合技术要求，灵敏可靠，各档变速齐全；大小车的滑行距离达到工艺要求。

（4）行走系统。

1）轨道平直，接缝处两轨道位差不超过 2mm，接头平整，压接牢固。

2）减速器、传动轴、联轴器零部件完好、齐全，运行平稳，无异常窜动、冲击、振动、噪声、松动现象。

3）制动装置安全可靠，性能良好，不应有异常响声与松动现象。

4）闸瓦摩擦衬垫厚度磨损不大于 2mm，且铆钉头不得外露，制动轮磨损不大于 2mm，小轴及心轴磨损不超过原直径的 5%，制动轮与摩擦衬垫之间间隙要均匀，闸瓦开度应不大于 1mm。

（5）起吊装置。

1）传动时无异常窜动、冲击、振动、噪声、松动现象。

2）起吊制动器在额定荷载时应制动灵敏可靠，闸瓦摩擦衬垫厚度磨损不大于 2mm，且铆钉头不得外露，制动轮磨损不大于 2mm，小轴及心轴磨损不超过原直径的 5%，制动轮与摩擦衬垫之间间隙要均匀，闸瓦开度应不大于 1mm。

3）钢丝绳符合使用技术要求。

4）吊钩、吊环符合使用技术要求。

5）滑轮、卷筒符合使用技术要求。

（6）润滑。润滑装置齐全，效果良好，无漏油现象。

（7）电器与安全装置。

1）电器装置齐全、可靠，运行达到使用要求。

2）滑触线或橡套电缆安全可靠，接触良好，无发热现象。

3）轨道和起重机均有可靠接地，接地电阻小于 4Ω。

4）驾驶室或操纵室应装设切断电源的紧急开关，操纵控制系统应有零位保护。

5）安全装置、限位保护应齐全完好。

（8）使用与管理。设备内外整洁，油漆完好，无锈蚀；技术档案齐全。

五、水锤消除设备

（一）水锤的发生原因

管路中液体流动速度的骤然减小和增加都会引起管道内压力升高而发生水锤。通常在运行中发生水锤有以下几种原因。

（1）启泵、停泵或运行中改变水泵转速，尤其是在迅速操作阀门使水流速度发生急剧变化的情况下。

（2）事故停泵，即运行中的水泵突然中断运行。较多见的是配电系统故障、误操作、雷击等情况下的突然停泵。

（3）出水阀、止回阀阀板突然脱落使流道堵塞。

（二）水锤破坏的主要表现形式

（1）水锤压力过高引起水泵、阀门、止回阀和管道破坏，或水锤压力过低（管道内局部出现负压）管道因失稳而破坏。

（2）水泵反转速过高（超过额定转速 1.2 倍以上）与水泵机组的临界转速相重合，以及突然停止反转过程（电机再启动）引起电动机转子的永久变形、水泵机组的剧烈振动和联轴结的断裂。

（3）水泵倒流量过大，引起管网压力下降，使供水量减小而影响正常供水。

（三）水锤的防止

（1）在机泵出水管道上装缓闭阀如液控蝶阀、双速闸阀、微阻缓闭止回阀，水锤消除器等可起到缓冲水锤或消除水锤之目的，但应注意快关与缓闭的时间要调整好，达到既能消除水锤又不使机泵倒转。

（2）在管路凸起处设置自动排气补气阀以消除管道中空穴（负压）状态，可减小水锤压力，避免管道损坏。若出水管中长距离无凸起点的管段，应每隔一定距离设自动进（排）气阀。

（3）避免快开，快关阀门。应均匀缓慢启、闭控制阀可避免水锤危害且逐步开大阀门有利于排气。

（4）对空管供水时，要控制出水量，可先打开阀门开度的 15%～30%，事先应做好排气阀门的检查工作，注意不要使机泵超负荷运行，直到管内压力允许时才能全部开启水泵出水阀门。

（5）加强对电气装置、阀门和止回阀维修保养，以减少突然断电和阀板脱落的机会，不发生直接水锤和非常水锤。

（6）通过技术经济比较，可适当降低管道设计流速。

第六章 过 程 控 制

生产过程的自动控制（简称过程控制）是自动控制技术在生产过程中的具体应用，在实现各种最优控制和经济指标、保证生产的质量和产量、提高经济效益和劳动生产率、节约能源、改善劳动条件、保证生产安全、保护环境等方面发挥着越来越大的作用。村镇水厂的过程控制包括自动化控制技术基础知识、常用仪表及水厂生产自动化控制系数。

第一节 过程控制技术基础知识

一、过程检测及控制的目的

随着科学技术的发展，计算机和自动化设备的技术水平提高而价格逐渐降低，计算机广泛应用，实施自动化将是供水企业发展的必然趋势。

水厂的生产过程检测及控制的目的，不仅是为了节省人力，更主要的是加强各个生产环节的合理运行，保证出水水质和安全生产，实现科学管理并取得以下效益。

（1）提高设备利用率，保证水质。

（2）节约日常运行费用，如电耗、药耗。

（3）运行安全可靠，可持续检测、越线报警。

（4）节省人力、减轻劳动强度，运行中的调节控制可自动集中管理。

（5）可实现集中显示，分散控制或过程全部自动化。

二、过程检测及控制的仪表

过程检测及控制的仪表一般分为检测仪表、显示仪表、调节仪表和执行器（仪表）四大类。

1. 检测仪表

对工艺参数进行测量、用来测量这些参数的仪表（包括变送器）称为检测仪表。检测仪表分通用和专用两大类。

（1）通用检测仪表。检测温度、压力、流量、液位等。

（2）专用检测仪表。检测 pH 值、碱度、浊度、溶解氧、余氯等。

2. 显示仪表

具有显示功能的仪表成为显示仪表。分为模拟式和数字式两类。

（1）模拟式显示仪表。动圈指示调节仪表、自动平衡显示仪表、电子式仪表、力矩电机式仪表、电动式仪表等利用指针、刻度盘或记录纸来指示或记录。

（2）数字式显示仪表。直接用数字显示检测参数。

3. 调节仪表

将检测仪表信号进行综合，按预定的程序去控制执行器动作，使生产过程中的运行参

数调节到符合工艺要求，这种仪表称为调节仪表，有气动和电动两类。

气动调节仪表有自力式调节器、基地式调节仪表、单元组合仪表、射流控制装置、气动逻辑控制装置等。

电动调节仪表有自力式调节器、基地式调节仪表、简易调节仪表、单元组合调节仪表、组装式综合控制装置等。

4. 执行器（仪表）

接收调节仪表信号并根据信号直接改变被调对象参数的仪表称为执行器。它包括执行机构和调节阀，有电动、气动和液动三大类。

(1) 电动执行器。结构复杂，维修复杂，不适用于防火防爆场所。

(2) 气动执行器。结构简单，维修方便，适用于防火防爆场所。

(3) 液动执行器。结构简单，体积较大，一般工程中用的不多。

第二节 常 用 仪 表

水厂所用的仪表一部分是通用仪表，如水位、压力、真空、流量、温度、电导率等。一部分是水厂专用仪表，如浊度、余氯、pH 值、溶解氧等。

一、仪表设置标准

水厂的仪表设置标准，反映了水厂操作管理的科学化水平和自动化程度。由于我国水厂检测仪表还不够完善，自动化起步较晚，所以水厂的监测仪表设置标准也不相同。有的比较完善，水厂运行自动化程度较高；有的仅设若干简单的仪表，基本上还是手动操作。根据我国目前的情况，标准较高的监测仪表设置如下。

（一）水质参数

(1) 原水的浊度、pH 值、水温、氨氮、溶解氧、氯化物等。

(2) 絮凝池出口处的 pH 值和氨氮。

(3) 沉淀池进、出水的浊度和余氯。

(4) 滤池出水、出厂水的浊度、pH 值和余氯，滤池冲洗废水的浊度。

（二）液位

(1) 地表水厂取水口水位、水泵吸水井水位。

(2) 溶液池液位、沉淀池液位、滤池液位和清水池水位。

（三）流量

(1) 每台水泵的流量，出厂管流量。

(2) 混凝剂溶液流量。

(3) 滤池反冲洗水量。

（四）压力

(1) 水泵进口真空度和出口压力。

(2) 滤池及冲洗水泵的压力、滤池水头损失。

(3) 出厂干管压力，管网压力。

（4）鼓风机输出风压，真空泵状态。

（五）温度

（1）水温。

（2）水泵和电动机轴流温度，电动机定子温度。

（六）电气系统

（1）泵房总电量，泵房分电量。

（2）变电站的交流电压、电流、功率、电量、功率因数、频率、直流控制系统的母线电压、直流合闸母线电压和整流器输出电流等。

（七）状态和报警

（1）泵机的开停状态、水泵启动后的空转报警、水泵压力上下限报警、轴承与电机绕组温升上限停机保护报警、泵机电源缺项过流、欠压、过压报警、真空引水超时报警。

（2）清水池水位上下限超限报警。

（3）溶液池液位超限、投药设备的工作状态和故障报警、沉淀池排泥信号、沉淀池水浊度、余氯超限报警、加氯机工作状态和故障报警、滤后水余氯超限报警、余氯仪故障报警、漏氯报警和漏氯吸收装置工作状态。

（4）变电站断路器开闭状态信号、事故跳闸信号。

（八）数据处理和记录

（1）原水水量瞬时和累计值、单机电量、泵站总电耗、每小时泵房电量、泵机运行台时累计、水泵进口真空度和出口压力，水泵开停的时间记录、水泵故障显示和故障日报记录。

（2）原水浊度、pH 值、氨氮、温度、溶解氧的水质记录。

（3）出水厂的浊度、余氯、pH 值、流量和压力的时变化曲线。

（4）水源和吸水井的水位、清水池的水位曲线。

（5）混凝剂单位含量（kg/1000m³）设备运行时间、故障日报记录、絮凝剂出水游动电流。

（6）沉淀池出水浊度、余氯、pH 值、氨氮，每天排泥次数累计、沉淀池排泥时间。

（7）滤后水连续监测浊度、余氯、pH 值和打印记录，每日反冲洗的次数累计，反冲洗的时间显示和反冲洗水量。

（8）原水预加氯量、滤后水加氯量、滤后水余氯值、设备运行机时、故障日报。

（9）变电站时打印功率、电量、功率因数、日打印全长用电量、生产用电量、非生产用电量、日负荷曲线、电压、电流异常报警记录、合闸次数记录、分闸次数累计、事故跳闸次数累计，月打印全场用电量。

标准较低的水厂，仅设置出厂水流量和出厂水压，清水池水位，原水、沉淀水和滤后水浊度和滤后水余氯，滤池水头损失，冲洗水塔（箱）水位等的检测仪表。小型水厂，往往只设置出水流量、压力、清水池水位及出水厂浊度的有关仪表。仅在二级泵房控制室内设置一台仪表盘，安装上述检测参数的二次仪表。

随着检测仪表产品不断改进和更新，自动化程度逐步提高，检测仪表设计标准也将不断地提高和完善。

（九）自动化仪表应满足的条件

水厂的自动化仪表无论哪类仪表都必须满足以下条件：

（1）仪表工作环境为−5～+50℃，所有仪表应防尘、防水、防冻，能承受偶尔的高压水冲洗，外壳的防护等级至少为IP56。

（2）所有户外安装的仪表为不锈钢标签，可用不锈钢螺丝和铆钉永久固定在仪表盖上，标签上应刻上仪表编号。

（3）安装在户外的控制设备各部分要适当地安排，要有可靠的防冻措施。户外指示器、变送器等要留有工作通道，以便更换和维修。

（4）所有仪表输出应为4～20mA直流负载。

（5）除另有规定外，所有仪表能适应如下电源：220V AC±10%，50Hz±1Hz或24V DC。

（6）仪表变送器箱内应设置信号避雷器（4～20mA DC信号用）和电源避雷器。

（7）仪表的电缆应各自绝缘和屏蔽。

（8）仪表运输到现场并安装完毕后，应进行仪表现场试验，以保证仪表功能正常。

二、水位检测仪表

在供水系统中，各类水池或罐体须实时监测水位，便于生产自动运行。在水厂内部，水位监测仪表安装在沉淀池、絮凝池和清水池等位置。

水位检测仪表根据工作原理可分为差压式、静压式、吹气式、浮子式、超声波、静电电容式和重锤探测式等，其对比见表6-1。

表6-1　　　　　　　　　　　水位检测仪表对比表

项目	精度	测量范围		杂质含量			液面稳定性	接触及非接触	维护性	价格
		小	大	低	中	高				
差压式	优	良	良	良	良	一般	无要求	接触	一般	良
静压式	优	良	一般	良	良	良	无要求	接触	良	良
吹气式	一般	良	一般	良	良	一般	无要求	接触	良	良
浮子式	良	良	良	良	一般	差	要	接触	差	良
超声波	一般	良	良	良	良	一般	要	非接触	优	差
静电电容式	一般	良	良	良	一般	良	要	接触	一般	良
重锤探测式（固体物位）	良	良	良	良	良	一般	要	接触	一般	差

差压式是根据液体静力学原理，通过测量变动水位和恒定水位之间的静压差，将差压值转换为水位值，再通过差压变送器将水位转换为电信号。具有测量精度高、适用范围广的特点。

静压式与差压式相比，管理简单，安装方便。对地下有检修人孔的水池，大型罐体，敞口水池，特别是测量水位变化大的场合，适用性好。

干簧浮球式水位控制器适用于水位变化大的场合，对于含杂质的污水，浮球和导杆之间的间隙容易堵塞，效果不理想。

超声波式安装和使用方便，在农村水厂使用范围广，但须定期清理探头以保证测量精度。

三、压力测量仪表

压力是水厂生产中重要的物理参数之一，为了保证生产正常运行，必须对压力进行监测。随着大规模集成电路、计算机、新材料、硅微加工、半导体加工等技术的发展，从20世纪70年代硅压阻传感器问世到今天，测压仪表已基本完成从40年代机械仪表，60年代电磁、模拟电子仪表和传感器，到今天数字化仪表和集成固态传感器占主导地位的转变。

压力是指垂直作用在单位面积上的力，单位帕斯卡，1帕斯卡$=1N/m^2$，简称帕，符号Pa。在水厂中，经常使用kPa和MPa单位，1MPa$=1000$kPa$=1000000$Pa。

1. 压力测量

压力测量方式可分为液柱式、弹性式、电阻式、电容式、电感式和振频式等，水厂中的压力计测量范围主要处于在0~0.6MPa之间。

压力计的品种繁多。根据被测压力对象进行选择。当压力在2.6kPa时，可采用膜片式压力表、波纹管压力表和波登管压力表。如接近大气压的低压检测时，可用膜片式压力表或波纹管压力表。若需要进行远距离压力显示时，一般用气动或电动压力变压器，也可用电气压力传感器。当压力范围140~280MPa时，则应采用高压压力传感器。当高真空测量时可采用热电真空计。这种压力计一般在水厂中应用较少。

正确选择压力计除上述几点考虑外，还需考虑以下几点。

(1) 量程的选择根据被测压力的大小确定仪表量程。对于弹性式压力表，在测稳定压力时，最大压力值应不超过满量程的3/4；测波动压力时，最大压力值应不超过满量程的2/3。最低测量压力值应不低于全量程的1/3。

(2) 精度选择根据生产允许的最大测量误差，以经济、实惠的原则确定仪表的精度级。一般工业用压力表1.5级或2.5级已足够，科研或精密测量用0.5级或0.35级的精密压力计或标准压力表。

(3) 使用环境及介质性能的考虑。

2. 压力传感器和压力变送器

压力传感器是压力检测系统中的重要组成部分，由各种压力敏感元件将被测压力信号转换成电流或电压信号输出，便于压力信号的显示和传输。

(1) 应变式压力传感器。应变式压力传感器是由金属导体或半导体制成的电阻体，是运用将压力变化转换成电阻值变化的原理，现场测量压力值，其阻值随压力所产生的应变而变化。

(2) 压电式压力传感器。压电式压力传感器是指使用基于晶体材料的压电效应原理制造的传感器，晶体材料主要有石英和钛酸钡，当这些晶体受压力作用发生机械变形时，在其相对的两个侧面上产生异性电荷，这种现象称为"压电效应"。

(3) 光导纤维压力传感器。光导纤维压力传感器是利用光波传导压力信息。光导纤维

图 6-1 压力（差压）
变送器

压力传感器与传统压力传感器相比有独特的优点，其利用光波传导压力信息，不受电磁干扰，电气绝缘好，耐腐蚀，无电火花，可以在高压、易燃易爆的环境中测量压力、流量、液位等。它灵敏高度，体积小，可挠性好，可插入狭窄的空间进行测量，因此而得到重视，并且得到迅速发展。

需要在控制室内显示压力的仪表，一般选用压力变送器或压力传感器，见图 6-1。

3. 应用

压力仪表主要包括型号、规格、测量范围、量程、精度等级、灵敏度、防水等级等参数，在使用中应结合安装环境、被测介质和现场环境等确定仪表的参数。压力仪表安装中应注意开口位置和铺设连接导管。

（1）开口位置选择。

1）避免处于管路弯曲、分叉及流束形成涡流的区域。

2）当管路中有突出物体时，取压口应取在其前面。

3）当必须在调节阀门附近取压时，若取压口在其前面，则与阀门距离不小于 2 倍管径；若取压口在其后面，则与阀门距离应不小于 3 倍管径。

4）对于宽广容器，取压口应处于流体流动平稳和无涡流的区域。

（2）连接导管的铺设。连接导管的水平段应有一定的斜度，以利于排除冷凝液体或气体。当被测介质为气体时，导管应向取压口方向低倾；当被测介质为液体时，导管则应向测压仪表方向倾斜；当被测参数为较小的差压值时，倾斜度可再稍微大一点。此外，如导管在上下拐弯处，则应根据导管中的介质情况，在最低点安置排泄冷凝液体装置或在最高处安置排气装置，以保证在相当长的时间内不致因在导管中积存冷凝的液体或气体而影响测量的准确度。

4. 维护

（1）压力测量仪表在使用前，必须经过检定和校准。在使用中，应定期检定，其检定周期视使用频繁程度和重要程度而定。若仪表带有远距离传送系统和二次仪表时，应连同二次仪表一起检定、校准。

（2）定期查看安装位置的密封性，避免出现泄漏现象。

四、流量检测仪表

1. 流量仪表

流量仪表种类繁多，目前，电磁流量计和超声波流量计在水厂使用的比较多。在水厂中，流量计主要安装在二泵房出水口，用于计量出水流量和恒流量供水。

电磁流量计是利用法拉第电磁感应定律制成的一种测量导电液体体积流量的仪表，具有不受测量流体密度、黏度、温度、压力和电导率变化的影响，计量精度高，多使用管道式安装方式，见图 6-2。

图 6-2 电磁流量计

超声波流量计是非接触式的,适合特大口径的管道流量计量,具有大量程比、无压损的特点,农村水厂常用外夹式或便携式超声波流量计。

一般流量计随着测量管径的增大会带来制造和运输上的困难,造价提高、能损加大、安装不易这些缺点,超声波流量计均可避免。因为各类超声波流量计均可管外安装、非接触测流,仪表造价基本上与被测管道口径大小无关,而其他类型的流量计随着口径增加,造价大幅度增加,故口径越大超声波流量计比相同功能其他类型流量计的性价比更好。

各类流量检测仪表性能对比见表6-2。

表6-2   流 量 检 测 仪 表

种类		精度	流量		杂质含量			压损	直管段	水路形式	维护性	价格
			小	大	低	中	高					
电磁式		优	优	良	优	优	优	无	不要	闭式	优	一般
液面式	堰式	一般	差	良	良	一般	差	大	要	开式	一般	优
	斜槽式	一般	差	良	良	一般	一般	中	要	开式	良	优
压差式	标准孔板	良	良	一般	良	差	差	大	要	闭式	一般	良
	文丘里	良	一般	良	良	一般	差	中	要	闭式	一般	良
超声波	单声波	良	良	优	良	良	良	无	要	闭式	优	一般
	多普勒	一般	良	优	一般	良	良	无	要	闭式	优	良
透平式		良	良	良	良	差	差	小	要	闭式	良	一般
容积式		优	良	差	良	一般	差	大	不要	闭式	良	良
面积式		一般	良	差	良	良	差	大	不要	闭式	良	良
漩涡式		良	良	良	良	差	差	中	要	闭式	良	良

2. 应用

(1)流量仪表安装位置要保证有足够的直管段和相对低点的要求。

(2)小口径电磁流量计对安装管段要求不高,大孔径电磁流量要严格按照说明书要求安装,一般情况,在上游无弯头的情况下,安装位置上游大于10D,下游大于2D(D为管段直径)。

(3)超声波流量计探头须安装在无焊缝、无结垢的、质地密致的管道上,安装位置满足上游大于10D,下游大于5D。若存在影响水流的因素,则要相应延长直管段的长度。

3. 维护

(1)安装国家相关计量用具校验规定,须定期到授权监测点对计量用具进行校验。

(2)管道式流量计要检查流量计与管道之间的法兰连接是否良好,并考虑现场温度和湿度对其电子部件的影响;插入式流量计,要定期清理探头上沉积的杂质、水垢及有无漏水现象;外夹式流量计要定期检查换能器是否松动,与管道之间的黏合剂是否良好。

五、水质检测仪表

供水厂的水质检测主要包括浑浊度、酸碱度、含氯量和毒性物质等指标的检测。

1. 浑浊度测量

浑浊度测量主要检测原水、沉淀出水、滤后水和出厂水的浑浊度。

2. 酸碱度检测

酸碱度检测主要是测量原水 pH 值、絮凝池出口处的 pH 值和出厂水的 pH 值，测量范围 0~14，要求流通式安装。

pH 计由参比电极、玻璃电极和电流计 3 个部件构成。玻璃电极的电位取决于周围溶液的 pH 值。电流计能在电阻极大的电路中测量出微小的电位差。由于采用最新的电极设计和固体电路技术，现在最好的 pH 值可分辨出 0.005pH 单位。参比电极的基本功能是维持一个恒定的电位，作为测量各种偏离电位的对照。

银-氧化银电极是目前 pH 值中最常用的参比电极。玻璃电极的功能是建立一个对所测量溶液的氢离子活度发生变化作出反应的电位差。把对 pH 值敏感的电极和参比电极放在同一溶液中，就组成一个原电池，该电池的电位是玻璃电极和参比电极电位的代数和。$E_{电池} = E_{参比} + E_{玻璃}$，如果温度恒定，这个电池的电位随待测溶液的 pH 值变化而变化，而测量 pH 计中的电池产生的电位是困难的，因其电动势非常小，且电路的阻抗又非常大 (1~100MΩ)；因此，必须把信号放大，使其足以推动标准毫伏表或毫安表。电流计的功能就是将原电池的电位放大若干倍，放大了的信号通过电表显示出，电表指针偏转的程度表示其推动信号的强度，为了使用上的需要，pH 电流表的表盘刻有相应的 pH 数值；而数字式 pH 计则直接以数字显出 pH 值。

ORP 为氧化还原电位仪，在水处理工艺中，以确定水中微生物好氧及厌氧的程度，结构和 pH 值一样。

pH 值和 ORP 根据使用环境分为流通式和沉入式。

3. 含氯量的测量

供水工程必须使用适当的氧化剂进行消毒，如使用氯或氯化物。氧化剂的投入量必须经过严格控制。如浓度太低，导致消毒不彻底，浓度太高，可能引起腐蚀，对皮肤造成伤害，或产生的三卤代甲烷致癌。

含氯量的测量是指测量游离氯气量和剩余氯气量。常用的含氯量测量仪表包括余氯分析仪和二氧化氯分析仪，主要测量化合氯和自由氯指标。余氯分析仪能准确地测量出游离氯气量和剩余氯气量。测量仪能连续运行，因此能确保有效的消毒浓度。目前余氯传感器是覆膜式电流测量传感器，传感器由阴极和阳极组成，阴极是工作电极，阳极作为反电极，电极浸入电解液内，电极和电解液与介质分离，由覆膜测量，覆膜防止电解质流失及污染物渗透引起中毒，阳极和阴极之间加一个固定的极化电压。

当传感器浸入含氯水中，氯分子通过覆膜扩散，流向阴极的氯分子减少，变成氯离子，在阳极上，银被氧化成氧化银，根据所产生的最大的扩散电流测得余氯浓度。

传统的投氯处理工艺可能产生三卤代甲烷致癌物，取而采用臭氧处理工艺。对此工艺，需臭氧检测分析仪，用于臭氧浓度的检测，判断排除的臭氧是否完全被活性炭吸附。目前这类产品尚不成熟。

4. 毒性物质含量的测量

投氯是供水通常采用的消毒方法，但发生过因这种方法而产生的三卤代甲烷致癌的问题。此外，大量农药的使用、酸雨以及人类活动污染水源对供水都是非常大的威胁。目前，对供水，特别是对饮用水的安全保障要求更加严格。

当前，对供水毒性物质的含量检测采用鱼类状态显示器。在净水厂饲养鱼类，通过水下电视监视鱼类的行为特征，在有毒物质混入时，鱼类的行为特征会发生变化，经图像处理加以识别，从而发出报警信号。

第三节 水厂生产自动化控制系统

生产过程的自动控制（简称过程控制）是自动控制技术在生产过程中的具体应用，在实现各种最优控制和经济指标、保证生产的质量和产量、提高经济效益和劳动生产率、节约能源、改善劳动条件、保证生产安全、保护环境等方面发挥着越来越大的作用。

过程控制系统与其他的自动控制系统相比有以下特点。

（1）生成过程的连续性在过程控制系统中，大多数被控过程都是以长期的或间歇的形式运行，过程控制的主要目的是消除或减少扰动对被控变量的影响，使被控变量稳定在工艺要求的数值上，从而实现生成过程的优质、高效和低耗。

（2）被控对象的复杂性过程控制涉及范围广，被控对象相对较大，比较复杂，其动态特性多为大惯性、大滞后形式，且具有非线性和时变特性，甚至有些过程特性至今未被人们所认识。

（3）控制方案的多样性由于被控对象各异，工艺条件和要求也不相同，因此，过程控制系统的控制方案非常丰富。有常规的 PID 控制、串级控制、前馈-反馈控制等，还有很多新型的控制系统，如模糊控制、预测控制和最优控制等。

水厂生产自动化控制系统主要包括上位机系统、触摸屏系统和 PLC 系统，上位机系统主要用于中央控制室实时监控水厂的运行状态和控制各种设备，触摸屏系统主要用于现场控制，PLC 系统主要用于执行上位机系统、触摸屏系统发送的指令。

一、上位机系统

上位机系统包括实时数据显示、设备控制、报表、报警、数据存储和数据分析等功能，兼容多种通信协议，可与多种品牌的 PLC 设备连接，并具有数据整合和分发的接口。上位机系统经常使用厂家提供的组态软件进行定制开发，常见的有西门子的 WINCC 系统，Wonderware 的 InTouch 系统、通用电气的 IFix 系统和北京昆仑通态的 MCGS 系统等。上位机具有以下功能。

1. 实时数据显示

实时数据显示是上位机系统的基本功能，实时数据主要包括各生产工艺流程的信息，常见的有液位、压力、流量、余氯、浊度、pH 值、阀门开关状态、水泵工作状态等信息。

2. 设备控制

设备控制主要控制阀门、水泵、挖泥机、加药泵等设备的开关，对于电动阀门，可以控制阀门的开关度；对于有变频器的设备（常见水泵加装变频器），可以控制设备的运行功率。

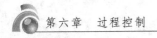

3. 报表

报表内容可以涵盖水厂运行的数据，分为实时报表和历史报表。实时报表主要收集和展示水厂实时运行的数据信息；历史报表主要分为天报表、月报表和年报表等类型。

4. 报警

报警主要用于实时提示生产过程中的异常信息，例如水位过低/高、压力过低/高、水质数据异常等信息，常使用显著颜色或者声音报警方式，便于工作人员及时发现并处理，避免发生生产事故。

5. 数据存储

常见的数据存储软件包括 Access、MS SQL Server、Oracle 等数据库管理系统，可与上位机系统无缝结合，实现长时间、大批量保存水厂生产数据。

6. 数据分析

数据分析功能是对生产过程的数据进行分析，通过对多类型、多时间段、大批量的水厂数据进行数值分析，包括定性分析和定量分析，得到生产状况的评价数据，分析生产的优势和劣势，并提出改进部位和方法，促进生产过程的优化。

二、触摸屏系统

触摸屏系统主要用于运行参数设定和设备控制。运行参数设定主要包括以下内容。

（1）水位的上限和下限。

（2）压力的恒压值、上限、下限。

（3）水泵切换周期。

（4）自动反冲洗周期。

设备控制功能基本与上位机系统的设备控制功能一致。

三、PLC 系统

PLC 系统是指编写在 PLC 设备上的程序，主要包括工艺运行程序和通信功能。

1. 工艺运行程序

工艺运行程序是指由水厂处理工艺的详细特点和运行过程转化的 PLC 程序构成，一般由自动化工程师、水厂运行工程师和工艺处理工程师共同完成。

2. 通信

通信是把现场的设备和运行信息通过 PLC 设备与上位机系统和触摸屏建立实时通信，该通信是双向传输的，一般采用屏蔽信号线、光缆、交换机等设备构建通信链路，实现信号传输的准确性、实时性和稳定性等特点。

3. PLC 的基本工作原理

微机的工作原理是等待工作方式，如键盘扫描方式等。

PLC 是循环（周期）扫描工作方式。PLC 的工作过程一般分为 3 个主要阶段。

（1）输入采样阶段。PLC 以扫描工作方式按顺序将所有信号读入输入映像寄存器中存储，这个过程叫采样。

（2）程序执行阶段。PLC 按顺序进行扫描，即从上到下、从左到右地扫描每条指令，并分别从输入映像寄存器和输出映像寄存器中获得所需的数据进行运算、处理，再将程序执行的结果写入寄存执行结果的输出映像寄存器中保存。这个结果在整个程序未执行完毕之前不会输送到输出端的。

（3）输出刷新阶段。在执行完用户所有的程序后，PLC将映像寄存器中的内容送入到寄存输出状态的输出锁存器中，再去驱动用户设备，这是输出刷新。

PLC重复执行上述3个阶段，每重复一次的时间成为一个扫描周期。PLC的一个扫描周期是40～100ms之间。PLC扫描时间越短，控制效果越好。

4．PC＋PLC系统

图6-3是PC＋PLC系统的典型结构，这个系统主要由个人计算机PC（personal computer）和可编程控制器PLC（programmable logic controller）为主体组成，因此称为PC＋PLC系统，它实质上是集散控制系统的一种构成模式。国内现有约70％的水厂选择了这种模式，是名副其实的主流技术。

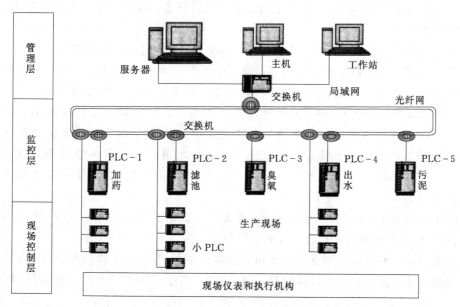

图6-3 PC＋PLC系统结构框图

在图6-3中，系统由管理层、监控层和现场控制层3层网络构成。

（1）管理层。服务器、中控主机、交换机、再加上各工作站等构成10/1000Mbps局域网管理层，通信协议为TCP/IP。核心交换机通过以太网与PLC系统进行通信，实现全厂统一管理，数据共享。

（2）监控层。中控主机与现场PLC控制器利用光缆环网构成工业以太网监控层。通信协议为TCP/IP。

光缆作为通信介质，具有最好的电磁兼容性，既无电磁辐射，也不会受到电磁辐射的干扰，无遭雷击的危险。而且，光缆重量轻、安装方便，具有完全的电气隔离，无接地问题，其极低的衰减特性使通信距离大大延长，免去安装中继器的麻烦。光缆环网相对于总线型结构具有线路冗余功能，当某处的光缆断开时，整个系统仍能正常工作。

（3）现场控制层。各PLC站通过总线构成现场控制层。系统设置了5个PLC站，分别控制加药、滤池、臭氧、出水泵房、污泥处理工艺流程，通信介质为双绞线、同轴电缆或光缆。通信协议为各 PLC 自定义的协议或 MODBUS/RS485。

1）PLC-1。设在加药间，负责进厂水、格栅间、沉淀池、加药、加氯系统的数据采集和控制。

2）PLC-2。设在滤池控制室，负责滤池和反冲洗部分的数据采集和设备控制，它也是各个滤池子站的主站。

3）PLC-3。设在臭氧控制室，负责深度处理，即活性炭和臭氧部分设备的数据采集和控制。

4）PLC-4。设在出水泵房控制室，负责清水池、出厂水的设备数据的采集和控制。

5）PLC-5。设在排泥水处理控制室，负责调节池、浓缩池、平衡池、脱水机房设备的数据采集和控制。

各水厂的情况会有不同，要根据各自的情况进行配置，使之适合于自己的需要。

5. PLC 应用软件

PLC 应用程序基于 Schneider 编程软件 Unity Pro 进行开发。编程软件可满足系统中 PLC 的编程要求，版权经生产厂家授权。编程软件为在 Windows 环境下符合 IEC 61131-3 标准的编程软件包，具有免费离线仿真功能，其特点如下：①采用国际标准 IEEE 1131-3 的编程方式，多种语言和多种方式混合编程，包括顺序功能流程图、功能块图、梯形逻辑、结构式文本、指令表；②带有故障自诊断功能，在系统运行的过程中故障诊断软件不断地监视系统运行的状态；③系统的开放性，使系统易于升级和进一步开发；④支持多种通信方式和协议；⑤长距离监视和故障诊断功能；⑥支持各种各样的通信介质。

系统中将编制相应的 PLC 应用程序，完成现场数据的采集、过程控制、与上位计算机和其他 PLC 控制站的通信、故障检测等任务。

系统应用软件的设计采用分层的模块化结构，根据 PLC 的硬件和设备分类划分。程序的结构模块将包括初始化、设备配置、输入处理、通信、过程处理、中断处理和输出刷新等。

满足本工程正常运行的应用软件，应实现以下控制功能。

（1）进水控制。为了使净水系统绝对安全运行，进水量的控制必须达到平稳调节。根据原水流量、泵房出水管总流量和阀前压力信号自动调节电动阀开启度。即根据需水量，在中心控制室操作站上设定进水流量，自动调节进水阀的开启度。比较理想的是达到进、出水平衡。这就需要充分发挥清水池的调蓄能力，根据预计的日供水曲线，供水高时清水池的水位在较高的位置，减少加药、加氯。

（2）矾液冲溶控制。

1）当某溶解池药液位置到达设定的下限时，监控系统发出音响（报警），提示运行人员"溶解池空，请运行溶药工作"。

溶解池采用人工加矾、加水，按浓度计调节浓度。启动空压机，打开气搅拌阀门进行搅拌。待溶药工作完成后，人工将该池的提升泵电源切入，使之具备自动状态。

基本操作：在开始溶药工作前，由人工将提升泵就地电控箱的"现场/远方"开关旋至"现场"位置，完成溶药工作后，再将"现场/远方"开关旋至"远方"位置，计算机系统根据溶解池液位和提升泵就地电控箱的"现场/远方"的位置信号，自动识别该溶解池是否处于备用状态。

由于溶解池的配药工作由人工完成，需要制定操作规程。在计算机系统全自动运行正常的情况下，溶解池按顺序排列自动投入溶解池的药液稀释工作。即1号溶解池，2号溶解池；1号溶解池，2号溶解池……

溶液池自动稀释控制（自动配药）。正常情况下，溶液池按顺序排列自动投入药液稀释工作。顺序为1号溶解池，2号溶解池；1号溶解池，2号溶解池……

当控制系统处于溶液池"自动"控制运行方式时，在用的溶液池药液用空（在计算机侧设定的液位下限报警值），系统自动按溶液池备用顺序打开备用溶液池的出药阀门，关闭用空药池的出药阀门，开始进行药液的稀释工作。

2）溶药池自动配置（稀释）药液简要过程：溶药池药液液位降至配药下限设定值→备用溶药池正常投入使用，空药池出药阀关闭→启动允许运行的提升泵和其出药阀→打开需配药池的进药阀出口→监视溶药池液位到需要值。

关进药阀→关提升泵出药阀→停提升泵→开注水阀→开空压机→开搅拌进气阀→监视液位到需要值→关注水阀→延时关搅拌进气阀、停空压机（时间可设定）→配药完毕待用。

（3）自动加药量控制。在净水厂，混凝沉淀是一个重要环节。理论和实践都证明，要取得最佳投药，SCD（scream current detector）流动电流仪控制中SCD给定值不应该为定值，它同样受到原水浊度、原水流量、温度和pH值等的影响，因此，引入沉淀池的出水浊度信号，组成双闭环串级控制结构，结构图见图6-4。

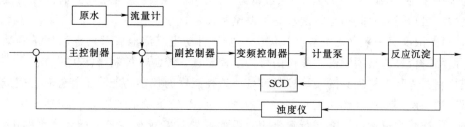

图6-4 自动加药结构图

加药量按进水流量比例控制，SCD（流动电流）取值比较，取沉淀的出水浊度调整控制比例（微调）。

（4）自动加氯控制。加氯控制分两种，即前加氯和后加氯。

1）前加氯的目的为了氧化降解原水中的有机物，后加氯用以对过滤后水的消毒和维持出厂水有一定的余氯。前加氯通常都采用原水流量的纯比例控制，即比例开环控制（SCU）。

2）后加氯采用带有流量前馈的余氯反馈控制。即PCU，同时后加氯也是一个大纯滞后的余氯目标控制，设定余氯目标值，根据出厂水流量比例和出厂游离氯复合环路控制加氯量。

(5) 自动排氯控制。为了确保安全生产，漏氯吸收中和装置和自动启动控制，由就地电器控制盘自成系统完成。但也可以由运行人员通过操作计算机控制中和装置的启/停。但无论是在计算机侧操作，还是在现场电器盘控制，只要发生漏氯事故，中和装置均能由现场电控盘控制自动启动。

漏氯检测装置的报警信号和中和装置启动的信号同时送计算机监视。在发生漏氯事故时，无论中和装置是否自动启动，计算机系统均紧急报警。

在发生漏氯事故时，由计算机自动关闭正在运行的氯库换气扇，防止未经中和装置处理的漏氯排入大气。

(6) 氯气瓶切换控制。当工作氯瓶发出"空瓶信号"（氯瓶低重信号）时，通过压力开关电触点信号传至氯瓶自动切换控制装置完成氯瓶切换。

(7) 清水池出水控制。在中控室操作站设定出水流量，根据出厂总管流量计反馈自动调节控制出水阀门开度。

(8) 回流池液位控制（回流水泵控制）。滤池的生产废水排至回收泵房，设液位开关控制。当回流池液位达到低限（LL1）时，泵停止工作，在回流池的液位达到一设定高度（LH1）时，泵启动，当水位达到更高的高度（LH2），备用泵启动。设置回收池高低水位报警，当液位达到最高 LH2 时，对滤池反冲洗发出暂停信号，并在水位恢复正常时发出滤池允许反冲洗信号。

(9) 回收泵房的污泥液位控制。沉淀池的生产废水排至回收泵房，设液位的开关控制。当液位达到低限时，污泥泵停止工作，当液位达到高限时，污泥泵启动。

(10) 沉淀池排泥控制。吸泥机的运行控制采用以下两种方式：

1) 定时启动可根据原水浊度、流量、加药量等条件计算沉淀池污泥量，调试沉淀池 5min 沉降比控制在 $10\% \sim 15\%$，并通过试运行摸索确定吸泥机自动间隔时间和每次启动运行次数。启动间隔时间和运行次数均可调整和设定。

2) 污泥浓度探测器（污泥界面探测器）控制启动当沉淀池底部污泥浓度达到某一高度时，由测得信号传给探测器，测得信号传给控制器，控制器控制吸泥机操作。

该控制器为吸泥机配套的现场控制设备。该控制器的控制功能除了能够独立完成吸泥机现场控制功能（现场操作功能）外，也能够接受 PLC 系统的监控。控制器设定 4 种工作方式：①连续往返运行。②运行到全程，返回原处，停行车。③运行到全程的 1/3 处，返回原处，停行车。④运行到全程的 1/3 处，返回原处，继续运行全行程，返回原处，停行车。

现场控制器提供下列供 PLC 系统的监视信号："现场/远方"、运行/停止、池端位置、虹吸状态、排泥阀门状态、综合故障等，现场控制器能够接收 PLC 系统的控制信号：开/停。

此外，通常平流池池底积泥高度不超过 0.5m。加药后混合反应得好，絮凝后的絮体（矾花）颗粒、密度大，不易碎散，则沉淀效果好，污泥界面比较容易分得清。反之，使用污泥浓度探测器不十分理想。故使用污泥浓度探测器（污泥界面开关）控制吸泥机，亦需要通过现场调试后确定控制软件。

(11) 出厂水控制。二级泵房供水方式有以下两种：恒水压供水和恒水流供水。

恒水压供水强调对水泵出口的压力进行给定跟踪控制，使出口压力基本保持不变，而出口流量则根据用户需求随时变化。其优点是：供水品质优良，可在任何情况下同时满足全网各用户对供水流量和扬程的不同需求。不足是：过于强调恒压指标，对低压用户扬程指标定得太高，水压过高，用户不得不阀门限流，造成能源浪费。

恒水流供水强调对出口流量进行宏观总量控制，对水压和扬程指标则放松。其优点是：在满足用户对用水量的基本要求前提下，可最大限度节能。缺点是：无法控制分配水流去向，造成分配不均。

二级泵房水泵的运行应兼顾管网压力和出水流量，保证出水水压恒定，且压力可调。每台水泵的运行应进行累计，并保证每台水泵的运行时间近似相等。

（12）滤池和水位控制。为了保持滤池滤水量和滤速的稳定，保证滤池的过滤效果，滤池为恒水位控制。

控制手段为：根据每格滤池上的液位信号来控制清水阀的开启度。

（13）滤池反冲洗控制。净水厂的反冲洗一般采用气水联合反冲洗控制工艺。

启动反冲洗控制条件如下。

1）定时冲洗法按照滤池滤程和滤池编号顺序，排队定时启动滤池反冲洗程序，控制滤池反冲洗，这是在正常情况下滤池运行主要方式之一。

滤池滤程可以设定为24h、48h。

24h滤程时，每间隔3h冲洗一格。

48h滤程时，每间隔6h冲洗一格。

滤池滤程与季节、原水水质和进入滤池过滤水的浊度有关。

一般夏季短，冬季长。这是由于夏季细菌容易滋生以及原水浊度高的缘故。

为了控制滤池出水浊度，控制好沉淀池出水浊度变得十分重要，当沉淀池出水浊度低于5NTU，选择适当的滤程，可以保证滤池出水浊度控制在1NTU以下，如何选择滤程，需在运行后试验确定。

操作方法如下：运行人员中控室在操作站，通过鼠标调出滤池监控主画面，在"运行方式"选择栏中选择"定时冲洗"→在监控画面上弹出一个小窗口→选择滤程（24h、48h）→输入运行人员操作密码→确认（执行）或退出。设定完毕。

如果选择"确认"，系统执行刚选择的运行方式，小窗口撤销，在监控主画面上"定时冲洗"栏变为红色（下述的运行方式栏变为绿色）。

如果选择"退出"，小窗口也撤销，但系统保持上次选择的运行方式继续运行。在需要修改滤程时间时的操作同上。

2）根据水头损失反冲洗。当某格滤池的水头损失（根据工艺提供的数值）达到设定值时，负责该池控制的现场PLC站向主控3号PLC发出冲洗申请，3号PLC根据申请顺序依次启动反冲洗程序，对申请的滤池进行冲洗。

在设计中，水头损失是由滤池控制PLC站，根据滤池恒水位控制液位计和安装在出水调节阀前的压力变送器的测量值计算得出，当水头损失设定值等于、大于计算值提出冲洗申请。

另外，滤池出水调节阀的开度，与滤层堵塞的水头损失之间具有完全对应的关系。因

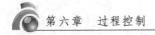

此，通过调节阀的开度监测亦可以反映滤池水头损失情况。

在采用该种方法控制滤池系统运行时，必须先将滤池的冲洗岔开若干时间，以避免滤池冲洗时间过于集中。

操作方法如下：运行人员中控室在操作站，通过鼠标调出滤池监控主画面，在"运行方式"选择栏中选择"压差冲洗"→在监控画面上弹出一个小窗口→根据设定的压差值→输入运行人员操作密码→确认（执行）或退出。设定完毕。

如果选择"确认"，系统执行刚选择的运行方式，小窗口撤销，在监控主画面上"压差冲洗"栏变为红色（下述的运行方式栏变为绿色）。

如果选择"退出"，小窗口也撤销，但系统保持上次选择的运行方式继续运行。在需要修改压差时的操作同上。

3）人工强制法由运行人员判断需要进行冲洗的滤池，在现场 PLC 站、3 号 PLC 或中控室操作站任一地方均可对某滤池进行强制冲洗操作。

操作方法是，在上述 3 处可操作地点均设置"强制冲洗"选择。

操作如下：①现场 PLC 站操作：在现场 PLC 站操作台的显示操作面板上，通过触摸键选择"强制反冲洗"→输入运行人员操作密码→确认（执行）或退出，操作完毕。②PLC 站操作：在 PLC 站操作台的显示操作面板上，通过触摸键选择"强制反冲洗"→输入池号，输入运行人员操作密码→确认（执行）或退出。③中控室操作站操作：运行人员中控室在操作站，通过鼠标调出监控主画面，在"运行方式"选择栏中选择"强制冲洗"→在监控画面上弹出一个小窗口→输入池号→输入运行人员操作密码→确认（执行）或退出。操作完毕。

无论选择"确认"还是"退出"，小窗口均撤销，但系统保持上次选择的运行方式（"定时冲洗"或"压差冲洗"）继续执行，若需要再对另外的滤池进行强制冲洗，重复上述操作。

简要冲洗控制过程参见相关的控制框图。

在每个控制量输出过程中，若现场设备出现故障，系统均中断冲洗并报警，转入故障处理子程序，一般是做停或关的操作。

四、功能要求

1. 数据采集和监测功能

在水厂监测与控制系统中，需要采集的参数很多，这些信号按性质分为模拟量、开关量、脉冲量 3 种。

模拟量：指在一定范围内变化的连续数值，它的量值一般为 $4 \sim 20 \text{mA}$，也可以是 $1 \sim 5 \text{V}$（DC），例如压力、液位、浊度等；

开关量：指控制继电器接通或者断开所对应的值，它的量值为"1"和"0"，例如电机的开关、故障等；

脉冲量：指瞬间突然变化、作用时间极短的电压或电流信号，一般用于统计，例如流量仪输出、电度表输出等都有脉冲量信号。

除了上述这些数据量外，对于智能化仪表，还需采集以二进制形式表示的数或 ASCⅡ

码表示的数或字符等数字量。

水厂数据采集是监测与控制系统最基本的功能，数据采集功能的强弱会直接影响整个系统的品质。为实现计算机监控任务，水厂数据采集应该满足实时性、可靠性、准确性、灵活性的要求。

（1）监测内容。现场监测站应覆盖全部生产过程，自动化系统监测一般包括表 6-3 所列内容。

表 6-3　　　　　　　　　　　自动化系统监测的内容

工序	监 测 内 容		
	模拟量	开关量	脉冲量
进水	压力浊度、pH 值、盐、水温电机温度	水泵开停、故障	进水流量
预处理/预氧化	水位、液位		
	投药池液位	设备开停、故障	
加碱、加矾	投加量液位、SCD 值、工作频率冲程报警	设备开停、故障、阀门开停、故障变频故障	投加量
加矾	矾池液位、SCD 值、工作频率冲程脱矾报警	设备开停、故障、阀门开停、故障变频故障	
加氯（加氨、加二氧化氯）	加氯机开度、加氯量、加氨量、氯瓶称重、加氨机开度、氨瓶称重	设备开停、故障真空报警、压力低限自动切换、漏氯报警和漏氯吸收开停	
沉淀	沉淀池液位、沉淀后浊度	吸泥机开停、故障	
过滤	清水阀开度、滤池液位、滤后浊度、水头损失、鼓风机出口压力、水泵与冲洗泵出口压力	设备与各种阀门的开停、故障	
深度处理	臭氧系统及接触池的成套信号、臭氧接触池液位、活性炭吸附池（同滤池）	吸附池、同滤池	
出水	清水池水位、出水压力、浊度、余氯、COD$_{Mn}$、pH 值、电机温度		出水流量
排泥水处理	污水池液位	脱水机开停、故障	
电气	电压、电流、有功功率、无功功率、功率因素等	系统开停、故障	电量

（2）画面要求。中控主机的显示画面应不受现场环境的干扰，能满足监测和控制的需要。显示画面一般内容见表 6-4。

表6-4　　　　　　　　　　　　　　中控主机显示的画面内容

名称	图　例	要求
工艺流程图	进水系统图、生物预处理系统图、预氧化系统图、加碱系统图、加矾系统图、加氯系统图、加氨系统图、沉淀系统图、滤池系统图、深度处理系统图、出水系统图、排泥水处理系统图等	图中应含：设备运行状态、工况、示值； 以颜色和符号表明数据的性质； 各类模拟量以表格、棒图、饼图等形式显示； 能通过颜色变化、百分比、色标填充等手段增强画面的可视性； 可以通过转换设备转移到大屏幕、投影屏、模拟屏上显示； 生产报表中应包括电耗、药耗、水质参数等指标，并具有定时打印和随机打印功能
系统结构图	高压配电系统图、低压配电系统图、信息化系统图	
趋势画面	各类模拟量参数运行曲线	
报警画面	报警记录操作记录、各类突发事件处理提示	
生产报表	即时报表、日报表、月报表、季度报表、年报表	
操作画面	滤后浊度控制图、出厂水压控制图、出厂余氯控制图、自动配泵控制图、自动调流控制图、自动加药控制图	

（3）画面选色原则。为了确保各幅画面的醒目和统一，画面的选色原则除了应该具有简单、清晰的特点外，还必须符合以下相关标准、规范、规定。

1）《人机、界面、标志和标识的基本要求和安全要求——编码规则》（IEC 60073—1996）。

2）《火力发电厂、变电所二次接线设计技术规程》（DL/T 5136—2001）。

3）《电工成套装置中的指示灯和按钮的颜色》（GB 2682—1981）。

这三项标准在选色上有一些出入，依据"国家标准向国际标准看齐"和"后颁标准优先于之前标准"两项原则，规定见表6-5。

表6-5　　　　　　　　　　　　　　显示画面中的选色原则

颜色	含义	说明	举例
红色	危险	表示运行、正在运行	设备运行，电机带电
绿色	安全	表示等待、准备就绪、情况正常等	设备停机，电机无电
黄色	告急	表示故障、报警等	设备报警，水质超限
蓝色、灰色、黑色、白色	无特定用意	用于除红、绿、黄三色之外的任何其他用意	水管、设施、建筑物等颜色

图形符号内的填充颜色表示相应设备的状态，应该符合以上选色原则。

通常情况下，大的背景可以选用黑色。当黑色背景引出很大的对比度时，也可以采用比较明亮的背景色，例如蓝色或者咖啡色。

一幅图中选用的颜色不宜太多，无关系的颜色容易引起视觉噪声，使效果逊色。一般来说，采用4种颜色的配置已经能适应过程显示的动态标志需要。

2. 控制功能

（1）常规控制功能。现场监测控制站应覆盖全部生产过程，自动化系统的常规控制功能包括预处理、预氧化、加碱、加矾、加氯、加氨、沉淀、过滤、深度处理、出水、排泥水处理等内容（表6-6）。

表6-6　　　　　　　　　　常规控制功能表

序号	项目	控制方案	控制技术	控制对象
1	预处理：预加氯、臭氧、粉末活性炭或高锰酸钾盐投加	根据搅拌试验做出的曲线确定投加量	前馈控制或自适应控制	计量泵频率
2	生物预处理	根据水源水质和原水流量确定鼓风机运转	前馈控制或自适应控制	
3	加碱：石灰水或NaOH溶液投加	根据原水pH值和原水流量确定投加量	前馈控制或自适应控制	计量泵频率
4	加矾：混凝剂投加（常规）	（1）根据原水的流量、浊度、温度、pH值，混凝搅拌试验结果确定	前馈控制或自适应控制	计量泵冲程
		（2）根据滤后水浊度确定	反馈控制	计量泵频率
5	加矾：混凝剂投加（用SCD仪）	（1）SCD值	PID控制	计量泵冲程
		（2）原水流量	前馈控制	计量泵频率
6	加氯：加氯投加	（1）原水流量	前馈控制	加氯机开度
		（2）出厂水余氯	反馈控制	
7	加氨：加氨投加	氯、氨的投加比例控制在（3~4）：1	前馈控制	加氨机开度
8	沉淀：排泥机控制	根据原水水质和流量	前馈控制或自适应控制	排泥机排泥时间和排泥周期
9	过滤1：滤池水位控制	（1）根据滤池滤速	前馈控制	清水阀开度
		（2）滤池水位	反馈控制	
10	过滤2：滤池反冲洗控制	（1）过滤时间	前馈控制	滤池反冲洗运行
		（2）水头损失		
		（3）滤后浊度（设定值）		
11	出水：出厂水压力控制	（1）出厂压力和流量	前馈控制	水泵开停与变频器频率
		（2）清水池水位		
		（3）出厂水压力	反馈控制	

在水厂工艺中，由开发商提供的成套设备，如石灰投加、臭氧投加、排泥水处理等一般都自成封闭系统，用户只要按照使用说明操作即可。

水厂主要设备的控制方式分为中央控制、就地控制、现场控制3层控制模式。中央控制由水厂中控室完成，具有最低的控制优先级；就地控制由各控制站完成；现场控制则在设备或仪表的现场控制柜、按钮箱、变送器等操作完成，具有最高的控制优先级。

（2）调度控制功能。调度控制功能是在积累了大量运行数据的基础上，根据给定的条件，经过量化的分析计算，实现计算机调度控制。

水厂的调度控制功能应具有自动配泵、自动调流和自动加药 3 项调度控制功能，见表 6-7 和表 6-8。

表 6-7 **自动配泵功能、自动调流功能**

定义	根据调度指令和水泵状况、调流阀状况，制定出经济合理的、耗能少的配泵或调流运行方案
控制目标	在满足供水压力的情况下，水泵总电耗最低或实现调流自动化控制，达到整体运行安全、优质、高效、低耗的要求
控制方式	设置各种水泵、变频器、调流阀的运行状态
制定依据	(1) 出厂水压、水量要求。 (2) 各水泵的工频特性曲线、变频特性曲线。 (3) 变频器性能。 (4) 调流阀特性。 (5) 清水池水位要求。 (6) 设备完好状况
实现方法	(1) 穷举法。列出所有符合条件的配泵方案或调流方案，对它们的效率、配水电耗进行比较，择优者推荐。 (2) 模型法。利用动态数学模型，求解最优配泵方案或调流方案，并算出其效率和配水电耗
操作步骤	(1) 输入公司调度指令。 (2) 计算机根据调度指令和水泵的状况显示配泵或调流的主选方案和备选方案，并显示配水电耗、效率。 (3) 在调度员认可后执行该方案，或否定该方案重新制定配泵方案。 (4) 检查出厂水压、水量，判定该方案是否真正合理可行，具有实用功能

表 6-8 **自动加药功能**

定义	根据水质、水量的变化情况，控制加药品种、加药量，达到保证出厂水质的目的
控制目标	在合适的经济效益下，使出厂水达到最佳水质，达到整体运行安全、优质、高效、低耗的要求
控制方式	设置出预处理、预氧化、加碱、加矾、加氯、加氨设备的合理运行状态
制定依据	(1) 化验室搅拌试验及进水流量。 (2) 加药品种。 1) 氧化剂：氯、高锰酸盐、臭氧。 2) 吸附剂：粉末活性炭。 3) 混凝剂和助凝剂：聚合氯化铝、聚丙烯酰胺。 4) 消毒剂：氯、氨、二氧化氯等。 5) 中和剂：氢氧化钠（氢氧化钙）、石灰。 (3) 设备完好状况
实现方法	(1) 经验法。利用历史资料，列出符合条件的加药方案，估算出运行该方案后的水质指标。 (2) 模型法。利用动态数学模型，求解最优加药品种和方案。估算出运行该方案后的水质指标
操作步骤	(1) 输入原水水质、出厂水质、设备运行状况、设备状况。 (2) 计算机显示加药主选方案和备选方案，确定加药品种和加药量，显示加氯机工作方案、计量泵工作方案，出厂水质期望值。 (3) 在调度员认可后执行该方案，或否定该方案重新制定加药方案。 (4) 系统稳定后，检查出厂水质，判定该方案是否合理可行，具有实用功能

3. 报警功能

（1）报警内容（表6-9）。应该根据工艺过程的需要合理选用，过少的报警会使系统发生的问题得不到应有的重视，过多的报警信号则会使引起故障的主要因素难于找到。

表6-9 报 警 内 容

报警种类	报 警 内 容
模拟量超限	矾池液位、氯瓶称重、氨瓶称重、沉淀池液位、滤前浊度、滤池液位、滤后浊度、滤后压力、水头损失、鼓风机出口压力、冲洗泵出口压力、清水池水位、出水流量、出水浊度、出水余氯、出水pH值、电机温度等
设备故障	水泵故障、电机故障、阀门故障、计量泵故障、加氯机故障、加氨机故障、其他设备故障等
突发事故	人身伤亡、设备事故、操作系统故障、液氯或液氨泄漏、爆管、原水停水、原水水质异常、过程水质异常、出厂水质异常、生产工艺事故、停电、投毒、爆炸、恐怖袭击、地震、火灾、水灾、台风等

超限报警中限值的确定要适当，可以采用逐项调整的方法，使之既能正确反映系统运行的情况，又能减少不必要的干扰。

（2）报警形式。当故障发生时，中控主机发出声、光警报，显示故障点和故障状态，也可以是语音报警。同时在显示画面上提示处理故障的方法，电脑完成报警记录，记录在报警库中，报警打印机自动打印故障记录。

4. 数据处理功能

（1）数据处理要求。模拟输入量的数据处理内容见表6-10。

表6-10 模拟输入量的数据处理内容

序号	处理项目	处 理 内 容
1	地址/标记名处理	为每个模拟输入量建立地址/标记名
2	扫查处理	根据被测模拟量或输入通道的正常/异常状况，对其实现扫查允许/禁止处理
3	变换处理	当模拟输入量变换成二进制码后，进行变换计算
4	零值处理	当模拟输入量为零值，其输入变送器或模数转换器的精度使测量值不为零时，经数据处理后测量值为零
5	测量死区处理	当模拟量的测量变化小到可以忽视时，设立测量死区，将被测量在死区范围内的变化视为无变化
6	上、下限值处理	测量上、下限值通常有两级，即上限、下限、上上限、下下限，当测量值超过限值时，进行报警
7	合理限值处理	合理限值一般取传感器上、下限值，当传感器或通道故障，被测量超过合理限值时，该点禁止扫查
8	死区处理	当被测量值超过限值后，若其仍在限值上下很小范围内变化，将会造成频繁报警，设立测量上、下限死区，使被测量只有返回到限值死区以外才能退出报警状态
9	越限报警处理	根据被测量各类报警的重要程度，设定不同的报警级别，以及建立报警时间标记

数字输入量的数据处理内容见表 6-11。

表 6-11　　　　　　　　　　数字输入量的数据处理内容

序号	处理项目	处 理 内 容
1	地址/标记名处理	为每个数字输入量建立地址/标记名
2	扫查处理	根据被测数字量或输入通道的正常/异常状况，对其实现扫查允许/禁止处理
3	输入抖动处理	当被测数字量数值频繁抖动时，经处理视为无变化
4	报警处理	根据被测量各类报警的重要程度，设定不同的报警级别，以及建立报警时间标记

脉冲输入量的数据处理内容见表 6-12。

表 6-12　　　　　　　　　　脉冲输入量的数据处理内容

序号	处理项目	处 理 内 容
1	地址/标记名处理	为每个脉冲输入量建立地址/标记名
2	扫查处理	根据被测脉冲量或输入通道的正常/异常状况，对其实现扫查允许/禁止处理
3	输入抖动处理	当被测脉冲量数值频繁抖动时，经处理视为无变化
4	报警处理	根据被测量各类报警的重要程度，设定不同的报警级别，以及建立报警时间标记
5	计数冻结处理	被测脉冲量超过限值时，该点计数冻结
6	计数溢出处理	被测脉冲输入量超过合理限值时，该点禁止扫查

（2）趋势记录处理。对每个模拟量，按不同的时间间隔（如 1min、10min、1h、1d），可做成不同的趋势曲线，趋势记录的采样值可以取即时值、平均值等。对于每个趋势曲线还可以做最大值、最小值或最大变化率的处理。

此外还应具备以下功能：

1）趋势类：包括采样速率、趋势记录数。

2）偏差类：包括保持周期、偏差记录数。

3）累加类：包括保持周期、累加记录数。

4）平均值类：包括保持周期、平均值记录数。

5）最大、最小值类：包括保持周期、最大/最小记录数。

（3）报表处理。包括即时报表、班报、日报、月报、季报、年报、报警记录报表、操作记录报表等。还可根据需要生成各类综合报表，如电耗、药耗、水质参数等报表。并具有定时打印和随机打印的功能。

（4）数据存档。系统采集的实时数据或运算数据，按照其不同类型、属性、时序等特征分类，建立和保存在相应的数据库中。这些数据库是开放性的平台，支持大多数的软件系统，并具有良好的与各种硬件兼容的性能。

应用数据库包括实时数据库、生产日志数据库、故障数据库、报警数据库、运行参数数据库等。

需要设置不同级别的数据库操作权限和密码，每个等级密码中设计有操作工号。

5. 网络通信功能

通信功能包括管理层网络的通信和控制层网络的通信两部分内容。

（1）管理层网络通信。水厂内部均采用局域网，局部网络将有限范围内的一些计算机联成网络，它的通信特点见表 6-13。

表 6-13　　　　　　　　　　　局域网通信的特点

序号	特点	具体描述
1	通信距离	一般在几百米到几千米的范围
2	通信对象	允许相同的或不同的数字设备通过公共传送介质进行通信
3	通信介质	通信介质多样，既可以是现有的电话线，也可以是专用线，如双绞线、光缆等
4	通信速率	通信频带较宽，传送数据速率可达 100MB/s，还能进行快速多站访问
5	通信协议	绝大多数采用国际标准的 TCP/IP 协议
6	数据传送量	能可靠地适应大量数据的传送，传送误码率低，如发现错误，网络中的工作站能检测出来并进行纠错处理
7	通信用户	能支持大量的用户，可达 10～1000 个，并有较好的可扩展性、灵活性和安全性
8	建设投资	连接和安装费用较低，一次性投资不大，一般不超过工作站设备的 20%

（2）控制层网络通信。控制层的网络通信各不相同，其通信方式和速率一般由所选用的监控层的产品决定。

每种 PLC 产品都有其特有的通信协议，例如 AB 公司的 DH＋、DH485 工业局域网协议、西门子公司的 SINEC-L1 工业局域网协议，无论选用哪种监控层的产品，基本的要求是该产品的控制网络支持 TCP/IP 协议的工业以太网，这样就能解决异种网络之间的互联。

第七章 运 行 安 全

保证村镇供水工程的运行安全既是国家法规政策的强制要求，也是规范生产运行、保护劳动者的生命安全、身体健康和社会稳定的需要。本章介绍了村镇供水工程的生产安全的关键环节，重点介绍了危险化学品、特种设备和电气设备的安全管理与防范措施。

第一节 安 全 生 产

一、生产安全

（1）制水生产工艺及其附属设施、设备应保证连续安全供水的要求，关键设备应有一定的备用量。设备易损件应有足够量的备品备件。

（2）制水生产工艺应保证出厂水水质的安全，并符合以下规定。

1）供水厂应根据各自的水源流域内可能的污染源，制定相应的水源污染时期的水处理技术预案；

2）一般供水厂均应具备临时投加粉末活性炭和各种药剂的应急设备与设施。

（3）村镇水厂进行技术改造、设备更新或检修施工之前，必须制定水质保障措施。

（4）供水厂应针对突发事件，如地震、台风等自然灾害，突发性水源污染及大面积传染病流行期等可能给水厂生产带来的影响，制定安全生产预案。

（5）为保证制水生产过程的安全，对于有害气体、压力容器、电器设备的安全使用应符合相关规范及各专业的安全要求。

二、危险化学品使用安全

1. 安全管理

（1）遵守国家法律、法规，对所使用、存储的危险化学品（主要为氯气、氨气、二氧化氯、次氯酸钠、高锰酸钾等）建立安全管理制度、岗位责任制度、巡回检查制度、交接班制度、现场安全防护制度和事故处理报告等制度以及操作、检修企业标准。

（2）制订符合要求的本单位危险化学品事故应急救援预案，定期开展操作和抢修人员安全培训和事故应急救援演练，提高应急事件的处置能力。

（3）涉及危险化学品的操作人员和管理人员应经过专门培训，持证上岗。

（4）委托具有相应资质的安全评价机构定期对生产使用装置、储存危险化学品设施进行安全评价。

2. 安全措施

（1）在危险化学品作业场所（里外）应设置有毒有害安全标志、标牌和危险化学品安全卡、作业场所平面布局图、操作规程等安全事项告知，设置有明显标志的逃生通道，出入口要符合安全通道的标准。

（2）按照国家有关规定和技术标准，对危险化学品场所设置相应的通风、防火、防雷、防腐、防泄漏、防爆、防毒、防静电、监测、报警等安全防范设施、设备和装置，定期进行维护、保养和检测，并做好相关记录。

（3）进入危险品作业场所的人员应做好个体安全防护措施。

（4）直接接触次氯酸钠、高锰酸钾等危化品的操作人员应正确穿戴防护面屏（或防护眼镜和口罩）、防腐工作服和防护手套等防护用具。

（5）现场应配有急救医药用品、冲淋设施和风向标等其他安全防护设施。

（6）高锰酸钾溶解场所的电气设备应防爆，同时其他防雷、接地等系统应完好，严禁火种靠近。

（7）领取高锰酸钾应由使用部门填写工作单和领料单，由使用部门负责人签字同意，报保卫部门（或专管人员）核准方可领取。

（8）领取的高锰酸钾应立刻溶解，不能脱离工作人员的视野范围，更不能隔夜存放。

（9）领取和溶解高锰酸钾的过程应有两人或两人以上同时在场，一人操作一人监护，不得单人操作。

3. 使用操作要求

（1）必须使用专用气体钢瓶，钢瓶或气体蒸发器、压力管道的使用管理应符合国家标准。

（2）氯气、氨气钢瓶的进出库应进行登记、验收，不符合要求的应拒绝入库。

（3）氯气、氨气钢瓶的使用遵循先进先出的原则。库内钢瓶应该挂上在用、备用、满瓶和空瓶4种标志，并分区放置。钢瓶应妥善固定，防止滚动和撞击，并留出吊运间距和通道，氯（氨）瓶堆放不得超过两层。满瓶（包括在用、备用瓶）存放期不得超过3个月，过期或瓶阀腐蚀而成"死瓶"的，应交供应厂家处理。

（4）使用、储存氯和氨气的工作场所，应符合国家标准，充分利用自然通风条件换气。不能采用自然通风的场所，应采用机械通风，但不宜使用循环风。

（5）次氯酸钠存料池内胆应有防腐蚀保护，应符合安全要求，次氯酸钠容易变质，不宜久存。

（6）设备、管道检修时，必须切断物料来源和传动设备电源，然后泄压，放尽物料，进行气体置换，经取样分析气体合格后方可操作。操作时应有专人监护；必须动用明火时，应事前办理动火申请手续。

4. 应急救援

（1）发生危险化学品泄漏时，现场负责人应立即启动应急预案，组织抢修，撤离无关人员，抢救中毒者，抢修救护人员必须佩戴防护面具。

（2）现场处置人员应迅速查明化学品泄漏事故发生源点、泄漏部位和原因，凡能通过切断阀门等处理措施而消除事故的，以自救为主。抢修中可利用现场机械通风设施、水雾稀释和吸收装置，降低现场空气污染程度。

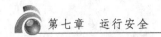

（3）如危险化学品泄漏量较大、无法控制时，应立即报告政府安全监管部门，请求专业部门处置和救护，同时做好接应外援的准备。

（4）发现有人中毒应立即送专业医院治疗。现场和管理部门要有医院的地址及联系方式。

（5）危险化学品作业场所应符合消防要求，并保证消防栓和水源的正常使用。

5. 其他要求

危险化学品使用其他安全工作，应符合以下国家法律法规及相关的现行国家标准、规程。

（1）《中华人民共和国安全生产法》。

（2）《中华人民共和国消防法》。

（3）《危险化学品安全管理条例》。

（4）《气瓶安全监察规程》（质技监局锅发〔2000〕250 号）。

（5）《特种设备安全监察条例》。

（6）《氯气安全规程》（GB 11984—2008）。

（7）《生产经营单位安全应急预案编制导则》（AQ/T 9002）。

（8）《危险货物分类和品名编号》（GB 6944—1984）。

（9）《剧毒物品分级、分类与品名编号》（GA 57—1993）。

（10）《建筑设计防火规范》（GB 50016—2006）。

三、特种设备使用安全

1. 安全管理

特种设备是指涉及生命安全危险性较大的压力容器（含气瓶）、压力管道、电梯、起重机械、场（厂）内专用机具车辆等。其他特种设备种类按照国家标准以及国家有关部门定期公布的目录执行。

建立特种设备安全管理制度和岗位安全责任制，制定特种设备事故应急措施、救援预案和操作规程。

特种设备的作业和管理人员，应经特种设备安全监督管理部门考核合格，取得安全证书，方可从事相应的作业或管理工作。

特种设备的作业现场应设立安全操作规程和危险源安全告知牌。

2. 使用要求

在用的特种设备必须持有效的安全检验合格标记，安全检验合格标记要置于该特种设备的显著位置。

未经定期检验或者检验不合格的特种设备，不得继续使用。

特种设备的日常使用状况记录，以及运行、故障和事故记录。

3. 其他要求

遵守国家相关法律、法规和现行标准：

（1）《特种设备安全监察条例》。

（2）《特种设备质量监督与安全监察规定》。

（3）《气瓶安全监察规程》。

第二节　安　全　用　电

一、安全用电概述

企业的安全用电有两个方面的内涵：一是保障职工的人身安全，二是防止电气设备事故的发生。安全用电对工厂企业特别是供水企业有着十分重要的意义。供水企业除了担负着向居民提供生活用水的任务外，还担负着向工厂企业提供工业生产用水的任务。水厂净水工艺流程中，几乎每道工序都离不开电气设备，水厂动力设备中95%以上是由电动机拖动。因此，一旦电气设备发生故障造成供水中断，会直接影响千家万户和工农业生产。因此，作为一名水厂运行工作人员，必须满足以下几个要求。

（1）要有自我保护意识和工作责任感。电气安全是人命关天的大事，任何在用电上的粗心大意和不遵守操作规程都会带来自身的痛苦和企业社会及经济效益的损失。实践证明，事故出于麻痹，安全来自警惕。应对企业负责，加强工作责任性，做好电气安全工作，同时又要增强自我保护意识，坚持生产和安全发生矛盾时，生产必须服从安全的原则，杜绝麻痹大意，冒险操作违章操作。

（2）要了解电气事故的规律性。电气事故往往都是突然发生的，似乎难以捉摸，其实是有它的一定的规律性。掌握了这些规律，就可以避免许多电气事故的发生。例如，在高压线附近操作缺乏安全措施会造成事故；设备漏电、电线破损会造成事故；误操作会造成事故；移动电具，临时线使用不当会发生事故；检查不严或相互联系不够会酿成事故等。

（3）要坚持制度的严肃性。电气安全是经过长期的实践经验总结出来的，有的是用生命和血的代价换来的教训，必须老老实实地遵守。安全制度一般包括以下几点。

1）岗位责任制。即在各自管辖的范围内保证电气设备的完好。

2）安全教育制。即对在职和新进人员的电气专业知识和安全技术的教育培训。

3）安全检查制。定期或突击对电气设备进行安全检查，发现缺陷能及时整改。

4）事故分析制。凡发生电气事故都要执行"三不放过"原则，即找不出事故原因不放过，事故本人和群众没有受到教育不放过，没有防范措施不放过。

5）安全操作制。根据不同工种，不同设备建立不同的安全操作规程。

（4）消除隐患的及时性。消除电气设备隐患是安全用电的重要保证。消除隐患，贵在"勤"字，要勤检查，勤维护。特别是水厂，对于潮湿高温、有腐蚀气体和金属材料较多的场所是电气安全工作的重点，要确保这些地方电气设备的绝缘性能处于良好状态。

（5）掌握技术的主动性。在当今电气自动化程度不断提高的情况下，技术工人不但要熟悉净水工艺，还必须熟悉工艺上所配套的电气自动化设备的安全操作，真正做到懂原理、懂构造、懂性能、懂工艺流程，真正做到动作熟练不误操作，正确判断和预防事故，防患于未然。

二、电气设备和线路安全技术

电气设备和线路的安全运行是安全用电的一个重要方面，在安装、运行、维修以及试验与测试时，必须考虑到安全要求，以防止或减少事故的发生。

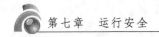

1．刀开关

按照工作原理，刀开关一般只能做电源隔离开关使用，不应带负荷操作。若用刀开关直接控制电动机，必须降低容量使用。刀开关常与熔断器串联配套使用，可以靠熔体实现短路或过载保护功能。熔体的额定电流不应大于刀开关的额定电流。

2．低压断路器

低压断路器是一种不仅可以接通、分断电路，又能对负荷电路进行短路、过载保护的开关电器。低压断路器选用的一般原则如下。

（1）低压断路器的额定工作电压不小于线路额定电压。

（2）低压断路器的额定电流不小于线路计算负荷电流。

（3）低压断路器的额定短路通断电流不小于线路中可能出现的最大短路电流。

（4）线路末端单相对地短路电流不小于 1.25 倍低压断路器瞬时（或短延时）脱扣器整定电流。

（5）低压断路器过电流脱扣器额定电流不小于线路计算电流。

（6）低压断路器欠电压脱扣器额定电压不小于线路额定电压。

3．熔断器

熔断器的主要功能是做线路的短路保护。熔断器及熔体应按负荷性质和负荷大小选择，但熔体的额定电流不得大于熔断器的额定电流。

4．接触器

接触器是用来接通或断开电路，具有低电压释放保护作用的电器，适用于频繁和远距离控制电动机。选用时要注意线圈电压的额定值是否与控制电源的电压相符。

5．导线与电缆

选择导线与电缆时应满足安全载流量的要求。安全载流量即导线长期允许通过的电流。安全载流量主要取决于线芯的最高允许温度。必须将导线的工作电流限制在安全载流量内。导线的安全载流量与导线的截面积、绝缘材料的种类、环境温度、敷设方式等因素有关，详见各种技术资料和手册。但应该注意，由于适用条件不同，数据会有所差异。

电缆的安全载流量与电缆的种类、型号、截面积、环境温度、敷设方式等诸多因素有关。在引用手册或资料所列示的载流量数据时要考虑周围介质（空气或土壤）的温度、土壤热阻（直埋敷设时）、并排敷设根数等因素对电缆允许载流量的影响（修正）。此外，在选择导线截面时，除了载流量应满足要求外，还应考虑机械强度和电压损耗的要求。

三、电气设备防火

（一）电气火灾的原因

电气火灾就是电气设备发生故障时而导致其绝缘体或其他物体的燃烧。究其原因，主要有以下几种情况。

（1）线路短路，导线过负荷，导线连接处局部接触电阻过大，产生大量的热可能引起绝缘材料受热着火燃烧，有的还会产生火花，使线路旁边的可燃物着火。

（2）电动机过负荷，绕组短路，通风不良、轴承润滑不良等，使电动机电流增大，温升过高导致线圈过热，绝缘损坏，形成电弧和火花而起火。电机接线松动，接触电阻增大，产生高温或火花，亦会引起绝缘或附近可燃物燃烧。

（3）低压开关、熔断器在接通或切断线路时产生火花，引起附近易燃物燃烧，或接触不良或绝缘损坏造成短路亦会引起过热燃烧。

（4）电加热器、照明装置使用不当，与可燃物过于靠近引起高温燃烧。

（5）变压器绝缘老化，油质变劣，内部连接接触不良，长期过负荷等均会引起过热燃烧甚至爆炸。类似的还有如电容器、电缆终端头等。

（二）电气火灾扑救

电气火灾危害性很大并有其特殊性，如扑救不当可能引起触电事故等。因此除了平时加强巡视和维护做好预防工作外，还必须具备扑灭电气火灾的必要知识。

（1）断电灭火：切断电源后的火灾扑救。

1）切断电源的位置要选择适当，防止切断电源后影响扑救工作进行。

2）切断电源的位置应在电源方向有支持物的附近，防止导线剪断后跌落在地上造成接地短路或触电危险等。

3）剪断电源时，相线和地线应在不同部位处剪断，防止发生短路。

4）在拉脱闸刀开关切断电源时，应用绝缘操作棒或戴绝缘手套。

（2）带电灭火：继续供电情况下的火灾扑救。主要是为争取时间迅速有效地控制火势，扑灭火灾。

带电灭火要使用不导电的灭火机进行灭火，如二氧化碳、1211、干粉灭火机等。带电灭火应注意以下几点。

1）必须在确保安全的前提下进行，不能直接用导电的灭火机（如泡沫灭火机）进行喷射，否则会造成触电事故。

2）必须注意周围环境，防止身体、手足或使用消防器材等直接与带电部分接触或过于接近，造成触电事故。

3）在灭火中电气设备发生故障，如电线落地形成跨步电压，扑救人员必须穿绝缘靴。

4）对有油的设备，如变压器、油开关油燃烧，可用干燥的黄砂盖住火焰，使火熄灭。但对于旋转电机，要慎用黄砂扑救，因沙子硬性物质落入电机内部会严重损坏机件。

四、触电与急救

（一）触电的原因种类及危害

1. 触电的原因

人体是一种良导体，当人体碰到带电体，电流就会通过人体造成触电（电击）。当有一定强度的电流通过人体时，就能使肌肉剧烈收缩，失去自动摆脱电源的能力，同时使人体细胞组织受损，严重时还会使神经麻痹，呼吸停止，心脏停搏，有时还会使器官出血，导致人死亡。所以人体触电相当危险。

2. 常见触电种类

（1）两相触电（双线触电）：人体同时接触两根带电导线，电流通过人体从一根导线流到另一根导线，人体受到的是线电压。

（2）单相触电（单线触电）：如人站在地上，人体接触到一根带电导线时，因为大地也能导电，而且在三相四线制的电力系统中中性线往往与地相连，电流就会通过人体经地流至中性线。人体受到的是相电压。

在三相三线的电力系统中虽然没有中性线直接接地，但由于导线对地有所谓馈线电容的存在，三根相线对地仍会有电压，因此当触及一根相线时，电流仍然会通过馈线电容流过人体，造成触电。

（3）跨步电压触电：当相当大的电流经导线入地时，会在导线周围的地面形成一个相当强的电场。如果从入地点为中心划许多同心圆，在这些同心圆的圆周上，电位就不相同，同心圆半径越大，圆周上电位越低；反之，半径越小，电位越高。如人双脚分开站立，就会受到地面上两点间的电位差，此电位差就是跨步电压。

当人受到跨步电压时，电流仅在下半身流过，跨步电压较高时会发生双脚抽筋倒在地上，导致电流通过人体器官、触电死亡。

所以有关规程规定，当高压设备导电部分发生接地故障时，如室内，不得接近故障点4m以内；如室外，不得接近8m以内。雷电时，会有一强大的雷电流通过高压铁塔或避雷针等的接地线引入大地，故亦不得在8m以内接近。

3. 电流对人体的影响

触电是由于电流通过人体而引起的，不同的电流大小会引起不同的反应。表7-1说明了交流电对人体的影响。

表 7-1　　　　　　　　　　　电 流 对 人 体 影 响 表

通过人体的交流电/mA	对人体的影响
1	有"麻电"的感觉
10	有麻痹的感觉，但能自主地摆脱电源
20	麻痹难受，几乎不能自主摆脱电源，有发生灼伤的可能
50	呼吸器官发生麻痹，有发生触电的危险
100	呼吸器官和心脏发生麻痹，有造成死亡的危险

电流通过人体的途径不同，对人体伤害情况也不一样。通过心脏、肺和中枢神经的电流越大，其后果越严重。电流的大小与电压高低有直接关系，也与触电时的环境有关，因此不同环境下的安全电压也不一样。表7-2列出了不同环境时的安全电压。

表 7-2　　　　　　　　　　　安 全 电 压 表

类别	接触状态	安全电压/V
第一种	人体大部分浸在水中	2.5 以下
第二种	人体显著淋湿且部分经常接触到金属外壳	25 以下
第三种	除第一、第二种外，对人体加有接触电压后危险性高	50 以下
第四种	除第一、第二种外，对人体加有接触电压后危险性低或无	无限制

4. 触电的危害

触电的危害主要表现为全身的电休克所造成的"假死"的电击伤和局部的电灼伤两种。

医学上将"假死"分成以下 3 种类型。

（1）心跳停止，但呼吸尚存在。

（2）呼吸停止，但心跳尚存在。

（3）心跳和呼吸均停止。

局部的电灼伤常见于电流进出的接触处，电灼伤的面积有时虽小，但较深，灼伤处呈焦黄色或褐黑色，有明显的分界点。

（二）触电的现场急救

1. 解脱电源

当触电事故发生后，电流就不断地在人体通过，因此在没有解脱电源前绝对不能进行抢救。使触电人解脱电源的方法很多，例如：①若现场有电源开关，可立即分断，但必须注意触电人因切断电源后自然倒下时所发生的跌伤；②当现场没有电源开关时，可用绝缘物将带电体从触电人身上移去；③可用绝缘工具将电线切断。

总之，在现场处理时，应灵活应用，因地制宜，迅速切断电源。

2. 迅速诊断

电源解脱后，触电人往往处于昏迷状态，情况不明，应迅速对其心跳和呼吸作简单的诊断，判断触电人是否处于"假死"状态，并根据"假死"的分类症状，对症抢救。

3. 人工氧合

触电后一旦发生"假死"现象，在现场迅速给予及时、正确的人工氧合，对复苏触电人有决定作用。

（1）对无呼吸，但有心跳的触电人，用口对口（鼻）人工呼吸法。

（2）对有呼吸，但无心跳的触电人，用胸外心脏按压法。

（3）对无呼吸，无心跳的触电人，两法同时进行。

触电现场急救必须坚持到医务人员来接替抢救为止。

附　　录

供水安全管理制度（示例）

一、安全生产管理制度

1. 总则

（1）为加强公司安全生产工作，落实安全生产责任制，切实保障干部职工的生命财产安全，依据《中华人民共和国安全生产法》《中华人民共和国行政监察法》等有关法律法规，结合公司的实际情况，制定本制度。

（2）公司的安全生产工作必须贯彻"安全第一，预防为主"的方针，实行部门"属地管理"和"谁主管，谁负责"。各部门主任（厂长）是本部门的第一责任人，对安全生产负全面责任，各部门安全管理员是直接责任人，对安全生产负直接责任。公司副经理对分管工作既抓生产，又抓安全，并对安全工作负领导责任。

（3）对在安全生产方面有突出贡献的部门和个人要给予奖励，对违反安全生产制度和操作规程造成事故的责任者，要给予严肃处理，触及刑律的，交由司法机关论处。

2. 机构与职责

（1）公司安全生产委员会（以下简称安委会）是公司安全生产的组织领导机构，由公司领导和有关部门的主要负责人组成。其主要职责是：全面负责公司安全生产管理工作，研究制订安全生产技术措施和劳动保护计划，实施安全生产检查和监督，调查处理事故等工作。安委会的日常事务由生产技术部负责处理。

（2）公司各部门必须成立安全生产工作小组，负责对本单位的职工进行安全生产教育，制订安全生产实施细则和操作规程。实施安全生产监督检查，贯彻执行安委会的各项安全指令，确保生产安全。安全生产小组组长由各部门的主要负责人担任，并按规定配备专（兼）职安全生产管理人员。

（3）各级工程技术人员、设备管理人员在制订、审核技术计划、方案、图纸及其他各种技术文件时，必须保证安全技术和劳动卫生技术运用的准确性。

（4）各部门必须在本职业务范围内做好安全生产的各项工作。

（5）公司及各部门安全生产管理人员职责：

1）协助领导贯彻执行劳动保护法令、制度，综合管理日常安全生产工作。

2）汇总和审查安全生产措施计划，并督促有关部门切实按期执行。

3）制定、修订本部门的安全生产管理制度，并对这些制度的贯彻执行情况进行监督检查。

4）组织开展安全生产大检查。经常深入现场指导生产中的劳动保护工作。遇有特别紧急的不安全情况时，有权指令停止生产，并立即报告领导研究处理。

5）总结和推广安全生产的先进经验，协助有关部门做好安全生产的宣传教育和专业培训。

6）参加审查新建、改建、扩建、大修工程的设计文件和工程验收及试运转工作。

7）参加事故的调查和处理，负责事故的统计、分析和报告，协助有关部门提出防止事故的措施，并督促其按时实现。

8）根据公司规定，做好本部门的劳动防护工作。

9）组织好本部门的职业危害防范工作。

10）对上级的指示和基层的情况上传下达，做好信息反馈工作。

（6）各部门安全员要经常检查、督促本部门人员遵守安全生产制度和操作规程。做好车辆、设备、工具等安全检查、保养工作。及时向有关领导报告本部门的安全生产情况。做好原始资料的登记和保管工作。

（7）职工在生产、工作中要认真学习和执行安全技术操作规程，遵守各项规章制度，爱护生产设备和安全防护装置、设施及劳动保护用品，发现不安全情况，及时报告领导，迅速予以排除。

3．教育与培训

（1）对新职工、临时工、民工、实习人员，必须先进行安全生产的三级教育（公司、部门、工作岗位）才能准其进入操作岗位。对改变工种的工人，必须重新进行安全教育才能上岗。

（2）对从事电气、起重、焊接、车辆驾驶、杆线作业、易燃易爆、剧毒化学品等特殊工种人员，必须进行专业安全技术培训，经上级有关部门严格考核并取得合格操作证（执照）后，才能准其独立操作。对特殊工种的在岗人员，必须进行经常性的安全教育。严禁无证操作，严禁违规操作，否则，出现安全事故后果自负。

4．设备、工程建设、劳动场所的安全

（1）各种设备不得超负荷和带病运行，并要做到正确使用，经常维护，定期检修，不符合安全要求的陈旧设备，应有计划地更新和改造。

（2）凡新建、改建、扩建、迁建生产场地以及技术改造工程，都必须安排劳动保护设施的建设，并要与主体工程同时设计、同时施工、同时运行。

（3）生产技术部在组织工程设计和竣工验收时，应提出劳动保护设施的设计方案，完成情况和质量评价报告，并在施工工程中跟踪检查，未按安全要求施工的，可责令停工整改；发生安全事故的，要追究有关人员的责任。

（4）劳动场所布局要合理，保持清洁、整齐。有毒有害的作业（水厂消毒、水质化验等），必须有防护设施和安全标志。

（5）生产用房、建筑物必须坚固、安全；通道平坦、畅顺，要有足够的光线；为生产所设的坑、池、走台等有危险的处所，必须有安全设施和明显的安全标志。

（6）有高温、低温、潮湿、雷电、静电等危险的劳动场所，必须采取相应的有效防护措施。

（7）被雇请的施工人员需进入公司作业时，须经公司办公室同意，所在部门要派专人抓好管理；需明火作业者，所在部门安全员要跟上监督，防止安全事故的发生。对违反作业规定并造成公司财产损失者，须索赔并追究所在部门负责人和安全员的责任。

5. 电气设施安全

（1）电气设施包括公司生产、生活所涉及的一切涉电设备。电气设施和线路应符合国家有关安全规定。电气设施应有可熔保险和漏电保护，绝缘必须良好，并有可靠的接地或接零保护措施；潮湿场所和移动式的电气设施，应采用安全电压；电气设施必须符合相应防护等级的安全技术要求。

（2）公司自行组织的电气设施的设计、施工和维护，应符合电气设施安全技术规定。凡从事电气设施施工和维护等工作人员，均要严格执行《电气设施安全技术操作规程》。

（3）电气设施施工及管理单位必须按照安全施工程序组织施工、管理和维护。对高低压电器、架空线路、地下及平底电缆、地下管道等电器设施施工工程、施工环境及安置场所都必须相应采取安全防护措施和警示标志。施工工具和仪表要合格、灵敏、安全、可靠。高空作业工具和防护用品，必须由专业生产厂家和管理部门提供，并经常检查，定期鉴定。

（4）电气设施的维护要严防触电、高空坠落和倒杆事故，要确保无电操作，对电路验电确认安全后，方准严格按照操作规程作业。

（5）公司所属的低压输电线路及附属设施由所属责任部门负责维护管理，责任部门应加强巡查、维护和管理，防止因外界因素造成线路及附属设施损坏、丢失等影响供水安全的情况发生。

6. 供水安全

（1）供水厂是供水的"心脏"，各水厂要强化安全意识，加强对高低压配电设备、一二级泵等供水设施各个环节的建设、维护和管理，确保安全运行，实现不间断供水。

（2）供水管网连接千家万户，必须保证畅通。对可能出现的破坏、威胁管网安全等行为，有关部门要及早发现，并按照有关规定，及时查处，保证输水畅通。

（3）供水水质安全事关社会稳定，事关人民群众的生活质量和生命安全，必须保证水质安全。水厂要加强对水源地的保护，防止水源和水质破坏；生产技术部要加强对水源地、管网的水质检测，做好消毒处理工作，保证水质安全达标。发现水质异常，生产技术部应及时向有关领导汇报，并立即启动供水应急预案。

7. 特殊岗位人员防护和职业危害预防

（1）对从事电气、起重、焊接、车辆驾驶、杆线作业、易燃易爆、剧毒化学品等特殊工种人员，根据工作性质和劳动条例，配备或发放个人防护用品，各部门必须教育职工正确使用防护用品，不懂防护用品用途和性能的，不准上岗操作。

（2）努力做好防毒、防火、防暑降温工作，采取防护措施，不断改善工作环境和劳动条件，提高作业人员的健康水平。

（3）实行定期体检制度。对确诊为传染病、痢疾等影响供水工作的水厂、化验室等部门职工，应立即上报公司办公室，视情况调整工作岗位，并及时做出治疗决定。

（4）按规定为在怀孕期、哺乳期的女职工提供合适的工作岗位和工作环境。

8. 检查和整改

（1）坚持定期或不定期的安全生产检查制度。公司安委会组织全公司的检查，每年不少于两次；生产技术部每季度检查不少于一次；各部门每月检查不少于一次；水厂班组应实行班前班后检查制度；特殊工种和设备的操作者应进行每天检查。

（2）发现安全隐患必须及时整改，如本部门不能进行整改的要立即报告生产技术部统一安排整改。

9. 奖励与处罚

（1）公司的安全生产工作应每年总结一次，在总结的基础上，由生产技术部组织评选安全生产先进集体和先进个人。

（2）安全生产先进集体的基本条件：

1）认真贯彻"安全第一，预防为主"的方针，执行上级有关安全生产的法令法规，落实总经理负责制，加强安全生产管理。

2）安全生产机构健全，人员措施落实，能有效地开展工作。

3）严格执行各项安全生产规章制度，开展经常性的安全生产教育活动，不断增强职工的安全意识和提高职工的自我保护能力。

4）加强安全生产检查，及时整改事故隐患，积极改善劳动条件。

5）连续三年以上无责任性事故，安全生产工作成绩显著。

（3）安全生产先进个人条件：

1）遵守安全生产各项规章制度，遵守各项操作规程，遵守劳动纪律，保障生产安全。

2）积极学习安全生产知识，不断提高安全意识和自我保护能力。

3）坚决反对违反安全生产规定的行为，纠正和制止违章作业、违章指挥。

（4）对安全生产有特殊贡献的，给予特别奖励。

（5）对事故责任者取消本年度一切先进的评选资格，并视情给予批评教育、经济处罚、行政处分，触及刑律者依法论处。

（6）各部门对安全生产措施不落实，每发生一次，最高可扣罚部门主要负责人、安全员当月奖金。发生责任性安全事故，部门主要负责人、分管负责人、责任人除对造成经济损失的 10％～50％进行赔偿外，对一般事故，还可扣罚 1～3 个月的奖金；对大事故，扣罚 3～6 个月的奖金，取消半年奖金；对重大事故，扣罚 6～12 个月的奖金，取消全年奖金；对特大事故，扣罚全年所有奖金。

年度内连续发生责任性事故，部门主要负责人、分管负责人、责任人除按事故性质进行赔偿和扣罚奖金的处罚以外，可进行工资总额的处罚，最高不超过年度工资总额的 50％。

（7）凡发生事故，要按有关规定报告。如有瞒报、虚报、漏报或故意延迟不报的，除责成补报外，对事故的定性上要加重一至二级进行处罚，并追究责任者的责任，对触及刑律的，追究其法律责任。

（8）由于各种意外因素造成人员伤亡或厂房设备损毁或正常生产、生活受到破坏的情况均为本部门事故，可划分为工伤事故、设备（建筑）损毁事故、交通事故三种（车辆、驾驶员、交通事故等制度由办公室参照本规定另行制定，并组织实施）。

（9）工伤事故，是指职工在生产劳动过程中，发生的人身伤害、急性中毒的事故，包括以下几种情况：

1）从事本岗位工作或执行领导临时指定或同意的工作任务而造成的负伤或死亡。

2）在紧急情况下（如抢险救灾救人等），从事对公司或社会有益工作造成的疾病、负伤或死亡。

3）在工作岗位上或经领导批准在其他场所工作时而造成的负伤或死亡。

4）职业性疾病以及由此而造成死亡。

5）乘坐公司的机动车辆去开会、听报告、参加办公室指派的各种劳动和乘坐公司指定上下班接送的车辆上下班，所乘坐的车发生非本人所应负责的意外事故，造成职工负伤或死亡。

6）职工虽不在生产或工作岗位上，但由于公司设备、设施或劳动的条件不良而引起的负伤或死亡。

（10）职工因发生事故所受的伤害分为：

1）轻伤：指负伤后需要歇工1个工作日以上，低于国家规定的105日，但未达到重伤程度的失能伤害。

2）重伤：指符合劳动部门《关于重伤事故范围的意见》中所列情形之一的伤害；损失工作日总和超过国家规定的105日的失能伤害。

3）死亡。

（11）发生无人员伤亡的生产事故（不含交通事故），按经济损失程度分级（包括直接损失和间接损失）：

1）一般事故：经济损失1万元以下的事故。

2）大事故：经济损失满1万元，不满10万元的事故。

3）重大事故：经济损失满10万元，不满100万元的事故。

4）特大事故：经济损失满100万元及以上的事故。

（12）发生事故的部门必须按照事故处理程序进行事故处理：

1）事故现场人员应立即抢救伤员，保护现场，如因抢救伤员和防止事故扩大，需要移动现场物件时，必须做出标志，详细记录或拍照和绘制事故现场图。

2）立即向部门主要负责人报告，事故部门即向生产技术部报告。

3）开展事故调查，分析事故原因。生产技术部接到事故报告后，应迅速展开调查，轻伤或一般事故在15天内，重伤以上事故或大事故以上在30天内向有关部门报送《事故调查报告书》。事故调查处理应接受工会组织的监督。

4）制定整改防范措施。

5）对事故有责任的人做出适当的处理。

6）以事故通报和事故分析会等形式教育职工。

（13）交通安全事故的处理，按照公司车辆管理制度执行。

（14）事故原因查清后，如果各有关方面对于事故的分析和事故责任者的处理不能取得一致意见时，生产技术部（交通事故处理由办公室）有权提出结论性意见，经理办公会做出处理决定。

（15）在调查处理事故中，对玩忽职守、滥用职权、徇私舞弊者，应追究其行政责任，触及刑律的，追究刑事责任。

（16）各部门负责人或有关干部、职工在其职责范围内，不履行或不正确履行自己应尽的职责，有以下行为之一造成事故的，按玩忽职守论处：

1）不执行有关规章制度、条例、规程的或自行其是的。

2）对可能造成重大伤亡的险情和隐患，不采取措施或措施不力的。

3）不接受生产技术部和安全员的管理和监督，不听合理意见，主观武断，不顾他人安危，强令他人违章作业的。

4）对安全生产工作漫不经心，马虎草率，麻痹大意的。

5）对安全生产不检查、不督促、不指导，放任自流的。

6）延误装、修安全防护设备或不装和不修安全防护设备的。

7）违反操作规程冒险作业或擅离岗位或对作业漫不经心的。

8）擅动有"危险"标志的设备、机器、开关、电闸、信号的。

9）不服指挥和劝告，进行违章作业的。

10）施工组织或单项作业组织有严重错误的。

11）各部门可根据本规定制定具体实施措施。

10. 附则

（1）本规定由生产技术部负责解释。

（2）本规定自发文之日起执行。公司以前制定的有关制度、规定等如与本规定有抵触的，按本规定执行。

二、危险品安全管理制度

（1）化学危险品必须专人管理，专库存放；剧毒物品实行双人双锁保管。

（2）领用化学危险品，严格执行领料制度，剩余危险物品及时退库，妥善处理，不得随意乱扔。

（3）盛装化学品的容器，必须牢固，无损、完整，外部必须有明显标志。

（4）化学危险品的储存、保管：

1）性质相抵触，来火方法不同的化学危险品应分库储存。

2）化学危险品应分类、分堆储存，外部应有明显标志。堆垛之间留有一定间距、通道、通风口。

3）化学危险品仓库区域内严禁烟火。

4）化学危险品发放，入库之前，要加强验收。

5）仓库内不得进行可能引起火灾的活动。

6）贮存化学危险品的仓库，应根据其危险性质，采取相应的通风降温、防火、防爆、满压、防潮、防雨等安全措施。

（5）化学危险品的装卸运输：

1）搬运化学危险品时，必须轻拿轻放，严防震动、撞击、摩擦、静电、重压和倾倒。

2）性质相抵触的化学危险品，不得混装和装在同一车厢或船舱内，运输化学危险品，

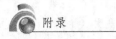

应有相应的防火、防晒、防水、灭火设备。

3）装卸搬运毒害、腐蚀性的化学危险品时，应备有相应的防护用品和用具，工作完毕，必须清洗或消毒。

4）装载危险品，必须备有危险品准运证，应有"危险品"的标志，并有专人押运，装运爆炸品，易燃液体的，不得随带乘客。

三、盐酸药剂管理规定

（1）盐酸的存放，严禁与食品、生活用品或其他物品存放一处，严禁无关人员进入。

（2）盐酸库必须与食堂、宿舍、火源保持一定距离，通风要良好。

（3）运送、装卸盐酸桶时要安放平稳，防止冲撞，动作应缓慢，防止容器震坏、酸液溅出，损害人身和衣物。

（4）将盐酸缓慢倒入桶中，接触盐酸时，应根据情况使用适当的防护用品。

（5）严禁将水倒入盐酸液中。

（6）盛装盐酸的空瓶等容器，应及时回收，统一处理。

（7）万一酸液溅到人身上，应立即用大量清水冲洗。

四、加氯间防毒安全规定

（1）加氯间配备耐腐蚀的工作服、防酸手套、眼镜、耐酸胶鞋、用碱石灰、活性炭作吸附剂的防毒面具。

（2）防毒口罩应定期进行性能检查，以防失效。

（3）加氯间严禁吸烟、进食、喝水，工作后淋浴更衣。

（4）进入加氯间工作，必须有人监护，预防皮肤污染。

（5）加氯间应有充分的局部排风和全面通风，不跑漏盐酸、二氧化氯气体。

供水水质管理制度（示例）

一、水质管理制度

为加强水质管理，提高供水质量，让客户用上放心水，满意水，根据《中华人民共和国产品质量法》、《生活饮用水卫生标准》（GB 5749—2006）、《地表水环境质量标准》（GB 3838—2002）等有关法律、法规和标准，结合实际情况，制定本制度。

1. 任务

水质管理的任务是加强水质管理，提高供水质量，做到取水规范，检测数据准确、真实；面向生产，指导生产，积累水质资料；建立质量保证体系，降低生产成本，确保水质达标，满足用户的需要。

2. 组织领导

（1）公司经理为水质管理第一责任人，负责公司水质的全面管理；公司分管副经理直接负责水质管理，协助经理认真做好水质管理工作。

（2）公司成立水质化验室，具体负责水质的统计、分析、抽查、督导等工作。

（3）建立健全公司、水厂、班组三级水质管理网络体系，各司其职、各负其责，积极做好水质管理的监督、检查及检测等工作。

3. 有关单位、部门的分工与职责

（1）水质化验室负责贯彻落实并向有关单位传达国家有关水质标准及管理等方面的法律法规。

（2）水质化验室负责对各水厂的水源水、出厂水、管网水的水质进行全分析检测及代检工作；对水质状况进行统计、分析和评估，并将结果及时反馈到各水厂，用于指导生产。

（3）水质化验室负责做好对新安装、改装及修复后的管道投产前的冲洗及消毒后的水质验收工作。

（4）水质化验室负责对水源污染和水质事故的调查分析。事故原因及时向有关领导汇报，并提出处理的方案。

（5）水质化验室负责各水厂的水质检验工作。不定期地进行抽检、督导，其结果纳入各水厂出厂水质指标考核中。

（6）水质化验室负责定期主持召开水质分析会，及时分析水质变化情况，把好水质关，并研究分析水质检验中的有关问题，制定有效措施，保证各水厂的出厂水水质合格。

（7）安装工程公司负责定期放水冲洗管网死水头，并由水质化验室监督、化验及考核。

（8）水质化验室协助人力资源部对公司全体员工进行有关水质管理教育等方面的工作，引导员工树立质量第一的思想。全体员工都有权力和义务保护、监督供水全过程的水质管理工作。

（9）各水厂要服从公司统一安排，具体落实有关水质管理的措施，严格执行公司水质管理工作流程，努力做好本部门的水质管理工作。

（10）各水厂班组要严格按照水质标准和管理的有关规定，按时对本厂的水源水、出厂水、净水过程中各作业工序控制点的水质进行检测，做到检测及时、数值准确、记录真实。

（11）各水厂必须遵循《生活饮用水卫生标准》（GB 5749—2006）的规定，做好水源防护和厂区的环境卫生工作。

（12）各水厂对本厂出现的水质问题要及时发现、及时汇报、及时处理，避免事故发生。如发现问题，应及早采取有效措施，或将事故造成的危害降到最低。

（13）各水厂的加氯和加药人员要进行专门培训，做到定员、定岗，严守岗位职责，确保出厂水浑浊度、余氯量及细菌含量合格，并做好测试记录。班组化验人员要按时真实地做好检测记录。

4. 责任与处罚

在日常管理工作中，各有关部门及员工应明确责任，如因不负责任而违反以下规定的，职能部门应按公司有关规定对违规者酌情给予 20～100 元的经济处罚。

（1）化验员在进行化验时，应严格按操作规程操作，并真实填报检测数据。

（2）所有化验分析报表要做到及时准确。

（3）各水厂对本厂出现的水质问题要及时发现、及时汇报、及时处理。

（4）新安装、改装及修复后的管道投产前要进行冲洗、消毒，经检验合格后方能通水。

5. 其他有关事项

（1）对化验室的仓库管理依据公司仓库管理办法执行。

（2）直接从事供水工作的人员，必须建立健康档案。每年查体一次，如发现有传染病或带病菌者，应立即调离工作岗位。

（3）建立水质公告制度，及时接受公众的监督。确保让市民喝上"放心水"和"满意水"。

（4）建立水质事故应急预案，尽最大努力确保城乡供水安全，如自来水水质突然出现异常、水源水质突然出现被污染的情况，应在 30 分钟内启动自来水公司应急预案。

二、水质检测制度

水质检测根据《生活饮用水集中式供水单位卫生规范》的规定要求执行，建立健全水质检测化验室和监测点制度，定期检测水源水、出厂水、管网水的水质。具体如下：

1. 采样点

（1）水源水采样点。

（2）出厂水采样点。

（3）管网水采样点。

2. 分析项目

常规日检：二氧化氯、浑浊度、色度、碱度、总硬度、耗氧量、臭和味、温度、pH

值、肉眼可见物、细菌总数、总大肠菌群、粪大肠菌群。

3. 出厂水采样频率

二氧化氯、浑浊度、pH 值每小时检测一次，由水厂值班人员负责测定，并做好记录，化验人员做好督查工作。

对出厂水的浑浊度、色度、耗氧量、二氧化氯、肉眼可见物、臭和味、菌落总数、总大肠菌群、耐热大肠菌每天检测一次。

4. 水源水采样频率

对水源水中的浑浊度、色度、高锰酸盐指数、氨氮、肉眼可见物、细菌总数、总大肠菌群、耐热大肠菌、臭和味每天检测一次。

5. 管网水、末梢水检测频率

对管网水、末梢水的菌落总数、总大肠菌群、二氧化氯、浑浊度、色度、臭和味、耗氧量每月检测两次。

6. 出厂水、水源水全分析频率

水源水、出厂水、管网水的 42 项指标每月检测一次，106 项指标每年检测一次，由化验室负责采样送至有资质的检测机构检测。

7. 分析化验标准

分析化验标准执行《生活饮用水卫生标准》（GB 5749—2006）。

8. 分析化验标准方法

分析化验标准方法执行《生活饮用水标准检验法》（GB/T 5750—2006）。

9. 生活饮用水水源水检验

生活饮用水水源水检验执行《地表水环境质量标准》（GB 3838—2002）。

10. 职责

（1）化验室的责任人是水质化验室机构负责人，水质化验室发现水质异常要及时报告公司，查找原因，研究对策，及时处理。

（2）水质化验的监督工作由生产技术部负责管理。

三、水质信息公开制度

为加强公司供水水质管理，加大涉及百姓民生方面信息的公开力度，保护消费者的合法权益，根据《中华人民共和国消费者权益保护法》和《生活饮用水卫生标准》（GB 5749—2006）等有关法律、行政法规、标准，制定本制度：

（1）公司水质信息公开活动，适用本制度。

（2）本制度所称水质信息，是指公司出厂水水质检测数据及说明等。本制度所称水质信息公开活动，是指公司按照规定的时间、频次、内容，以一定的方式和渠道公布水质信息。

（3）公司水质化验室负责水质检测管理工作，公司客户服务部负责对外公布水质信息工作。向社会公布的水质数据，应当真实、准确、有效。

（4）公司出厂水由水质化验室检测后，再通过客户服务部统一定期向社会公布出厂水各项水质数据。公布时间、数据的具体要求遵守下列规定：

1）每季度第一个月的 15 日前，公布上一季度管网水的浑浊度、色度、臭和味、二氧化氯、菌落总数、总大肠菌群、耗氧量［COD$_{Mn}$（管网末梢点）］7 项指标检测结果的最大值和最小值，每季度公布一次。

2）每个月公布一次出厂水、水源水的 42 项指标检测结果的检测报告。

3）每年 1 月 15 日前，公布上一年度各水厂出厂水的 106 项全分析检测报告，每年公布一次。

（5）公司出厂水检测数据应通过公司网站或选择其他方式和渠道公布水质信息，水质信息应选择明显的位置予以公布，以便于公众查看。

（6）公司水质化验室和客户服务部共同负责供水水质监测数据发布，水质化验室对供水单位的水质情况进行定期和不定期监督检查，组织相关技术人员和专家对公布的水质原始数据进行核查，保证水质信息公开工作顺利实施。

（7）公司水质化验室和客户服务部应当做好公众对供水水质信息的查询解释工作，同时注意多渠道收集汇总市民对水质信息公开的反馈意见，并积极配合行政主管部门的监督检查。

（8）遇突发自然灾害、人为破坏及水质污染等事件并导致水质指标异常或超出国家标准时，应当及时通过公司网站或选择其他方式和渠道公布，向公众如实告知水质情况，视情做出预警建议；暂时不适宜市民饮用时，应当提供应急供水保障。

（9）突发事件发生后，在已经及时告知水质情况下，公司水质化验室应当在正常公示周期内如实对外公布水质信息。

（10）若存在公布的水质数据有弄虚作假行为或者未及时更新水质信息等情况之一的，由公司对责任人做出严肃处理。

四、饮用水水源水质管理制度

为积极推进饮用水水源水质规范化管理，结合实际，制定饮用水水源水质管理规定如下：

（1）饮用水水源地保护区必须设有警示标志，标志范围内严禁闲人入内。

（2）禁止在饮用水水源保护区内新建、改建、扩建与供水设施和保护水源无关的建筑物或者构筑物。

（3）在饮用水水源地保护区内，限制和禁止高毒、高残留农药、化肥的使用，杜绝垃圾和有害物品的堆放，防止供水水源受到污染。

（4）建立健全内部管理制度，对水井进行加盖处理，严格避免污染物进入。定时消毒，规范管理行为，在确保安全生产和正常供水的基础上，不断提高管理水平和服务质量。

（5）公司化验室定期对水源水质进行水质检测。按照《生活饮用水卫生标准》（GB 5749—2006）的要求，每天对水源水进行常规 9 项检测，包括：色度、浑浊度、臭和味、肉眼可见物、氨氮、高锰酸盐指数、细菌总数、总大肠菌群、耐热大肠菌群。每月对各水厂水源水进行 42 项检测，同时每年对各水厂水源水进行 106 项全分析，以保证水源水质的安全。一旦检测发现水质异常，迅速对该水源水质进行复检，并及时将检测结果向相关领导汇报。

（6）重点检测指标：硬度、硝酸盐氮。公司水源水为地下水，地下水源硬度、硝酸盐指标普遍偏高，因此要重点检测。公司城北水厂、三水厂以及东城水厂每季度对各水厂内所有水源井进行取样，检测硬度、硝酸盐氮。一旦发现水质超标立即报告相关领导，停止使用该水源井。

（7）供水管理人员要会同卫生防疫部门每季度对水源水质出厂水水质等进行42项检测，保证生活饮用水水质达到《生活饮用水卫生标准》（GB 5749—2006）的要求。建立饮用水水源地水质监测预警预测系统和监测信息公布制度。

（8）供水管理人员建立饮用水水源地的定期巡查制度，发现问题及时上报相关领导及有关部门，及时处理。

参 考 文 献

［1］ 农业部课题组. 建设社会主义新农村若干问题研究［M］. 北京：中国农业出版社，2005.

［2］ 傅涛，等. 中国城市供水改革实践与案例［M］. 北京：中国建筑工业出版社，2006.

［3］ 国家发展和改革委员会，水利部，卫生部，环境保护部. 全国农村饮水安全工程"十二五"规划［R］. 2011.

［4］ 亚洲开发银行，中国卫生部. 中国贫困农村安全饮用水与环境卫生战略研究［R］. 2005.

［5］ 国务院西部开发领导小组办公室，国务院发展研究中心，等. 改善西部农村公共服务对策研究［R］. 2006.

［6］ 联合国开发计划署（UNDP）. 2006年人类发展报告（透视贫水：权利、贫穷与全球水危机）［R］.

［7］ 冯广志，等. 村镇水厂运行管理［M］. 北京：中国水利水电出版社，2014.

［8］ 北京市水利水电技术中心. 北京市村镇供水工程运行维护指南［M］. 北京：中国水利水电出版社，2010.

［9］ 水利部农村水利司，水利部规划计划司. 全国农村饮水安全工作检查调研报告［R］. 2008.

［10］ 国务院西部开发领导小组办公室，国务院发展研究中心. 改善西部农村公共服务对策研究［R］. 2006.

［11］ 全国农村饮水安全现状调查评估组. 全国农村饮水安全现状调查评估报告［R］. 2005.

［12］ 世界银行. 展望中国城市水业［R］. 2007.

［13］ 水利部发展研究中心. 农村饮水工程运行机制研究［R］. 2008.

［14］ 水利部农村饮水安全中心. 中国农村饮水安全工程管理研究报告［R］. 2008.

［15］ 《农村饮水安全论文集》编委会. 农村饮水安全论文集［C］. 2009.

［16］ 中国城镇供水协会. 供水调度工［M］. 北京：中国建材工业出版社，2005.

［17］ 刘志琪，郑小明，刘遂庆，等. 城镇供水管网运行、维护及安全技术规程［M］. 北京：中国建筑工业出版社，2013.

［18］ 赵洪宾，严煦世. 给水管网系统理论与分析［M］. 北京：中国建筑工业出版社，2003.

［19］ 耿光楠. 基于SCADA的自来水管网调度监控系统的设计与实现［D］. 天津：河北工业大学，2007.

［20］ OECD. Principles for Private Secter Participation in Infrustructure［R］. 2007.

［21］ ADB. Major Issues and Recommendations of PPP in the Water Sector in China［R］. 2005.